职业教育

数字媒体应用人才培养系列教材

3ds Max 2019 室内效果图制作 实例教程 微课版

张华威 李然 / 主编 裘京宝 郦汀汀 张飞雁 / 副主编

人民邮电出版社

北京

图书在版编目（CIP）数据

3ds Max室内效果图制作实例教程 : 微课版 / 张华威, 李然主编. -- 北京 : 人民邮电出版社, 2021.5(2023.1重印)
职业教育数字媒体应用人才培养系列教材
ISBN 978-7-115-56085-8

Ⅰ. ①3… Ⅱ. ①张… ②李… Ⅲ. ①室内装饰设计－计算机辅助设计－三维动画软件－教材 Ⅳ. ①TU238.2-39

中国版本图书馆CIP数据核字(2021)第039351号

内 容 提 要

本书全面、系统地介绍了 3ds Max 2019 的基本操作方法和室内设计技巧，具体内容包括基本知识和基本操作、创建几何体、二维图形的创建、三维模型的创建、复合对象的创建、高级建模、材质和纹理贴图、灯光和摄影机及环境特效的使用、渲染与特效、综合设计实训等。

本书内容的讲解以课堂案例为主线，既重视基础知识的学习，又强调实践应用。通过对案例的实际操作，学生可以快速熟悉软件功能和室内效果图制作技巧。第 2～10 章章后设有课堂练习和课后习题，用以拓展学生的实际应用能力。第 10 章综合设计实训可以帮助学生全面地领会室内设计的设计理念，顺利达到实战水平。

本书可作为高等职业院校数字媒体艺术类专业的教材，也可作为 3ds Max 自学人员的参考用书。

◆ 主　　编　张华威　李　然
　副 主 编　袭京宝　郦汀汀　张飞雁
　责任编辑　王亚娜
　责任印制　王　郁　彭志环

◆ 人民邮电出版社出版发行　　北京市丰台区成寿寺路 11 号
　邮编　100164　　电子邮件　315@ptpress.com.cn
　网址　https://www.ptpress.com.cn
　山东百润本色印刷有限公司印刷

◆ 开本：787×1092　1/16
　印张：17.25　　　　2021 年 5 月第 1 版
　字数：438 千字　　　2023 年 1 月山东第 5 次印刷

定价：59.80 元

读者服务热线：(010)81055256　印装质量热线：(010)81055316
反盗版热线：(010)81055315
广告经营许可证：京东市监广登字 20170147 号

Preface 前言

3ds Max 是由 Autodesk 公司开发的三维制作软件。它功能强大、易学易用，深受三维室内设计人员的喜爱，已经成为这一领域的常用软件之一。目前，很多高等职业院校的数字媒体艺术类专业都将 3ds Max 设为一门重要的专业课程。为了帮助教师全面、系统地讲授这门课程，也为了使学生更熟练地使用 3ds Max 来制作室内效果图，我们特组织长期在高职院校从事 3ds Max 教学的一线教师和来自室内设计公司、实践经验丰富的设计师合作，共同编写了本书。

本书按照"软件功能解析—课堂案例—课堂练习—课后习题—综合设计实训"的结构编排，力求通过课堂案例，使学生快速掌握软件的功能和效果图制作思路；通过软件功能解析，使学生深入学习软件的功能和制作技巧；通过课堂练习和课后习题，拓展学生的实际应用能力；通过综合设计实训帮助学生提高实战水平。

为方便教师教学，本书附赠书中所有案例的素材及效果文件，并配备课堂练习和课后习题的微课视频、PPT 课件及教学大纲等丰富的教学资源，任课教师可登录人邮教育社区（www.ryjiaoyu.com）免费下载。本书的参考学时为 60 学时，其中实训环节为 32 学时，各章的参考学时可以参见下面的学时分配表。

章	课程内容	参考学时分配	
		讲授	实训
第 1 章	基本知识和基本操作	2	
第 2 章	创建几何体	2	2
第 3 章	二维图形的创建	2	2
第 4 章	三维模型的创建	2	4
第 5 章	复合对象的创建	2	4
第 6 章	高级建模	2	4
第 7 章	材质和纹理贴图	4	4
第 8 章	灯光和摄影机及环境特效的使用	4	4
第 9 章	渲染与特效	4	4
第 10 章	综合设计实训	4	4
参考学时总计		28	32

由于编者水平有限，书中难免存在不妥之处，敬请广大读者批评指正。

编　者

2021 年 3 月

本书教学辅助资源

素材类型	数量	素材类型	数量
教学大纲	1 套	书中案例	45 个
电子教案	1 套	微课视频	45 个
PPT 课件	10 章	素材	9 章

章	案例名称	章	案例名称
第 2 章 创建几何体	边柜模型的制作	第 6 章 高级建模	办公椅模型的制作
	墙上置物架模型的制作		盆栽模型的制作
	圆桌模型的制作		礼盒模型的制作
	笔筒模型的制作		香水模型的制作
	床尾凳模型的制作	第 7 章 材质和纹理贴图	金属和木纹材质的设置
	沙发模型的制作		绒布材质的设置
	壁灯模型的制作		金属材质的设置
	花架模型的制作		瓷器材质的设置
第 3 章 二维图形的创建	沙发边几模型的制作	第 8 章 灯光和摄影机及环境特效的使用	室内场景布光
	回旋针模型的制作		全局光照明效果的制作
	红酒架模型的制作		体积光效果的制作
第 4 章 三维模型的创建	花瓶模型的制作		太阳光照效果的制作
	中式案几模型的制作		静物灯光效果的制作
	铁艺床头柜模型的制作	第 9 章 渲染与特效	壁炉火堆效果的制作
	创意沙发凳模型的制作		亮度和对比度调整
	衣架模型的制作		色彩平衡
	杯子架模型的制作	第 10 章 综合设计实训	北欧沙发效果图的制作
第 5 章 复合对象的创建	记事本模型的制作		欧式吊灯效果图的制作
	垃圾桶模型的制作		冰箱效果图的制作
	清新吊灯模型的制作		会议室效果图的制作
	骰子模型的制作		放大镜效果图的制作
	文件架模型的制作		音响效果图的制作
			老人房效果图的制作

CONTENTS 目录

目录 CONTENTS

CONTENTS 目录

目录 CONTENTS

第1章 基本知识和基本操作

本章介绍

本章将介绍 3ds Max 2019 的基本操作，包括界面说明与常用工具的使用。通过本章的学习，读者应初步认识 3d Max 2019。

学习目标

- 熟悉 3ds Max 2019 的操作界面
- 掌握物体的各种选择方式
- 掌握物体的变换方法
- 掌握物体的复制方法

技能目标

- 通过实例应用熟悉 3ds Max 的操作界面
- 能够运用所学的知识快速地选择、变换和复制物体

1.1 3ds Max 室内设计概述

室内设计是一个很复杂和庞大的学习系统，涉及的科目和专业知识十分广泛，是技术与艺术的完美结合。设计师不仅要掌握娴熟的软件制作技术，更要具备良好的美术功底、完备的设计理论等，最终通过计算机将头脑中的设计理念以效果图的形式展现出来，进而实施，使其变为现实。3ds Max 2019 是能将设计师的设计理念转化为效果图的优秀工具。下面先概括性地介绍如何使用 3ds Max 2019 进行室内设计。

1.1.1 室内设计

尽管现代室内设计是一门新兴的学科，但在人类文明伊始人们就已经有意识地对自己生活、生产活动的环境进行安排布置、美化装饰，赋予居室自己所期望的风格。

室内设计是指根据建筑物的使用性质、所处环境和相应标准，运用物质技术手段和建筑设计原理，创造功能合理、舒适优美，满足人们物质和精神生活需要的室内环境。不同的环境给人以不同的感觉。室内环境应既能满足相应的功能要求，又能反映客户的品位，烘托气氛等。现代室内设计是综合的室内环境设计，它包括对视觉环境和工程技术方面的考量，也包括对声、光、热等物理环境及氛围、意境等心理环境和文化内涵等构思。

1.1.2 室内建模的注意事项

使用 3ds Max 2019 进行室内建模需要注意以下 5 点。

1. 建模时单位的统一

制作建筑效果图，最重要的一点就是必须使用统一的建筑单位。3ds Max 2019 具有强大的三维造型功能，但它的绘图标准是“看起来是正确的即可”，而对于设计师而言，往往需要精确定位。因此，建模时应一般先在 AutoCAD 中建立模型，再通过文件转换导入 3ds Max 2019 进行后续操作。用 AutoCAD 制作的建筑施工图都是以毫米为单位的，本书中制作的模型也是以毫米为单位的。

3ds Max 2019 中的单位是可以选择的。在设置单位时，并非必须使用毫米，用户输入的数值都是通过实际尺寸换算为毫米的。也就是说，用户使用其他单位进行建模也是可以的，但一定要根据实际物体的尺寸进行单位的换算，保证使用相同的单位，这样才能避免制作出的模型和场景比例失调，也不会给后期建模过程中导入模型带来不便。

2. 模型的制作方法

在 3ds Max 2019 中通过搭建几何体或编辑命令，可以制作出各种模型。

在 3ds Max 2019 中制作同一个模型可以使用不同的方法，灵活运用修改命令进行编辑，即可通过不同的方法制作出模型。

3. 灯光的使用

使用 3ds Max 2019 建模时，灯光和摄影机是两个重要的工具，尤其是灯光的设置。在场景中进行灯光的设置不是一次就能完成的，需要耐心调整，才能得到好的效果。由于室内场景中的光线照射非常复杂，所以要想在室内场景中模拟出真实的光照效果，在设置灯光时就需要考虑到场景的实际结构和复杂程度。

三角形照明是最基本的照明方式，它使用 3 个光源：主光源，最亮，用来照亮大部分场景，通常会投射阴影；背光，用于将场景中物品的背面照亮，可以展现场景的深度，一般位于对象的后上方，光照强度一般要小于主光源；辅助光源，用于照亮主光源没有照射到的黑色区域，控制场景中的明暗对比度，亮的辅助光源能平均光照，暗的辅助光源能增加对比度。

较大的场景一般会被分成几个区域，要分别对这几个区域进行曝光。

如果对渲染图的灯光效果还是不满意，则可以使用 Photoshop 等软件进行修饰。

4. 摄影机的使用

3ds Max 2019 中的摄影机与现实生活中的摄影机一样，也有焦距、视野等参数。同时，它还拥有超越真实摄影机的能力，能在瞬间完成更换镜头、无级变焦操作。建模时还可以在运动的物体上绑定自由摄影机来制作动画。

在建模时，可以根据“摄影机”视口的显示创建场景中能够被看到的物体。使用这种做法可以不必创建所有的物体，从而降低场景的复杂度。例如，一个场景的可见面在“摄影机”视口中不可能全部被显示出来，这样在建模时只需创建可见面，而最终效果是不变的。

创建完摄影机后，需要对摄影机的视角和位置进行调节。48 mm 是标准人眼的焦距，使用短焦距能模拟出鱼眼镜头的夸张效果，而长焦距则用于观察较远的景色，保证物体不变形。摄影机的位置也很重要，镜头的高度一般为普通人的身高，即 1.7 m，这时的视角最真实。对于较高的建筑，可以将目标点抬高，用来模拟仰视的效果。

5. 材质和纹理贴图的编辑

材质是表现模型质感的重要因素之一。创建模型后，必须为模型赋予相应的材质，才能使模型具有真实的质感。对于有些材质，需要配合灯光和环境才能表现出较真实的效果。例如，建筑效果图中的玻璃质感和不锈钢质感等，都具有反射性，如果没有灯光和环境的配合，其效果是不真实的。

1.2 3ds Max 2019 的操作界面

运行 3ds Max 2019，进入操作界面。3ds Max 2019 的操作界面很友善，允许用户根据个人习惯改变界面的布局。

3ds Max 2019 操作界面主要由图 1-1 所示的几个区域组成。

1.2.1 标题栏

标题栏位于 3ds Max 操作界面的顶部，用于显示软件图标、场景文件名称和软件版本；右侧的 3 个按钮用于将操作界面最小化、最大化和关闭。

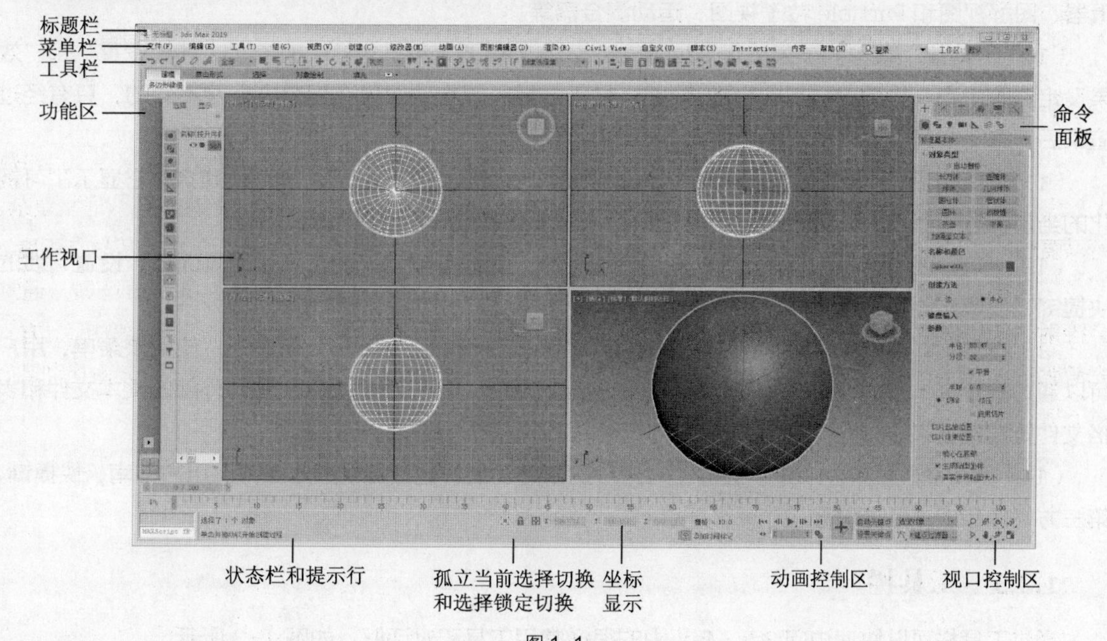

图 1-1

1.2.2 菜单栏

菜单栏位于标题栏的下方，如图 1-2 所示。每个菜单的标题表明该菜单中命令的用途。下面介绍 3ds Max 中常用的菜单及其功能。

文件(F) 编辑(E) 工具(I) 组(G) 视图(V) 创建(C) 修改器(M) 动画(A) 图形编辑器(D) 渲染(R) Civil View 自定义(U) 脚本(S) Interactive 内容 帮助(H)

图 1-2

（1）“文件”菜单。该菜单包括“新建”“重置”“打开”“存储”“归档”“退出”等文件管理命令。

（2）“编辑”菜单。该菜单用于文件的编辑，包括“撤销”“保存场景”“复制”和“删除”等命令。

（3）“工具”菜单。该菜单提供了各种常用工具，这些工具由于在建模时经常用到，所以在工具栏中设置了相应的快捷按钮。

（4）“组”菜单。该菜单包括一些将多个对象编辑成组或将组分解成独立对象的命令。编辑组是在场景中组织对象的常用方法。

（5）“视图”菜单。该菜单包括“撤销和重复”“网格控制选项”等命令，并允许显示适用于特定命令的一些功能，如视图的配置、单位的设置和设置背景图案等。

（6）“创建”菜单。该菜单包括用于创建的所有命令，这些命令能在命令面板中直接找到。

（7）“修改器”菜单。该菜单包括“创建角色”“销毁角色”“上锁”“解锁”“插入角色”“骨骼工具”“蒙皮”等命令。

（8）“动画”菜单。该菜单包括“设置反向运动学求解方案”“设置动画约束和动画控制器”“给对象的参数之间增加配线参数”“动画预览”等命令。

（9）“图形编辑器”菜单。该菜单是场景元素间关系的图形化视图，包括曲线编辑器、摄影表编辑器、图解视图和 Particle 粒子视图、运动混合器等。

（10）“渲染”菜单。该菜单是 3ds Max 2019 的重要菜单，包括“渲染”“环境设置”和“效果设定”等命令。模型建立后，材质/贴图、灯光、摄影等特殊效果在视口中是看不到的，只有经过渲染后，才能在渲染窗口中观察到。

（11）“Civil View”菜单。Civil View 浏览器是 Civil View 用户界面的焦点，它显示了可视化的当前状态的概述，并可直接访问场景中每个对象或其他元素经常编辑的参数。

（12）“自定义”菜单。该菜单允许用户根据个人习惯创建自己的工具和工具面板，设置习惯的快捷键，使操作更具个性化。

（13）“脚本”菜单。该菜单包括“创建”“测试”和“运行脚本”等命令。使用该菜单，用户可以通过编写脚本来实现对 3ds Max 2019 的控制，还可以将 3ds Max 文件与外部的文本文件和表格文件等链接起来。

（14）“帮助”菜单。该菜单提供了对用户的帮助功能，包括提供脚本参考、用户指南、快捷键、第三方插件和新产品等信息。

1.2.3 工具栏

通过工具栏可以快速访问 3ds Max 中的很多常用工具和对话框，如图 1-3 所示。

全部 视图 创建选择集

图 1-3

工具栏中主要工具的功能如下。

（1）（撤销）和（重做）。单击“撤销”按钮可取消上一次操作，包括“选择”操作和在选定对象上执行的操作。单击“重做”按钮可取消上一次“撤销”操作。

（2）（选择并链接）。单击该按钮可将两个对象链接作为子和父，定义它们之间的层次关系。子级将继承应用于父级的变换（移动、旋转和缩放），但是子级的变换对父级没有影响。

（3）（取消链接选择）。单击该按钮可移除两个对象之间的层次关系。

（4）（绑定到空间扭曲）。单击该按钮可以把当前选择附加到空间扭曲。

（5）全部 选择过滤器列表。单击该按钮，弹出图 1-4 所示的下拉列表框，在该列表框中可以限制由选择工具选择的对象的特定类型和组合。例如，如果选择“C-摄影机”选项，则使用选择工具只能选择摄影机。

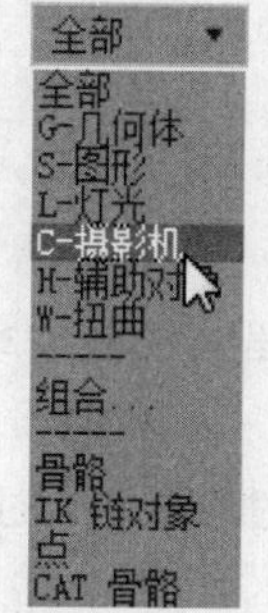

图 1-4

（6）（选择对象）。单击该按钮，可使用户选择对象或子对象，以便进行操作。

（7）（按名称选择）。单击该按钮，可以使用“选择对象”对话框从当前场景中的所有对象列表中选择对象。

（8）（矩形选择区域）。单击该按钮，可在视口中以矩形框选区域。弹出按钮提供了（圆形选择区域）、（围栏选择区域）、（套索选择区域）和（绘制选择区域）功能。

（9）（窗口/交叉）。在按区域选择时，单击该按钮可以在窗口模式和交叉模式之间进行切换。在窗口模式中，只能选择所选内容中的对象或子对象；在交叉模式中，可以选择区域内的所有对象或子对象，以及与区域边界相交的任何对象或子对象。

（10）（选择并移动）。要移动单个对象，无须先单击该按钮。当该按钮处于活动状态时，单击对象进行选择，拖动鼠标即可移动该对象。

（11）（选择并旋转）。当该按钮处于激活状态时，单击对象进行选择，拖动鼠标即可旋转该对象。

（12）（选择并均匀缩放）。单击该按钮，可以沿 3 个轴以相同量缩放对象，同时保持对象的原始比例；单击（选择并非均匀缩放）按钮，可以根据活动轴约束以非均匀方式缩放对象；单击（选择并挤压）按钮可以根据活动轴约束来缩放对象。

（13）（选择并放置）。单击该按钮，可以将对象准确地定位到另一个对象的曲面上。此方法大致相当于选择“自动栅格”选项，但随时可以使用，而不仅限于在创建对象时。

（14）（使用轴点中心）。该按钮提供了对用于确定缩放和旋转操作几何中心的 3 种方法的访问。单击（使用轴点中心）按钮，可以围绕其各自的轴点旋转或缩放一个或多个对象。单击（使用选择中心）按钮，可以围绕其共同的几何中心旋转或缩放一个或多个对象。如果变换多个对象，该软件会计算所有对象的平均几何中心，并将此几何中心用作变换中心。单击（使用变换坐标中心）按钮，可以围绕当前坐标系的中心旋转或缩放一个或多个对象。

（15）（选择并操纵）。单击该按钮，可以通过在视口中拖动“操纵器”来编辑某些对象、修改器和控制器的参数。

（16）（键盘快捷键覆盖切换）。单击该按钮，可以在只使用主用户界面快捷键与同时使用主快捷键和组（如编辑/可编辑网格、轨迹视图和 NURBS 等）快捷键之间进行切换，可以在“自定义用户界面”对话框中自定义键盘快捷键。

（17）（捕捉开关）。（3D 捕捉）是默认设置，在该设置下，光标可直接捕捉到 3D 空间中的任何几何体。3D 捕捉用于创建和移动所有尺寸的几何体，而不考虑构造平面；（2D 捕捉）仅用于捕捉活动栅格，包括该栅格平面上的任何几何体，将忽略 z 轴或垂直尺寸；（2.5D 捕捉）仅用于捕捉活动栅格上对象投影的顶点或边缘。

（18）（角度捕捉切换）。该按钮可用来确定多数功能的增量旋转，默认设置为以 5° 增量进行旋转。

（19）（百分比捕捉切换）。该按钮可用来通过指定的百分比增加对象的缩放。

（20）（微调器捕捉切换）。单击该按钮，可设置 3ds Max 中所有微调器的单击增加值或减少值。

（21）（编辑命名选择集）。单击该按钮，将弹出“编辑命名选择”对话框，该对话框用于管理子对象的命名选择集。

（22）（镜像）。单击该按钮，将弹出“镜像”对话框，使用该对话框可以在镜像一个或多个对象的方向时，移动这些对象；可以围绕当前坐标系中心镜像当前选择；还可以同时创建克隆对象。

（23）（对齐）。该按钮提供了用于对齐对象的 6 种不同工具：在对齐弹出按钮中，单击“对齐”按钮，然后选择对象，将弹出“对齐”对话框，使用该对话框可将当前选择与目标选择对齐，目标对象的名称将显示在“对齐”对话框的标题栏中，执行子对象对齐时，“对齐”对话框的标题栏会显示为对齐子对象当前选择；单击“快速对齐”按钮，可将当前选择的位置与目标对象的位置立即对齐；单击“法线对齐”按钮，将弹出对话框，可基于每个对象上面或选择的法线方向将两个对象对齐；单击“放置高光”按钮，可将灯光或对象对齐到另一对象，以便可以精确定位其高光或反射；单击“对齐摄影机”按钮，可以将摄影机与选定的面法线对齐；单击“对齐到视图”按钮，弹出“对齐到视图”对话框，用户可以将对象或子对象选择的局部轴与当前视图对齐。

（24）（切换场景资源管理器）。“场景资源管理器”提供了一个无模式对话框，可用于查看、排序、过滤和选择对象，还提供了其他功能，可用于重命名、删除、隐藏和冻结对象，创建和修改对象层次，以及编辑对象属性。

（25）（切换层资源管理器）。“层资源管理器”是一种显示层及其关联对象和属性的“场景资源管理器”模式。用户可以使用它来创建、删除和嵌套层，以及在层之间移动对象；还可以查看和编辑场景中所有层的设置，以及与其相关联的对象。

（26）（显示功能区）。该按钮在较早版本中也被称为“石墨”工具，用于打开或关闭功能区显示。

（27）（曲线编辑器）。曲线编辑器是一种轨迹视图模式，以图表上的功能曲线来表示运动。利用它，用户可以查看运动的插值和软件在关键帧之间创建的对象变换。使用曲线上找到的关键点的切线控制柄，可以轻松查看和控制场景中各个对象的运动和动画效果。

（28）（图解视图）。图解视图是基于节点的场景图，通过它可以访问对象属性、材质、控制器、修改器、层次和不可见场景关系，如关联参数和实例。

（29）（材质编辑器）。单击该按钮可以打开 Slate 材质编辑器。该按钮还有隐藏的“精简材质编辑器”按钮，用户可以根据习惯选择常用的“材质编辑器”面板。材质编辑器提供了创建和编辑对象材质及贴图的功能。

（30）（渲染设置）。“渲染场景”对话框中有多个面板，面板的数量和名称因活动渲染器而异。

（31）（渲染帧窗口）。单击该按钮会显示渲染输出。

（32）（快速渲染）。单击该按钮，可以使用当前产品级渲染设置来渲染场景，而无须弹出“渲染场景”对话框。

（33）（在云中渲染）。单击该按钮，将使用 Autodesk Cloud 渲染场景。Autodesk Rendering 使用了在线资源，因此用户可以在进行渲染的同时继续使用桌面。

（34）（打开 360 库）。单击该按钮，将打开介绍 A360 在线渲染的网页。

1.2.4 功能区

功能区采用工具栏形式，它可以按照水平或垂直方向停靠，也可以按照垂直方向浮动。

可以通过工具栏中的“显示功能区”按钮隐藏和显示功能区，模型的功能区是以最小化的方式显示在工具栏下方的。通过单击功能区右上角的按钮，可以选择以“最小化为选项卡”“最小化为面板标题”“最小化为面板按钮”“循环浏览所有项”4 种方式进行功能区的显示。图 1-5 所示为“最小化为面板标题”的方式。

图 1-5

每个选项卡中都包含许多面板，这些面板的显示与否通常取决于上下文。例如，“选择”选项卡中的内容因活动的子对象层级而改变。用户可以使用鼠标右键单击菜单确定显示哪些面板，还可以分离面板以使它们单独浮动在界面上。通过拖动面板任一端即可水平调整面板大小，当使面板变小时，面板会自动调整为合适的大小。这样，以前直接可用的控件就需要通过下拉列表框才能获得。

功能区中的第一个选项卡是“建模”选项卡，该选项卡中的第一个面板“多边形建模”提供了“修改”面板工具的子集：子对象层级（“顶点”“边”“边界”“多边形”“元素”）、堆栈级别、用于子对象选择的预览选项等。用户随时都可通过用鼠标右键单击菜单来显示或隐藏任何可用面板。

1.2.5 工作视口

工作视口是 3ds Max 2019 操作界面中面积最大的区域，没有命令与按钮，是独立的创作空间。

工作视口中共有 4 个视口。在 3ds Max 2019 中，视口显示区位于操作界面的中间，是 3ds Max 2019 的主要工作区。通过视口，可以从任何不同的角度来观看所建立的场景。在默认状态下，系统在 4 个视窗中分别显示“顶”视口、“前”视口、“左”视口和“透视”视口 4 个视口（又称场景）。其中，“顶”视口、“前”视口和“左”视口相当于物体在相应方向的平面投影，或沿 x 轴、y 轴、z 轴所看到的场景，而“透视”视口则是从某个角度看到的场景，如图 1-6 所示。因此，“顶”视口、“前”视口和“左”视口又称为“正交”视口。在“正交”视口中，系统仅显示物体的平面投影形状；而在“透视”视口中，系统不仅显示物体的立体形状，还显示物体的颜色。所以，“正交”视口通常用于物体的创建和编辑，而“透视”视口则用于观察效果。

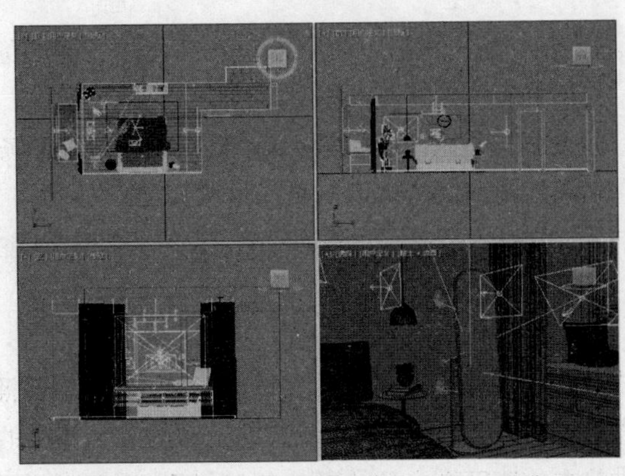

图 1-6

在视口的左下角是视口的世界空间的三轴架。世界空间 3 个轴的颜色不同：x 轴为红色，y 轴为绿色，z 轴为蓝色。三轴架通常指世界空间，而不论当前是什么参考坐标系。

在视口中有一个 ViewCube 3D 导航控件，该控件提供了当前视口的反馈，让用户可以调整视口方向，以及在标准视口与等距视口间进行切换。

默认情况下，ViewCube 会显示在活动视口（被激活的视口）的右上角；如果处于非活动状态，则会叠加在场景之上。它不会显示在摄影机视口、灯光视口、图形视口或其他类型的视口中。当 ViewCube 处于非活动状态时，其主要功能是根据模型的北向显示场景方向。

当将光标置于 ViewCube 上方时，它将变成活动状态。单击，用户可以切换到一种可用的预设视口中。鼠标右键单击，可以弹出具有其他命令的快捷菜单。

工作视口中的 4 个视口的类型是可以改变的，激活视口后，按相应的快捷键就可以实现视口之间的切换。常见视口快捷键对应的中英文名称如表 1-1 所示。

表 1-1

快捷键	英文名称	中文名称
T	Top	“顶”视口
B	Bottom	“底”视口
L	Left	“左”视口
R	Right	“右”视口
U	Use	“用户”视口
F	Front	“前”视口
P	Perspective	“透视”视口
C	Camera	“摄影机”视口

默认的视口布局为 4 个视口。要选择不同的布局，可单击或用鼠标右键单击“常规视口”标签，在“常规视口”快捷菜单中选择“配置视口”命令，如图 1-7 所示，弹出“视口配置”对话框。在“布局”选项卡中可选择其他布局，如图 1-8 所示。

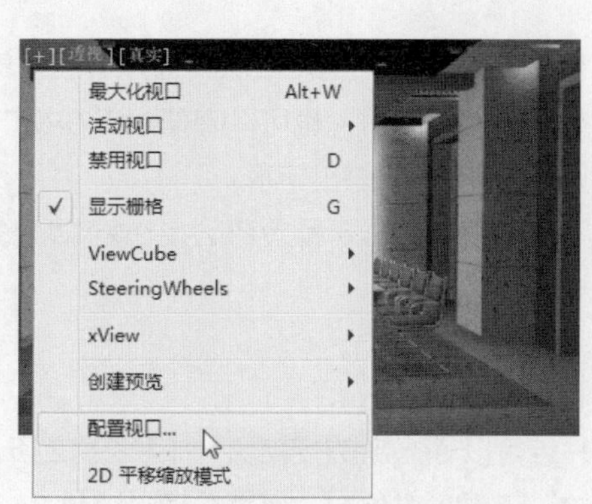

图 1-7

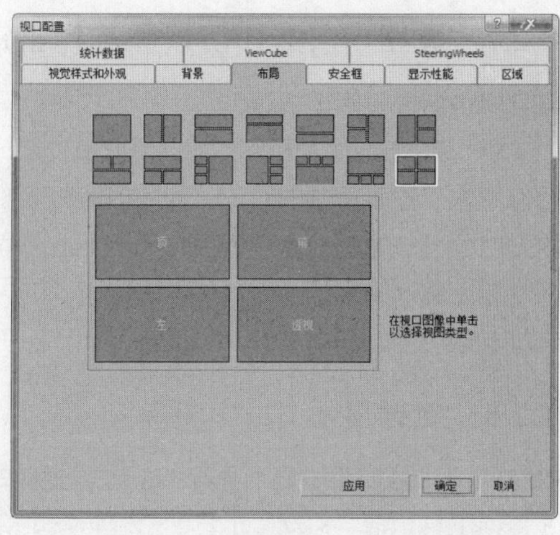

图 1-8

在 3ds Max 2019 中，各视口的大小也不是固定不变的，将光标移到视口分界处，光标变为“十”字形状✥，按住鼠标左键不放并拖曳鼠标，如图 1-9 所示，就可以调整各视口的大小。如果想恢复均匀分布的状态，则可以在视口的分界线处单击鼠标右键，在弹出的快捷菜单中选择“重置布局”命令，即可复位视口，如图 1-10 所示。

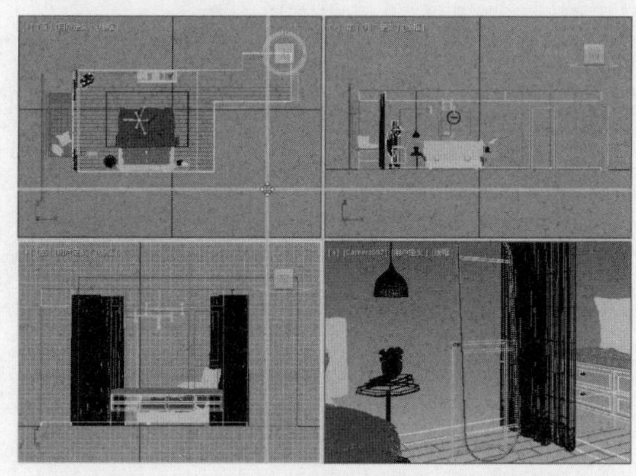

图 1-9

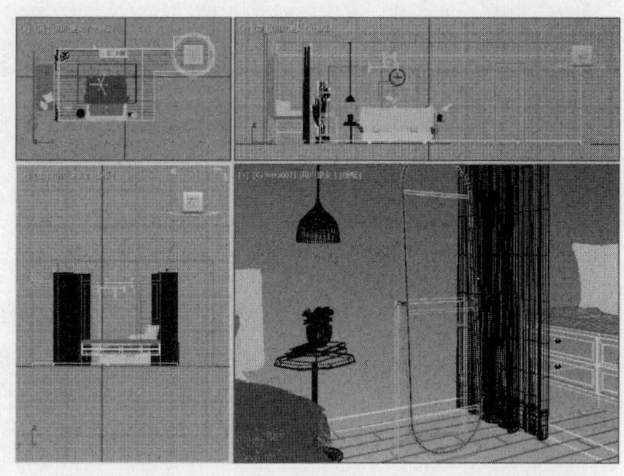

图 1-10

3ds Max 2019 操作界面的左侧为“视口布局”选项卡，在该选项卡中单击▸按钮即可选择视口的布局。这是一种设置视口布局的快捷方式。其中展开的几种视口布局与图 1-8 中“布局”选项卡中的视口布局相同。

1.2.6 状态栏和提示行

状态栏和提示行位于工作视口的下部偏左处。状态栏显示了所选对象的数目、对象的锁定及当前使用的栅格距等；提示行显示了当前使用工具的提示文字，如图 1-11 所示。

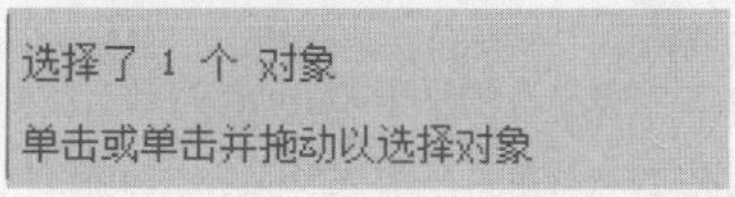

选择了 1 个 对象

单击或单击并拖动以选择对象

图 1-11

1.2.7　孤立当前选择切换和选择锁定切换

该区域包括以下两个按钮。

（1）（孤立当前选择切换）。单击该按钮，可防止用户在处理单个选定对象时选择其他对象。用户可以专注于需要看到的对象，而无须为周围的环境分散注意力；同时，也可以降低由于在视口中显示其他对象而造成的性能开销。如果想退出孤立模式，则再次单击该按钮即可。

（2）（选择锁定切换）。单击该按钮，可启用或禁用选择锁定。选择锁定可防止在复杂场景中意外选择其他内容。

1.2.8　坐标显示

“坐标显示”区域用于显示光标的位置或变换的状态，并且可以输入新的变换值，如图 1-12 所示。变换（变换工具包括“移动”工具、“旋转”工具和“缩放”工具）对象时，可直接通过键盘在“坐标显示”字段中输入坐标。坐标显示有“绝对”和“偏移”两种模式。

X: 2.187　Y: 0.456　Z: 0.0

图 1-12

（1）（绝对）。单击该按钮，将以“绝对”模式设置世界空间中对象的确切坐标。

（2）（偏移）。单击该按钮，将以“偏移”模式相对于其现有坐标来变换对象。

单击“绝对”或“偏移”按钮，可以在两种模式间切换。

当在“坐标显示”字段中输入坐标时，可以使用 Tab 键从一个坐标字段转到另一个坐标字段。

1.2.9　动画控制区

动画控制区位于操作界面的右下方，包括动画控制区、时间滑块和轨迹条，主要用于动画的记录、动画帧的选择、动画的播放及动画时间的控制等。图 1-13 所示为动画控制区。

图 1-13

1.2.10　视口控制区

视口控制区位于操作界面的右下角。图 1-14 所示为标准的视口控制区工具。根据当前激活视口的类型，视口控制区工具会略有不同。当选择一个视口控制区中的工具时，该按钮呈黄色显示，表示对当前激活视口来说该按钮是激活的。在激活窗口中单击鼠标右键可取消激活按钮。

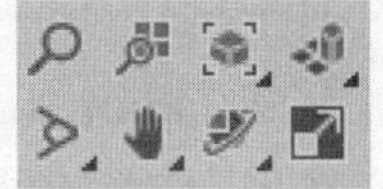

图 1-14

视口控制区主要工具的功能如下。

（1）（缩放）。单击该按钮，在任意视口中按住鼠标左键不放，上下拖动鼠标，可以拉近或推远场景。

（2）（缩放所有视口）。该按钮的用法与“缩放”按钮基本相同，只不过该按钮影响的是当前所有可见视口。

（3）（最大化显示选定对象）。该按钮用于将选定对象或对象集在活动视口或正交视口（正交视口是一种特殊的三向投影视图，按 U 键可显示正交视口）中居中显示。当要浏览的小对象在复杂场景中丢失时，该按钮非常有用。

（4）（最大化显示）。该按钮用于将所有可见对象在活动视口或正交视口中居中显示。当在单个视口中查看场景的每个对象时，该按钮非常有用。

（5）（所有视口最大化显示）。该按钮用于将所有可见对象在所有视口中居中显示。当希望在每个可用视口的场景中都看到各个对象时，该按钮非常有用。

（6）（所有视口最大化显示选定对象）。该按钮用于将选定对象或对象集在所有视口中居中显示。当要浏览的对象在复杂场景中丢失时，该按钮非常有用。

（7）（缩放区域）。单击该按钮，可放大在视口内拖动的矩形区域。仅当活动视口是“正交”“透视”或“用户”三向投影视口时，该按钮才可用。该按钮不可用于“摄影机”视图。

（8）（视野）。单击该按钮，可以调整视口中可见的场景数量和透视光斑量。

（9）（平移视口）。单击该按钮，在任意视口中拖动鼠标时，都可以移动视口。

（10）（选定的环绕）。该按钮用于将当前选择的中心作为旋转的中心。当视口围绕其中心旋转时，选定对象将保持在视口中的同一位置上。

（11）（环绕）。该按钮用于将视口中心作为旋转中心。如果对象靠近视口的边缘，则它们可能会旋出视口范围。

（12）（环绕子对象）。该按钮用于将当前选定子对象的中心作为旋转的中心。

（13）（最大化视口切换）。单击该按钮，当前视口将全屏显示，便于对场景进行精细编辑操作。再次单击该按钮，可恢复原来的状态，其快捷键为 Alt+W。

1.2.11 命令面板

命令面板是 3ds Max 操作界面的核心区域，默认状态下位于操作界面的右侧。命令面板由 6 个面板组成。通过这些面板，用户可以使用 3ds Max 的大多数建模功能，以及一些动画功能、显示选项和其他工具。每次只有一个面板可见，默认状态下显示的是（创建）面板。

选择命令面板顶部的选项卡即可切换至不同的命令面板，如图 1-15 所示，从左至右依次为（创建）、（修改）、（层级）、（运动）、（显示）和（实用程序）。

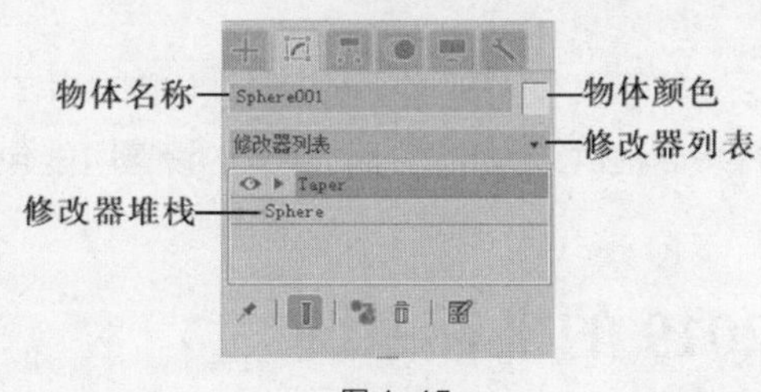

图 1-15

面板上标有 +（加号）或 -（减号）按钮的为卷展栏。卷展栏的标题左侧带有 +（加号）表示卷展栏卷起，带有 -（减号）表示卷展栏展开。通过单击 +（加号）或 -（减号）可以在卷起和展开卷展栏之间切换。

下面介绍各面板的功能。

（1）（创建）面板。该面板是 3ds Max 中最常用到的面板之一，利用（创建）面板可以创建各种模型对象，它是命令级数最多的面板。3ds Max 2019 中有 7 种创建对象可供选择：（几何体）、（图形）、（灯光）、（摄影机）、（辅助对象）、（空间扭曲）和（系统）。

（创建）面板中的 7 个按钮代表了 7 种可创建的对象，分别介绍如下。

①（几何体）。该按钮用于创建标准基本体、扩展基本体、合成造型、粒子系统和动力学物体等。

②（图形）。该按钮用于创建二维图形，可沿某个路径放样生成三维造型。

③（灯光）。该按钮用于创建泛光灯、聚光灯和平行灯等各种灯，模拟现实中各种灯光的效果。

④（摄影机）。该按钮用于创建目标摄影机或自由摄影机。

⑤（辅助对象）。该按钮用于创建起辅助作用的特殊物体。

⑥（空间扭曲）。该按钮用于创建空间扭曲以模拟风、引力等特殊效果。

⑦（系统）。该按钮用于生成骨骼等特殊物体。

单击其中的一个按钮，可以显示相应的子面板。在可创建对象按钮的下方是创建的模型分类下拉列表框 标准基本体 ，单击右侧的（下拉按钮），可在弹出的下拉列表框中选择要创建的模型类别。

（2）（修改）面板。在一个物体创建完成后，如果要对其进行修改，则可单击“修改”按钮，打开“修改”面板，如图 1-15 所示。通过该面板，用户可以修改对象的参数、应用编辑修改器及访问编辑修改器堆栈；还可以实现模型的各种变形效果，如拉伸、变曲和扭转等。

（3）（层级）面板。通过该面板可以访问用来调整对象间层次链接的工具。通过将一个对象与另一个对象相链接，可以创建父子关系。应用到父对象的变换同时将传递给子对象。通过将多个对象同时链接到父对象和子对象，可以创建复杂的层次。

（4）（运动）面板。该面板提供了用于调整选定对象运动的工具。例如，可以使用该面板中的工具调整关键点时间及其缓入和缓出。（运动）面板还提供了轨迹视口的替代选项，用来指定动画控制器。

（5）（显示）面板。在命令面板中单击“显示”按钮，即可打开（显示）面板。（显示）面板主要用于设置显示和隐藏，冻结和激活场景中的对象，还可以改变对象的显示特性，加速视口显示，简化建模步骤。

（6）（实用程序）面板。使用（实用程序）面板可以访问各种工具程序。3ds Max 工具作为插件提供，一些工具由第三方开发商提供，因此，3ds Max 的设置可能包含在此处未加以说明的工具。

1.3 3ds Max 2019 的坐标系统

在工具栏中单击“视图”下拉按钮，可以弹出下拉列表框，选择参考坐标系列表，可以指定变换（移动、旋转和缩放）所用的坐标系，具体包括“视图”“屏幕”“世界”“父对象”“局部”“万向”“栅格”“工作”“局部对齐”和“拾取”，如图 1-16 所示。

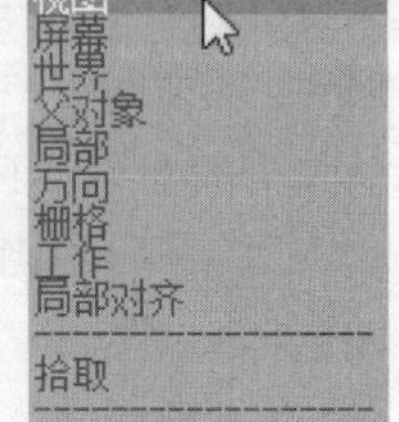

图 1-16

（1）视图：在默认的“视图”坐标系中，所有正交视口中的 x 轴、y 轴和 z 轴都相同。使用该坐标系移动对象时，会相对于视口空间移动对象，如图 1-17 所示，该坐标系有以下特点。

① x 轴始终朝右。

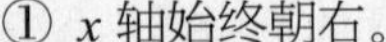

② y 轴始终朝上。

③ z 轴始终垂直于屏幕指向用户。

（2）屏幕：将活动视口屏幕作为坐标系，图 1-18 和图 1-19 所示分别为激活了旋转视口后的“透视”视口和“顶”视口的坐标效果。“屏幕”坐标系始终相对于观察点。该坐标系有以下特点。

① x 轴为水平方向，正向朝右。

② z 轴为垂直方向，正向朝上。

③ y 轴为深度方向，正向指向用户。

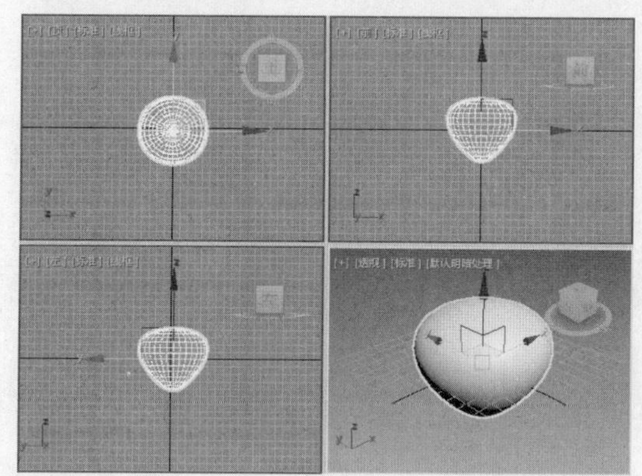

图 1-17

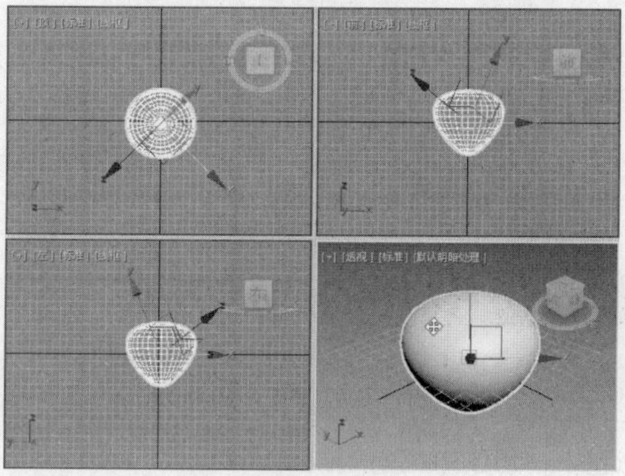

图 1-18

因为“屏幕”坐标系取决于其方向的活动视口，所以非活动视口中的三轴架上的 X、Y 和 Z 标签显示当前活动视口的方向。激活该三轴架所在的视口时，三轴架上的标签会发生变化。

（3）世界：“世界”坐标系如图 1-20 所示。从正面看，该坐标系有以下特点。

① x 轴正向朝右。

② y 轴正向朝上。

③ z 轴正向指向背离用户的方向。

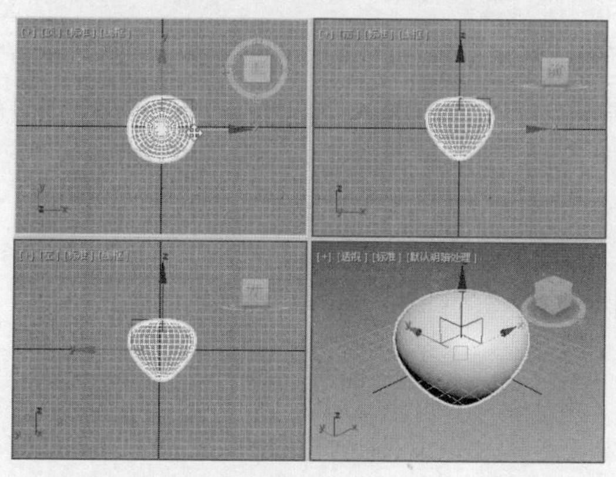

图 1-19

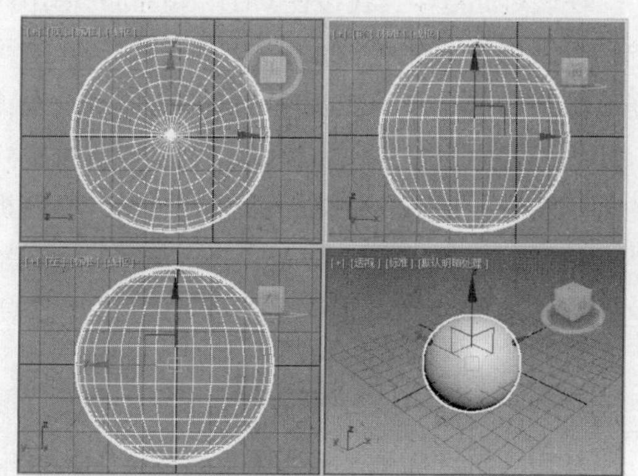

图 1-20

（4）父对象：使用选定对象的父对象的坐标系。如果对象未链接至特定对象，则其为“世界”坐标系的子对象，其父坐标系与“世界”坐标系相同。

（5）局部：使用选定对象的坐标系，对象的“局部”坐标系由其轴点支撑。使用“层次”命令面板中的选项，可以相对于对象调整“局部”坐标系的位置和方向。

（6）万向：“万向”坐标系与 Euler XYZ 旋转控制器一同使用，它与“局部”坐标系类似，但其 3 个旋转轴之间不一定互相成直角。使用“局部”和“父对象”坐标系围绕一个轴旋转时，会更改 2 个或 3 个“Euler XYZ”轨迹。“万向”坐标系可避免这个问题，围绕一个轴的“Euler XYZ”旋转仅更改该轴的轨迹，这使功能曲线的编辑更为便捷。此外，利用“万向”坐标系的绝对变换输入会将相同的 Euler 角度值作为动画轨迹（按照坐标系要求，与相对于“世界”或“父对象”坐标系的 Euler 角度相对应）。

（7）栅格：使用活动栅格的坐标系。

（8）工作：使用“工作”轴时，即为默认的坐标系（每个视口左下角的坐标系）。

（9）局部对齐：当选择局部对齐后，可忽略世界坐标系中的对齐方式。

（10）拾取：使用场景中另一个对象的坐标系。

1.4 物体的选择方式

在 3ds Max 中选择物体的方法很多，包括使用选择工具选择、使用区域选择、使用“编辑”菜单选择、使用过渡器选择。

1.4.1 使用选择工具选择

使用选择工具选择物体是指使用（选择对象）直接选择和使用（按名称选择）按钮：单击（选择对象）按钮，在需要选择的物体上单击，物体即被选中；单击（按名称选择）按钮，在弹出的“从场景选择”对话框中可进行设置，如图 1-21 所示。

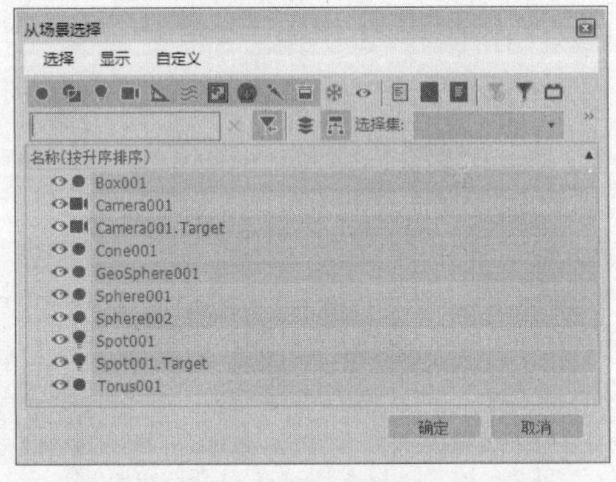

图 1-21

在该对话框中，在按住 Ctrl 键的同时单击对象可选择多个对象，在按住 Shift 键的同时单击对象可选择连续范围内的对象。在该对话框的右侧可以设置对象以什么形式进行排序，也可以指定显示在对象列表中的列出类型，包括几何体、图形、灯光、摄影机、辅助对象、空间扭曲、组/集合、外部参考和骨骼类型。这些均在工具栏中以按钮形式显示，若取消工具栏中按钮类型的选择，则在列表中将隐藏该类型。

1.4.2 使用区域选择

使用区域选择是指将选择工具配合工具栏中的选区工具[（矩形选择区域）、（圆形选择区域）、（围栏选择区域）、（套索选择区域）和（绘制选择区域）]使用。具体方法如下。

（1）使用（矩形选择区域）工具时，鼠标首先单击的位置是矩形的一个角，释放鼠标的位置是矩形相对的角，如图 1-22 所示。

（2）使用（圆形选择区域）工具时，鼠标首先单击的位置是圆形的圆心，释放鼠标的位置定义了圆的半径，如图 1-23 所示。

（3）使用![]（围栏选择区域）工具时，拖动鼠标可绘制多边形，创建多边形选择区域，如图 1-24 所示。

（4）使用![]（套索选择区域）工具时，围绕应该选择的对象拖动鼠标以绘制图形，然后释放鼠标。要取消该选择，在释放鼠标前单击鼠标右键即可，如图 1-25 所示。

（5）使用![]（绘制选择区域）工具时，将光标拖动到对象上，然后释放鼠标。在进行拖放时，光标周围会出现一个以画刷大小为半径的圆圈，并根据用户的绘制创建选区，如图 1-26 所示。

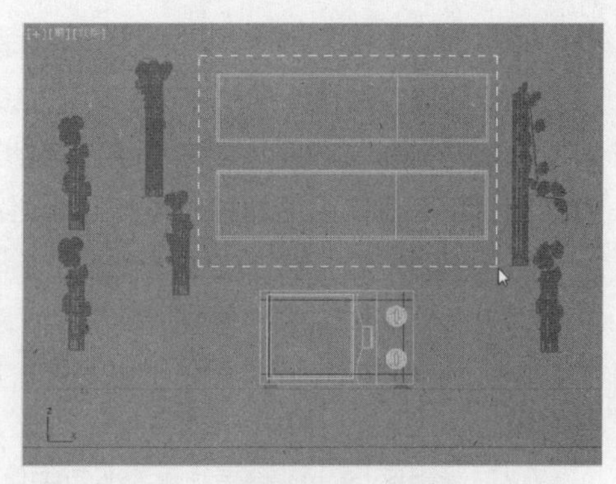

图 1-22

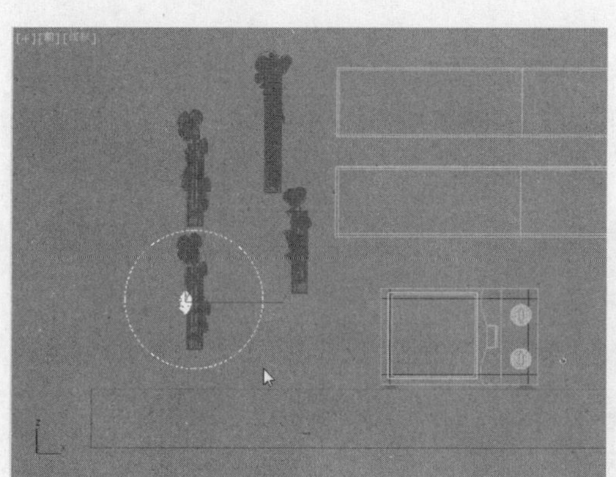

图 1-23

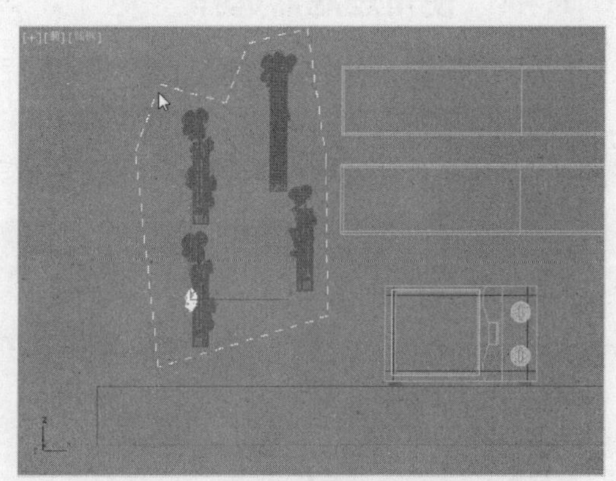

图 1-24

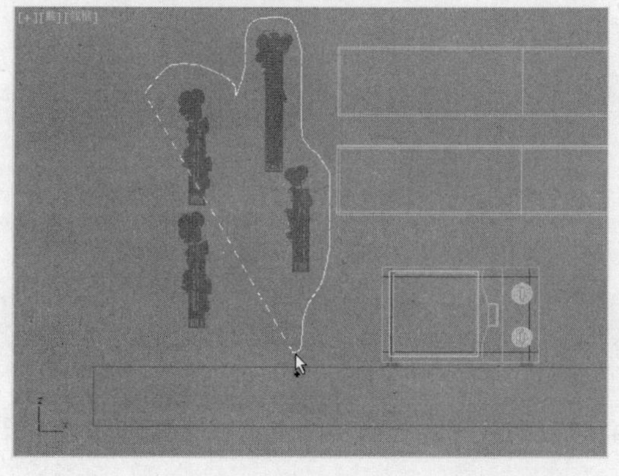

图 1-25

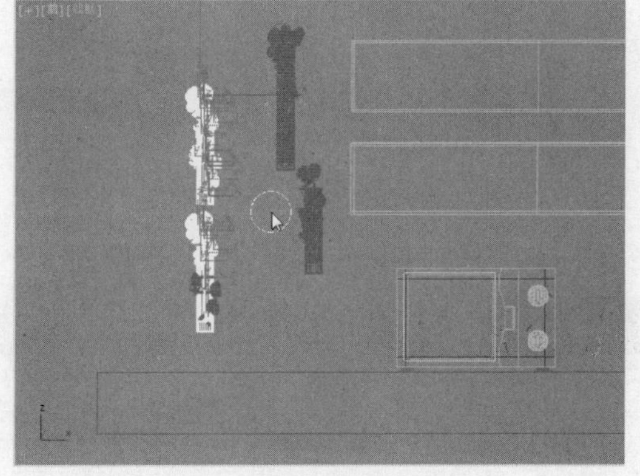

图 1-26

1.4.3 使用“编辑”菜单选择

使用“编辑”菜单选择是指在菜单栏中选择“编辑”菜单中的相应命令进行物体的选择，如图 1-27 所示。

“编辑”菜单中各命令的功能如下。

（1）全选。该命令用于选择场景中的全部对象。

（2）全部不选。该命令用于取消所有选择。

（3）反选。该命令用于反选当前选择集。

（4）选择类似对象。该命令用于自动选择与当前选择类似对象的所有项。通常，这意味着所选对象必须位于同一层中，并且应用了相同的材质（或不应用材质）。

（5）选择实例。该命令用于选择选定对象的所有实例。

（6）选择方式。该命令用于以名称、层和颜色选择的方式选择对象。

（7）选择区域。可参考 1.4.2 小节中区域选择的介绍。

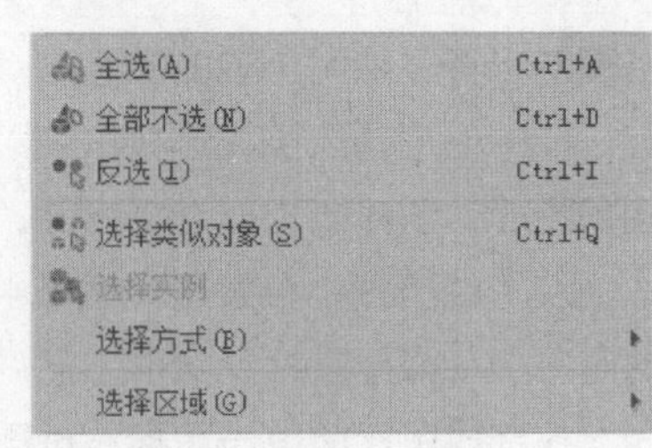

图 1-27

1.4.4 使用过滤器选择

使用过滤器选择物体可以限制选择对象的特定类型和组合。

图 1-28 所示为在场景中创建的几何体和摄影机。在过滤器下拉列表框中选择“C-摄影机”选项，如图 1-29 所示，在场景中即使按 Ctrl+A 组合键全选对象，也不会选择其他的非摄影机对象。

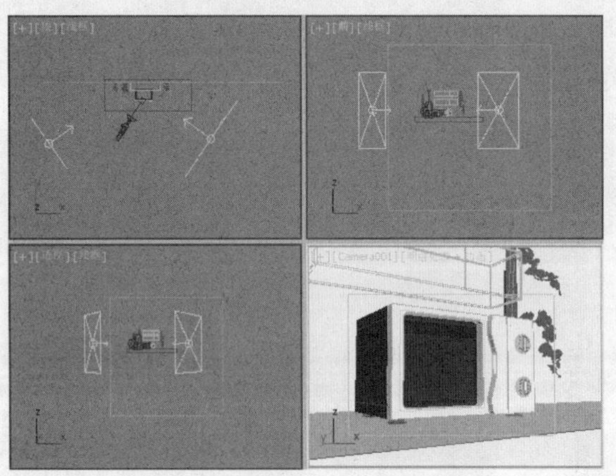
图 1-28

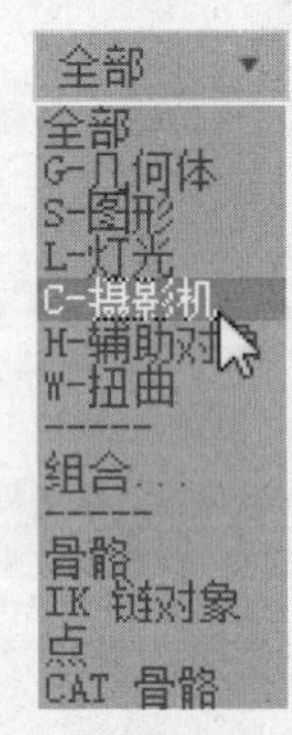

图 1-29

1.5 对象的群组

群组对象操作可将两个或多个对象组合为一个组对象，并可为组对象命名，此后即可像处理单个对象一样对它们进行处理。

1.5.1 组的创建与分离

要创建组，首先应在场景中选择需要成组的对象，在菜单栏中选择“组>成组”命令，在弹出的“组”对话框中设置组的名称即可，如图 1-30 所示。

“组”菜单中各命令的功能如下。

（1）组。该命令用于将对象或组的选择集组成为一个组。

（2）解组。该命令用于将当前组分离为单个的对象或组。

（3）打开。使用该命令可以暂时对组进行解组，以访问组内的对象，如图 1-31 所示。在菜单栏中选择“组>关闭”命令可将组还原。

（4）附加。该命令用于使选定对象成为现有组的一部分。

（5）分离。该命令用于从组中分离选定对象。

（6）炸开。该命令用于解组组中的所有对象，而不论嵌套组的数量如何，这与“解组”命令不同，后者只解组一个层级。和“解组”命令相同的是，所有炸开的对象都保留在当前选择集中。

（7）集合。该命令用于将对象选择集、集合或组合并至单个集合，并将光源辅助对象添加为头对象。集合对象后，可以将其视为场景中的单个对象：可以单击组中任一对象来选择整个集合，可将集合作为单个对象进行变换，也可像对待单个对象那样为集合应用修改器。

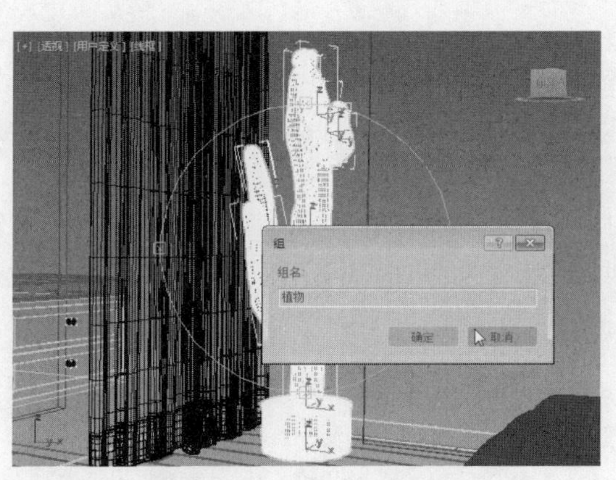

图 1-30

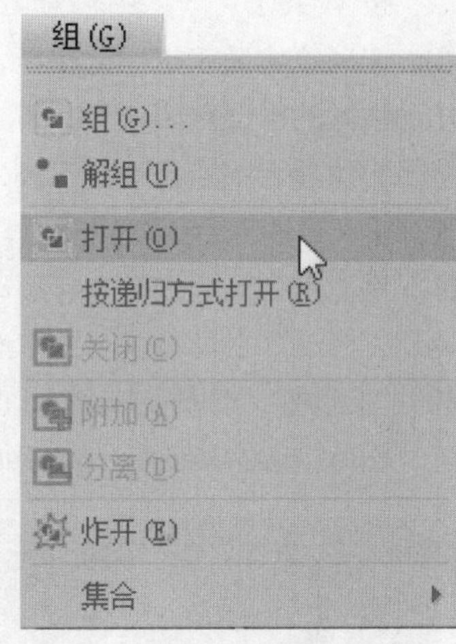

图 1-31

1.5.2 组的编辑与修改

组的编辑与修改主要是指可以对对象进行“附加”“分离”“打开”操作和使用一些变换工具。图 1-32 所示为成组后的对象，使用“旋转”工具，可以对组进行旋转，如图 1-33 所示。

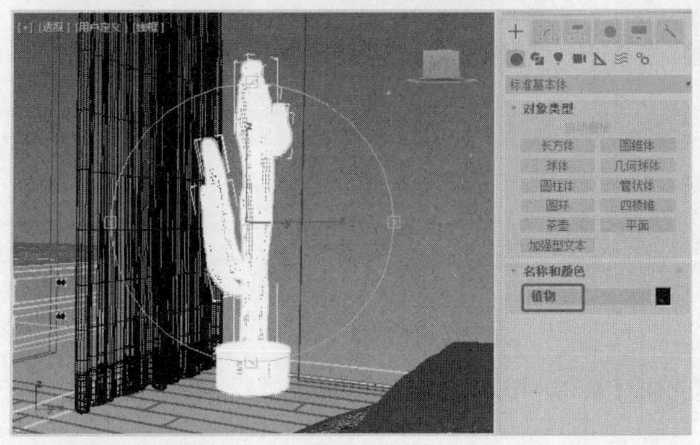

图 1-32

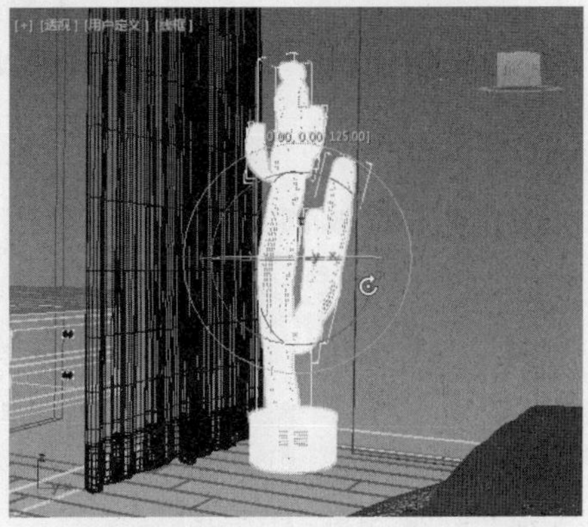

图 1-33

1.6 物体的变换

物体的变换包括物体的移动、旋转和缩放。这 3 项操作几乎在每一次建模中都会用到，是建模操作的基础。

1.6.1 移动物体

启用“移动”工具有以下 3 种方法。

（1）单击工具栏中的 （选择并移动）按钮。

（2）按 W 键。

（3）选择物体后单击鼠标右键，在弹出的快捷菜单中选择“移动”命令。

移动物体的操作方法如下。

选择物体并启用“移动”工具，当光标移动到物体坐标轴（如 x 轴）上时，光标会变成 形状，并且坐标轴（x 轴）会变成亮黄色，表示可以移动，如图 1-34 所示。此时，按住鼠标左键不放并拖曳鼠标，物体就会跟随光标一起移动。

利用“移动”工具可以使物体沿两个轴向同时移动。观察物体的坐标轴，会发现每两个坐标轴之间都有共同区域，当光标移动到此区域时，该区域会变黄，如图 1-35 所示。按住鼠标左键不放并拖曳鼠标，物体就会跟随光标一起沿两个轴向移动。

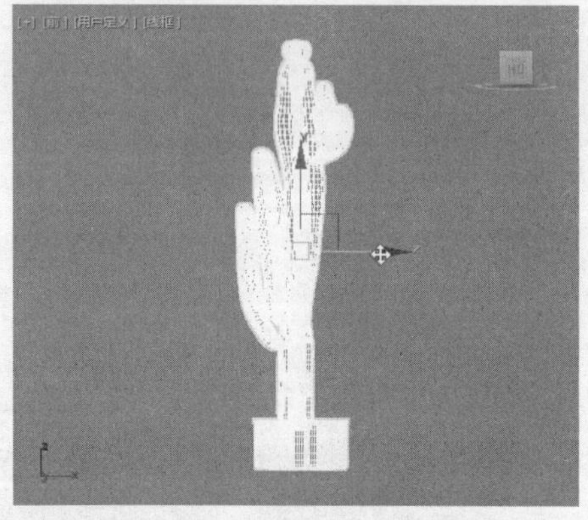
图 1-34

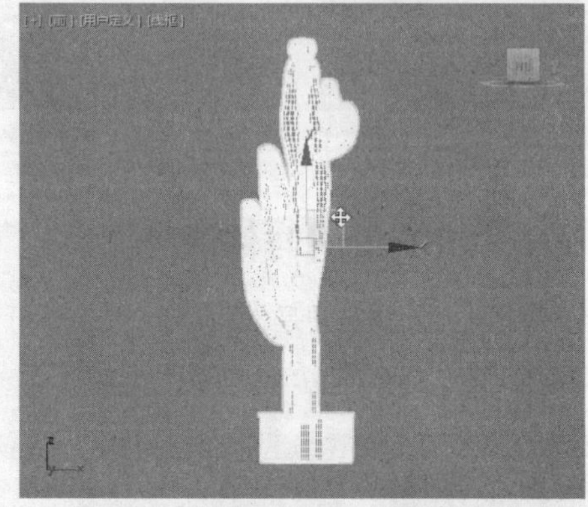
图 1-35

1.6.2 旋转物体

启用“旋转”工具有以下 3 种方法。

（1）单击工具栏中的 （选择并旋转）按钮。

（2）按 E 键。

（3）选择物体后单击鼠标右键，在弹出的快捷菜单中选择“旋转”命令。

旋转物体的操作方法如下。

选择物体并启用“旋转”工具，当光标移动到物体的旋转轴上时，光标会变为 形状，旋转轴的颜色会变成亮黄色，如图 1-36 所示。按住鼠标左键不放并拖曳鼠标，物体会随光标的移动而旋转。旋转物体只用于单方向旋转。

使用“旋转”工具可以通过旋转来改变物体在视口中的方向。所以，熟悉各旋转轴的方向很重要。

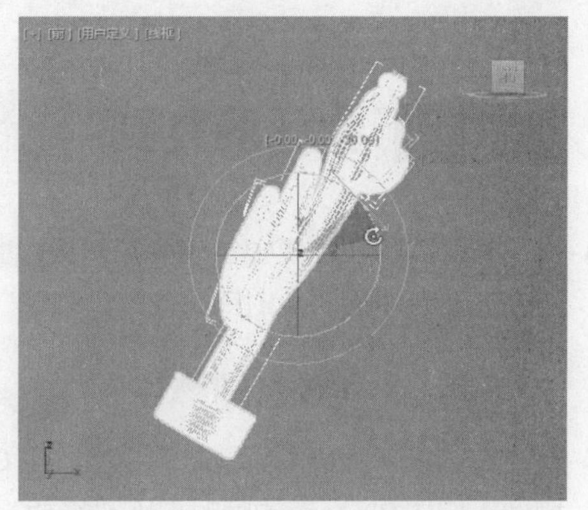

图 1-36

1.6.3 缩放物体

启用“缩放”工具有以下 3 种方法。

（1）单击工具栏中的（选择并均匀缩放）按钮。3ds Max 2019 提供了 3 种方式对物体进行缩放，即选择并均匀缩放、选择并非均匀缩放和选择并挤压。在系统默认设置下，工具栏中显示的是“选择并均匀缩放”按钮，“选择并非均匀缩放”按钮和“选择并挤压”按钮是隐藏按钮。

① （选择并均匀缩放）。该按钮只用于改变物体的体积，不改变形状，因此坐标轴向对它不起作用。

② （选择并非均匀缩放）。该按钮用于对物体在指定的轴向上进行二维缩放（不等比例缩放），物体的体积和形状都发生变化。

③ （选择并挤压）。该按钮用于在指定的轴向上使物体发生缩放变形，物体体积保持不变，但形状会发生改变。

（2）按 R 键。

（3）选择物体后单击鼠标右键，在弹出的快捷菜单中选择“缩放”命令。

缩放物体的操作方法如下。

选择物体并启用“缩放”工具，当光标移动到缩放轴上时，光标会变成形状，按住鼠标左键不放并拖曳鼠标，即可对物体进行缩放操作。使用“缩放”工具可以同时在 2 个或 3 个轴向上进行缩放，方法和“移动”工具的使用相似，如图 1-37 所示。

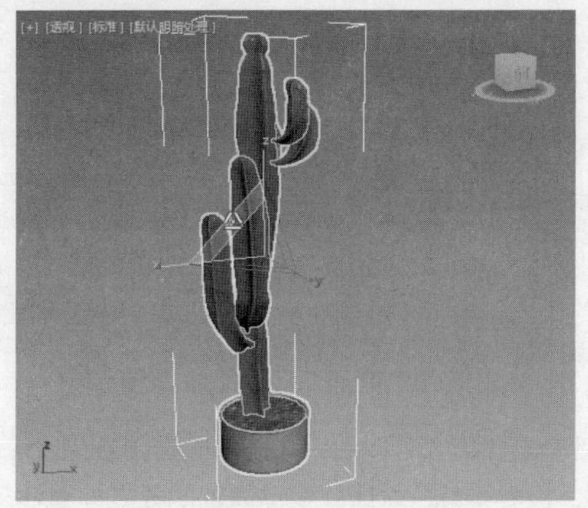

图 1-37

1.7 物体的复制

有时需要在建模中创建很多形状、性质相同的几何体，分别进行创建会很浪费时间，此时即可使用“复制”命令。

1.7.1 直接复制物体

在场景中选择需要复制的模型，按 Ctrl+V 组合键，可以直接复制模型。按住 Shift 键的同时启用“移动”“旋转”和“缩放”工具并拖动鼠标，即可将物体复制，释放鼠标，弹出“克隆选项”对话框，如图 1-38 所示。复制分为复制、实例和参考 3 种方式，主要根据复制后原物体与复制物体的相互关系来分类。

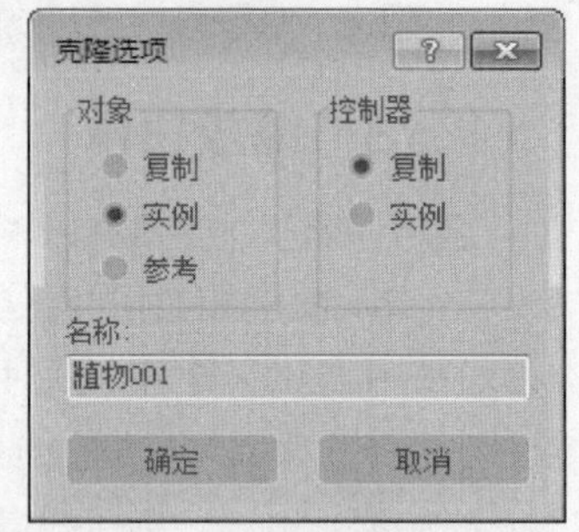

图 1-38

（1）复制。复制后原物体与复制物体之间没有任何关系，是完全独立的物体，相互间没有任何影响。

（2）实例。复制后原物体与复制物体相互关联，对任何一个物体的参数修改都会影响到复制的其他物体。

（3）参考。复制后原物体与复制物体有一种参考关系，对原物体进行参数修改，复制物体会受同样的影响，但对复制物体进行修改不会影响原物体。

1.7.2 利用镜像复制物体

当建模中需要创建两个对称的物体时，如果使用直接复制，物体间的距离就很难控制，且要使两个物体相互对称通过直接复制是办不到的，镜像就能很简单地解决这个问题。

选择物体后，单击“镜像”按钮，弹出“镜像：世界坐标”对话框，如图 1-39 所示。其主要选项的功能如下。

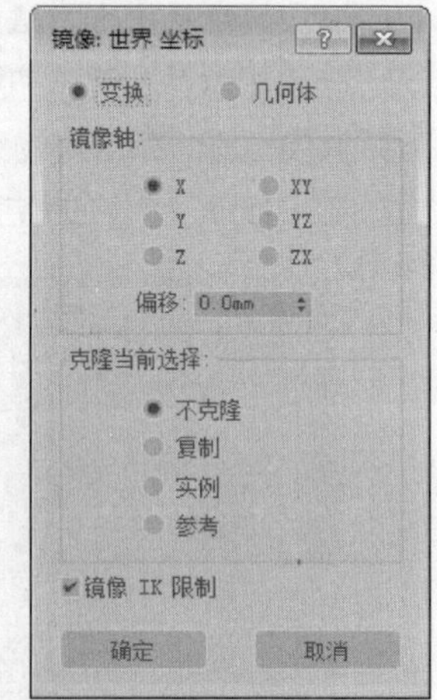

图 1-39

（1）镜像轴。该选项组用于设置镜像的轴向，系统提供了 6 种镜像轴向。

偏移：用于设置镜像物体和原始物体轴心点之间的距离。

（2）克隆当前选择。该选项组用于确定镜像物体的复制类型。

① 不克隆：仅把原始物体镜像到新位置而不复制对象。

② 复制：把选定物体镜像复制到指定位置。

③ 实例：把选定物体关联镜像复制到指定位置。

④ 参考：把选定物体参考镜像复制到指定位置。

使用镜像复制应该熟悉轴向的设置，选择物体后单击“镜像”按钮，可以依次选择镜像轴，观察镜像复制物体的轴向，视口中的复制物体是随“镜像：世界坐标”对话框中镜像轴的改变实时显示的，选择合适的轴向后单击“确定”按钮即可，单击“取消”按钮则可取消镜像。

1.7.3 利用间距复制物体

利用间距复制物体是一种快速且比较随意的物体复制方法，它可以指定一个路径，使复制物体排列在指定的路径上。操作步骤如下。

（1）在视口中创建一个几何球体和圆，如图 1-40 所示。

（2）单击球体将其选中，选择“工具 > 对齐 > 间隔工具”命令，如图 1-41 所示，弹出“间隔工具”对话框。

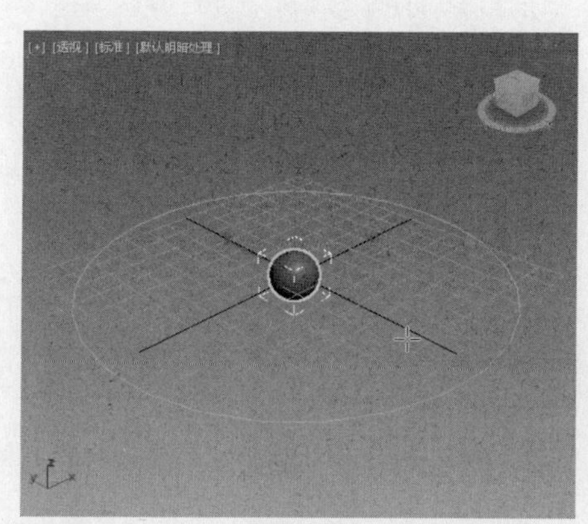

图 1-40

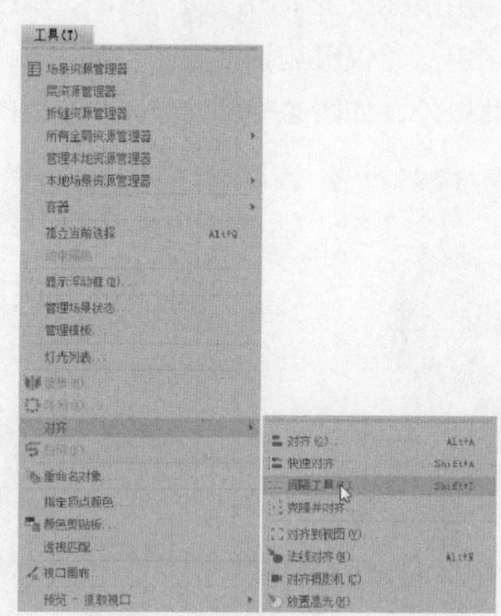

图 1-41

（3）在“间隔工具”对话框中单击“拾取路径”按钮，在视口中单击圆，在“计数”数值框中设置复制的数量，设置结束后光标会变为“Circle001”，表示拾取的是图形圆，如图 1-42 所示。

（4）设置“计数”为 13，单击“应用”按钮，复制完成，如图 1-43 所示。

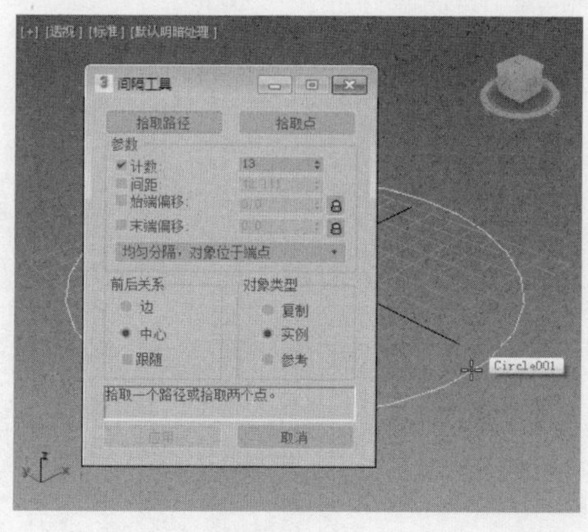

图 1-42

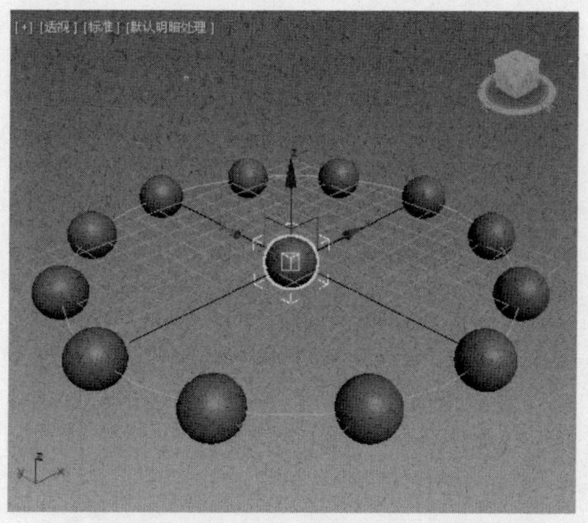

图 1-43

1.7.4 利用阵列复制物体

有时需要创建出多个相同的几何体，且这些几何体要按照一定的规律进行排列，这时就要用到（阵列）工具。

1. 选择“阵列”工具

“阵列”工具位于浮动工具栏中。在工具栏的空白处鼠标右键单击，在弹出的快捷菜单中选择“附加”命令，如图 1-44 所示，弹出“附加”浮动工具栏。单击工具栏中的 （阵列）按钮即可选择，如图 1-45 所示。

下面通过一个例子来介绍阵列复制，操作步骤如下。

（1）在视口中创建一个球体，效果如图 1-46 所示。

（2）用鼠标右键单击“顶”视口，单击球体将其选中，切换到 （层次）命令面板，在“调整轴”卷展栏中单击“仅影响轴”按钮，如图 1-47 所示，使用 （选择并移动）工具将球体的坐标中心移动到球体以外，如图 1-48 所示，调整轴的位置后，取消“仅影响轴”按钮的选择。

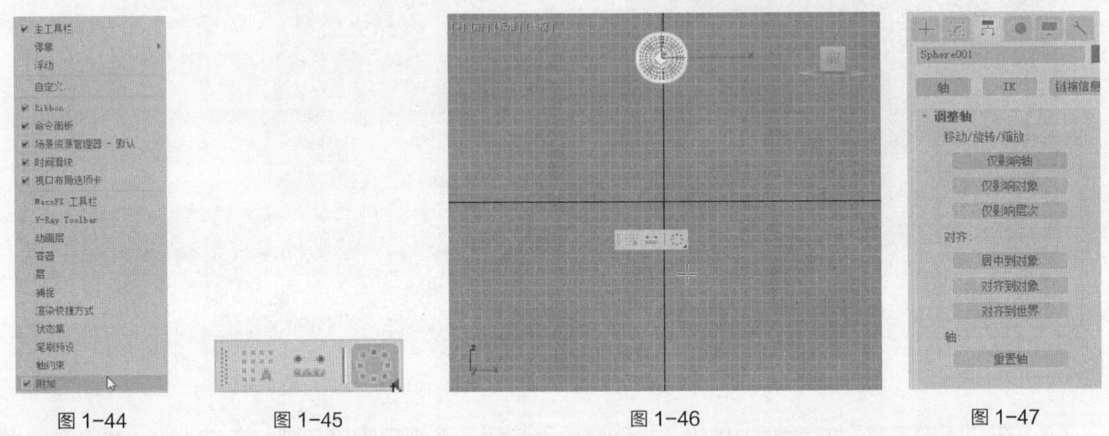

图 1-44　　图 1-45　　图 1-46　　图 1-47

仅影响轴：只对被选择对象的轴心点进行修改，此时使用“移动”和“旋转”工具能够改变对象轴心点的位置和方向。

（3）在浮动工具栏中单击 （阵列）按钮，弹出“阵列”对话框，如图 1-49 所示。

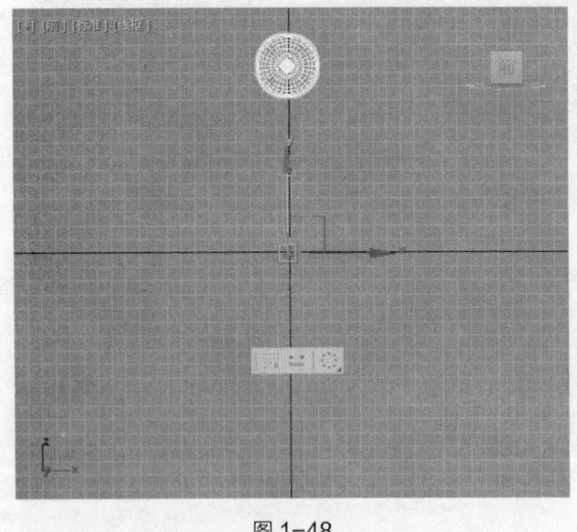

图 1-48

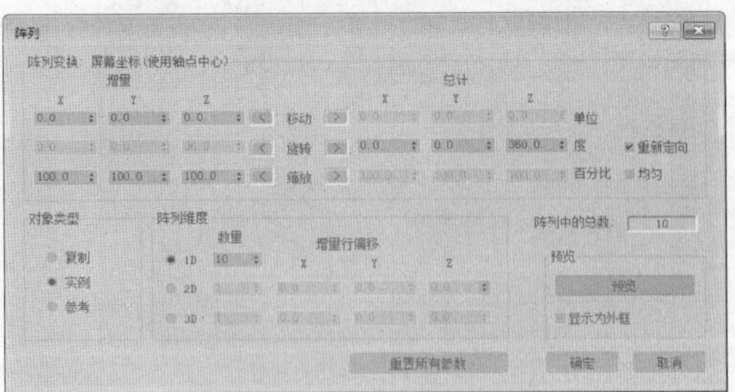

图 1-49

（4）在“阵列”对话框中设置参数，单击“确定”按钮，可以阵列出有规律的物体，如表 1-2 所示。

表 1-2

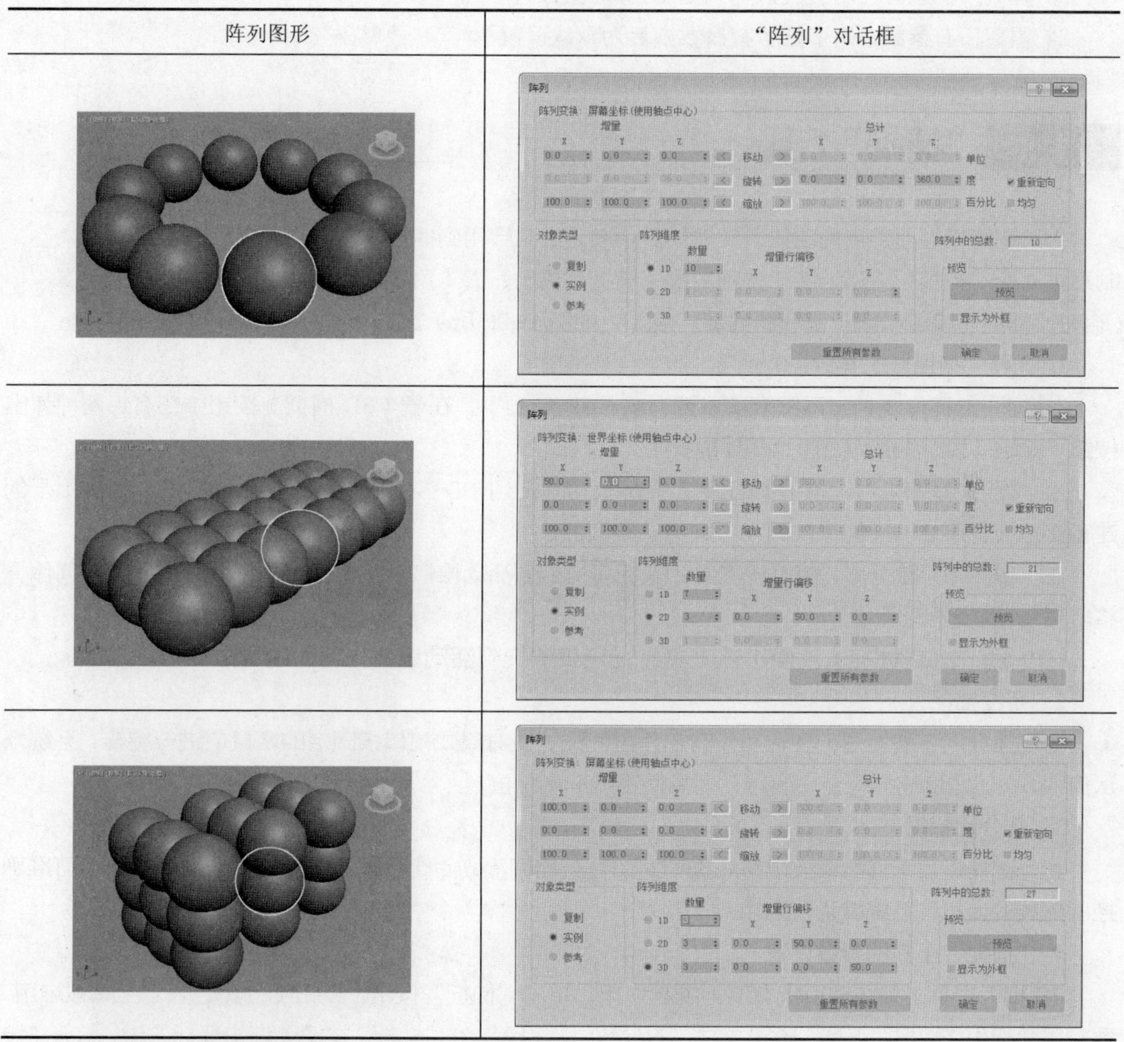

阵列图形	“阵列”对话框

2. “阵列”工具的参数

“阵列”对话框中包括“阵列变换：屏幕坐标（使用轴点中心）”“对象类型”和“阵列维度”等选项组。

（1）“阵列变换：屏幕坐标（使用轴点中心）”选项组。该选项组用于指定如何应用 3 种方式来进行阵列复制。

① 增量：分别用于设置 *x* 轴、*y* 轴、*z* 轴 3 个轴向上的阵列物体之间距离大小、旋转角度、缩放程度的增量。

② 总计：分别用于设置 *x* 轴、*y* 轴、*z* 轴 3 个轴向上的阵列物体自身距离大小、旋转角度、缩放程度的增量。

（2）“对象类型”选项组。该选项组用于确定复制的方式。

（3）“阵列维度”选项组。该选项组用于确定阵列变换的维数。

① 1D、2D、3D：根据“阵列变换”选项组的参数设置创建一维阵列、二维阵列、三维阵列。

② 阵列中的总数：用于设置阵列复制物体的总数。

③ 重置所有参数：用于把所有参数恢复为默认设置。

1.8 “捕捉”工具

为了在建模过程中精确定位，使建模更精准，经常会用到捕捉控制器。捕捉控制器由 4 个“捕捉”工具组成，分别为（捕捉开关）、（角度捕捉切换）、（百分比捕捉切换）和（微调器捕捉切换），如图 1–50 所示。

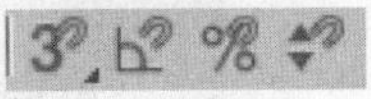

图 1–50

1. 3 种“捕捉”工具

“捕捉”工具有 3 种，系统默认设置为（3D 捕捉），在（3D 捕捉）按钮中还有另两种弹出按钮，即（2D 捕捉）和（2.5D 捕捉）。

（1）（3D 捕捉）。使用该工具，光标直接捕捉到 3D 空间中的任何几何体。3D 捕捉用于创建和移动所有尺寸的几何体，而不考虑构造平面。

（2）（2D 捕捉）。使用该工具，光标可捕捉到活动栅格，包括该栅格平面上的任何几何体，将忽略 z 轴或垂直尺寸。

（3）（2.5D 捕捉）。使用该工具，光标仅捕捉到活动栅格上对象投影的顶点或边缘。

2. 角度捕捉

角度捕捉用于捕捉进行旋转操作时的角度间隔，使对象或视口按固定的增量值进行旋转，系统默认值为 5°。角度捕捉配合“旋转”工具使用能准确定位。

3. 百分比捕捉

百分比捕捉用于捕捉缩放或挤压操作时的百分比间隔，使比例缩放按固定的增量值进行，可准确控制缩放的大小，系统默认值为 10%。

4. “捕捉”工具的参数设置

“捕捉”工具必须在启用状态下才能起作用，单击“捕捉”按钮，按钮变为黄色表示工具被启用。要想灵活运用“捕捉”工具，还需要对它的参数进行设置。在“捕捉”按钮上单击鼠标右键，打开“栅格和捕捉设置”窗口，如图 1–51 所示。

“捕捉”选项卡用于调整空间捕捉的捕捉类型。图 1–51 所示为系统默认设置的捕捉类型。栅格点捕捉、端点捕捉和中点捕捉是常用的捕捉类型。

“选项”选项卡用于调整角度捕捉和百分比捕捉的参数，如图 1–52 所示。

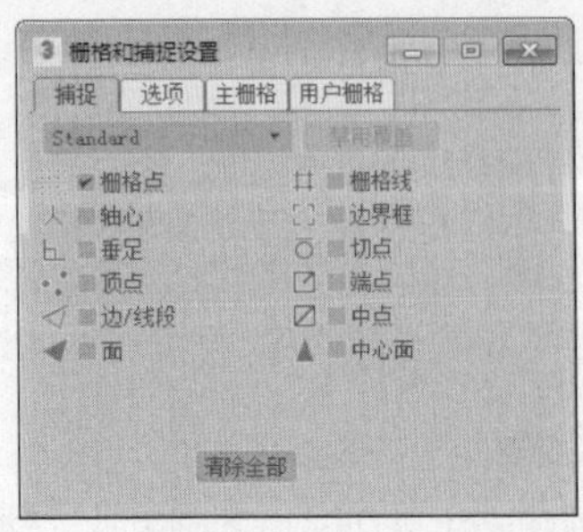

图 1–51

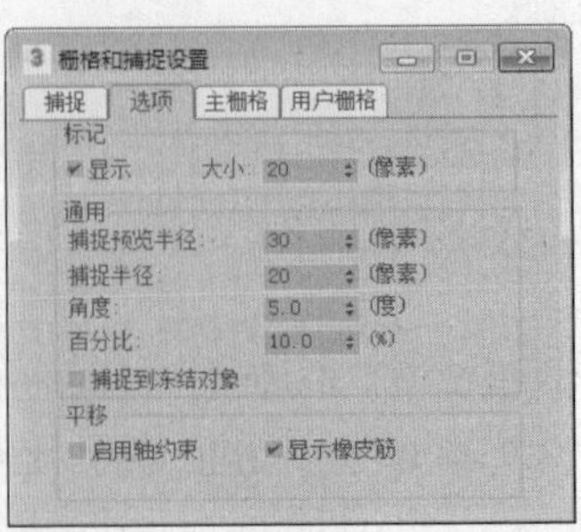

图 1–52

1.9 “对齐”工具

使用“对齐”工具可以对物体进行设置、方向和比例的对齐，还可以进行法线对齐、放置高光、对齐摄影机和对齐视口等操作。“对齐”工具有实时调节及实时显示效果的功能。

使用“对齐”工具首先要在场景中选择需要对齐的模型，在工具栏中单击（对齐）按钮，在弹出的“对齐当前选择”对话框中设置对齐属性。图 1-53 所示的参数为球体对齐到茶壶的中心位置。

当前激活的是“透视”视口，如果将球体放置到茶壶轴点处，则可以按照图 1-54 所示进行设置。

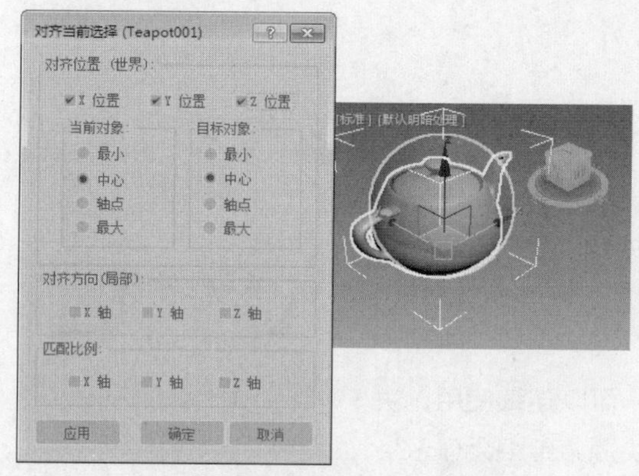

图 1-53

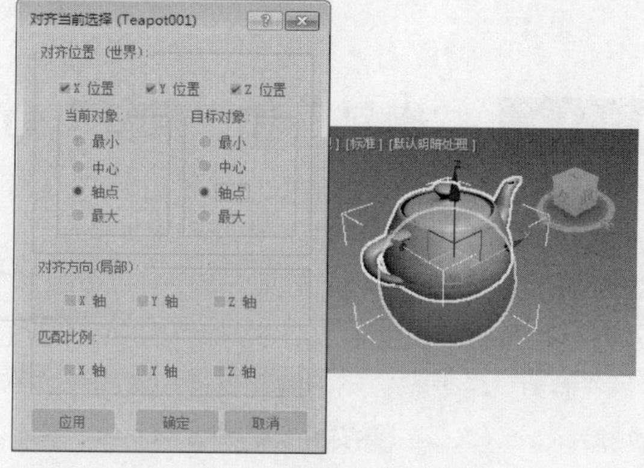

图 1-54

“对齐当前选择”对话框中各选项的功能如下。

1. “对齐位置（世界）”选项组

（1）X 位置、Y 位置、Z 位置：指定要在其中执行对齐操作的一个或多个轴。启用这 3 个选项可以将当前对象移动到目标对象位置。

（2）最小：将具有最小 x、y 和 z 值的对象边界框上的点与其他对象上选定的点对齐。

（3）中心：将对象边界框的中心与其他对象上的选定点对齐。

（4）轴点：将对象的轴点与其他对象上的选定点对齐。

（5）最大：将具有最大 x、y 和 z 值的对象边界框上的点与其他对象上选定的点对齐。

2. “对齐方向（局部）”选项组

该选项组用于在轴的任意组合上匹配两个对象之间局部坐标系的方向。

3. “匹配比例”选项组

选中“X 轴”“Y 轴”和“Z 轴”复选框，可匹配两个选定对象之间的缩放值。该操作仅对变换输入中显示的缩放值进行匹配。这不一定会导致两个对象的大小相同，如果两个对象之前都未进行缩放，则其大小不会更改。

设置球体到茶壶的上方，如图 1-55 所示。设置球体到茶壶的下方，如图 1-56 所示。

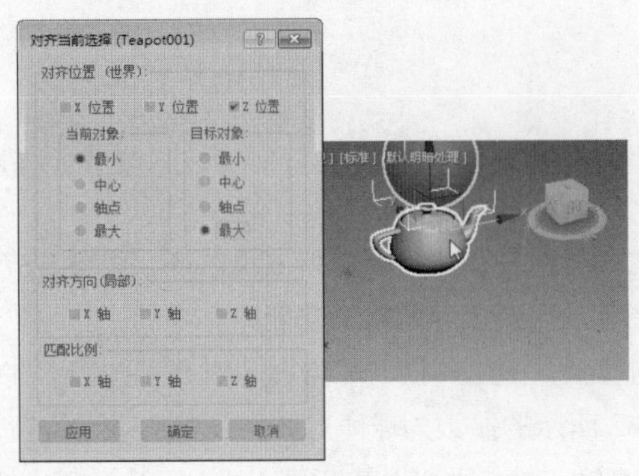

图 1-55

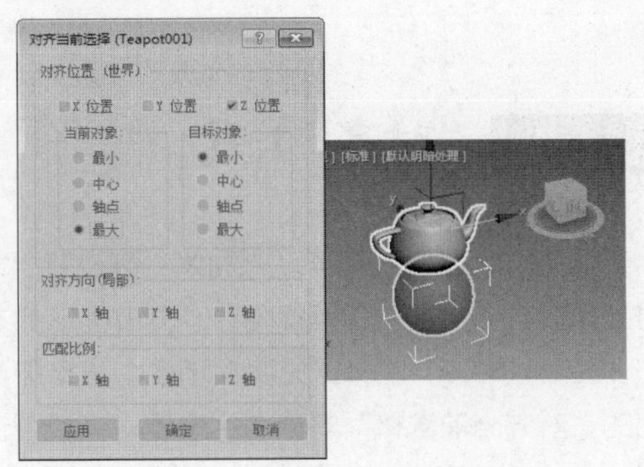

图 1-56

1.10 “撤销”和“重复”命令

在建模中，如果当前某一步操作出现错误，则可使用“撤销”和“重复”命令，使操作回到之前的某一步，这两个命令在建模过程中非常有用。这两个命令在快速访问工具栏中都有相应的快捷按钮。

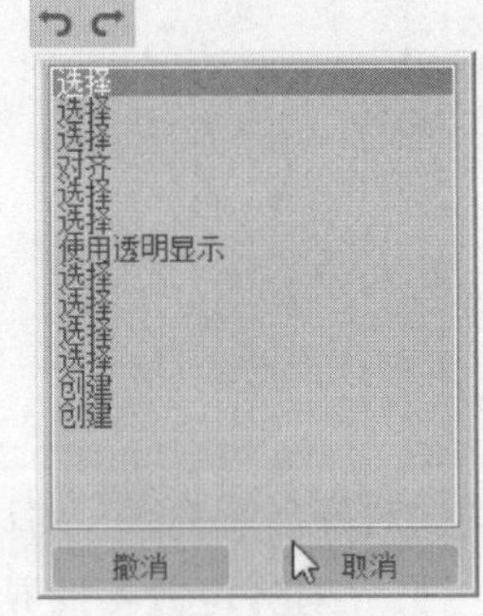

图 1-57

“撤销”命令：用于撤销最近一次操作的命令，可以连续使用，快捷键为 Ctrl + Z。在按钮上单击鼠标右键，弹出的快捷菜单中会显示当前所执行过的一些操作的步骤，可以从中选择要撤销的步骤，如图 1-57 所示。

“重复”命令：用于恢复撤销的命令，可以连续使用，快捷键为 Ctrl + Y。选择“重复”命令后也会显示已完成步骤的列表，使用方法与“撤销”命令相同。

1.11 物体的轴心控制

轴心控制是指控制物体发生变换时的中心，只影响物体的旋转和缩放。物体的轴心控制包括使用轴心点控制、使用选择中心控制和使用变换坐标中心控制 3 种方式。

1.11.1 使用轴心点控制

使用轴心点控制即把被选择对象自身的轴心点作为旋转、缩放的中心。如果选择了多个物体，则每个物体以各自的轴心点作为中心进行变换操作。图 1-58 所示为 3 个姜饼人按照自身的坐标中心旋转。

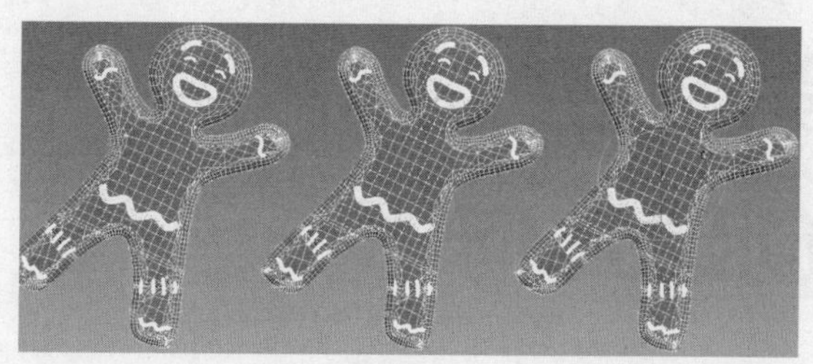

图 1-58

1.11.2 使用选择中心控制

使用选择中心控制即把选择对象的公共轴心点作为物体旋转和缩放的中心。图 1-59 所示为 3 个姜饼人围绕一个共同的轴心点旋转。

图 1-59

1.11.3 使用变换坐标中心控制

使用变换坐标中心控制即把选择的对象所使用的当前坐标系的中心点作为被选择物体旋转和缩放的中心。例如，可以通过拾取坐标系统进行拾取，把被拾取物体的坐标中心作为选择物体的旋转和缩放中心。

下面仍通过 3 个姜饼人案例进行介绍，操作步骤如下。

（1）用鼠标框选右侧的两个姜饼人，选择坐标系统下拉列表框中的“拾取”选项，如图 1-60 所示。

（2）单击最后一个姜饼人，将右侧两个姜饼人的坐标中心拾取在最后一个姜饼人上。

（3）对右侧两个姜饼人进行旋转，会发现这两个姜饼人的旋转中心是被拾取姜饼人的坐标中心，如图 1-61 所示。

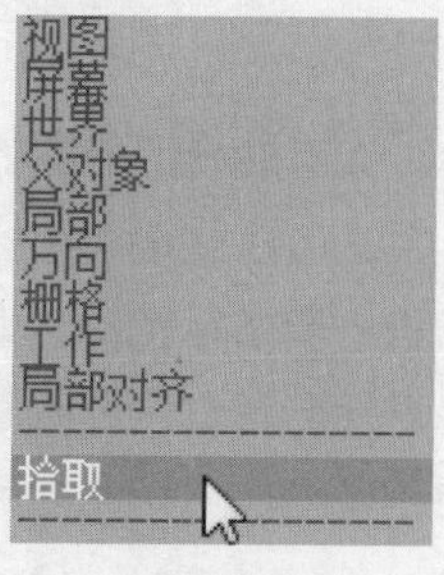

图 1-60

图 1-61

第 2 章 创建几何体

本章介绍

本章介绍 3ds Max 中自带的模型，大多数场景建模是由一些简单且标准的几何体堆砌和编辑而成的。通过本章的学习，读者应对默认的几何体有一个初步的了解和认识。

学习目标

- 熟练掌握创建标准基本体的方法
- 熟练掌握创建扩展基本体的方法
- 熟练掌握使用几何体搭建模型的方法

技能目标

- 掌握制作边框模型的方法和技巧
- 掌握制作墙上置物架模型的方法和技巧
- 掌握制作圆桌模型的方法和技巧
- 掌握制作笔筒模型的方法和技巧
- 掌握制作床尾凳模型的方法和技巧

2.1 创建标准基本体

3d Max 中的几何体分为标准基本体和扩展基本体。在现实世界中，大家熟悉的标准体就是类似于足球、管道、长方体、圆环和圆锥形冰淇淋杯的对象。在 3ds Max 中，可以使用单个标准基本体进行建模，还可以将标准基本体结合到更复杂的对象中，并使用修改器进一步进行优化。人们平时见到的规模宏大的建筑浏览动画、室内外宣传效果图等，都是对一些简单的标准基本体进行修改后得到的。只需对标准基本体的节点、线和面进行编辑修改，就能制作出想要的模型。认识和学习标准基本体是以后学习复杂建模的前提和基础。

在 3ds Max 中进行场景建模时，首先需要掌握标准基本体的创建。三维模型中最简单的模型是标准基本体和扩展基本体。通过一些简单标准基本体的拼凑就可以制作出较复杂的三维模型。

2.1.1 课堂案例——边柜模型的制作

【学习目标】熟悉长方体的创建和模型的复制，并配合"移动"工具进行位置的调整。

【知识要点】创建长方体，对长方体进行复制并修改，使用"移动"工具移动复制的长方体，完成的边柜模型效果如图 2-1 所示。

【素材文件位置】素材文件/贴图。

【模型文件所在位置】素材文件/场景/第 2 章/边柜模型.max。

【参考模型文件所在位置】素材文件/场景/第 2 章/边柜.max。

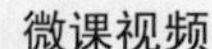
微课视频

边柜模型的制作

（1）在制作模型之前，首先要设置场景的单位，这样才能根据实际尺寸制作出更加真实的模型。在菜单栏中选择"自定义>单位设置"命令，在弹出的"单位设置"对话框中设置"公制"为"毫米"，单击"确定"按钮，如图 2-2 所示。

图 2-1

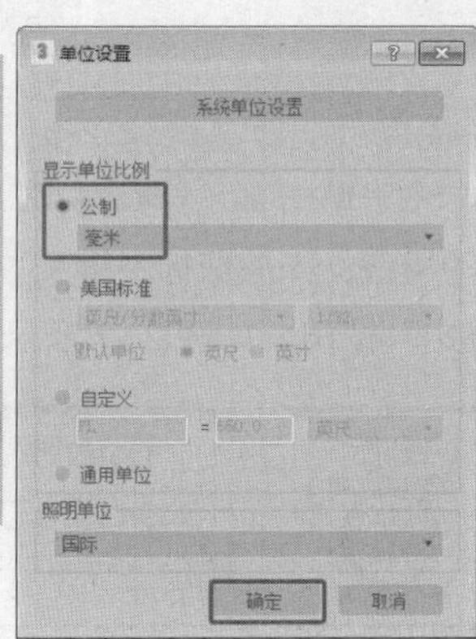

图 2-2

（2）制作边柜的面，单击"+（创建）>●（几何体）>标准基本体>长方体"按钮，在"顶"视口中创建一个长方体，在"参数"卷展栏中设置长方体的参数，如图 2-3 所示。

（3）创建边柜的高度侧面板，继续使用"长方体"工具，在"左"视口中创建长方体，在"参数"卷展栏中设置合适的参数，如图 2-4 所示。

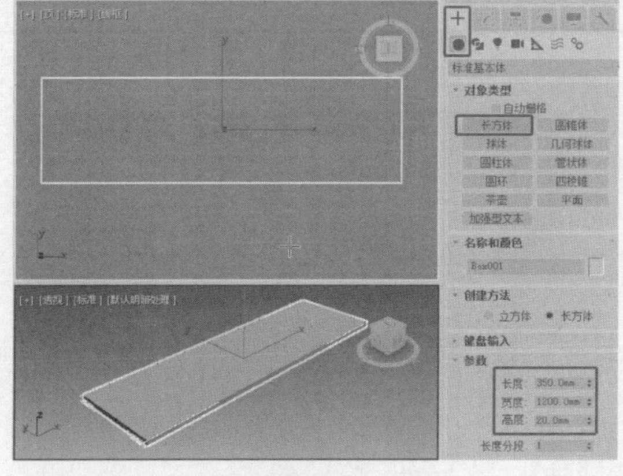
图 2-3

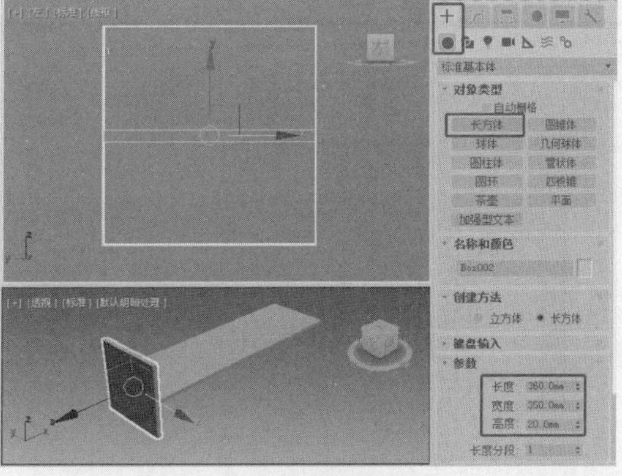
图 2-4

（4）创建好模型后，对模型的位置进行调整，在使用“移动”工具的同时，可以配合使用“捕捉”工具来精确调整模型的位置，这里使用的是（2.5D 捕捉），启用捕捉按钮后，用鼠标右键单击“捕捉”按钮，打开的“栅格和捕捉设置”窗口中设置“捕捉”为“顶点”，如图 2-5 所示。

（5）单击（选择并移动）按钮，确定启用了（2.5D 捕捉），在“左”视口中通过捕捉顶点来移动模型的位置，如图 2-6 所示。

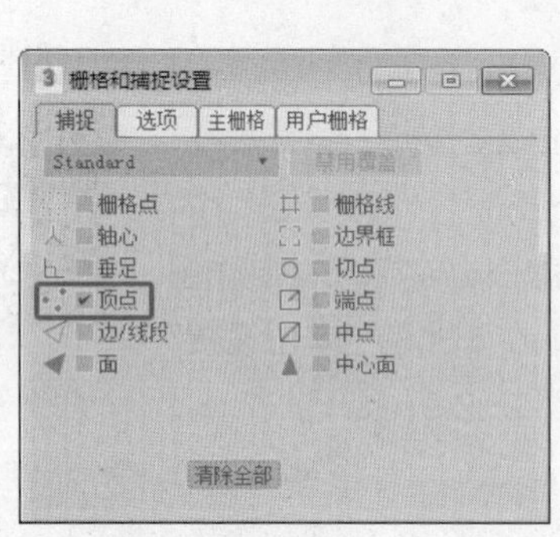

图 2-5

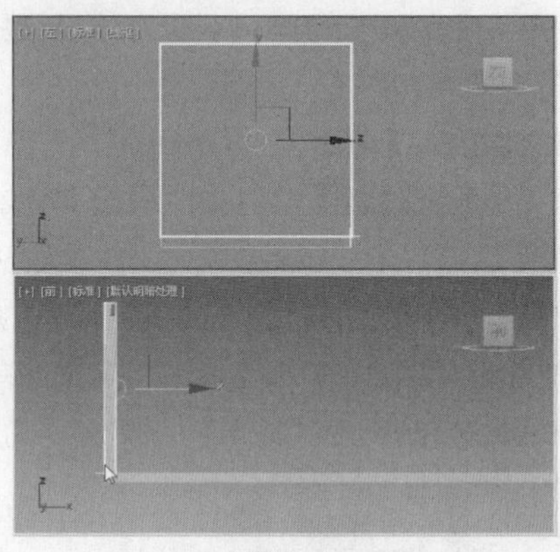

图 2-6

（6）单击（选择并移动）按钮，激活“前”视口，选择侧面的长方体，按住 Shift 键沿着 y 轴移动模型，释放鼠标左键和 Shift 键，在弹出的“克隆选项”对话框中选中“实例”单选按钮，单击“确定”按钮，如图 2-7 所示。

提 示

在复制模型时，在模型相同的情况下可以在复制时选中“实例”单选按钮，这样如果有尺寸的调整，则在修改一个模型的同时，另一个模型也跟着变化，这是制作模型中一个重要技巧。

（7）使用同样的方法复制顶面的模型，如图 2-8 所示。

提 示

在复制和调整模型的位置时，除了要使用捕捉外，选择视口和定位轴也很重要。例如，在图 2-8 中，是在“前”或“左”视口中对模型沿着 y 轴向上移动复制的；如果是在“透视”视口中，则要沿着 z 轴移动复制，所以在制作过程中要灵活运用视口和轴向。

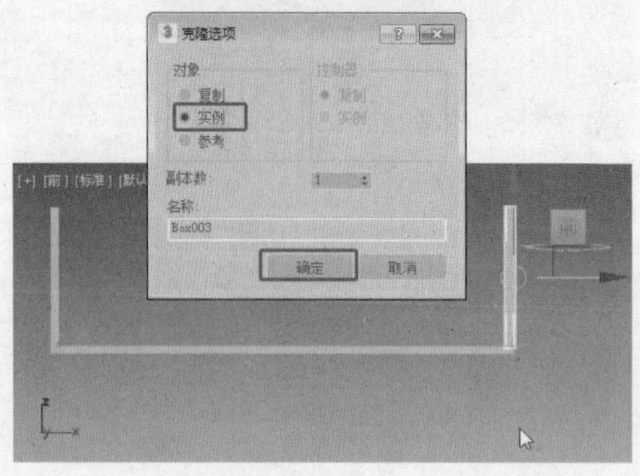

图 2-7

图 2-8

（8）单击“（创建）>（几何体）>标准基本体>长方体”按钮，在“前”视口中通过顶点捕捉创建一个在外框内的长方体，作为边柜的后挡板，设置合适的位置和参数，如图 2-9 所示。

（9）单击“长方体”按钮，在“顶”视口中创建长方体，作为左侧的抽屉，如图 2-10 所示。

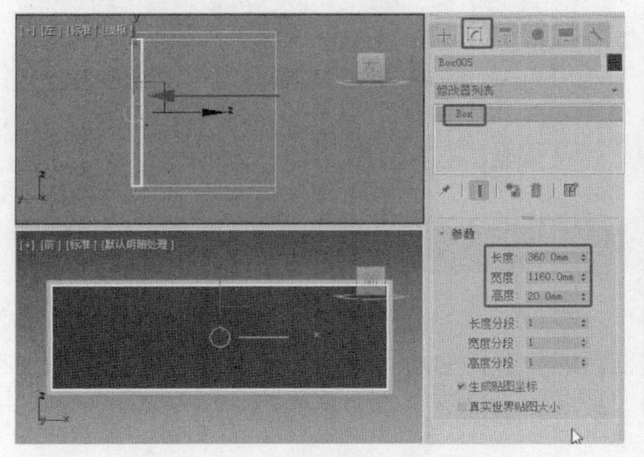

图 2-9

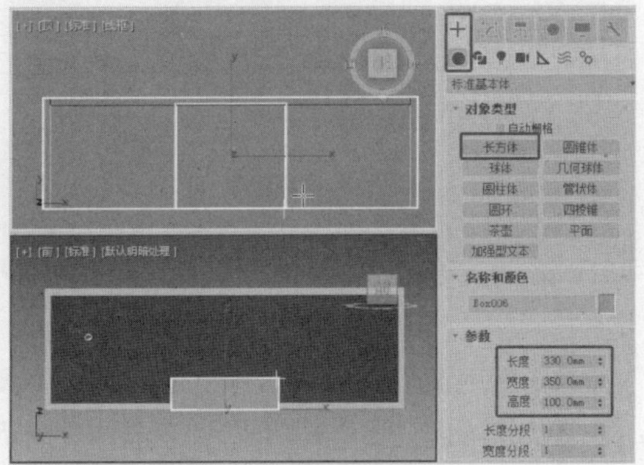

图 2-10

只通过“长方体”模型来搭建模型是非常复杂的，所以这里将结合使用“编辑多边形”修改器来制作抽屉，修改器将在后面章节中详细介绍。

（10）选择作为抽屉的长方体，再切换到（修改）命令面板，在“修改器列表”下拉列表框中选择“编辑多边形”选项，将选择集定义为“多边形”，在场景中选择顶部的多边形，在“编辑多边形”卷展栏中单击“倒角”右侧的（设置）按钮，在弹出的助手中设置合适的倒角参数，如图 2-11 所示，设置参数后单击（确定）按钮。

（11）单击“挤出”右侧的（设置）按钮，设置挤出的“高度”，如图 2-12 所示，设置参数后单击（确定）按钮，并关闭选择集（关闭选择集就是在“多边形”的选择集上再次单击，使其不处于选择状态即可）。

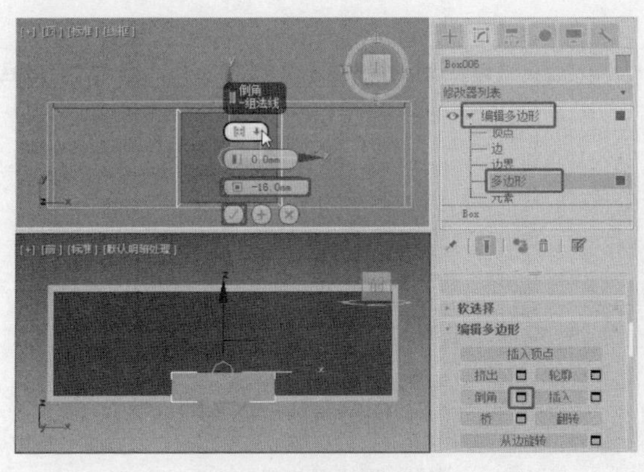

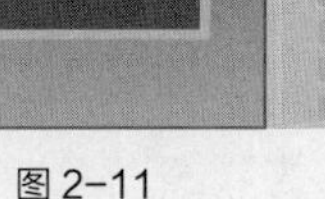

图 2-11

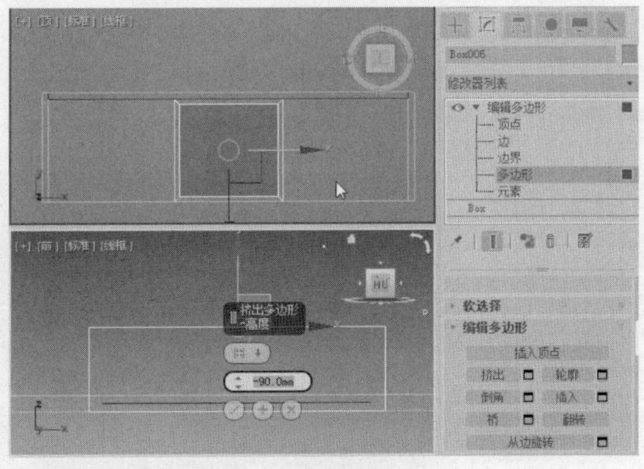

图 2-12

（12）在场景中对抽屉模型进行复制，调整模型的间距，可以对模型进行缩放，使其可以放下 3 个抽屉即可，如图 2-13 所示。

（13）复制侧面挡板到抽屉的右侧，将其作为隔断，如图 2-14 所示。

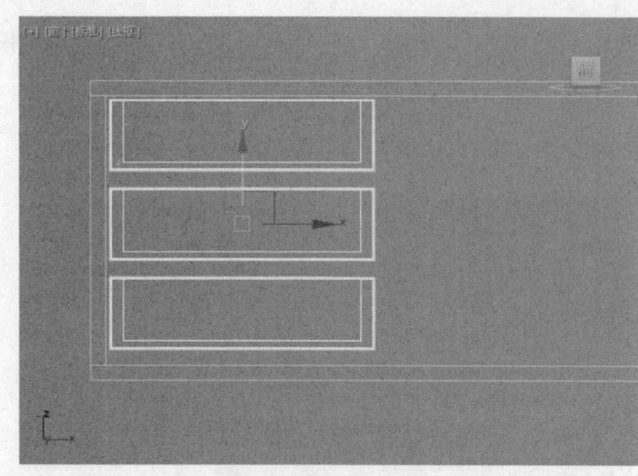
图 2-13

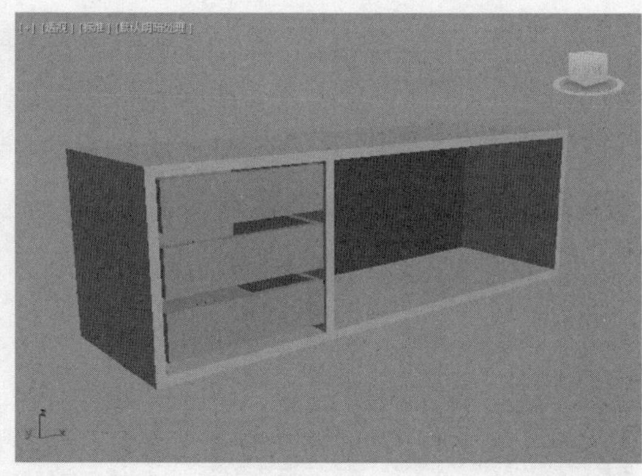
图 2-14

（14）使用长方体，制作右侧的推拉门，设置合适的参数，如图 2-15 所示。

（15）在场景中移动复制模型，并将两个模型一前一后地错开，如图 2-16 所示。

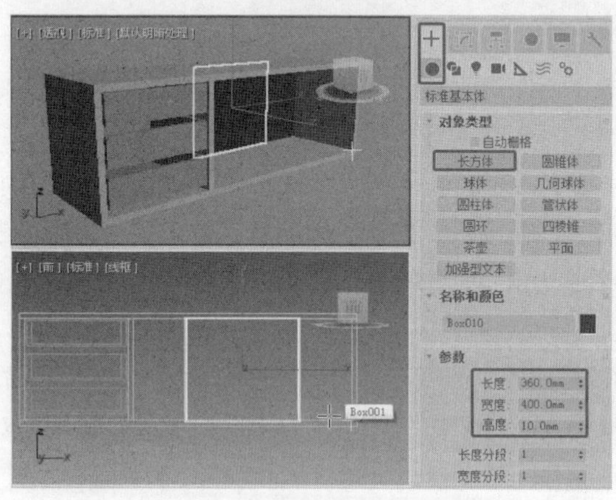

图 2-15

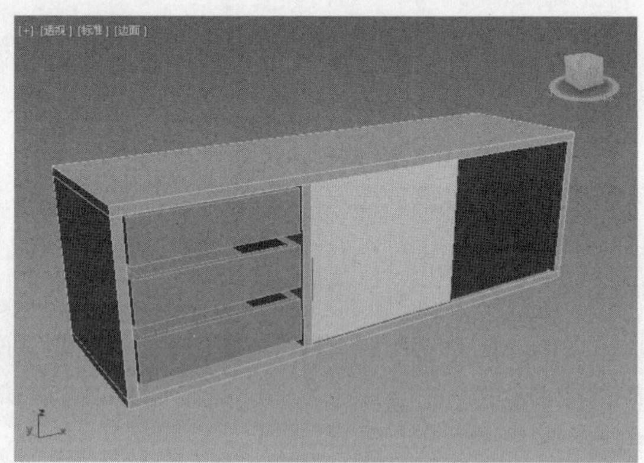
图 2-16

（16）单击“+（创建）>（图形）>矩形”按钮，在“左”视口中创建矩形，在“渲染”区域中进行设置，设置合适的参数，如图 2-17 所示。

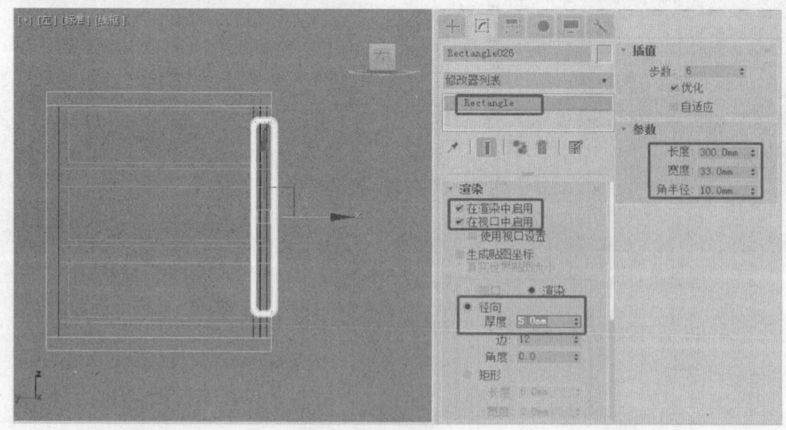

图 2-17

（17）在场景中对作为把手的矩形进行复制，复制后调整模型到合适的位置，如图 2-18 所示。

（18）单击“+（创建）>（图形）>矩形”按钮，在“前”视口中创建矩形，在“渲染”区域中进行设置，设置合适的参数，如图 2-19 所示，该矩形将用于边框腿的制作。

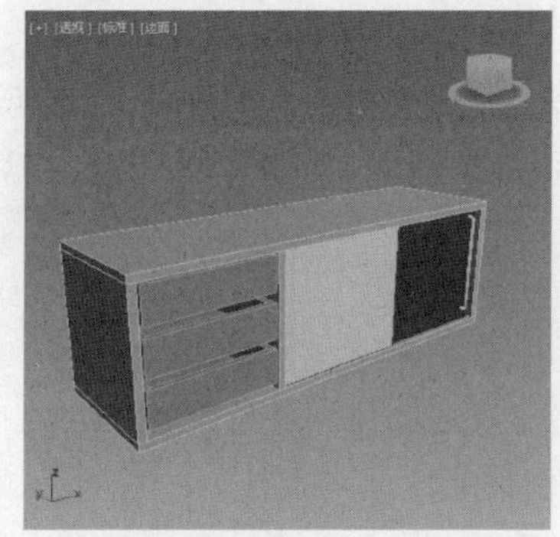

图 2-18

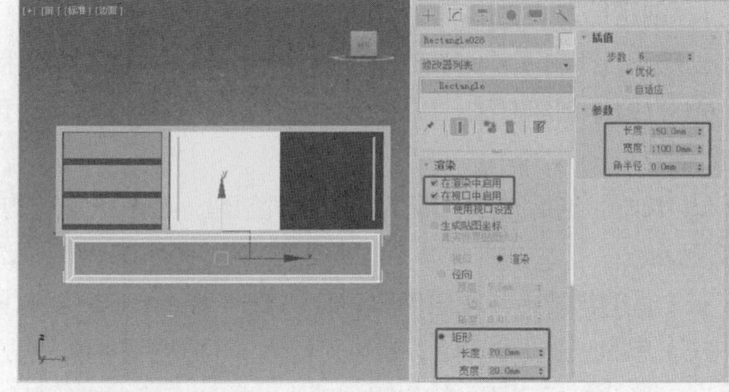

图 2-19

（19）切换到（修改）命令面板，在“修改器列表”下拉列表框中选择“编辑样条线”选项，在“选择”卷展栏中将“选择”定义为“分段”，选择矩形底部的线段，按 Delete 键删除线段，如图 2-20 所示。

（20）对边柜腿进行复制，并将其调整至合适的位置，至此，边柜模型制作完成，如图 2-21 所示。

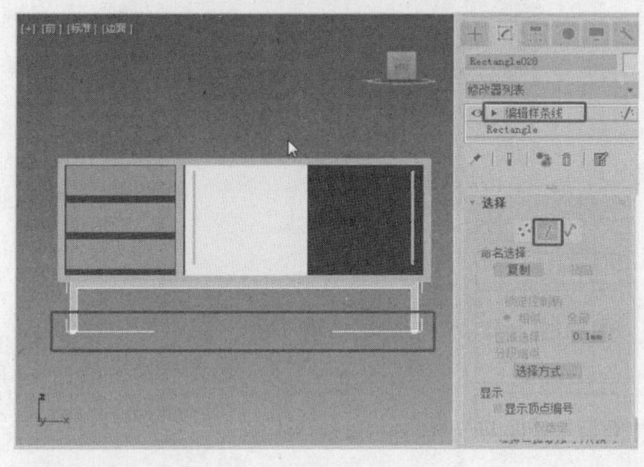

图 2-20

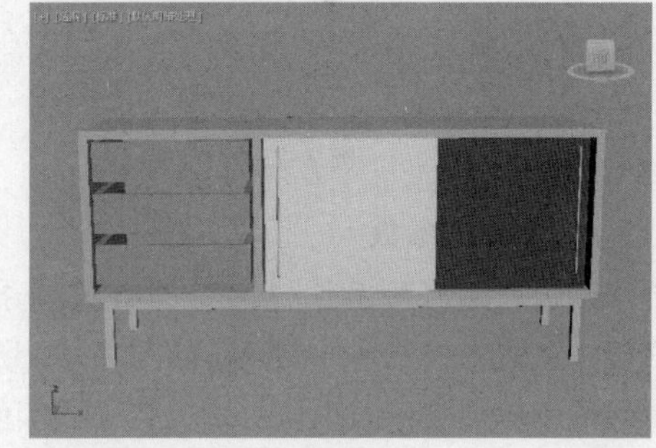

图 2-21

接下来介绍几个重要的功能键，它们对以后的建模有很大的帮助。

① F3 键：用于线框模式和着色高光模式的切换。

② F4 键：用于线框模式的切换。

这两种模式的切换能在建模时将几何体的线框直观地显示出来，提高了建模速度。

③ Delete 键：用于删除物体。创建或修改后的物体如果发生错误而需要重新创建，则可以对该物体进行删除。选择物体后按 Delete 键，物体即被删除。

④ Ctrl+Z 组合键：用于撤销场景。

⑤ Ctrl+Y 组合键：用于重做场景。

⑥ Ctrl+V 组合键：用于复制模型。

2.1.2 长方体

对于室内外效果图来说，“长方体”是在建模创建过程中使用非常频繁的模型，通过修改该模型可以得到大部分模型。

1. 创建长方体

创建长方体有两种方法：一种是立方体创建方法，另一种是长方体创建方法，如图 2-22 所示。

① 立方体创建方法：以正方体方式创建，操作简单，但仅限于创建正方体。

② 长方体创建方法：以长方体方式创建，是系统默认的创建方法，用法比较灵活。

创建方法
立方体 ● 长方体

图 2-22

长方体的创建方法比较简单，也比较典型，是学习创建其他基本体的基础。其操作步骤如下。

（1）单击“＋（创建）>●（几何体）>标准基本体>长方体”按钮。

（2）移动光标到适当的位置，单击并按住鼠标左键不放拖曳鼠标，视口中生成一个方形平面，如图 2-23 所示，释放鼠标左键并上下移动光标，长方体的高度会跟随光标的移动而增减，在合适的位置单击，长方体创建完成，如图 2-24 所示。

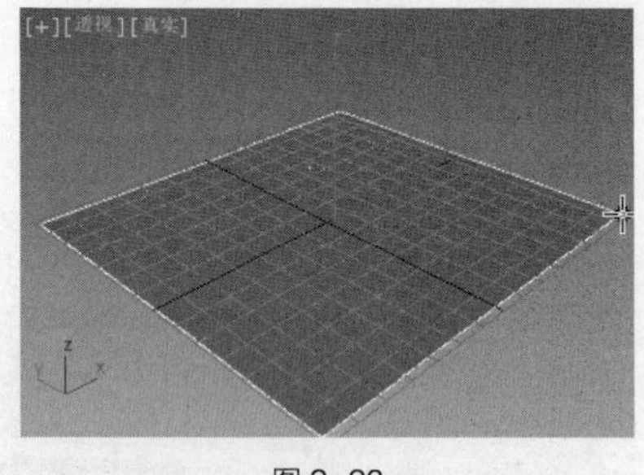

图 2-23

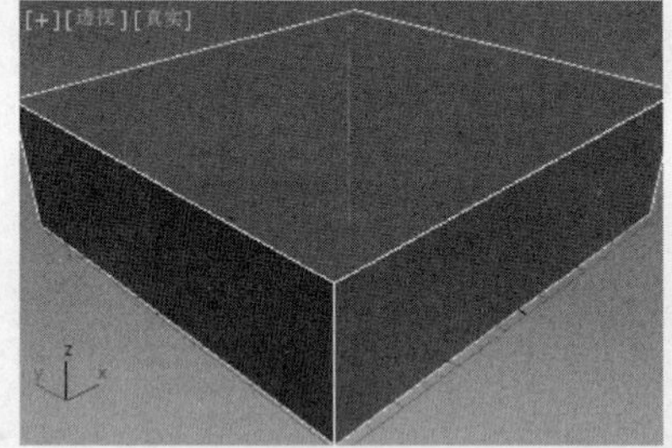

图 2-24

2. 长方体的参数

单击长方体将其选中，单击（修改）按钮，切换到“修改”命令面板，在该面板中会显示长方体的参数，如图 2-25 所示。

名称和颜色用于显示长方体的名称和颜色，如图 2-26 所示。在 3ds Max 2019 中创建的所有基本体都有此参数，用于给物体指定名称和颜色，便于以后选取和修改。单击右侧的色样，弹出“对象颜色”对话框，如图 2-27 所示。该对话框用于设置几何体的颜色，单击色样选择合适的颜色后，单击“确定”按钮即可完成设置，单击“取消”按钮可取消颜色的设置。单击“添加自定义颜色”按钮，可以自定义颜色。

对于简单的基本建模，使用键盘创建方式比较方便，直接在面板中输入几何体的创建参数即可，如图 2-28 所示，单击“创建”按钮，视口中会自动生成该几何体。如果创建较为复杂的模型，则建议使用手动方式建模。

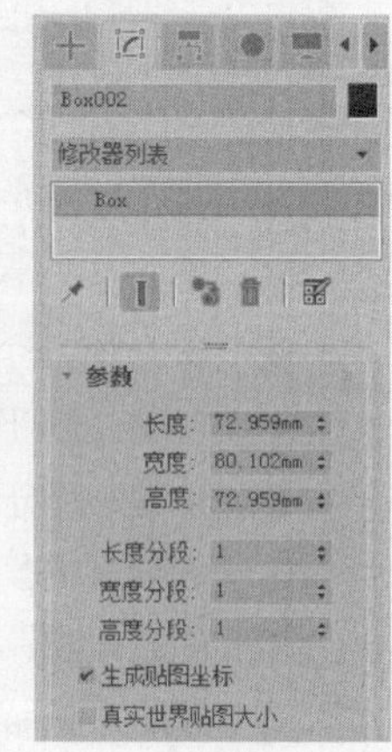

图 2-25

以上各参数是基本体的公共参数。

基本参数设置卷展栏用于调整物体的体积、形状及表面的光滑度。在参数的数值框中可以直接输入数值进行设置，也可以利用数值框右侧的微调器进行调整。

① 长度/宽度/高度：确定长、宽、高 3 边的长度。

② 长度分段/宽度分段/高度分段：控制长、宽、高 3 边上的段数，段数越多，表面就越细腻。

③ 生成贴图坐标：自动指定贴图坐标。

图 2-26

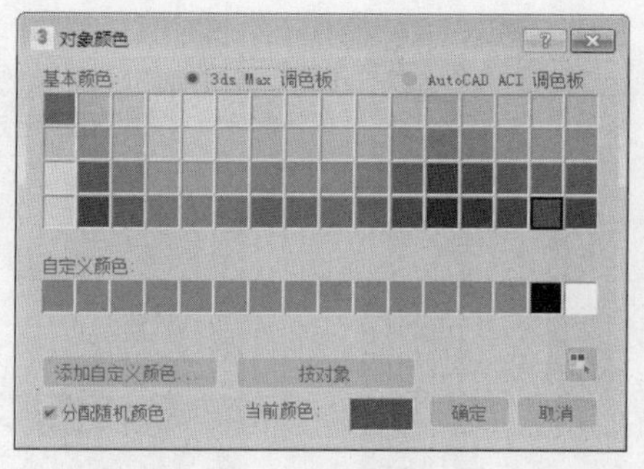

图 2-27

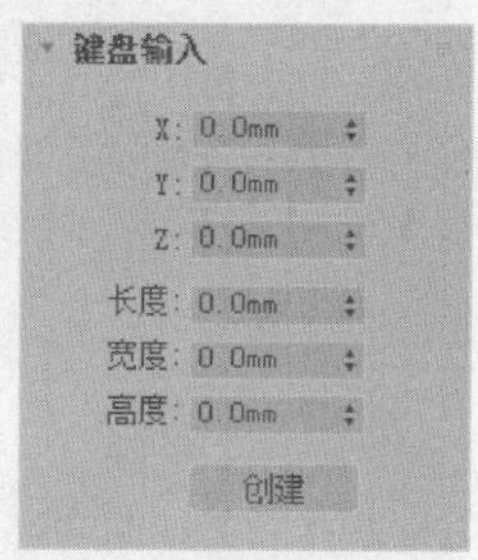

图 2-28

3. 参数的修改

长方体的参数比较简单，修改的参数也比较少，在设置好修改参数后，按 Enter 键确认，即可得到修改后的效果，如表 2-1 所示。

表 2-1

参数修改前		参数修改后	
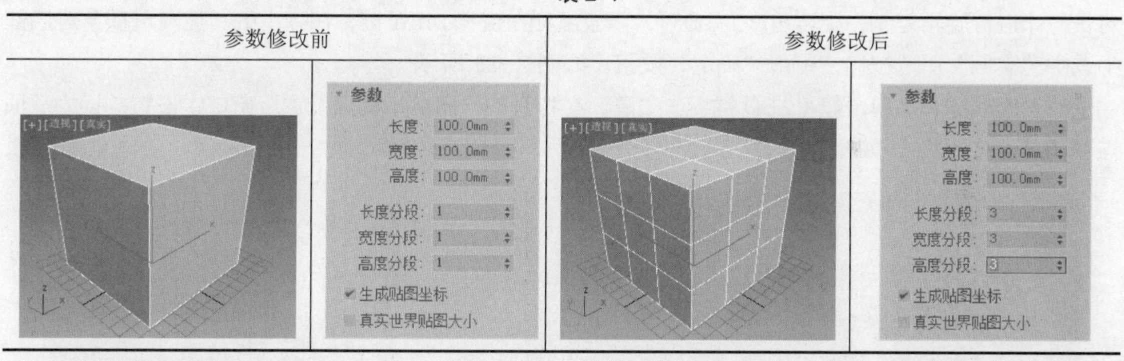			

提 示

几何体的分段数是控制几何体表面光滑程度的参数，段数越多，表面就越光滑。但需要注意的是，并不是段数越多越好，应该在不影响几何体形体的前提下将段数降到最低。在进行复杂建模时，如果物体不必要的段数过多，就会影响建模和后期渲染的速度。

2.1.3 课堂案例——墙上置物架模型的制作

微课视频

墙上置物架模型的制作

【学习目标】熟悉长方体的创建，并配合移动、旋转、捕捉工具进行调整。

【知识要点】使用“长方体”“移动”“捕捉”工具，结合使用“编辑多边形”修改器完成墙上置物架模型的制作，如图 2-29 所示。

【素材文件位置】素材文件/贴图。

【模型文件所在位置】素材文件/场景/第 2 章/墙上置物架模型.max。

【参考模型文件所在位置】素材文件/场景/第 2 章/墙上置物架.max。

（1）单击“+（创建）>●（几何体）>标准基本体>长方体”按钮，在“顶”视口中创建长方体，在“参数”卷展栏中设置合适的参数，如图 2-30 所示。

图 2-29

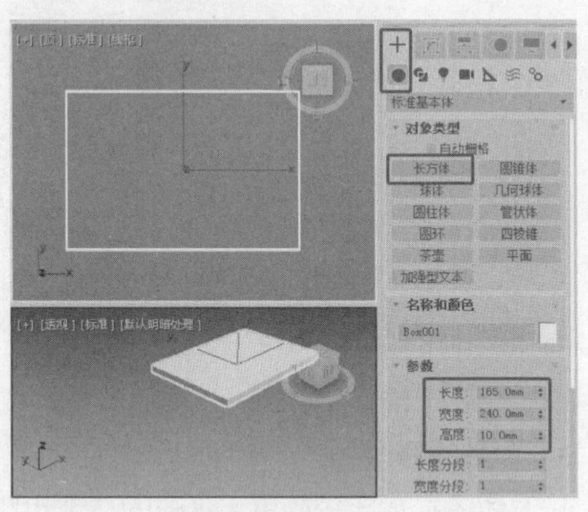

图 2-30

（2）使用 （选择并旋转）工具，并单击 （角度捕捉）按钮，按住 Shift 键，在“前”视口中对长方体进行旋转复制，旋转角度为 90°，释放鼠标左键和 Shift 键，在弹出的“克隆选项”对话框中选中“实例”单选按钮，单击“确定”按钮，如图 2-31 所示。

（3）用鼠标右键单击 （2.5D 捕捉）工具，在打开的“栅格和捕捉设置”窗口中设置捕捉为“顶点”和“边/线段”，如图 2-32 所示。

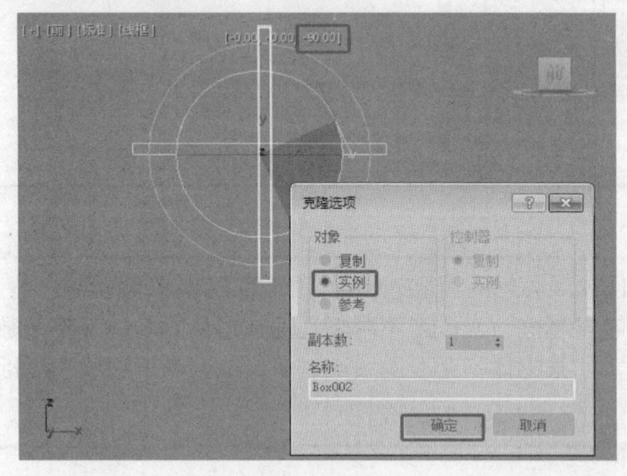

图 2-31

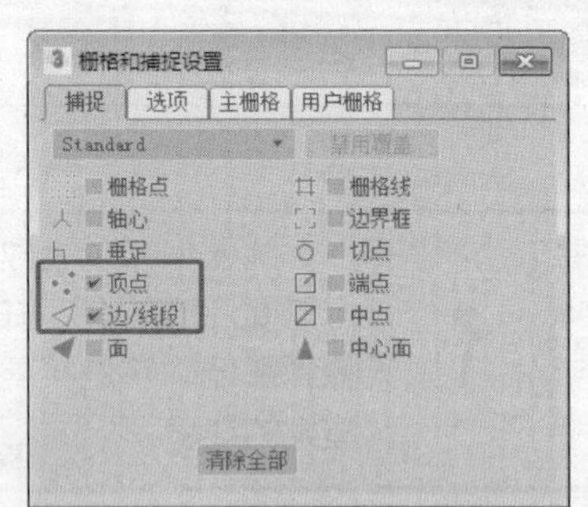

图 2-32

（4）通过捕捉，在场景中调整模型的位置，为其中一个长方体施加“编辑多边形”修改器，将选择集定义为“顶点”，通过捕捉调整顶点的位置，如图 2-33 所示。

（5）继续调整顶点，这里只需调整其中一个模型的顶点即可，因为是实例复制出的模型，所以只需更改其中一个模型，另一个模型也会跟着改变，如图 2-34 所示。

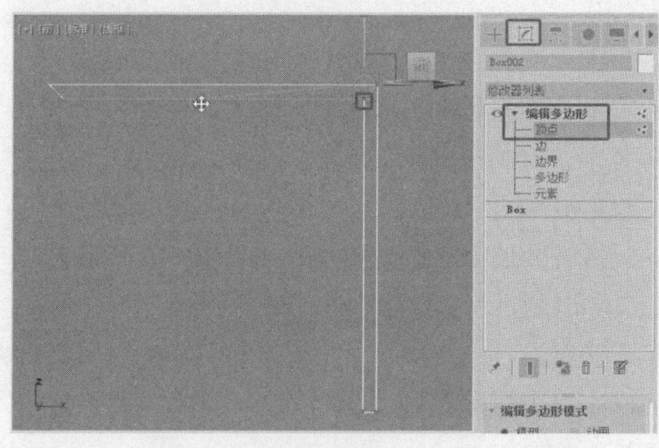
图 2-33

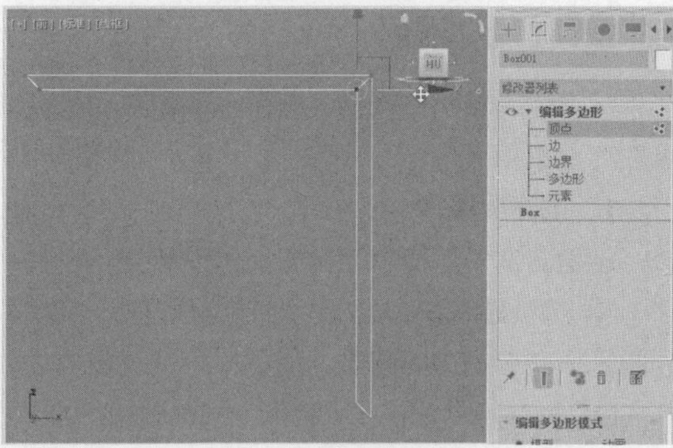
图 2-34

（6）将选择集定义为“多边形”，在场景中选择正面的多边形，在“编辑多边形”卷展栏中单击“倒角”右侧的■（设置）按钮，在弹出的助手中设置合适的的倒角参数，如图 2-35 所示，设置参数后单击✓（确定）按钮。

（7）在场景中复制模型，组合出 4 个边框模型，如图 2-36 所示。

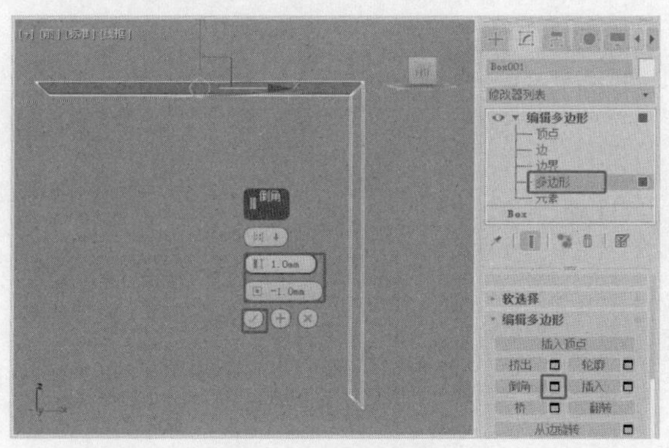
图 2-35

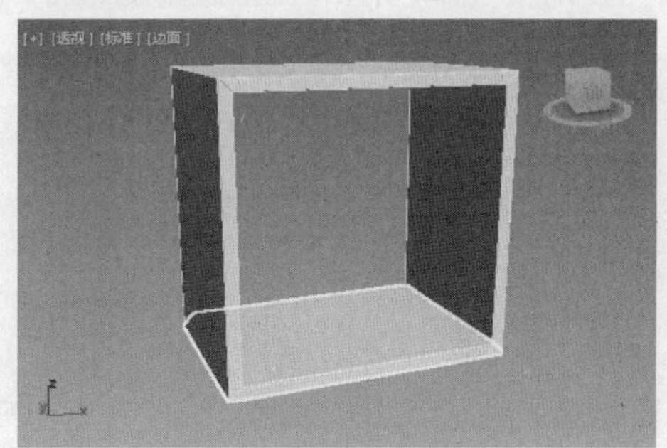
图 2-36

（8）通过捕捉在“前”视口中创建长方体，设置长方体的“高度”为 5，将其作为后挡板，调整模型到合适的位置，如图 2-37 所示。

（9）在场景中复制调整模型，组合出墙上置物架模型，如图 2-38 所示。

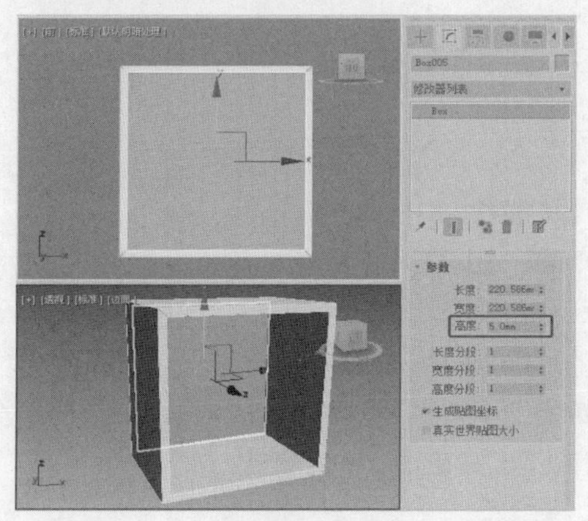
图 2-37

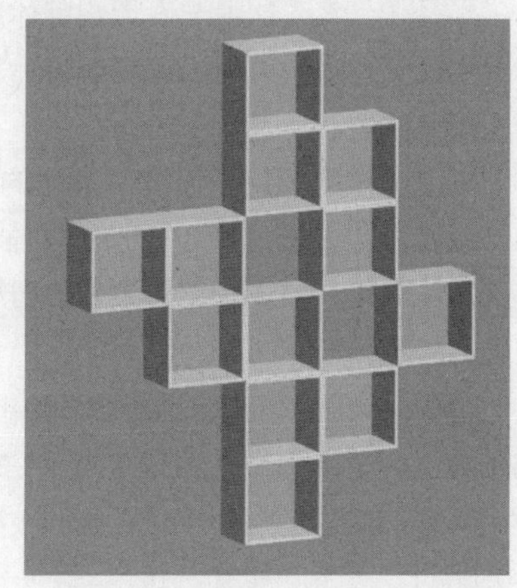
图 2-38

2.1.4 圆锥体

圆锥体用于制作圆锥、圆台、四棱锥、棱台及它们的局部。下面就来介绍圆锥体的创建方法及其参数的设置和修改。

1. 创建圆锥体

创建圆锥体同样有两种方法：一种是边创建方法，另一种是中心创建方法，如图 2-39 所示。

① 边创建方法：以边界为起点创建圆锥体。在视口中以鼠标单击的点作为圆锥体底面的边界起点，随着鼠标的拖曳完成边界的创立。

图 2-39

② 中心创建方法：以中心为起点创建圆锥体。系统将采用鼠标在视口中的第一次单击点作为圆锥体底面的中心点，这是系统默认的创建方式。

创建圆锥体比创建长方体多一个步骤，操作步骤如下。

（1）单击"+（创建）>●（几何体）>标准基本体>圆锥体"按钮。

（2）移动光标到适当的位置，单击并按住鼠标左键不放拖曳鼠标，视口中生成一个圆形平面，如图 2-40 所示，释放鼠标左键并上下移动鼠标，锥体的高度会跟随光标的移动而增减，如图 2-41 所示，在合适的位置单击。

（3）再次移动光标，调整顶端面的大小，单击完成创建，如图 2-42 所示。

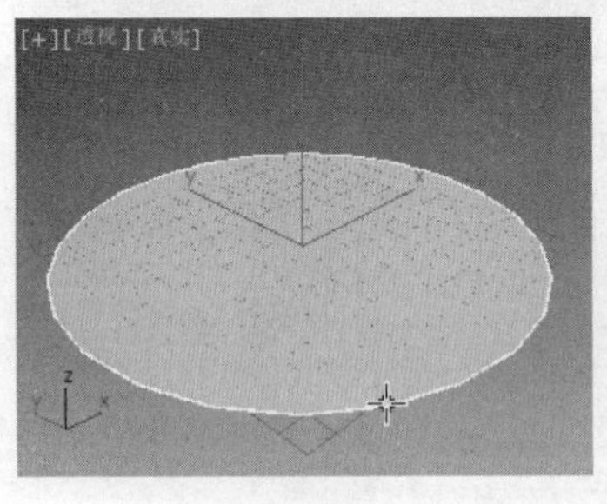
图 2-40

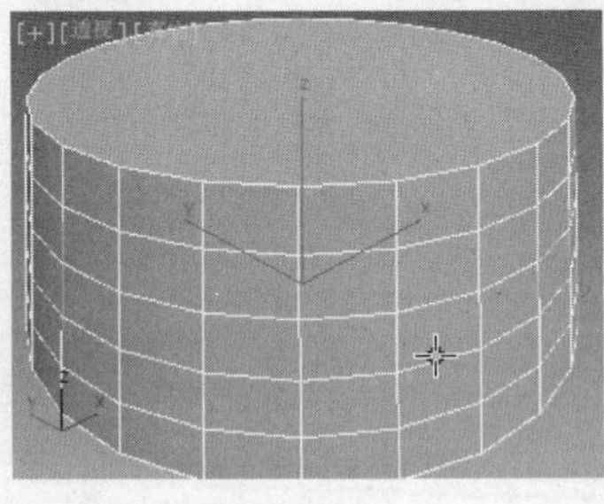
图 2-41

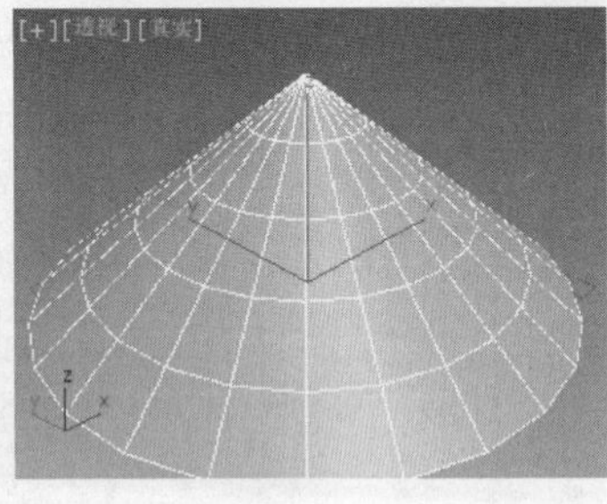
图 2-42

2. 圆锥体的参数

单击圆锥体将其选中，单击（修改）按钮，在"修改"命令面板中会显示圆锥体的参数，如图 2-43 所示。

（1）半径 1。该选项用于设置圆锥体底面的半径。

（2）半径 2。该选项用于设置圆锥体顶面的半径（若半径 2 不为 0，则圆锥体变为圆台体）。

（3）高度。该选项用于设置圆锥体的高度。

（4）高度分段。该选项用于设置圆锥体在高度上的段数。

（5）端面分段。该选项用于设置圆锥体在两端平面、上底面和下底面沿半径方向上的段数。

（6）边数。该选项用于设置圆锥体端面圆周上的片段划分数。值越高，圆锥体越光滑。对棱锥来说，边数决定了它属于几棱锥。

（7）平滑。该复选框用于设置是否进行表面光滑处理。开启时，产生圆锥、圆台；关闭时，产生四棱锥、棱台。

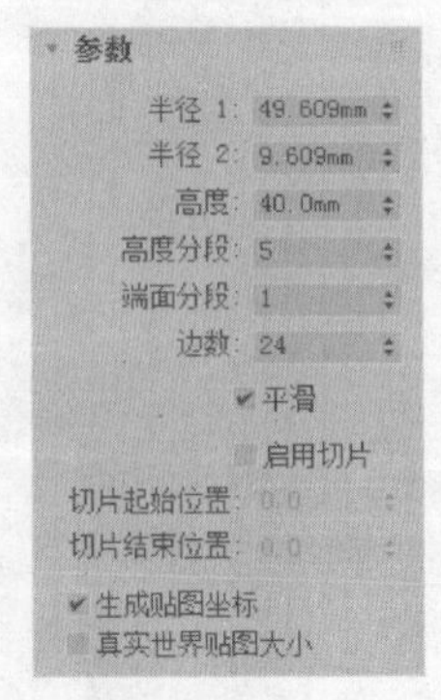

图 2-43

（8）启用切片。该复选框用于设置是否进行局部切片处理。

（9）切片起始位置。该选项用于设置切除部分的起始幅度。

（10）切片结束位置。该选项用于设置切除部分的结束幅度。

3. 参数的修改

圆锥体的参数大部分和长方体相同。值得注意的是，两个半径都不为 0 时，圆锥体会变为圆台体。选中“平滑”复选框可以使几何体表面光滑，这也和基本体的段数有关。减少段数会使基本体的形状发生很大变化。设置好修改参数后，按 Enter 键确认，即可得到修改后的效果，如表 2-2 所示。

表 2-2

参数修改前		参数修改后	
	参数 半径 1：80.0mm 半径 2：0.0mm 高度：100.0mm 高度分段：5 端面分段：1 边数：24 ✔平滑 启用切片 切片起始位置：0.0 切片结束位置：0.0 ✔生成贴图坐标 真实世界贴图大小		参数 半径 1：80.0mm 半径 2：0.0mm 高度：100.0mm 高度分段：5 端面分段：1 边数：9 平滑 启用切片 切片起始位置：0.0 切片结束位置：0.0 ✔生成贴图坐标 真实世界贴图大小
	参数 半径 1：80.0mm 半径 2：30.0mm 高度：100.0mm 高度分段：5 端面分段：1 边数：9 平滑 启用切片 切片起始位置：0.0 切片结束位置：0.0 ✔生成贴图坐标 真实世界贴图大小		参数 半径 1：80.0mm 半径 2：30.0mm 高度：100.0mm 高度分段：5 端面分段：1 边数：9 平滑 ✔启用切片 切片起始位置：176.0 切片结束位置：-109.0 ✔生成贴图坐标 真实世界贴图大小

2.1.5 球体

球体可用于制作面状或光滑的球体，也可用于制作局部球体。下面介绍球体的创建方法及其参数的设置和修改。

1. 创建球体

创建球体的方法也有两种，与锥体相同，这里不再赘述。

球体的创建非常简单，操作步骤如下。

（1）单击“+（创建）>●（几何体）>标准基本体>球体”按钮。

（2）移动光标到适当的位置，单击并按住鼠标左键不放拖曳鼠标，在视口中生成一个球体，移动光标可以调整球体的大小，在适当位置释放鼠标左键，球体创建完成，如图 2-44 所示。

图 2-44

2. 球体的参数

单击球体将其选中，单击 （修改）按钮，在“修改”命令面板中会显示球体的参数，如图 2-45 所示。

（1）半径。该选项用于设置球体的半径大小。

（2）分段。该选项用于设置表面的段数，值越高，表面越光滑，造型也越复杂。

（3）平滑。该复选框用于设置是否对球体表面进行自动光滑处理（系统默认是选中状态）。

（4）半球。该选项用于创建半球或球体的一部分，其取值为 0 ~ 1，默认为 0.0，表示建立完整的球体，增加数值，球体被逐渐减去；值为 0.5 时，制作出半球体；值为 1.0 时，球体全部消失。

（5）切除/挤压。该单选按钮用于在进行半球系数调整时确定球体被切除后，将原来的网格划分也随之切除或者仍保留但被挤入剩余的球体中。

参数
半径：140.043mm
分段：32
平滑
半球：0.0
切除 挤压
启用切片
切片起始位置：0.0
切片结束位置：0.0
轴心在底部
生成贴图坐标
真实世界贴图大小

图 2-45

其他参数请参见前面章节的参数说明。

3. 参数的修改

设置好修改参数后，按 Enter 键确认，即可得到修改后的效果，如表 2-3 所示。

表 2-3

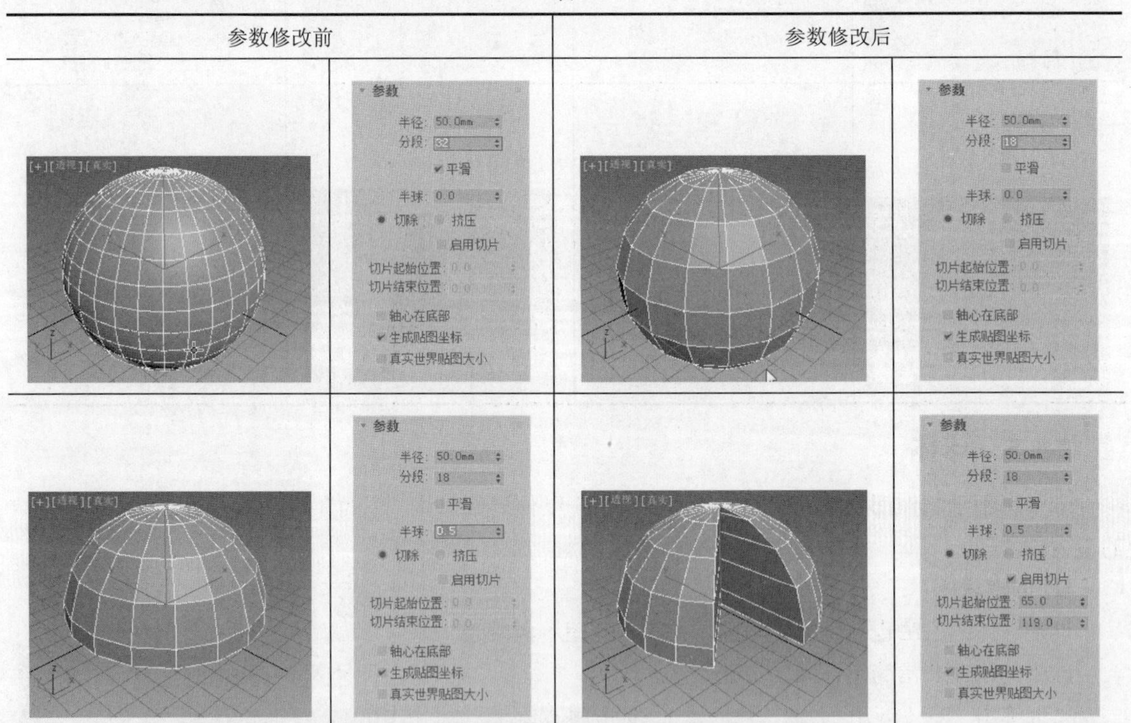

2.1.6 课堂案例——圆桌模型的制作

微课视频

圆桌模型的制作

【学习目标】创建标准基本体，结合使用简单的修改器来组合模型。

【知识要点】使用“圆柱体”“圆锥体”工具，结合使用“编辑多边形”修改器和“锥化”修改器来完成圆桌模型的制作，效果如图 2-46 所示。

【素材文件位置】素材文件/贴图。

【模型文件所在位置】素材文件/场景/第 2 章/圆桌模型.max。

【参考模型文件所在位置】素材文件/场景/第 2 章/圆桌.max。

（1）单击“+（创建）>●（几何体）>标准基本体>圆柱体”按钮，在“顶”视口中创建圆柱体，设置合适的参数，如图 2-47 所示。

（2）切换到（修改）命令面板，在“修改器列表”下拉列表框中选择“编辑多边形”选项，将选择集定义为“边”，在场景中选择顶部的一圈边，如图 2-48 所示。

图 2-46

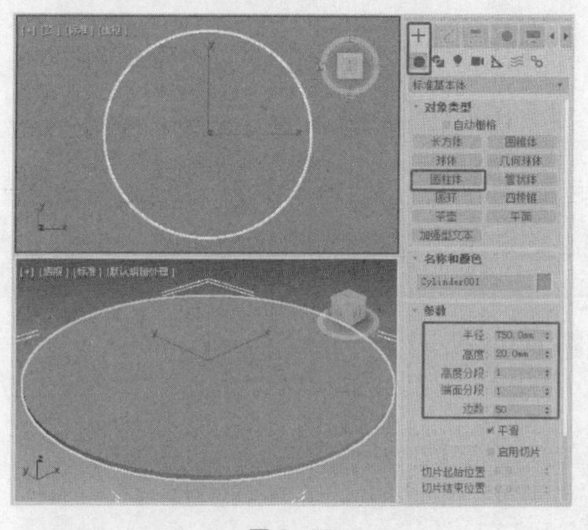

图 2-47

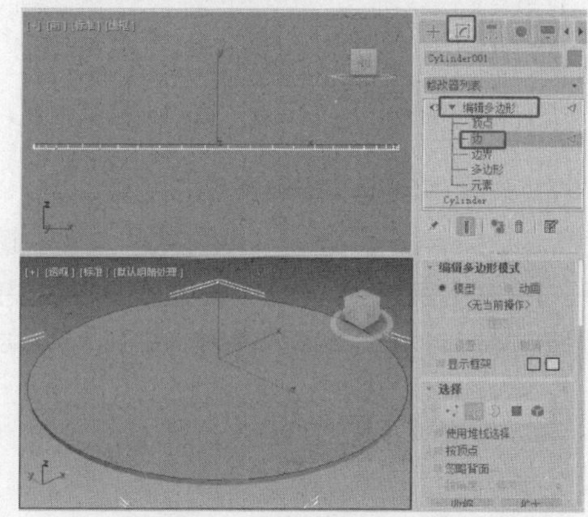

图 2-48

（3）选择边后，在“编辑边”卷展栏中单击“切角”右侧的□（设置）按钮，在弹出的助手中设置合适的切角参数，单击☑（确定）按钮，如图 2-49 所示，设置好参数后关闭选择集。

（4）单击“+（创建）>●（几何体）>标准基本体>圆锥体”按钮，在“顶”视口中创建圆锥体，设置合适的参数，如图 2-50 所示。

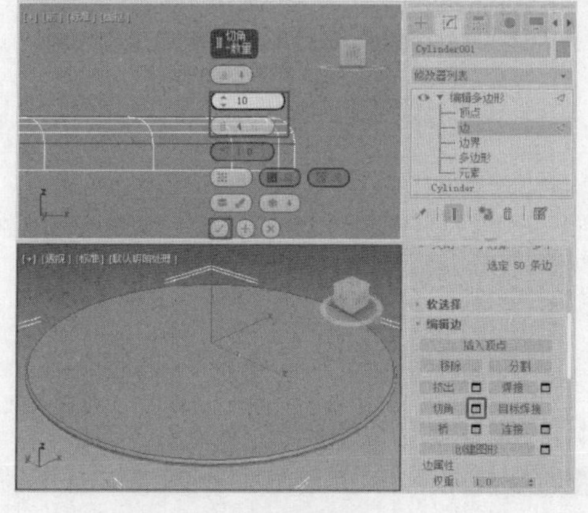

图 2-49

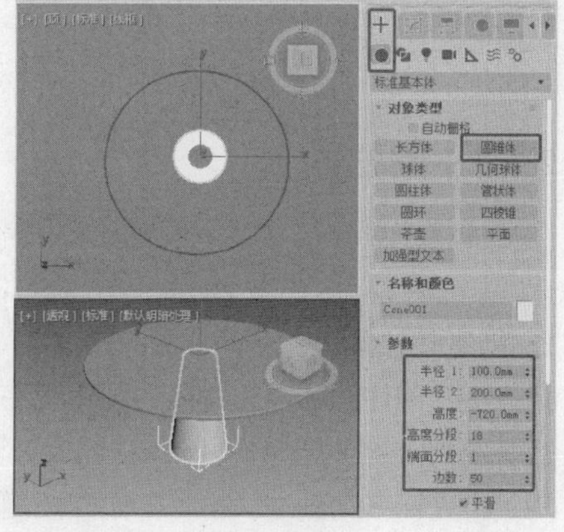

图 2-50

（5）切换到（修改）命令面板，在“修改器列表”下拉列表框中选择“锥化”选项，在“参数”

卷展栏中设置合适的锥化参数，如图 2-51 所示。

（6）继续设置锥化的“限制”效果，如图 2-52 所示。

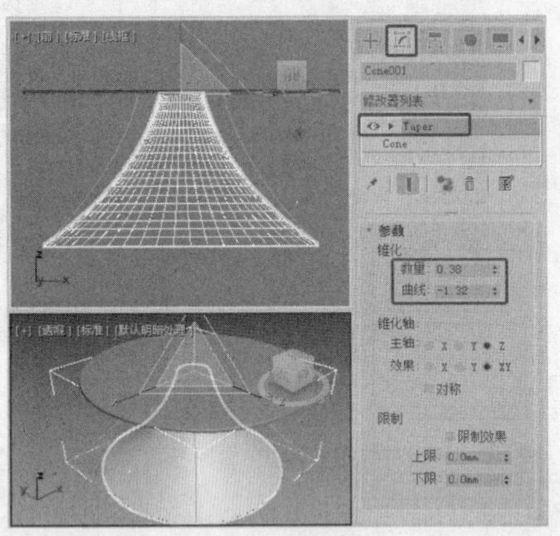

图 2-51

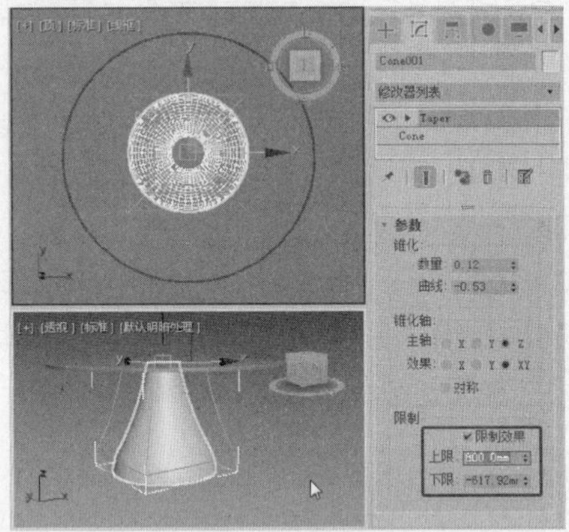

图 2-52

（7）为模型施加“编辑多边形”修改器，将选择集定义为“边”，选择底部的一圈边，在“编辑边”卷展栏中单击“切角”右侧的▣（设置）按钮，在弹出的助手中设置合适的切角参数，如图 2-53 所示，单击⊘（确定）按钮，设置好参数后关闭选择集。

（8）调整模型到合适的位置，组合出圆桌模型，如图 2-54 所示。

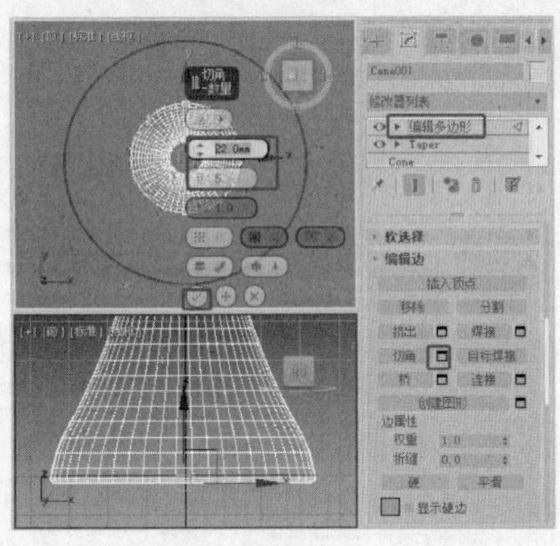

图 2-53

图 2-54

2.1.7 圆柱体

圆柱体用于制作棱柱体、圆柱体和局部圆柱体。下面来介绍圆柱体的创建方法及参数的设置和修改。

1. 创建圆柱体

圆柱体的创建方法与长方体的创建方法基本相同，操作步骤如下。

（1）单击“+（创建）>●（几何体）> 标准基本体 > 圆柱体”按钮。

（2）将光标移动到视口中，单击并按住鼠标左键不放拖曳鼠标，视口中出现一个圆形平面。在适当的位置释放鼠标左键并上下移动鼠标，圆柱体的高度会跟随光标的移动而增减，在适当的位置单击，圆柱体创建完成，如图 2-55 所示。

2. 圆柱体的参数

单击圆柱体将其选中，单击（修改）按钮，在“修改”命令面板中会显示圆柱体的参数，如图 2-56 所示。

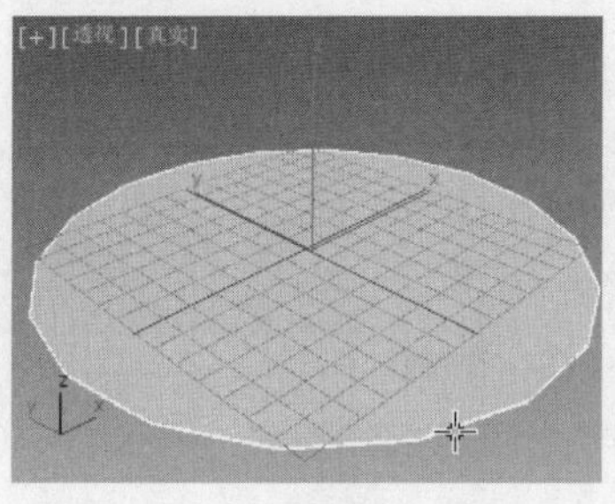

图 2-55

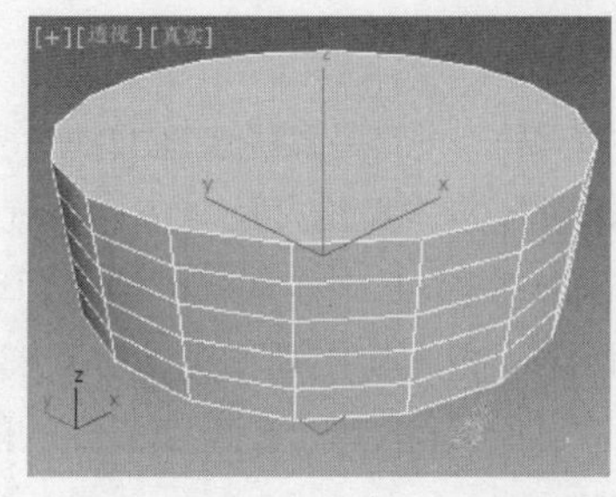

图 2-56

（1）半径。该选项用于设置底面和顶面的半径。

（2）高度。该选项用于设置圆柱体的高度。

（3）高度分段。该选项用于设置圆柱体在高度上的段数。如果要弯曲柱体，则设置高度段数后可以产生光滑的弯曲效果。

（4）端面分段。该选项用于设置在圆柱体两个端面上沿半径方向的段数。

（5）边数。该选项用于设置圆周上的片段划分数，即棱柱的边数。对于圆柱体，边数越多越光滑。其最小值为 3，此时圆柱体的截面为三角形。

其他参数请参见前面章节的参数说明。

3. 参数的修改

圆柱体的参数修改比较简单，在设置好修改参数后，按 Enter 键确认，即可得到修改后的效果，如表 2-4 所示。

表 2-4

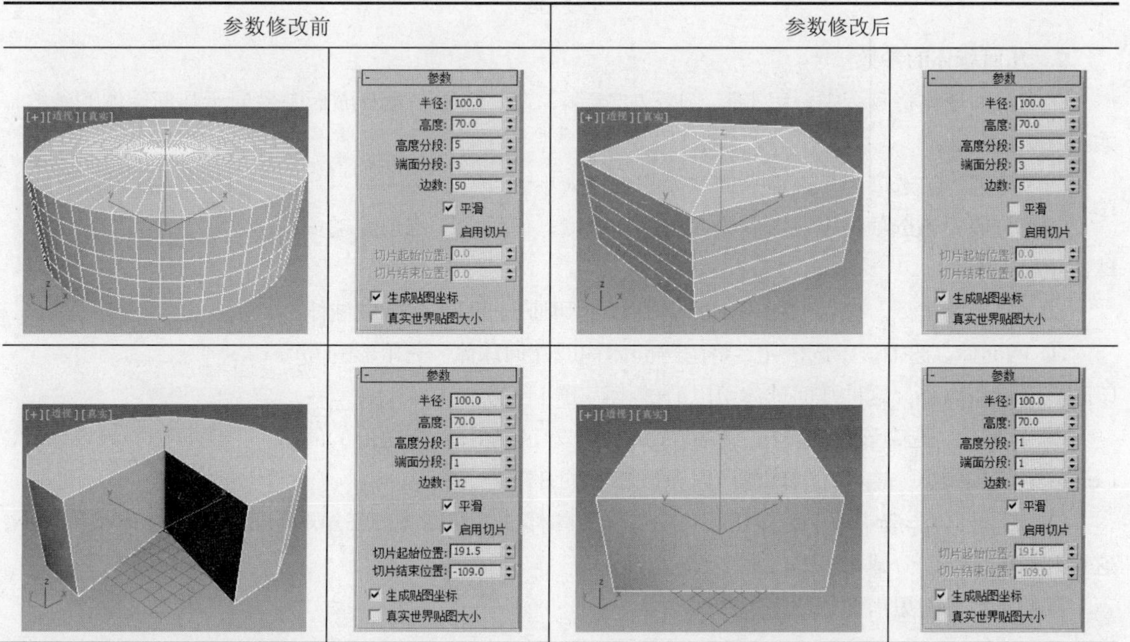

2.1.8 几何球体

几何球体用于建立以三角面相拼接而成的球体或半球体。下面来介绍几何球体的创建方法及其参数的设置和修改。

1. 创建几何球体

创建几何球体有两种方法：一种是直径创建方法，另一种是中心创建方法，如图 2-57 所示。

① 直径创建方法：以直径方式拉出几何球体。系统将鼠标在视口中的第一次单击点为起点，把光标的拖曳方向作为所创建几何球体的直径方向。

创建方法
直径 中心

图 2-57

② 中心创建方法：以中心方式拉出几何球体。系统将鼠标在视口中的第一次单击点作为要创建的几何球体的圆心，拖曳鼠标的位移大小作为所要创建球体的半径。中心创建方法是系统默认的创建方法。

几何球体的创建方法与球体的创建方法相同，操作步骤如下。

（1）单击“+（创建）>◯（几何体）> 标准基本体 > 几何球体”按钮。

（2）将光标移动到视口中，单击并按住鼠标左键不放拖曳鼠标，视口中生成一个几何球体，移动光标可以调整几何球体的大小，在适当的位置释放鼠标左键，几何球体创建完成，如图 2-58 所示。

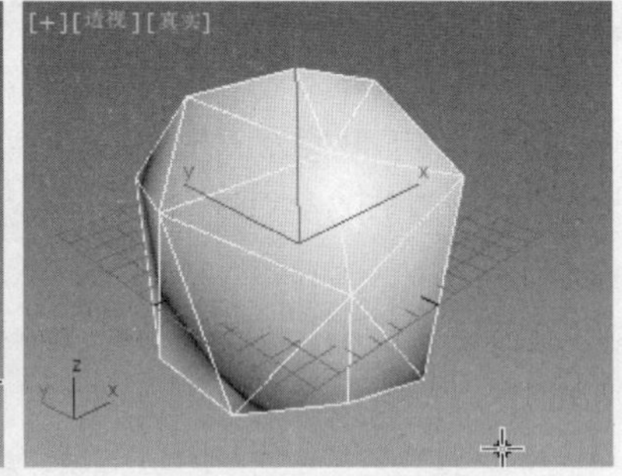

图 2-58

2. 几何球体的参数

单击几何球体将其选中，单击（修改）按钮，在“修改”命令面板中会显示几何球体的参数，如图 2-59 所示。

（1）半径。该选项用于设置几何球体的半径大小。

（2）分段。该选项用于设置球体表面的复杂度，值越大，三角面越多，球体也越光滑。

（3）基点面类型。该选项组用于确定由哪种规则的异面体组合成球体。

① 四面体。选中该单选按钮，将由四面体构成几何球体。三角形的面可以改变形状和大小，这种几何球体可以分成相等的 4 部分。

② 八面体。选中该单选按钮，将由八面体构成几何球体。三角形的面可以改变形状和大小，这种几何球体可以分成相等的 8 部分。

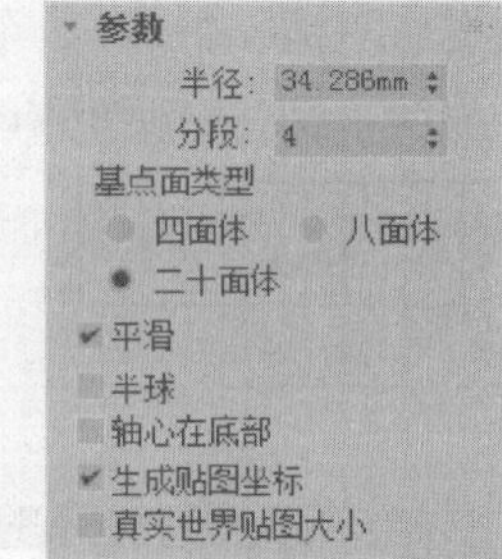

图 2-59

③ 二十面体。选中该单选按钮，将由二十面体构成几何球体。三角形的面可以改变形状和大小，这种几何球体可以分成相等的任意多部分。

其他参数请参见前面章节的参数说明。

3. 参数的修改

几何球体的参数修改比较简单，在设置好修改参数后，按 Enter 键确认，即可得到修改后的效果，如表 2-5 所示。

表 2-5

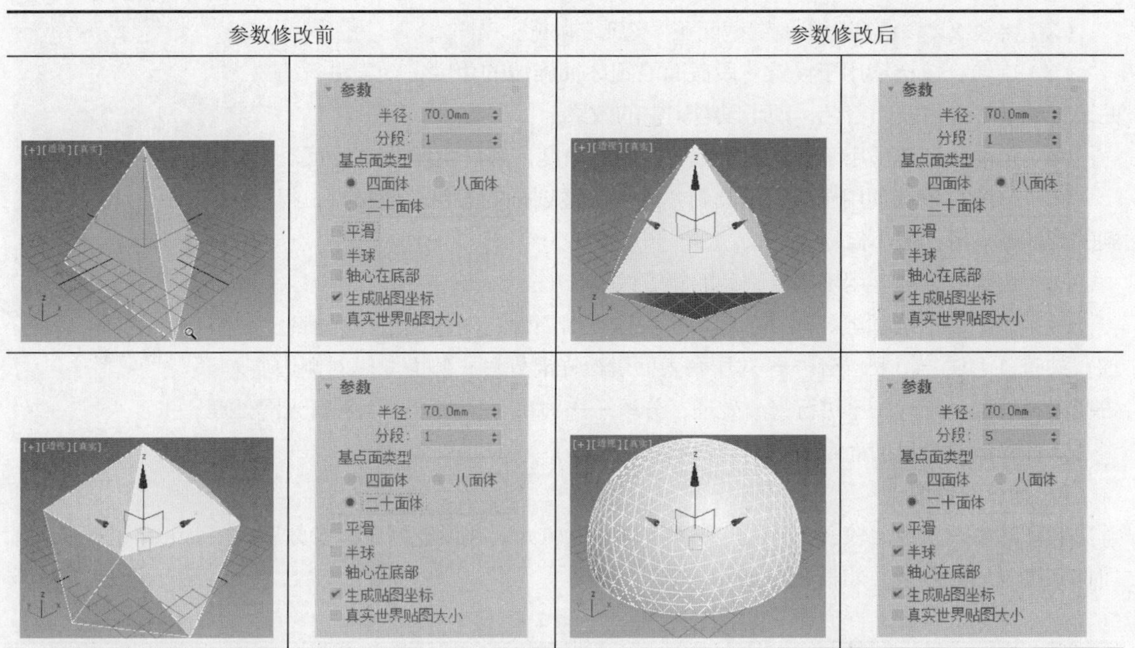

2.1.9 圆环

圆环用于制作立体圆环。下面来介绍圆环的创建方法及其参数的设置和修改。

1. 创建圆环

创建圆环的操作步骤如下。

（1）单击“+（创建）>●（几何体）>标准基本体>圆环”按钮。

（2）将光标移动到视口中，单击并按住鼠标左键不放拖曳鼠标，在视口中生成一个圆环，如图 2-60 所示。在适当的位置释放鼠标左键并上下移动光标，调整圆环的粗细，单击即可创建圆环，如图 2-61 所示。

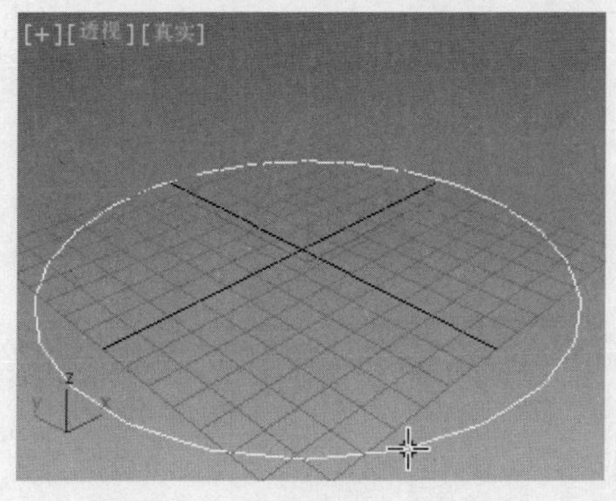

图 2-60

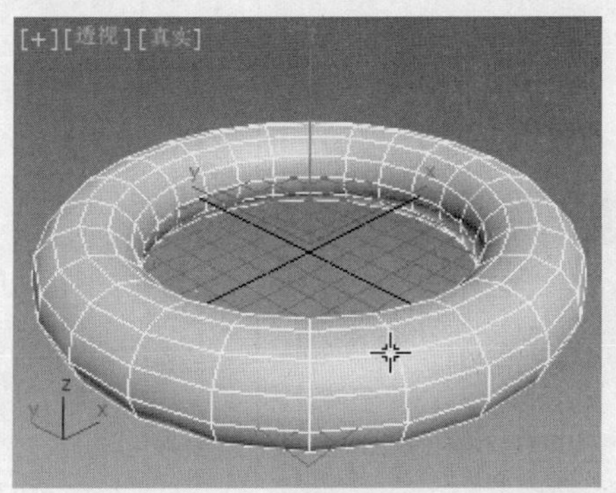

图 2-61

2. 圆环的参数

单击圆环将其选中，单击（修改）按钮，在“修改”命令面板中会显示圆环的参数，如图 2-62 所示。

图 2-62

（1）半径 1。该选项用于设置圆环中心与截面正多边形中心的距离。

（2）半径 2。该选项用于设置截面正多边形的内径。

（3）旋转。该选项用于设置片段截面沿圆环轴旋转的角度，如果进行扭曲设置或以不光滑表面着色，则可以看到它的效果。

（4）扭曲。该选项用于设置每个截面扭曲的角度，并产生扭曲的表面。

（5）分段。该选项用于确定沿圆周方向片段被划分的数目。值越大，得到的圆环越光滑，最小值为 3。

（6）边数。该选项用于确定圆环的侧边数。

（7）“平滑”选项组。该选项组用于设置光滑属性，对棱边进行光滑处理，共有 4 种方式，即全部——对所有表面进行光滑处理；侧面——对侧边进行光滑处理；无——不进行光滑处理；分段——对每一个独立的面进行光滑处理。

其他参数请参见前面章节的参数说明。

3. 参数的修改

圆环的可调参数比较多，产生的效果差异也比较大，在设置好修改参数后，按 Enter 键确认，即可得到修改后的效果，如表 2-6 所示。

表 2-6

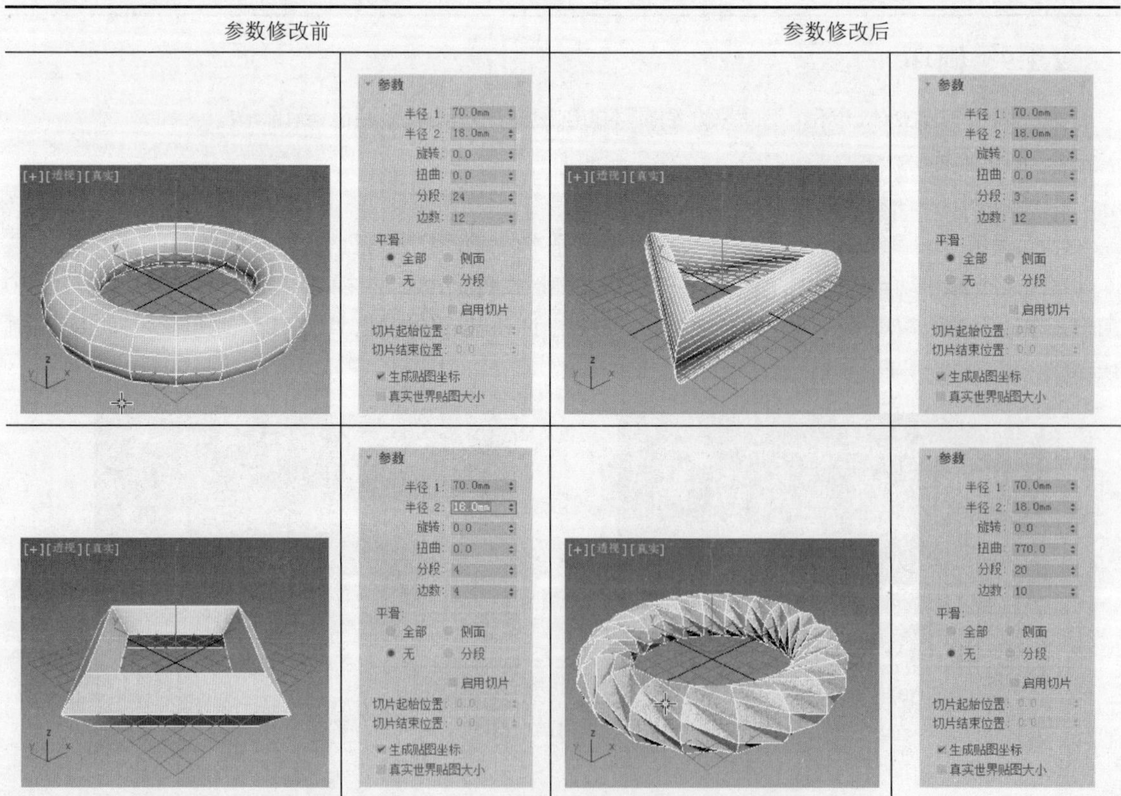

续表

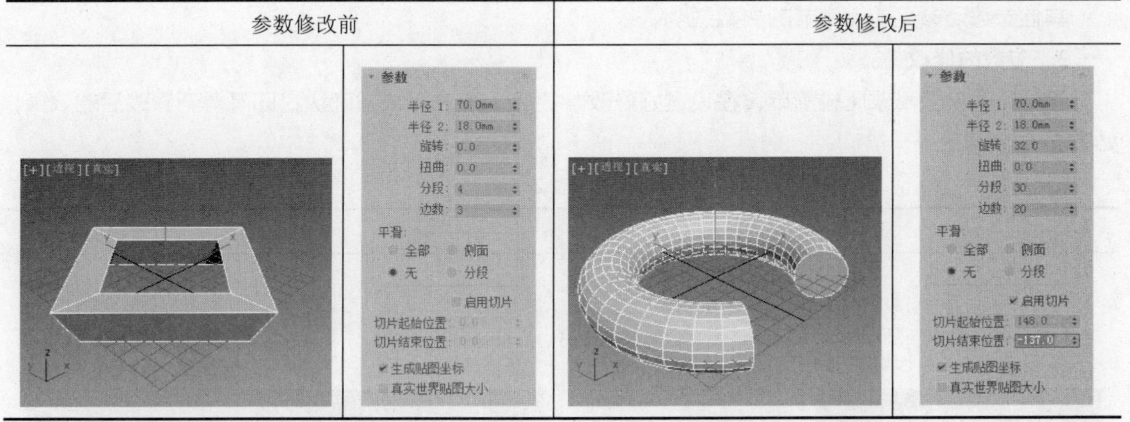

2.1.10 管状体

管状体用于建立各种空心管状体物体，包括管状体、棱管及局部管状体。下面来介绍管状体的创建方法及其参数的设置和修改。

1. 创建管状体

管状体的创建方法与其他标准基本体不同，操作步骤如下。

（1）单击“+（创建）>●（几何体）>标准基本体>管状体”按钮。

（2）将光标移动到视口中，单击并按住鼠标左键不放拖曳鼠标，视口中出现一个圆，在适当的位置释放鼠标左键并上下移动光标，会生成一个圆环形平面，单击并上下移动光标，管状体的高度会随之增减，在合适的位置单击即可创建管状体，如图 2-63 所示。

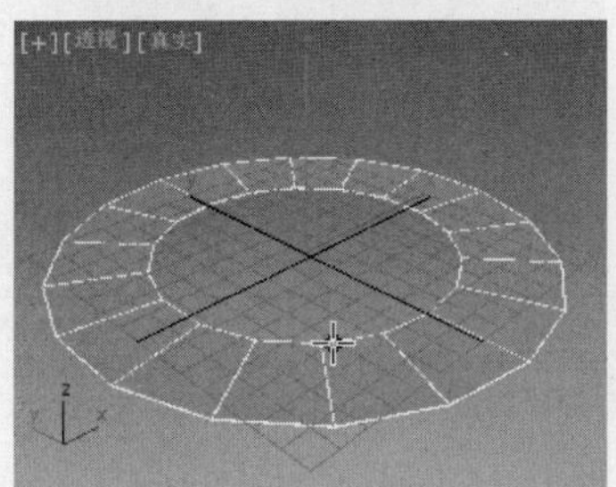
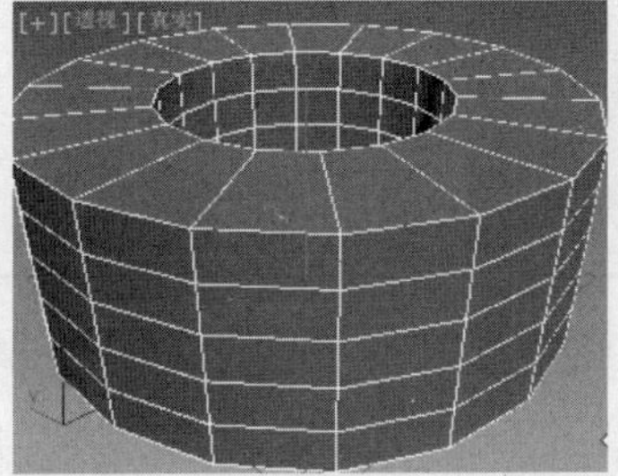

图 2-63

2. 管状体的参数

单击管状体将其选中，单击（修改）按钮，在“修改”命令面板中会显示管状体的参数，如图 2-64 所示。

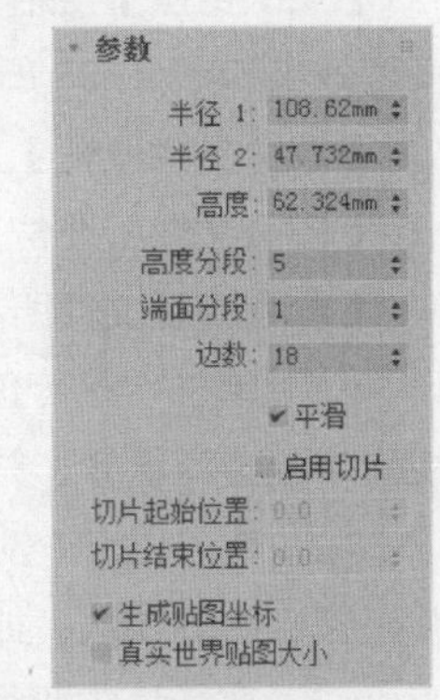

图 2-64

（1）半径 1。该选项用于确定管状体的内径大小。

（2）半径 2。该选项用于确定管状体的外径大小。

（3）高度。该选项用于确定管状体的高度。

（4）高度分段。该选项用于确定管状体高度方向的段数。

（5）端面分段。该选项用于确定管状体上下底面的段数。

（6）边数。该选项用于设置管状体侧边数的多少。值越大，管状体越光滑。

对棱管来说，边数值决定了其属于几棱管。

其他参数请参见前面章节的参数说明。

3. 参数的修改

管状体的参数修改比较简单，在设置好修改参数后，按 Enter 键确认，即可得到修改后的效果，如表 2-7 所示。

表 2-7

参数修改前		参数修改后	
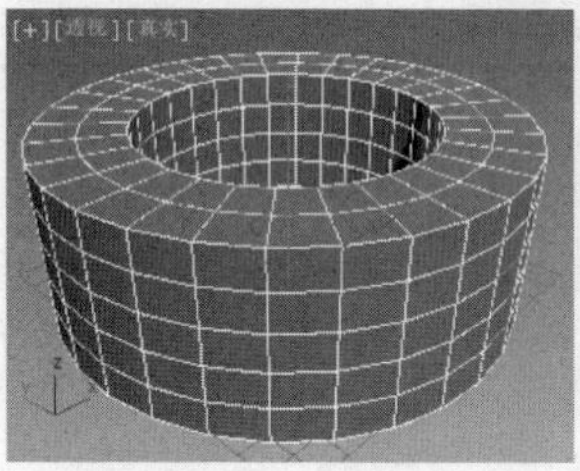 [+][透视][真实]	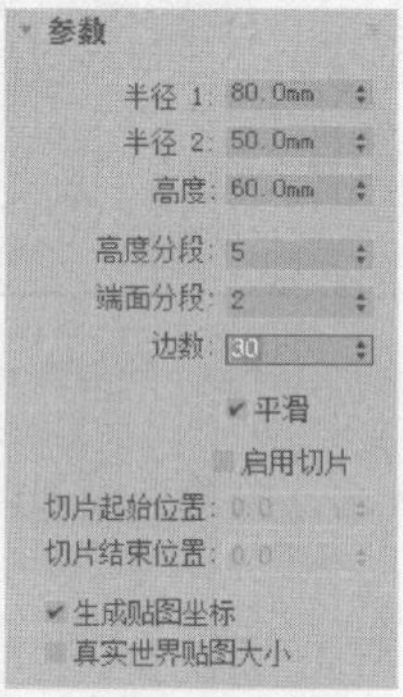 参数 半径 1: 80.0mm 半径 2: 50.0mm 高度: 60.0mm 高度分段: 5 端面分段: 2 边数: 30 ✔平滑 启用切片 切片起始位置: 0.0 切片结束位置: 0.0 ✔生成贴图坐标 真实世界贴图大小	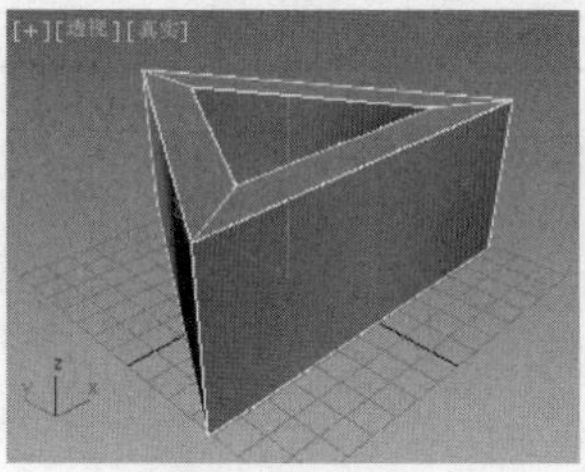 [+][透视][真实]	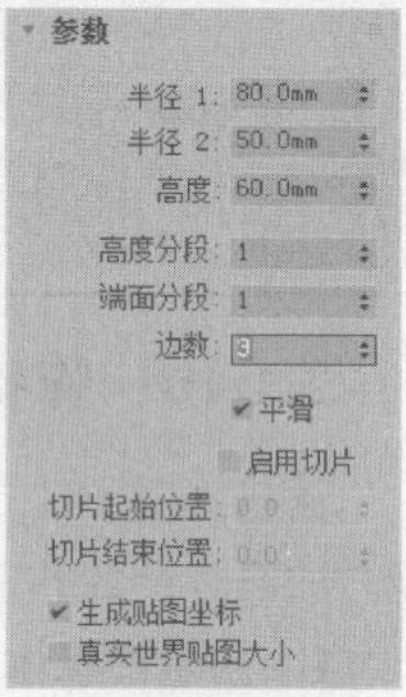 参数 半径 1: 80.0mm 半径 2: 50.0mm 高度: 60.0mm 高度分段: 1 端面分段: 1 边数: 3 ✔平滑 启用切片 切片起始位置: 0.0 切片结束位置: 0.0 ✔生成贴图坐标 真实世界贴图大小
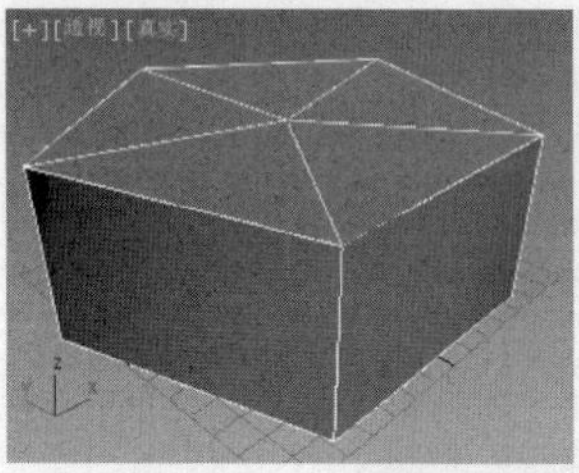 [+][透视][真实]	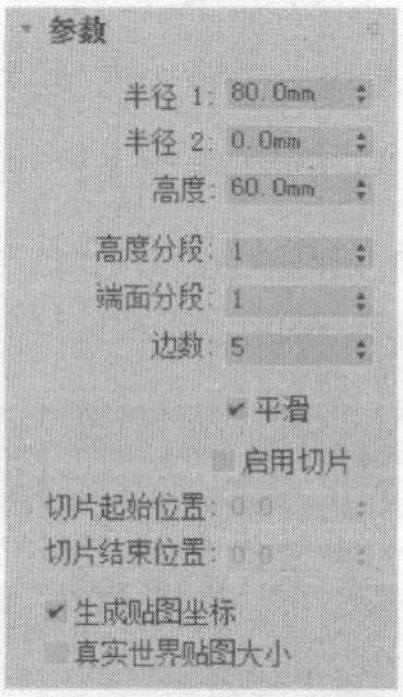 参数 半径 1: 80.0mm 半径 2: 0.0mm 高度: 60.0mm 高度分段: 1 端面分段: 1 边数: 5 ✔平滑 启用切片 切片起始位置: 0.0 切片结束位置: 0.0 ✔生成贴图坐标 真实世界贴图大小	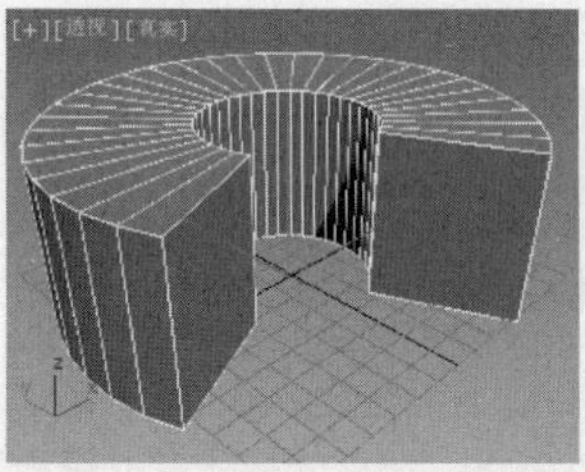 [+][透视][真实]	 参数 半径 1: 80.0mm 半径 2: 30.0mm 高度: 60.0mm 高度分段: 1 端面分段: 1 边数: 30 ✔平滑 ✔启用切片 切片起始位置: 115.0 切片结束位置: -155.0 ✔生成贴图坐标 真实世界贴图大小

2.1.11 课堂案例——笔筒模型的制作

【学习目标】通过管状体和圆柱体的组合来制作模型。

【知识要点】使用“管状体”和“圆柱体”工具来完成笔筒模型的制作，完成的模型效果如图 2-65 所示。

微课视频

笔筒模型的制作

【素材文件位置】素材文件/贴图。

【模型文件所在位置】素材文件/场景/第 2 章/笔筒模型.max。

【参考模型文件所在位置】素材文件/场景/第 2 章/笔筒.max。

（1）单击“+（创建）>●（几何体）>标准基本体>管状体”按钮，在“顶”视口中创建管状体，并设置合适的参数，如图 2-66 所示。

（2）单击“+（创建）>●（几何体）>标准基本体>圆柱体”按钮，在“顶”视口中创建圆柱体，并设置合适的参数，如图 2-67 所示。

（3）在场景中调整圆柱体的角度和位置，如图 2-68 所示。

图 2-65

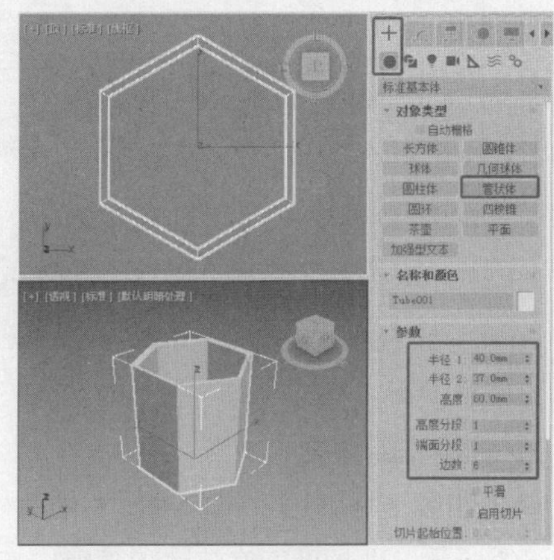
图 2-66

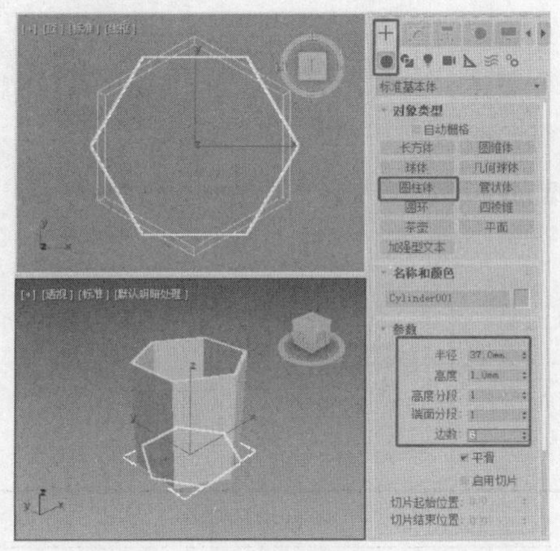
图 2-67

图 2-68

2.1.12 四棱锥

四棱锥用于建立锥体模型，是锥体的一种特殊形式。下面来介绍四棱锥的创建方法及其参数的设置和修改。

1. 创建四棱锥

四棱锥的创建方法有两种：一种是基点/顶点创建方法，另一种是中心创建方法，如图 2-69 所示。

① 基点/顶点创建方法：系统把鼠标第一次的单击点作为四棱锥的底面点或顶点，这是系统默认的创建方式。

图 2-69

② 中心创建方法：系统把鼠标第一次的单击点作为四棱锥底面的中心点。

四棱锥的创建方法比较简单，和圆柱体的创建方法比较相似，操作步骤如下。

（1）单击“+（创建）>●（几何体）>标准基本体>四棱锥”按钮。

（2）将光标移动到视口中，单击并按住鼠标左键不放拖曳鼠标，视口中生成一个正方形平面，在适当的位置释放鼠标左键并上下移动光标，调整四棱锥的高度，单击即可创建四棱锥，如图 2-70 所示。

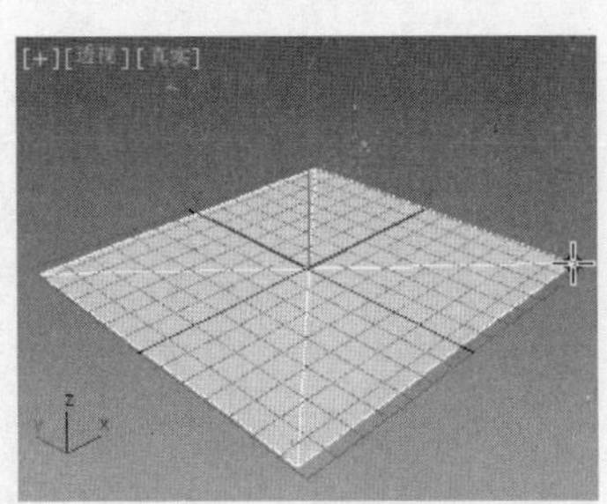
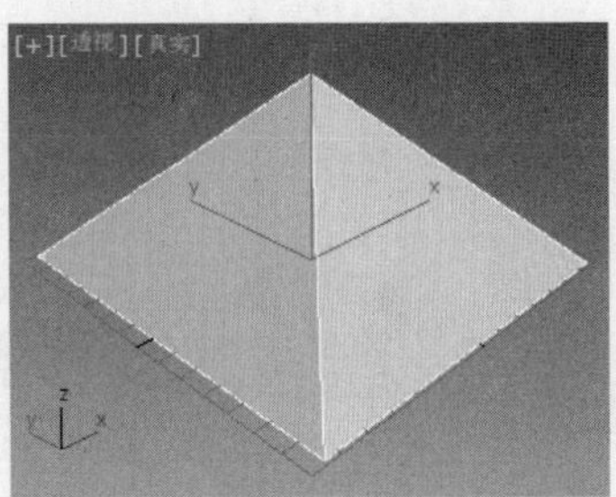

图 2-70

2. 四棱锥的参数

单击四棱锥将其选中，单击 （修改）按钮，在“修改”命令面板中会显示四棱锥的参数，如图 2-71 所示。四棱锥的参数比较简单，与前面章节讲到的参数大部分相似。

（1）宽度、深度。这两个选项用于确定底面矩形的长和宽。

（2）高度。该选项用于确定四棱锥的高。

（3）宽度分段。该选项用于确定沿底面宽度方向的分段数。

（4）深度分段。该选项用于确定沿底面深度方向的分段数。

（5）高度分段。该选项用于确定沿四棱锥高度方向的分段数。

其他参数请参见前面章节的参数说明。

图 2-71

3. 参数的修改

四棱锥的参数修改比较简单，在设置好修改参数后，按 Enter 键确认，即可得到修改后的效果，如表 2-8 所示。

表 2-8

参数修改前	参数修改后

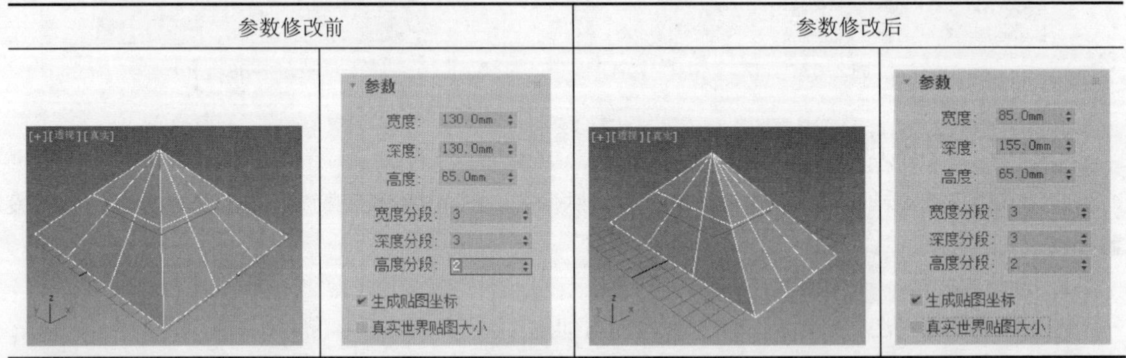

2.1.13 茶壶

茶壶用于建立标准的茶壶造型或者茶壶的一部分。下面来介绍茶壶的创建方法及其参数的设置和修改。

1. 创建茶壶

茶壶的创建方法与球体的创建方法相似，操作步骤如下。

（1）单击“ （创建）> （几何体）> 标准基本体 > 茶壶”按钮。

（2）将光标移动到视口中，单击并按住鼠标左键不放拖曳鼠标，视口中生成一个茶壶，上下移动光标调整茶壶的大小，在适当的位置释放鼠标左键，茶壶创建完成，如图 2-72 所示。

2. 茶壶的参数

单击茶壶将其选中，单击 （修改）按钮，在“修改”命令面板中会显示茶壶的参数，如图 2-73 所示。茶壶的参数比较简单，利用参数的调整，可以把茶壶拆分成不同的部分。

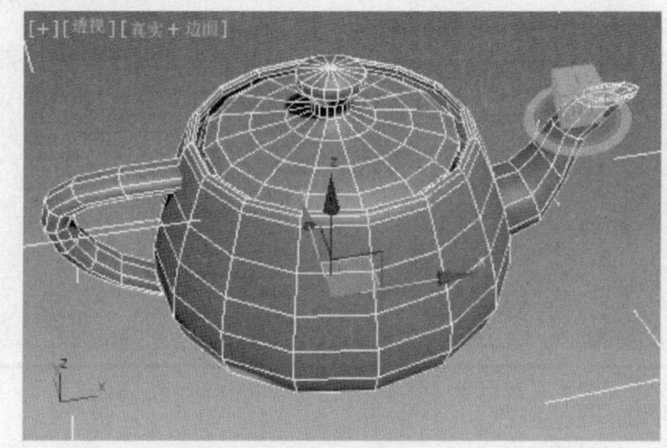

图 2-72

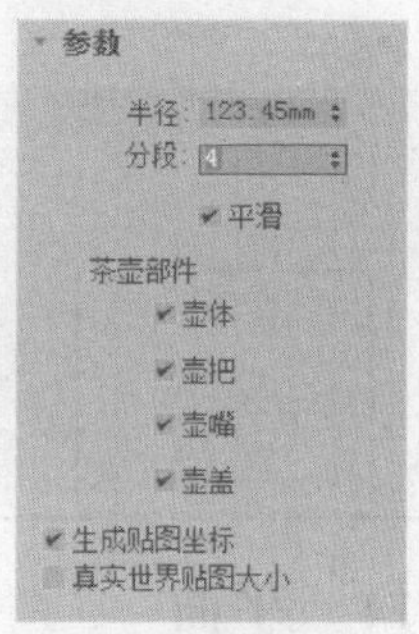

图 2-73

（1）半径。该选项用于确定茶壶的大小。

（2）分段。该选项用于确定茶壶表面的划分精度，值越大，表面越细腻。

（3）平滑。该复选框用于设置是否自动进行表面光滑处理。

（4）茶壶部件。该选项组用于设置各部分的取舍，分为壶体、壶把、壶嘴和壶盖 4 部分。

其他参数请参见前面章节的参数说明。

3. 参数的修改

茶壶的参数修改比较简单，在设置好修改参数后，按 Enter 键确认，即可得到修改后的效果，如表 2-9 所示。

表 2-9

参数修改前	参数修改后

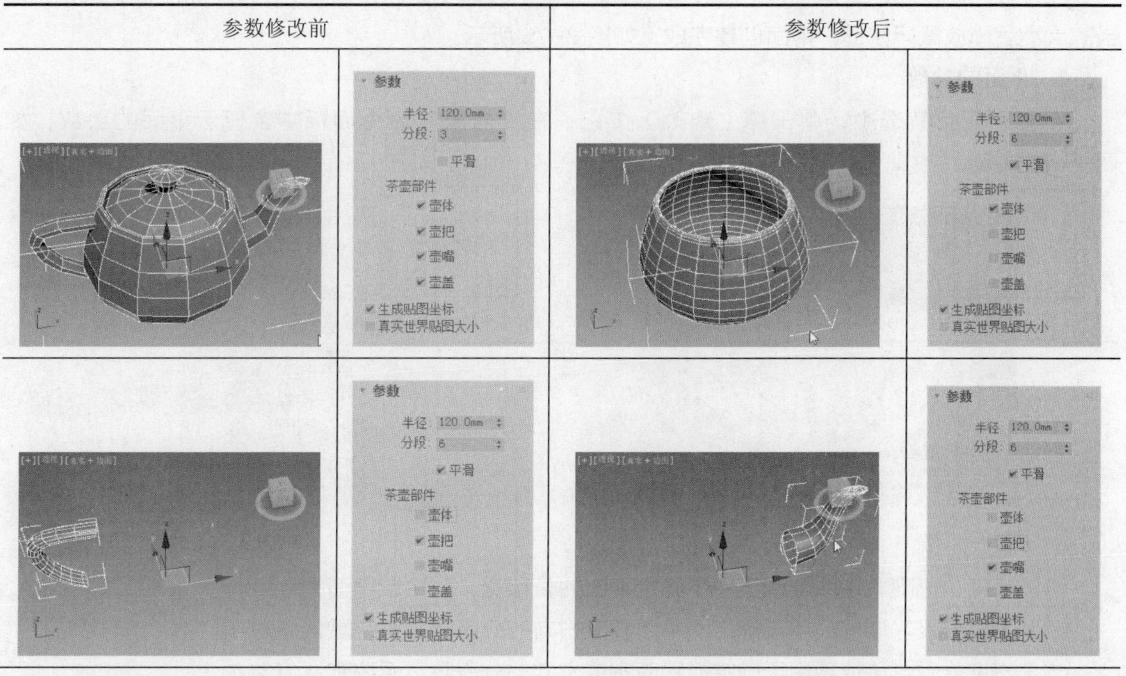

续表

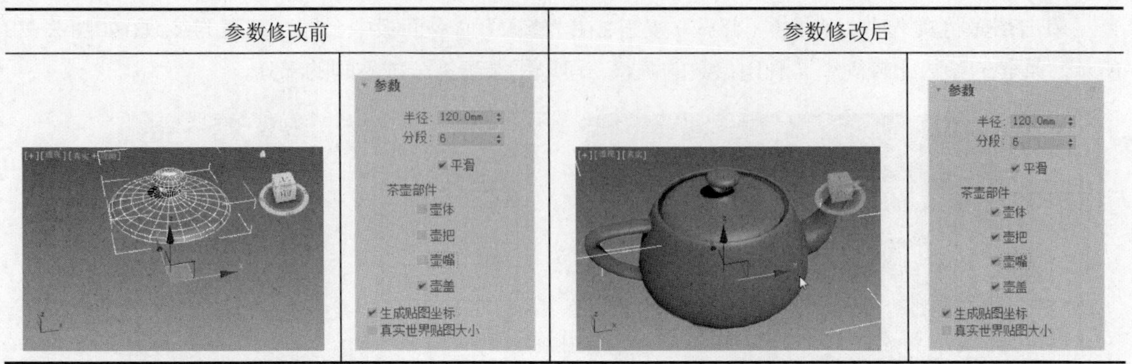

2.1.14 平面

平面用于在场景中直接创建平面对象，可以用于建立地面和场地等，使用起来非常方便。下面来介绍平面的创建方法及其参数的设置和修改。

1. 创建平面

创建平面有两种方法：一种是矩形创建方法，另一种是正方形创建方法，如图 2-74 所示。

图 2-74

① 矩形创建方法：分别确定两条边的长度，创建长方形平面。

② 正方形创建方法：只需给出一条边的长度，即可创建正方形平面。

创建平面的方法和创建球体的方法相似，操作步骤如下。

（1）单击“ （创建）> （几何体）>标准基本体>平面”按钮。

（2）将光标移动到视口中，单击并按住鼠标左键不放拖曳鼠标，视口中生成一个平面，调整至适当的大小后释放鼠标左键，平面创建完成，如图 2-75 所示。

2. 平面的参数

单击平面将其选中，单击 （修改）按钮，在“修改”命令面板中会显示平面的参数，如图 2-76 所示。

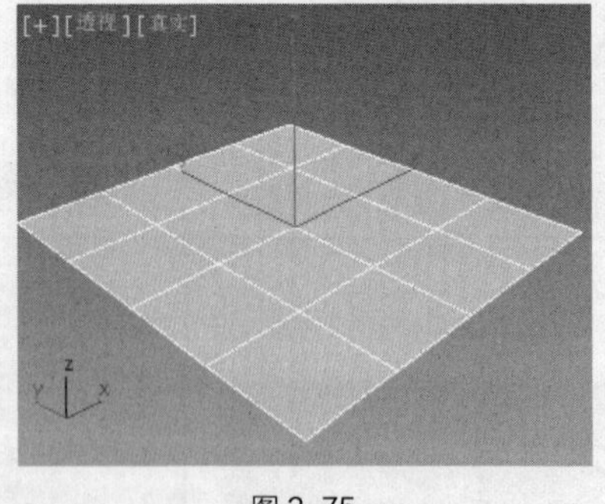

图 2-75

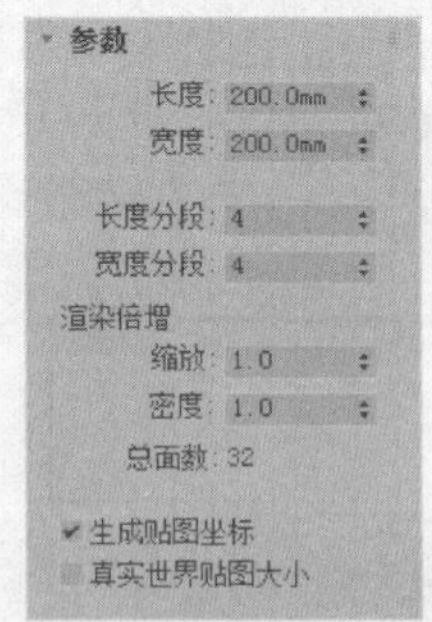

图 2-76

（1）长度、宽度。这两个选项用于确定平面的长和宽，以决定平面的大小。

（2）长度分段。该选项用于确定沿平面长度方向的分段数，系统默认值为 4。

（3）宽度分段。该选项用于确定沿平面宽度方向的分段数，系统默认值为 4。

（4）渲染倍增。该选项组只在渲染时起作用，可进行以下两项设置。

① 缩放：渲染时平面的长和宽均以该尺寸比例倍数扩大。

② 密度：渲染时平面的长和宽方向上的分段数均以该密度比例倍数扩大。

（5）总面数。该选项用于设置显示平面对象全部的面片数。

平面参数的修改非常简单，这里不再赘述。

2.2 创建扩展基本体

微课视频

床尾凳模型的制作

扩展基本体是比标准基本体更复杂的几何体，可以说是标准基本体的延伸，具有更加丰富的形态，在建模过程中也被频繁地使用，并被用于建造更加复杂的三维模型。

2.2.1 课堂案例——床尾凳模型的制作

【学习目标】通过扩展基本体和图形的组合来制作模型。

【知识要点】使用“切角长方体”和可渲染的样条线，并结合使用“FFD 4×4×4”修改器来完成床尾凳模型的制作，如图 2-77 所示。

【素材文件位置】素材文件/贴图。

【模型文件所在位置】素材文件/场景/第 2 章/床尾凳模型.max。

【参考模型文件所在位置】素材文件/场景/第 2 章/床尾凳.max。

图 2-77

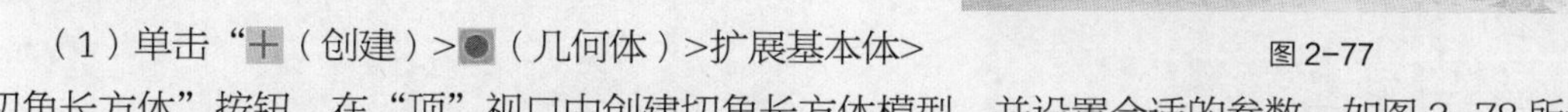

（1）单击“+（创建）>●（几何体）>扩展基本体>切角长方体”按钮，在“顶”视口中创建切角长方体模型，并设置合适的参数，如图 2-78 所示。

（2）切换到（修改）命令面板，在“修改器列表”下拉列表框中选择“FFD 4×4×4”选项，将选择集定义为“控制点”，在“顶”视口中缩放控制点，如图 2-79 所示。

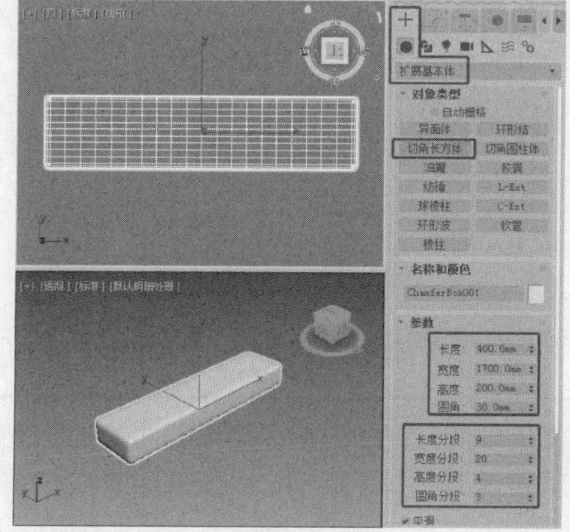

图 2-78

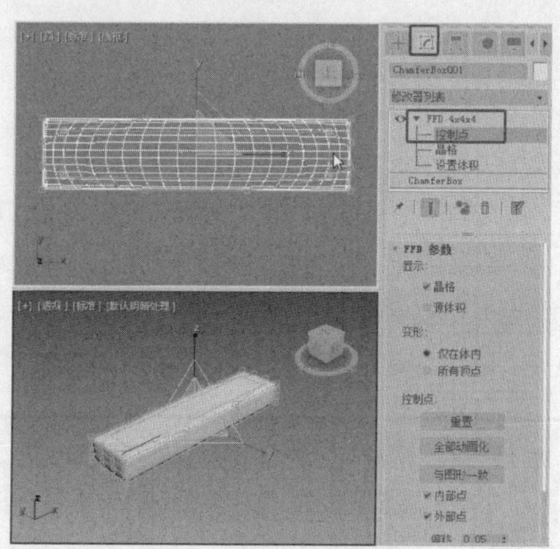

图 2-79

（3）切换到“前”视口，向上移动控制点，调整出模型的效果，如图 2-80 所示。

（4）单击“+（创建）>（图形）>样条线>线”按钮，在“左”视口中创建线，如图 2-81 所示。

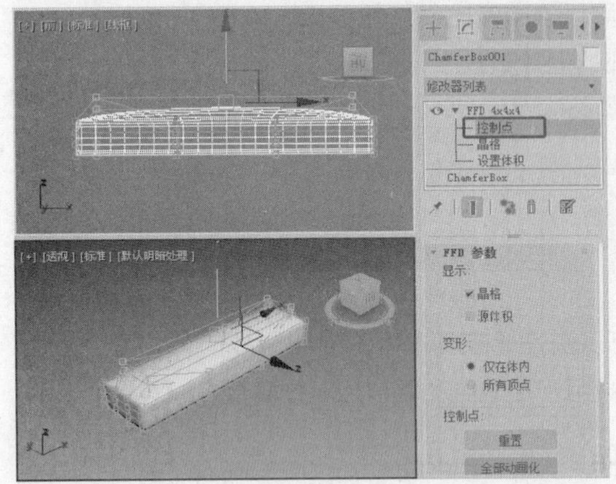

图 2-80

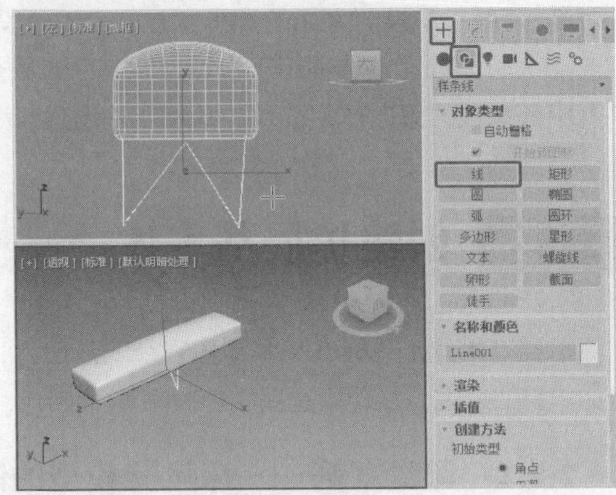

图 2-81

（5）切换到（修改）命令面板，在“选择”卷展栏中将选择集定义为“顶点”，调整顶点的位置，如图 2-82 所示。

（6）在“几何体”卷展栏中单击“圆角”按钮，在场景中选择顶点，按住并拖动顶点，设置圆角效果，如图 2-83 所示。

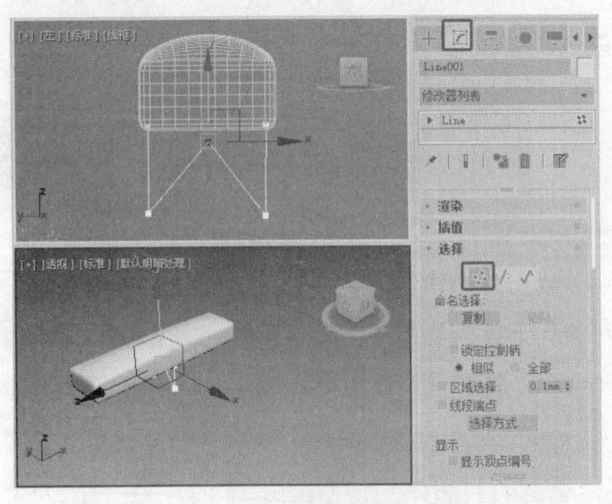

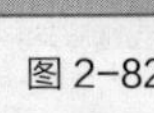

图 2-82

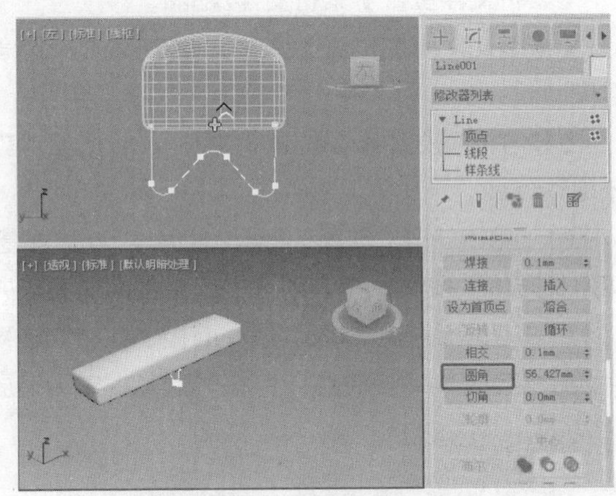

图 2-83

（7）关闭“圆角”按钮，关闭选择集，在“渲染”卷展栏中选中“在渲染中启用”和“在视口中启用”复选框，设置合适的“厚度”参数，如图 2-84 所示。

（8）继续在“顶”视口中调整顶点，调整的过程中可以先取消选中“在视口中启用”复选框，调整完成后再将其选中，如图 2-85 所示。

（9）调整好可渲染的样条线后，对其进行复制，复制后即完成床尾凳的制作，如图 2-86 所示。

提 示

在模型的建造中可以发现，模型只靠简单的几何体堆积是可以创建的，但是如果需要建造一些平滑或高要求的模型，就要借助许多工具和修改器来完成，这将在后面的章节中详细讲解。

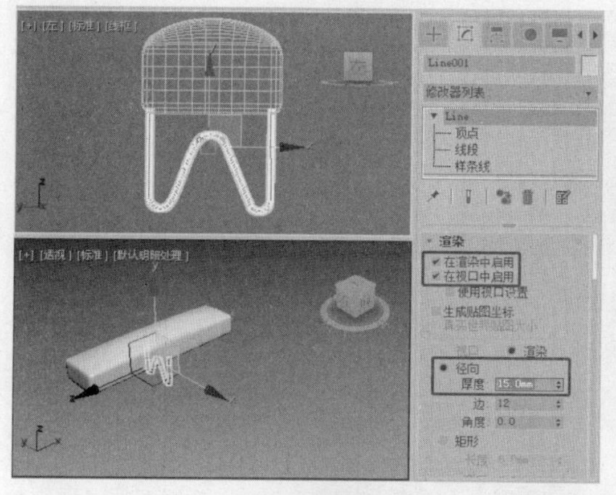

图 2-84

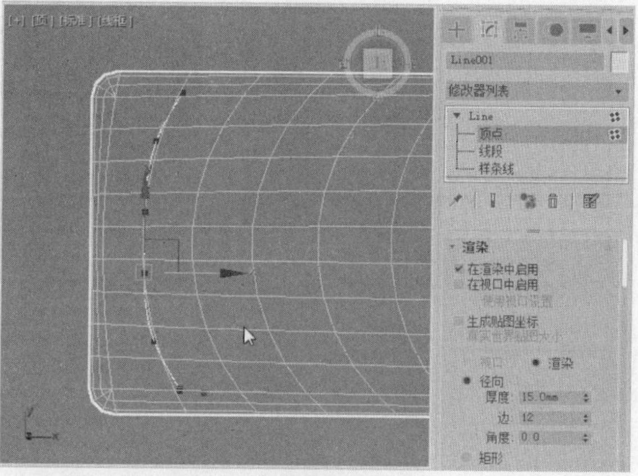

图 2-85

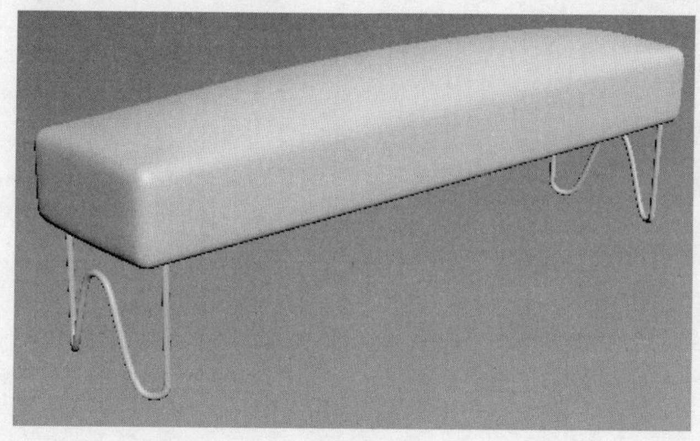

图 2-86

2.2.2 切角长方体和切角圆柱体

切角长方体和切角圆柱体用于直接创建带切角的立方体和圆柱体。下面介绍切角长方体和切角圆柱体的创建方法及其参数的设置和修改。

1. 创建切角长方体和切角圆柱体

切角长方体和切角圆柱体的创建方法是相同的，两者都具有圆角的特性，这里以切角长方体为例进行介绍。操作步骤如下。

（1）单击"+（创建）>●（几何体）>扩展基本体>切角长方体"按钮。

（2）将光标移动到视口中，单击并按住鼠标左键不放拖曳鼠标，视口中生成一个长方形平面，如图 2-87 所示，在适当的位置释放鼠标左键并上下移动光标，调整其高度，如图 2-88 所示，单击后再次上下移动光标，调整其圆角的系数，再次单击即可创建切角长方体，如图 2-89 所示。

2. 切角长方体和切角圆柱体的参数

单击切角长方体或切角圆柱体将其选中，单击（修改）按钮，在"修改"命令面板中会显示切角长方体或切角圆柱体的参数，如图 2-90 所示，切角长方体和切角圆柱体的参数大部分是相同的。

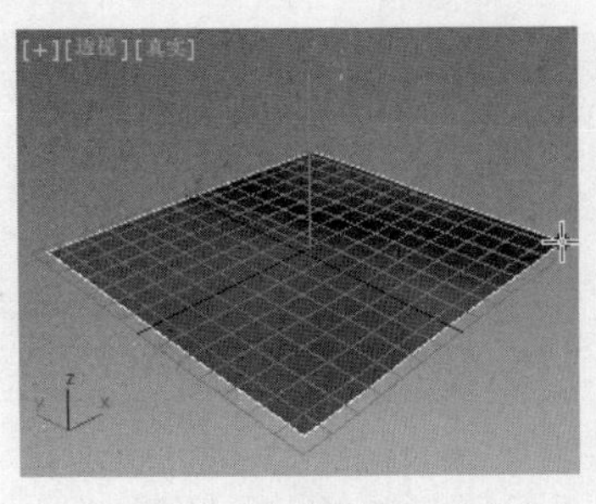

图 2-87

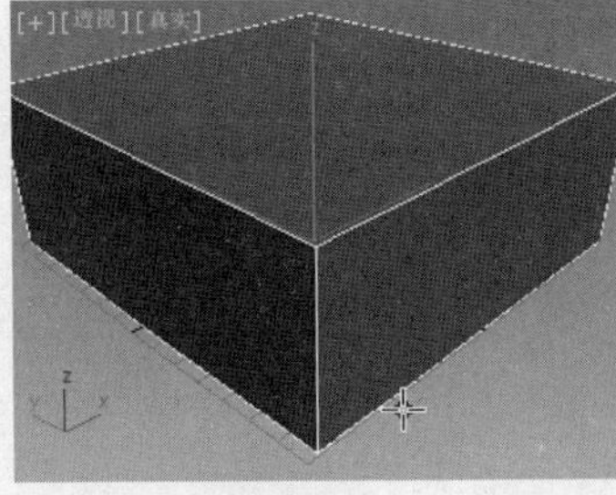

图 2-88

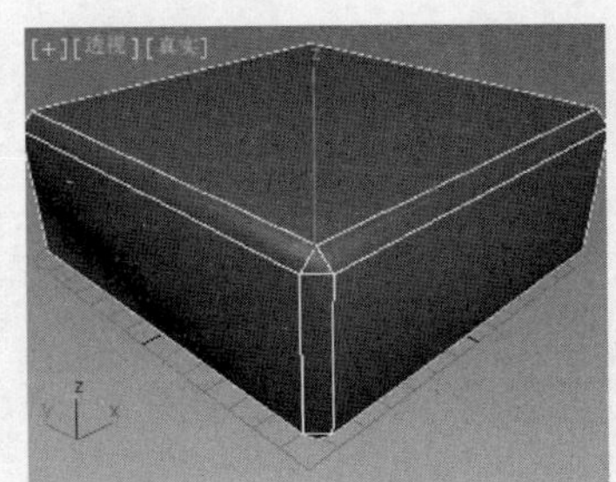

图 2-89

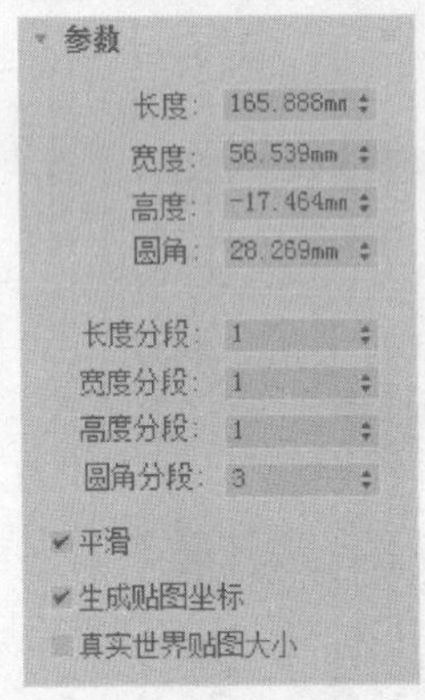

（a）切角长方体的“参数”面板

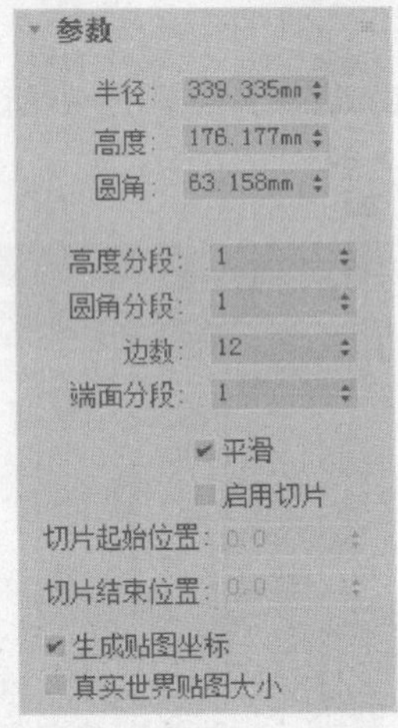

（b）切角圆柱体的“参数”面板

图 2-90

（1）圆角。该选项用于设置切角长方体（切角圆柱体）的圆角半径，确定圆角的大小。

（2）圆角分段。该选项用于设置圆角的分段数，值越高，圆角越圆滑。

其他参数请参见前面章节的参数说明。

3. 参数的修改

切角长方体和切角圆柱体的参数比较简单，参数的修改也比较直观，如表 2-10 所示。

表 2-10

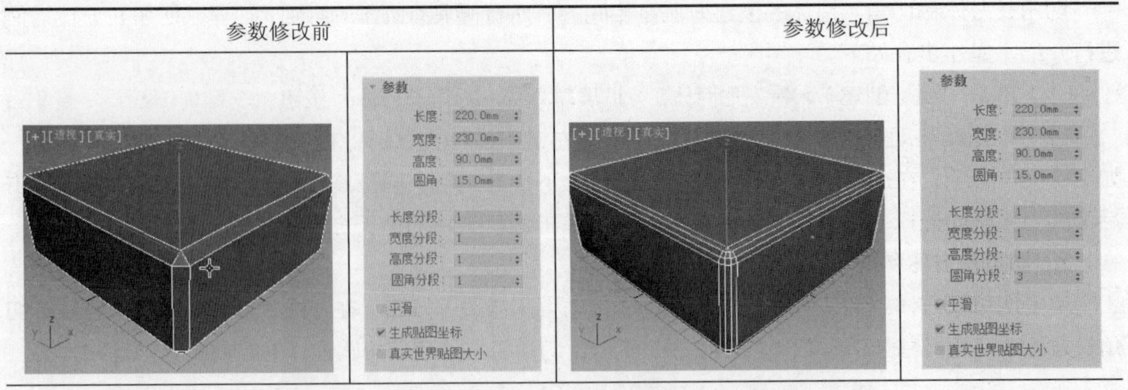

续表

参数修改前	参数修改后

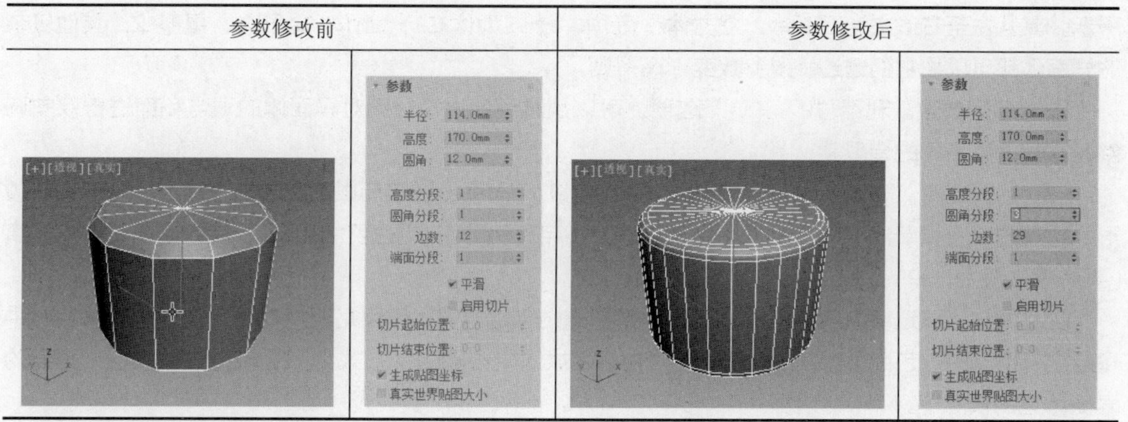

2.2.3 异面体

异面体用于创建各种具备奇特表面的异面体。下面介绍异面体的创建方法及其参数的设置和修改。

1. 创建异面体

异面体的创建方法和球体的创建方法相似，操作步骤如下。

（1）单击“+（创建）>●（几何体）> 扩展基本体 >异面体”按钮。

（2）将光标移动到视口中，单击并按住鼠标左键不放拖曳鼠标，视口中生成一个异面体，上下移动光标调整异面体的大小，在适当的位置释放鼠标左键，异面体创建完成，如图 2-91 所示。

2. 异面体的参数

单击异面体将其选中，单击（修改）按钮，在“修改”命令面板中会显示异面体的参数，如图 2-92 所示。

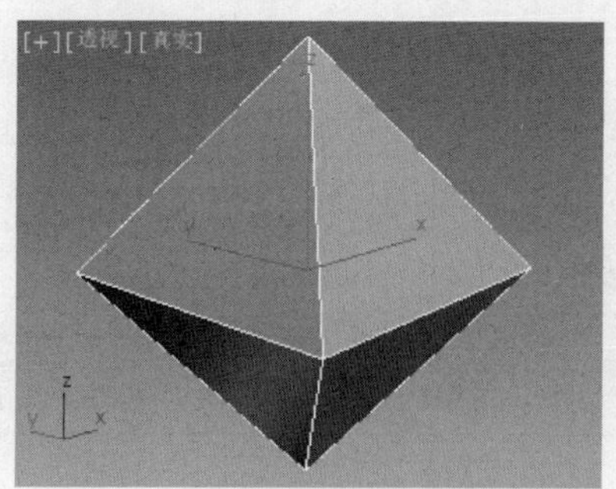

图 2-91

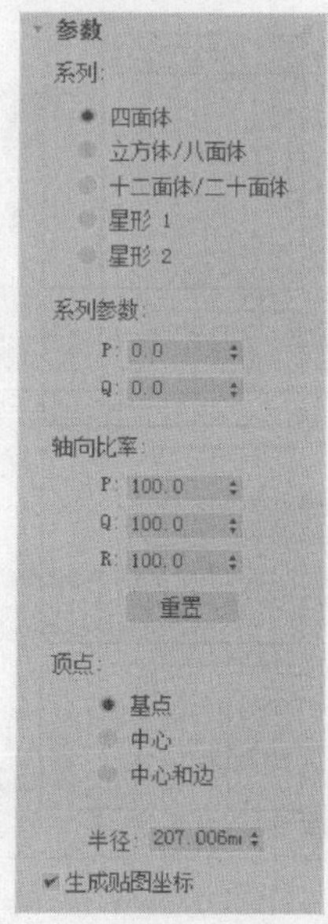

图 2-92

（1）系列。该选项组中提供了 5 种基本形体方式供用户选择，它们都是常见的异面体，如表 2-11 所示。其从左至右依次为四面体、立方体/八面体、十二面体/二十面体、星形 1、星形 2。其他复杂的异面体都可以由它们通过修改参数变形而得到。

（2）系列参数。利用“P”“Q”选项，可以通过两种途径分别对异面体的顶点和面进行双向调整，从而产生不同的造型。

（3）轴向比率。异面体的表面都是由 3 种类型的平面图形拼接而成的，包括三角形、矩形和五边形。这里的 3 个调节器（P、Q、R）是分别调节各自比例的。“重置”按钮用于使数值恢复到默认值（系统默认值为 100）。

（4）顶点。该选项组用于确定异面体内部顶点的创建方式，作用是决定异面体的内部结构，其中“基点”用于确定使用基点的方式，使用“中心”或“中心和边”方式会产生较少的顶点，且得到的异面体也比较简单。

（5）半径。该选项用于设置异面体的大小。

其他参数请参见前面章节的参数说明。

3. 参数的修改

异面体的参数较多，修改后的异面体形状多变，如表 2-11 所示。

表 2-11

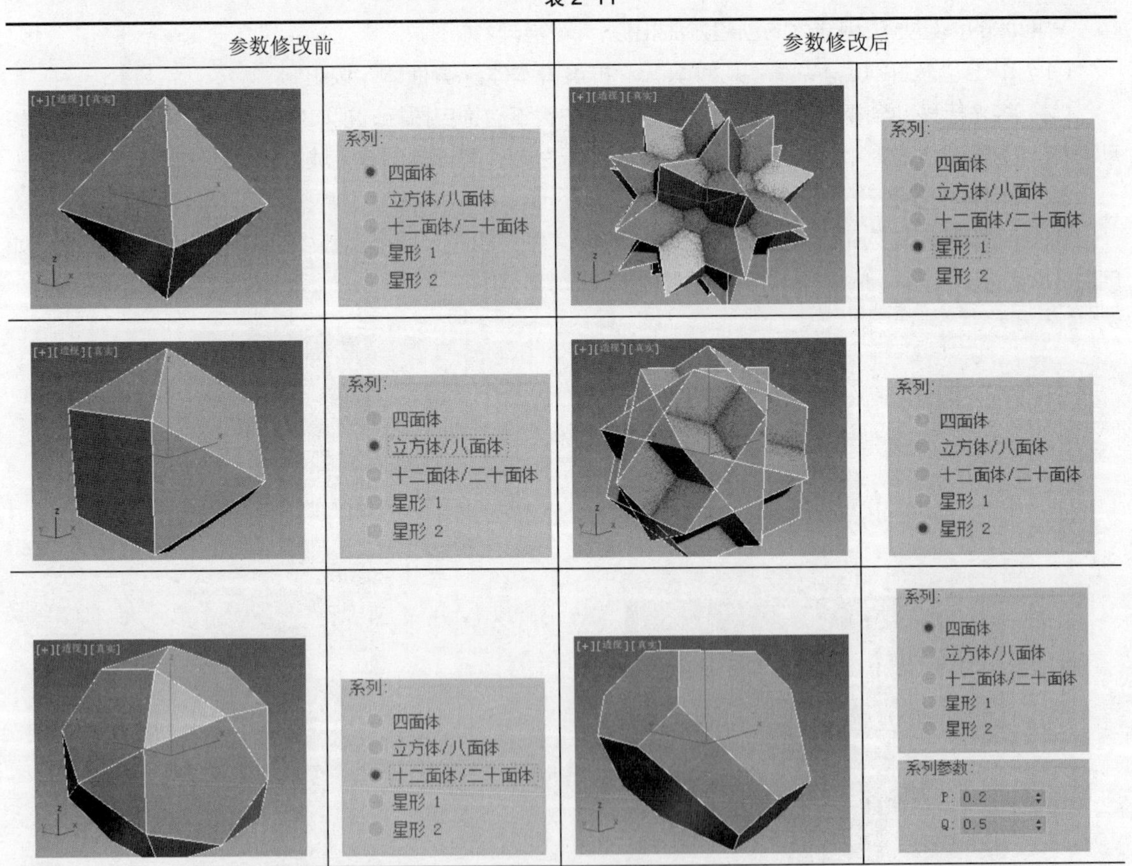

续表

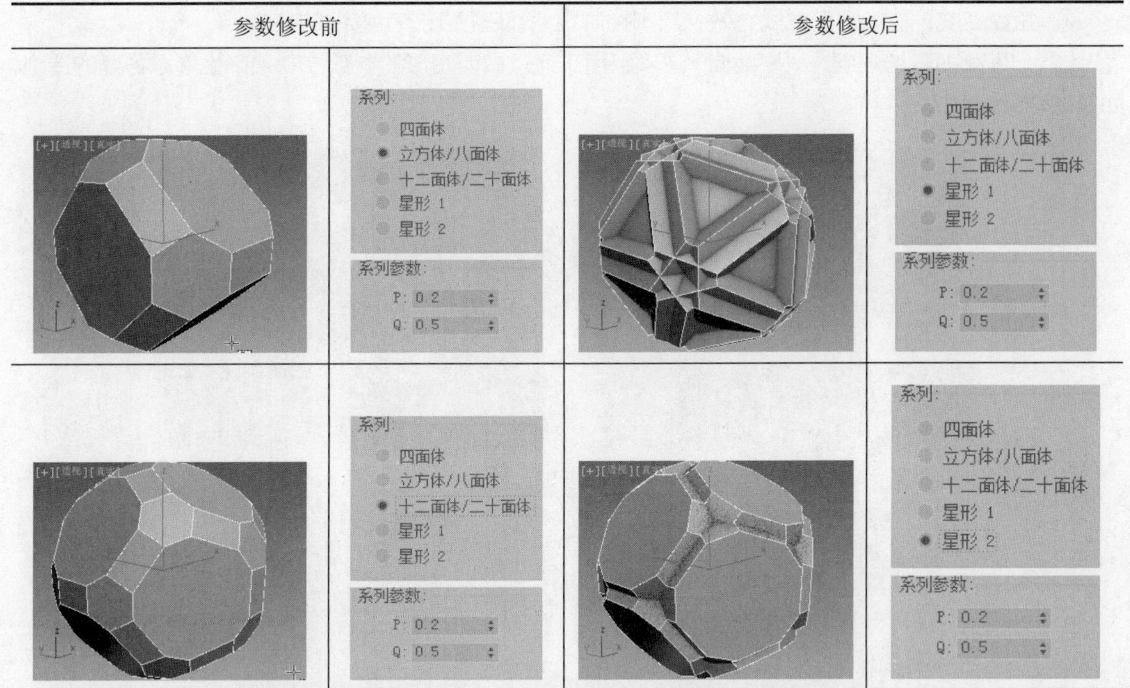

2.2.4 环形结

环形结是扩展基本体中较为复杂的一个几何体，通过调整它的参数，可以制作出种类繁多的特殊造型。下面介绍环形结的创建方法及其参数的设置和修改。

1. 创建环形结

环形结的创建方法和圆环的创建方法比较相似，操作步骤如下。

（1）单击“（创建）>（几何体）> 扩展基本体 > 环形结”按钮。

（2）将光标移动到视口中，单击并按住鼠标左键不放拖曳鼠标，视口中生成一个环形结，在适当的位置释放鼠标左键并上下移动光标，调整环形结的粗细，单击即可创建环形结，如图 2-93 所示。

2. 环形结的参数

单击环形结将其选中，单击（修改）按钮，在“修改”命令面板中会显示环形结的参数。环形结与其他几何体相比，参数较多，主要分为基础曲线参数、横截面参数、平滑参数及贴图坐标参数几大类。

（1）“基础曲线”选项组。“基本曲线”选项组用于控制有关环绕曲线的参数，如图 2-94 所示。

① 结、圆：用于设置创建环形结或标准圆环。

② 半径：用于设置曲线半径的大小。

③ 分段：用于确定在曲线路径上的分段数。

④ P、Q：仅对结状方式有效，用于控制曲线路径蜿蜒缠绕的圈数。其中，P 值用于控制 z 轴方向上的缠绕圈数，Q 值用于控制路径轴上的缠绕圈数。当 P、Q 值相同时，将产生标准圆环。

⑤ 扭曲数：仅对圆状方式有效，用于控制在曲线路径上产生弯曲的数目。

⑥ 扭曲高度：仅对圆状方式有效，用于控制在曲线路径上产生弯曲的高度。

（2）“横截面”选项组。“横截面”选项组用于通过截面图形的参数控制来产生形态各异的造型，如图 2-95 所示。

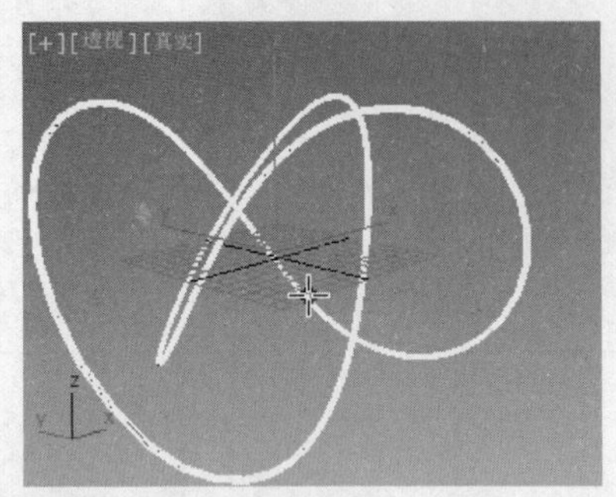

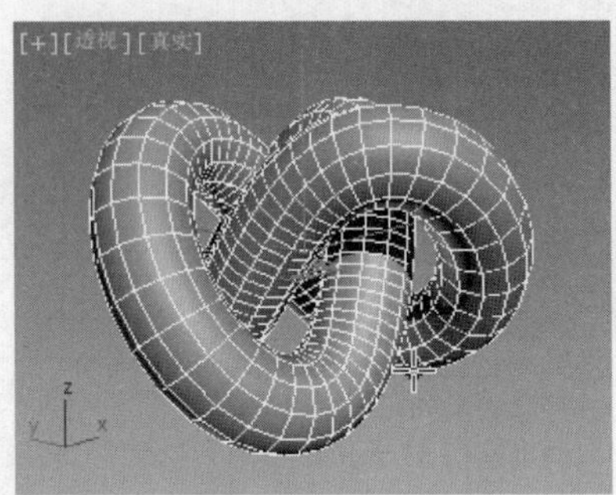

图 2-93

基础曲线
结 圆
半径：242.918mm
分段：120
P：2.0
Q：3.0
扭曲数：0.0
扭曲高度：0.0

图 2-94

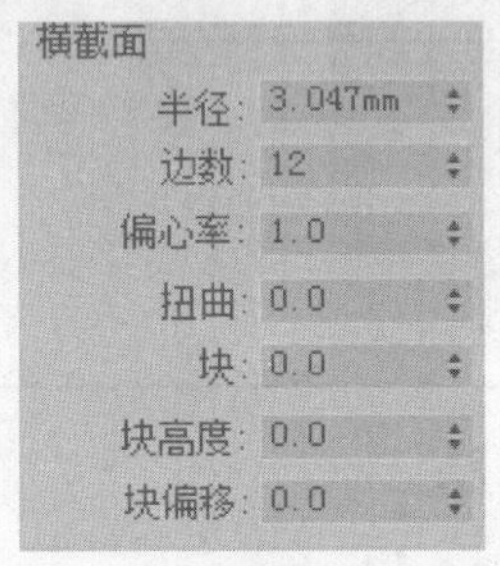

图 2-95

① 半径：用于设置截面图形的半径大小。

② 边数：用于设置截面图形的边数，从而确定圆滑度。

③ 偏心率：用于设置截面压扁的程度，当其值为 1 时截面为圆，其值不为 1 时截面为椭圆。

④ 扭曲：用于设置截面围绕曲线路径扭曲循环的次数。

⑤ 块：用于设置在路径上所产生的块状突起的数目。只有当块高度大于 0 时，才能显示出效果。

⑥ 块高度：用于设置块隆起的高度。

⑦ 块偏移：用于设置在路径上移动块的偏移值，以改变其位置。

（3）“平滑”。“平滑”选项组用于控制造型表面的光滑属性，如图 2-96 所示。

① 全部：用于对整个造型进行光滑处理。

② 侧面：用于对纵向（路径方向）的面进行光滑处理，即只光滑环形结的侧边。

③ 无：用于设置不进行表面光滑处理。

（4）“贴图坐标”。“贴图坐标”选项组用于指定环形结的贴图坐标，如图 2-97 所示。

① 生成贴图坐标：用于根据环形结的曲线路径指定贴图坐标，需要指定贴图在路径上的重复次数和偏移值。

② 偏移：用于设置在 U、V 方向上贴图的偏移值。

③ 平铺：用于设置在 U、V 方向上贴图的重复次数。

其他参数请参见前面章节的参数说明。

图 2-96

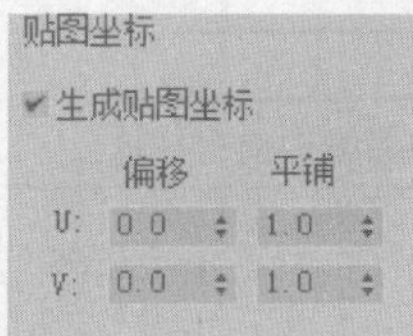

图 2-97

3. 参数的修改

环形结的参数比其他几何体的参数复杂，对其进行修改后能产生很多特殊的形体，如表 2-12 所示。

表 2-12

参数修改前		参数修改后	
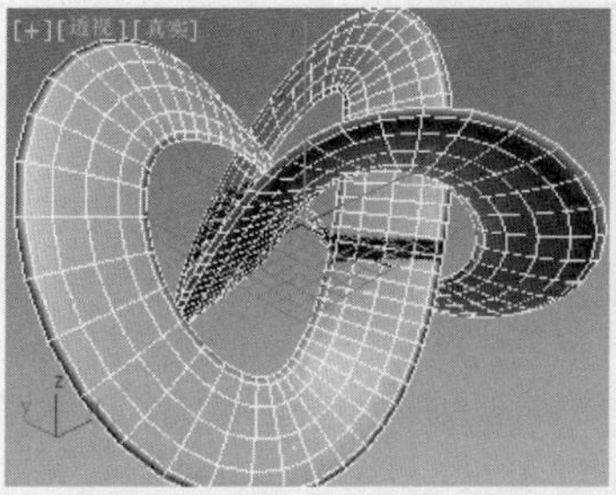 [+][透视][真实]	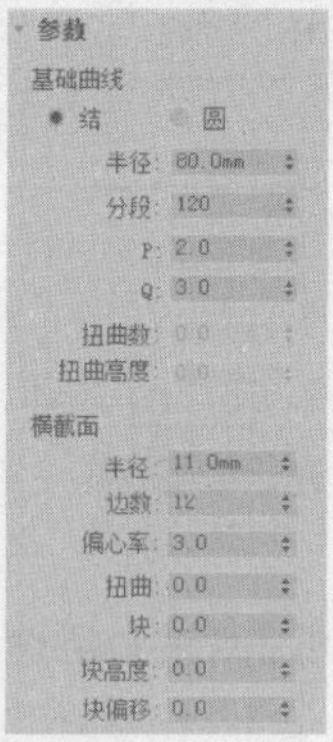 参数 基础曲线 结 圆 半径: 80.0mm 分段: 120 P: 2.0 Q: 3.0 扭曲数: 0.0 扭曲高度: 0.0 横截面 半径: 11.0mm 边数: 12 偏心率: 3.0 扭曲: 0.0 块: 0.0 块高度: 0.0 块偏移: 0.0	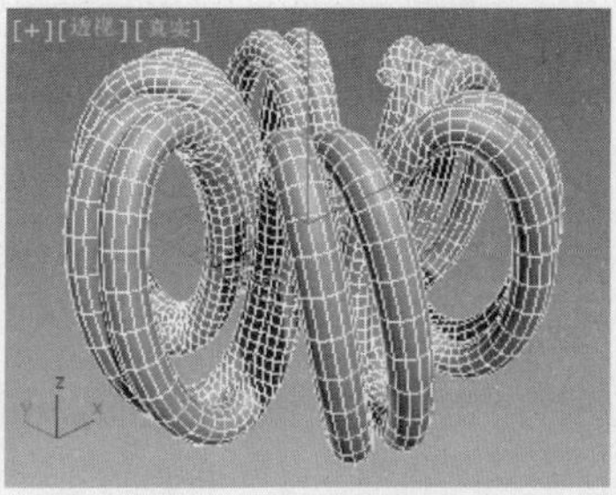 [+][透视][真实]	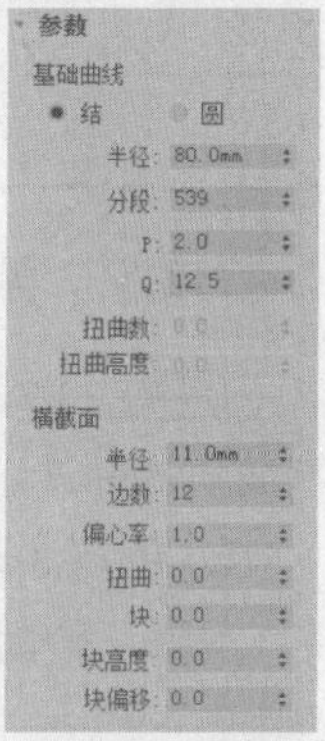 参数 基础曲线 结 圆 半径: 80.0mm 分段: 539 P: 2.0 Q: 12.5 扭曲数: 0.0 扭曲高度: 0.0 横截面 半径: 11.0mm 边数: 12 偏心率: 1.0 扭曲: 0.0 块: 0.0 块高度: 0.0 块偏移: 0.0
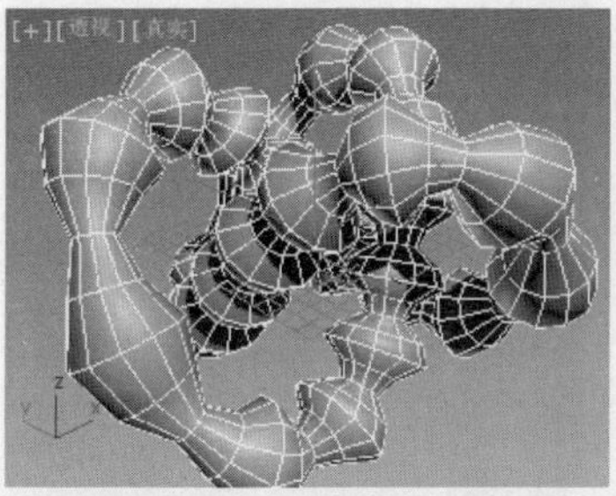 [+][透视][真实]	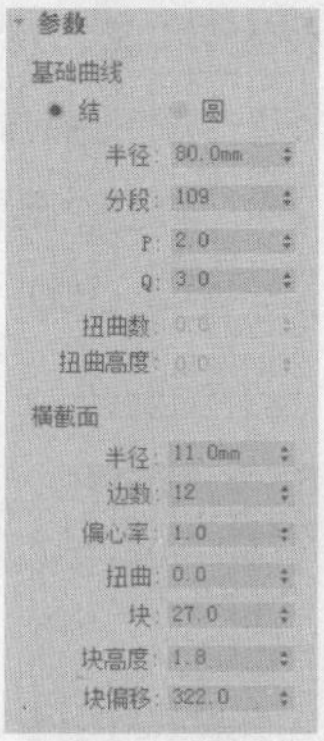 参数 基础曲线 结 圆 半径: 80.0mm 分段: 109 P: 2.0 Q: 3.0 扭曲数: 0.0 扭曲高度: 0.0 横截面 半径: 11.0mm 边数: 12 偏心率: 1.0 扭曲: 0.0 块: 27.0 块高度: 1.8 块偏移: 322.0	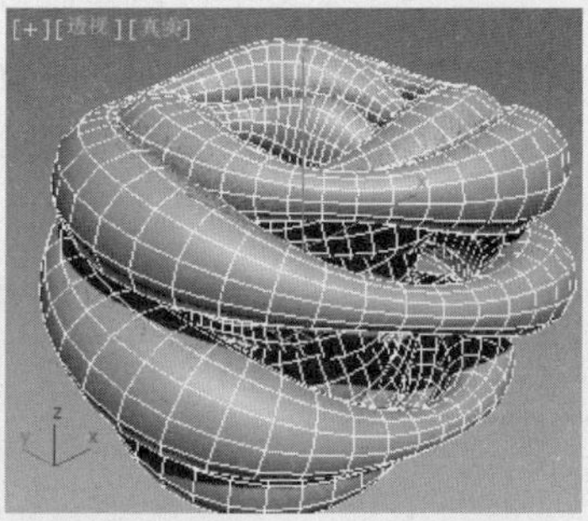 [+][透视][真实]	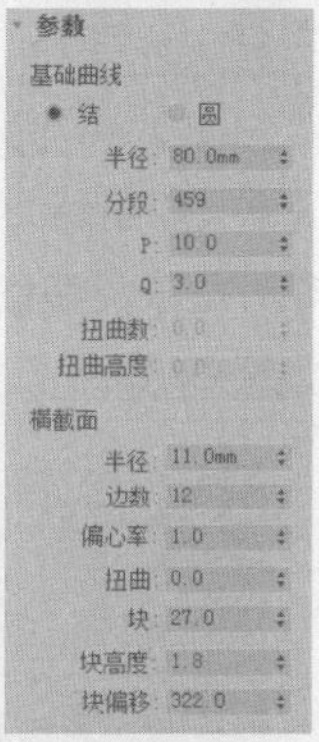 参数 基础曲线 结 圆 半径: 80.0mm 分段: 459 P: 10.0 Q: 3.0 扭曲数: 0.0 扭曲高度: 0.0 横截面 半径: 11.0mm 边数: 12 偏心率: 1.0 扭曲: 0.0 块: 27.0 块高度: 1.8 块偏移: 322.0
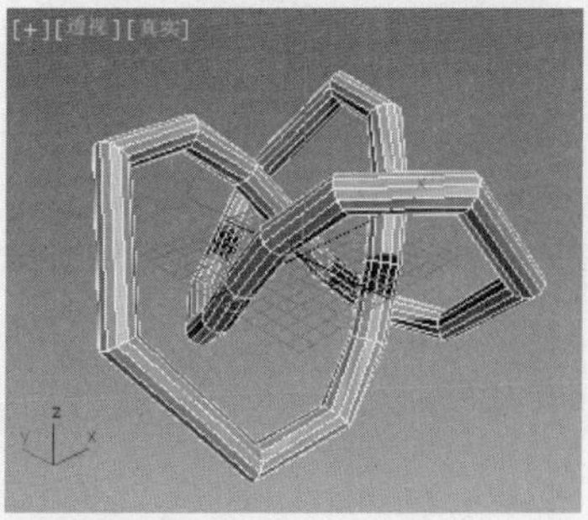 [+][透视][真实]	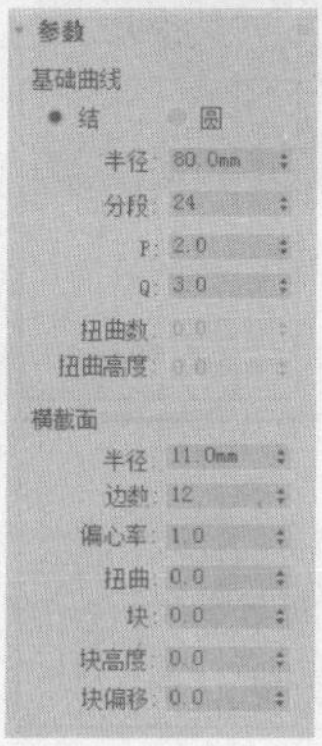 参数 基础曲线 结 圆 半径: 80.0mm 分段: 24 P: 2.0 Q: 3.0 扭曲数: 0.0 扭曲高度: 0.0 横截面 半径: 11.0mm 边数: 12 偏心率: 1.0 扭曲: 0.0 块: 0.0 块高度: 0.0 块偏移: 0.0	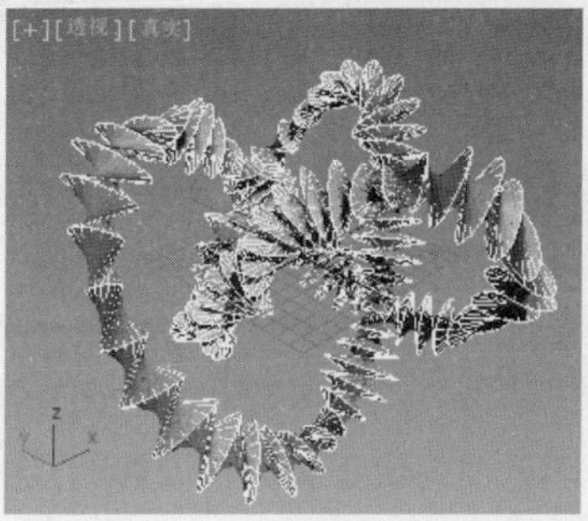 [+][透视][真实]	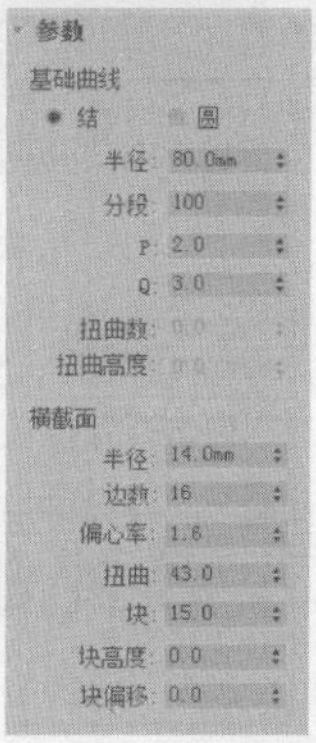 参数 基础曲线 结 圆 半径: 80.0mm 分段: 100 P: 2.0 Q: 3.0 扭曲数: 0.0 扭曲高度: 0.0 横截面 半径: 14.0mm 边数: 16 偏心率: 1.6 扭曲: 43.0 块: 15.0 块高度: 0.0 块偏移: 0.0

续表

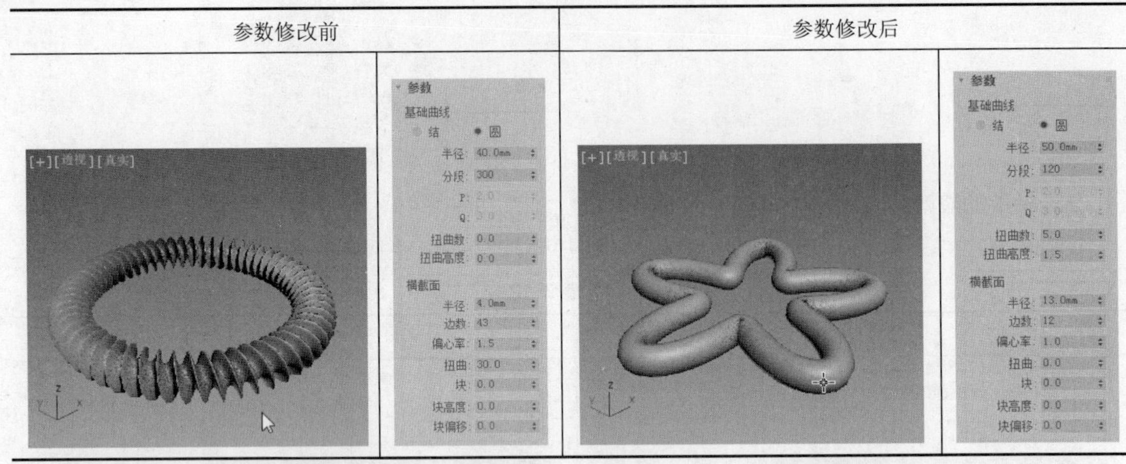

2.2.5　油罐、胶囊和纺锤

油罐、胶囊和纺锤这 3 个扩展基本体都具有圆滑的特性，它们的创建方法和参数也有相似之处。下面介绍油罐、胶囊和纺锤的创建方法及其参数的设置和修改。

1. 创建油罐、胶囊和纺锤

油罐、胶囊和纺锤的创建方法相似，这里以油罐为例来介绍这 3 个扩展基本体的创建方法。操作步骤如下。

（1）单击“＋（创建）>●（几何体）>扩展基本体>油罐”按钮。

（2）将光标移动到视口中，单击并按住鼠标左键不放拖曳鼠标，视口中生成油罐的底部，如图 2-98 所示，在适当的位置释放鼠标左键并移动光标，调整油罐的高度，如图 2-99 所示，单击并移动光标调整切角的系数，再次单击即可创建油罐，如图 2-100 所示。使用相似的方法可以创建出胶囊和纺锤。

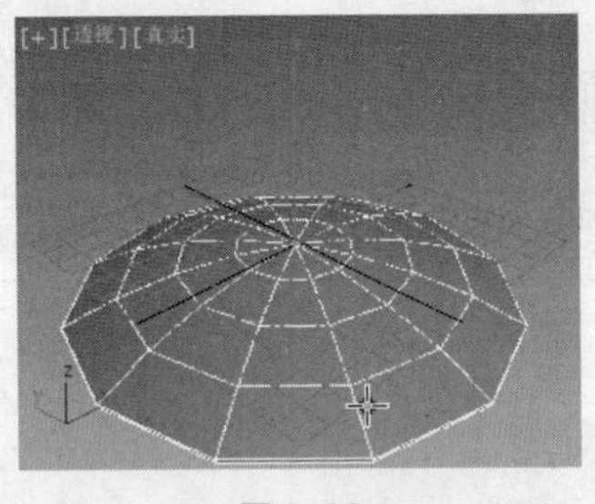

图 2-98

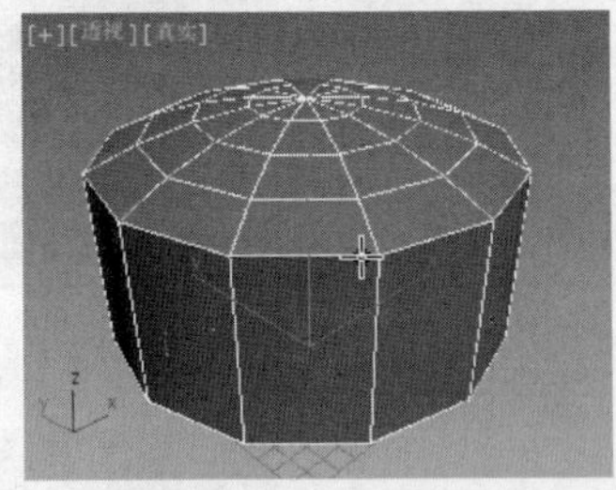

图 2-99

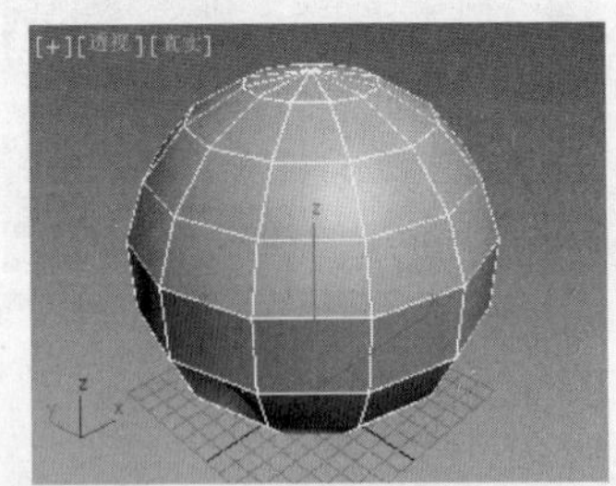

图 2-100

2. 油罐、胶囊和纺锤的参数

单击油罐（胶囊或纺锤）将其选中，单击（修改）按钮，在“修改”命令面板中会显示其参数，如图 2-101 所示。这 3 个几何体的参数大部分相似。

（1）封口高度。该选项用于设置两端凸面顶盖的高度。

（2）总体。该单选按钮用于测量几何体的全部高度。

（3）中心。该单选按钮用于只测量柱体部分的高度，不包括顶盖高度。

（4）混合。该选项用于设置顶盖与柱体边界产生的圆角大小，以圆滑顶盖的柱体边缘。

（5）高度分段。该选项用于设置圆锥顶盖的段数。

其他参数请参见前面章节的参数说明。

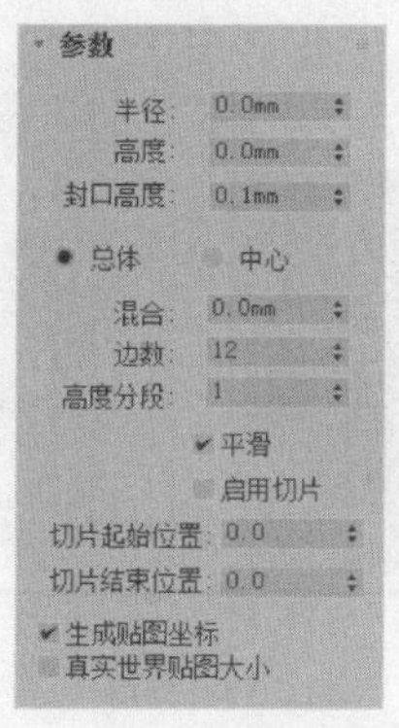

（a）油罐的“参数”面板

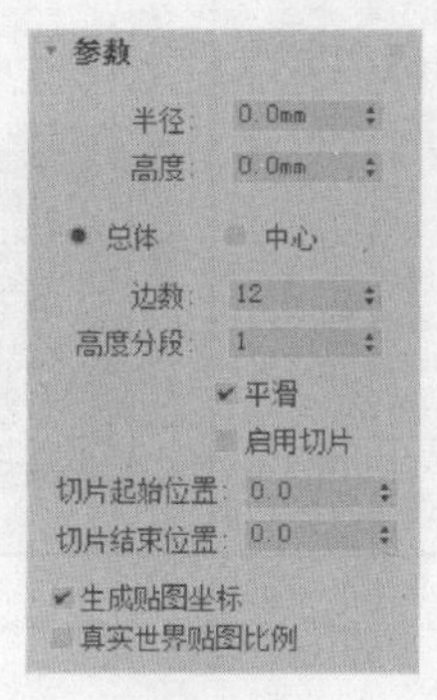

（b）胶囊的“参数”面板

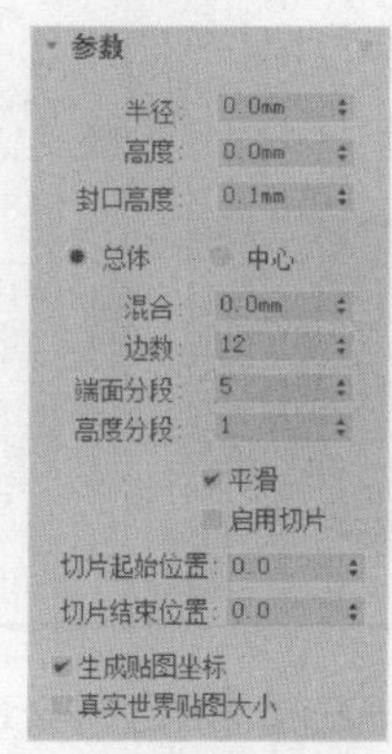

（c）纺锤的“参数”面板

图 2-101

3. 参数的修改

油罐、胶囊和纺锤的参数修改比较简单，如表 2-13 所示。

表 2-13

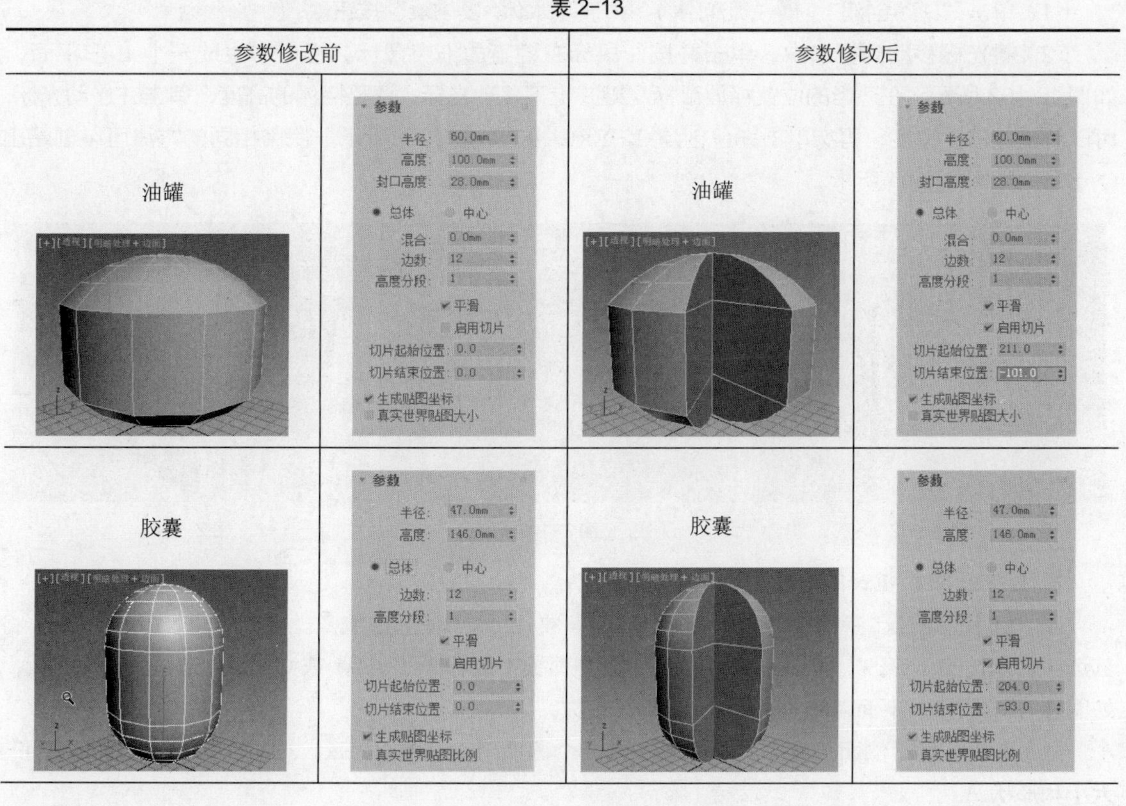

参数修改前		参数修改后	
油罐	半径：60.0mm；高度：100.0mm；封口高度：28.0mm；总体；混合：0.0mm；边数：12；高度分段：1；平滑；切片起始位置：0.0；切片结束位置：0.0；生成贴图坐标	油罐	半径：60.0mm；高度：100.0mm；封口高度：28.0mm；总体；混合：0.0mm；边数：12；高度分段：1；平滑；启用切片；切片起始位置：211.0；切片结束位置：-101.0；生成贴图坐标
胶囊	半径：47.0mm；高度：146.0mm；总体；边数：12；高度分段：1；平滑；切片起始位置：0.0；切片结束位置：0.0；生成贴图坐标	胶囊	半径：47.0mm；高度：146.0mm；总体；边数：12；高度分段：1；平滑；启用切片；切片起始位置：204.0；切片结束位置：-93.0；生成贴图坐标

续表

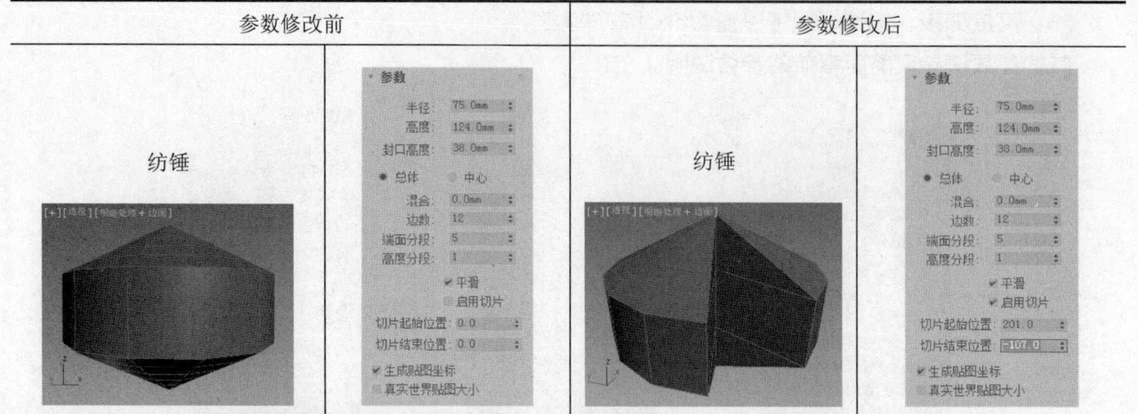

参数修改前		参数修改后	
纺锤		纺锤	

2.2.6 L-Ext 和 C-Ext

L-Ext 和 C-Ext 都主要用于构建快速建模，结构相似。下面来介绍 L-Ext 和 C-Ext 的创建方法及其参数的设置和修改。

1. 创建 L-Ext 和 C-Ext

L-Ext 和 C-Ext 的创建方法基本相同，在此以 L-Ext 为例进行介绍，操作步骤如下。

（1）单击“+（创建）>●（几何体）>扩展基本体>L-Ext”按钮。

（2）将光标移动到视口中，单击并按住鼠标左键不放拖曳鼠标，视口中生成一个 L 形平面，如图 2-102 所示，在适当的位置释放鼠标左键并上下移动光标，调整墙体的高度，单击并移动光标，可以调整墙体的厚度，再次单击即可创建 L-Ext，如图 2-103 所示。使用相同的方法可以创建出 C-Ext，如图 2-104 所示。

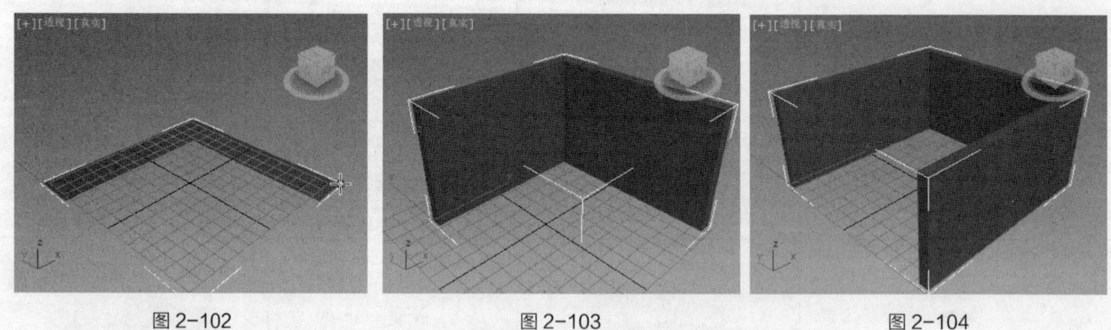

图 2-102　　图 2-103　　图 2-104

2. L-Ext 和 C-Ext 的参数

L-Ext 和 C-Ext 参数相似，但 C-Ext 的参数比 L-Ext 的参数多。单击 L-Ext 或 C-Ext 将其选中，单击（修改）按钮，在“修改”命令面板中会显示 L-Ext 或 C-Ext 的“参数”面板，如图 2-105 所示。下面以 C-Ext 为例介绍其参数。

（1）背面长度、侧面长度、前面长度。这 3 个选项用于设置 C-Ext 3 边的长度，以确定底面的大小和形状。

（2）背面宽度、侧面宽度、前面宽度。这 3 个选项用于设置 C-Ext 3 边的宽度。

（3）高度。该选项用于设置 C-Ext 的高度。

（4）背面分段、侧面分段、前面分段。这 3 个选项分别用于设置 C-Ext 背面、侧面和前面在长度方向上的段数。

（5）宽度分段。该选项用于设置 C-Ext 在宽度方向上的段数。

（6）高度分段。该选项用于设置 C-Ext 在高度方向上的段数。

其他参数请参见前面章节的参数说明。L-Ext 和 C-Ext 的参数修改比较简单，在此就不做介绍了。

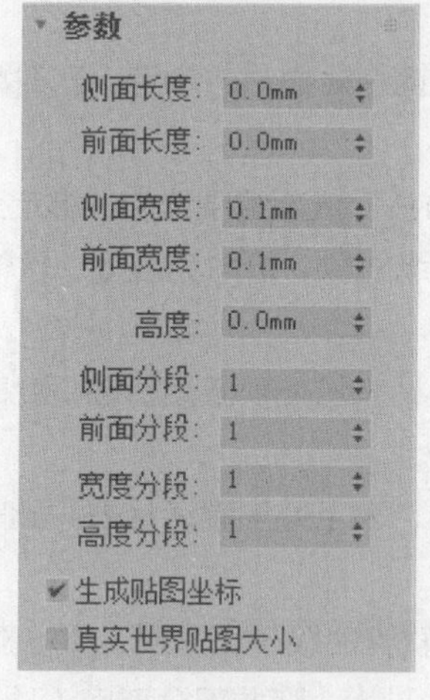

（a）L-Ext 的“参数”面板

（b）C-Ext 的“参数”面板

图 2-105

2.2.7 软管

软管是一个柔性几何体，其两端可以连接到两个不同的对象上，并能反映出这些对象的移动。下面来介绍软管的创建方法及其参数的设置和修改。

1. 创建软管

软管的创建方法很简单，操作步骤如下。

（1）单击“＋（创建）>●（几何体）>扩展基本体>软管”按钮。

（2）将光标移动到视口中，单击并按住鼠标左键不放拖曳鼠标，视口中生成一个多边形平面，在适当的位置再次单击并上下移动光标，以调整软管的高度，再次单击即可创建软管，如图 2-106 所示。

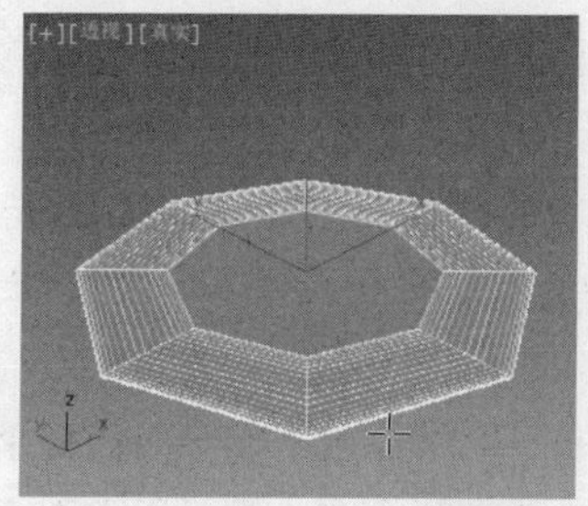

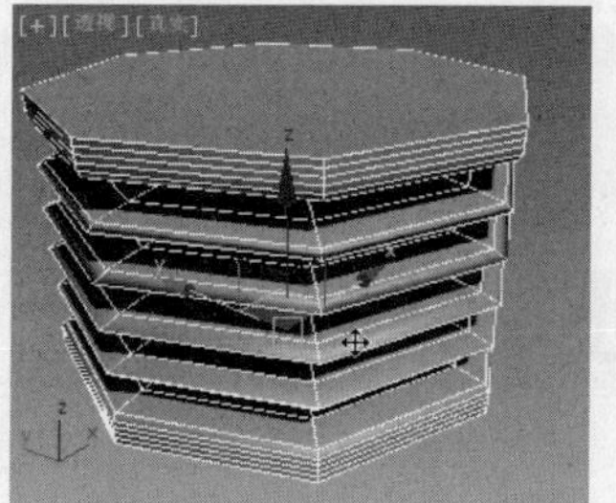

图 2-106

2. 软管的参数

单击软管将其选中，单击（修改）按钮，在“修改”命令面板中会显示软管的参数。软管的参数众多，主要分为“端点方法”“绑定对象”“自由软管参数”“公用软管参数”和“软管形状”5个选项组。

（1）“端点方法”选项组。该选项组用于设置是创建自由软管，还是创建连接到两个对象上的软管，如图2-107所示。

① 自由软管。选中该单选按钮，可创建不绑定到任何其他物体上的软管，同时激活“自由软管参数”选项组。

② 绑定到对象轴。选中该单选按钮，可创建绑定到两个对象上的软管，同时激活“绑定对象”选项组。

（2）“绑定对象”选项组。该选项组只有在“端点方法”选项组中选中“绑定到对象轴”单选按钮时才可用，如图2-108所示。可利用它来拾取两个捆绑对象，拾取完成后，软管将自动连接两个物体。

① 拾取顶部对象。单击该按钮后，顶部对象呈黄色，表示处于激活状态，此时可在场景中单击顶部对象进行拾取。

② 拾取底部对象。单击该按钮后，底部对象呈黄色，表示处于激活状态，此时可在场景中单击底部对象进行拾取。

③ 张力。该选项用于确定延伸到顶（底）部对象的软管曲线在底（顶）部对象附近的张力大小。张力越小，弯曲部分离底（顶）部对象越近；反之，张力越大，弯曲部分离底（顶）部对象越远，其默认值为100。

（3）“自由软管参数”选项组。该选项组只有在“端点方法”选项组中选中“自由软管”单选按钮时才可用，如图2-109所示。

高度。该选项用于调节软管的高度。

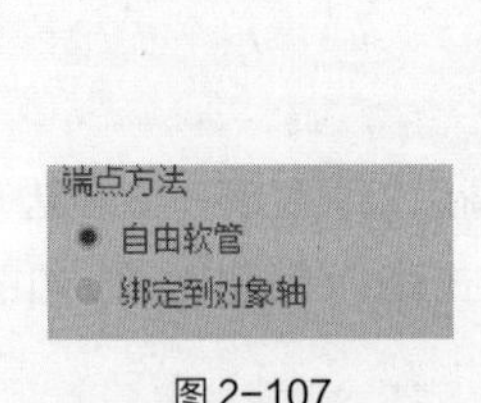

图2-107

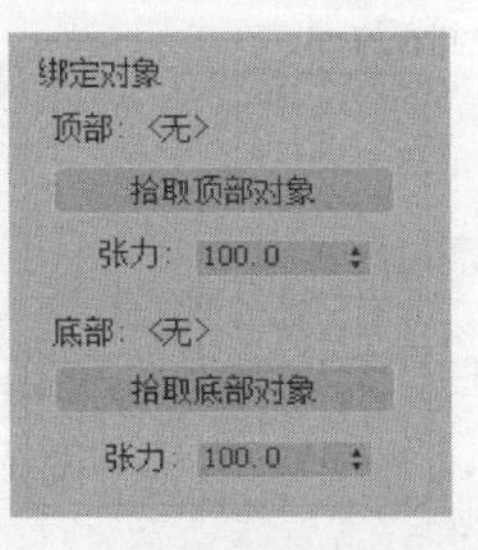

图2-108

图2-109

（4）“公用软管参数”选项组。该选项组用于设置软管的形状和光滑属性等常用参数，如图2-110所示。

① 分段：用于设置软管在长度上总的段数。当软管是曲线时，增加其值将光滑软管的外形。

② 启用柔软截面：如果启用，则可为软管的中心柔软截面设置以下4个参数；如果禁用，则软管的直径沿软管长度不变。

- 起始位置：用于设置从软管的起始点到弯曲开始部位这一部分所占整个软管的百分比。
- 结束位置：用于设置从软管的终止点到弯曲结束部位这一部分所占整个软管的百分比。

- 周期数：用于设置柔体截面中的起伏数目。
- 直径：用于设置皱状部分的直径相对于整个软管直径的百分比。

③ “平滑”选项组：用于调整软管的光滑类型。

- 全部：用于设置平滑整个软管（系统默认设置）。
- 侧面：用于设置仅平滑软管长度方向上的侧面。
- 无：用于设置不进行平滑处理。
- 分段：用于设置仅平滑软管的内部分段。

④ 可渲染：选中该复选框，将无法渲染软管。

⑤ 生成贴图坐标：选中该复选框，可设置所需的坐标，以对软管应用贴图材质。其默认设置为选中。

（5）“软管形状”选项组。该选项组用于设置软管的横截面形状，如图 2-111 所示。

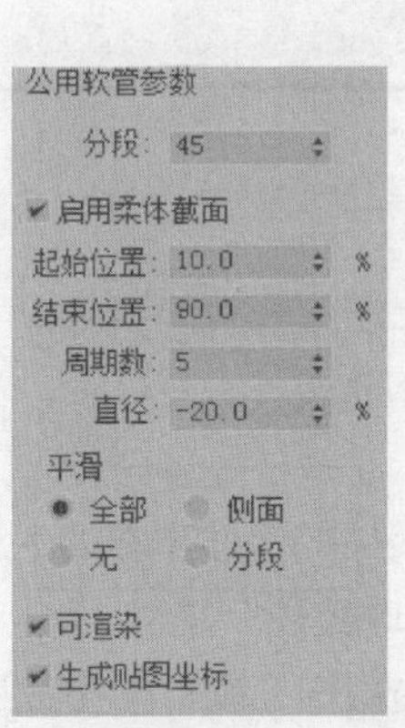

图 2-110

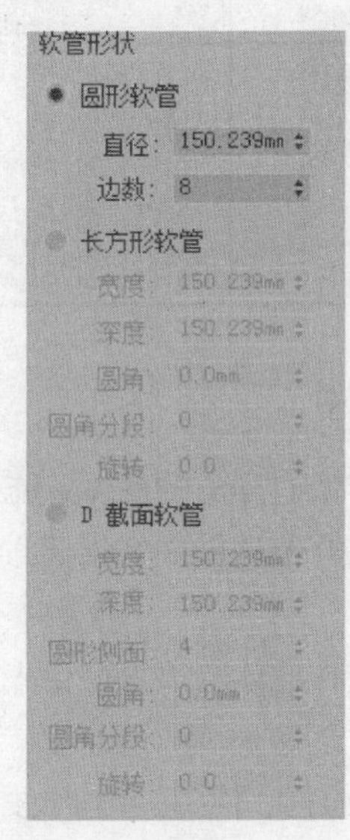

图 2-111

① “圆形软管”选项组：用于设置圆形横截面。

- 直径：用于设置圆形横截面的直径，以确定软管的大小。
- 边数：用于设置软管的侧边数。其最小值为 3，此时为三角形横截面。

② “长方形软管”选项组：用于指定不同的宽度和深度，设置长方形横截面。

- 宽度：用于设置软管长方形横截面的宽度。
- 深度：用于设置软管长方形横截面的深度。
- 圆角：用于设置长方形横截面 4 个拐角处的圆角大小。
- 圆角分段：用于设置每个长方形横截面拐角处的圆角分段数。
- 旋转：用于设置长方形软管绕其自身高度方向上的轴旋转的角度大小。

③ “D 截面软管”选项组：与长方形横截面软管的设置相似，只是用于设置其横截面呈 D 形。

- 圆形侧面：用于设置圆形侧边上的片段划分数。其值越大，D 形截面越光滑。

其他参数请参见前面章节的参数说明。

3. 参数的修改

软管的参数较多，但修改并不烦琐。自由软管的参数修改如表 2-14 所示。

表 2-14

参数修改前		参数修改后	
	软管形状 ● 圆形软管 直径：200.0mm 边数：50		● 长方形软管 宽度：200.0mm 深度：200.0mm 圆角：0.0mm 圆角分段：0 旋转：0.0
	● D 截面软管 宽度：200.0mm 深度：200.0mm 圆形侧面：20 圆角：0.0mm 圆角分段：0 旋转：0.0		● D 截面软管 宽度：200.0mm 深度：200.0mm 圆形侧面：2 圆角：0.0mm 圆角分段：0 旋转：0.0

2.2.8 球棱柱

球棱柱用于制作带有导角的柱体，能直接在柱体的边缘上产生光滑的导角，可以说是圆柱体的一种特殊形式。下面来介绍球棱柱的创建方法及其参数的设置和修改。

1. 创建球棱柱

球棱柱可以直接在柱体的边缘产生光滑的导角。创建球棱柱的操作步骤如下。

（1）单击“+（创建）>●（几何体）> 扩展基本体 > 球棱柱”按钮。

（2）将光标移动到视口中，单击并按住鼠标左键不放拖曳鼠标，视口中生成一个五边形平面（系统默认设置为五边），如图 2-112 所示。在适当的位置释放鼠标左键并上下移动光标，调整球棱柱到合适的高度，如图 2-113 所示。单击并再次上下移动光标，调整球棱柱边缘的导角，再次单击即可创建球棱柱，如图 2-114 所示。

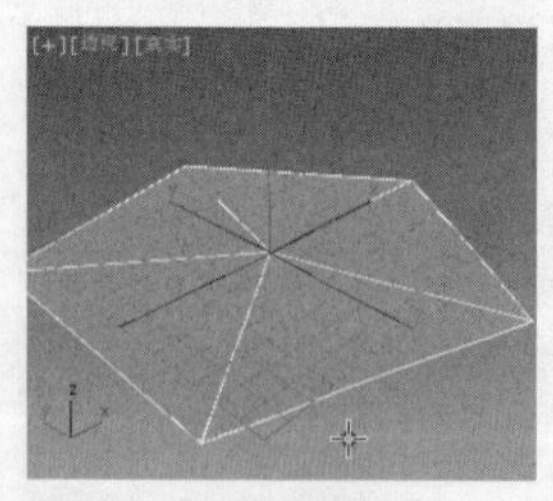

图 2-112

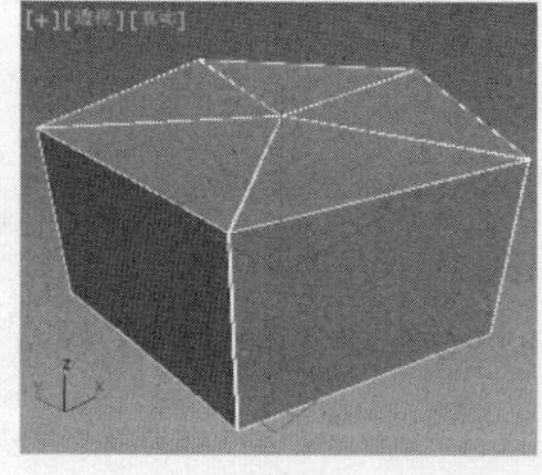

图 2-113

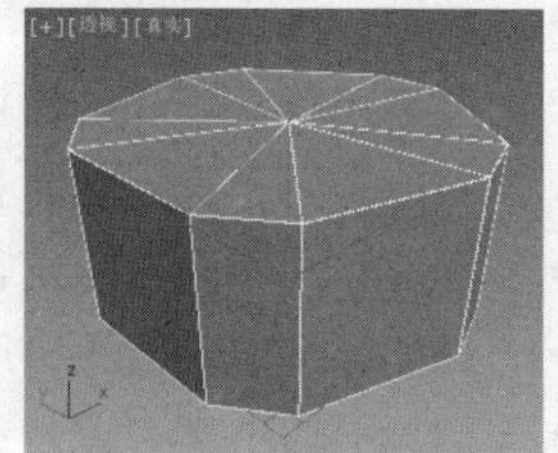

图 2-114

2. 球棱柱的参数

单击球棱柱将其选中，单击（修改）按钮，在“修改”命令面板中会显示球棱柱的参数，如图 2-115 所示。

（1）边数。该选项用于设置球棱柱的侧边数。

（2）半径。该选项用于设置底面圆形的半径。

（3）圆角。该选项用于设置棱上圆角的大小。

（4）高度。该选项用于设置球棱柱的高度。

（5）侧面分段。该选项用于设置球棱柱圆周方向上的分段数。

（6）高度分段。该选项用于设置球棱柱高度上的分段数。

（7）圆角分段。该选项用于设置圆角的分段数，值越高，角就越圆滑。

其他参数请参见前面章节的参数说明。

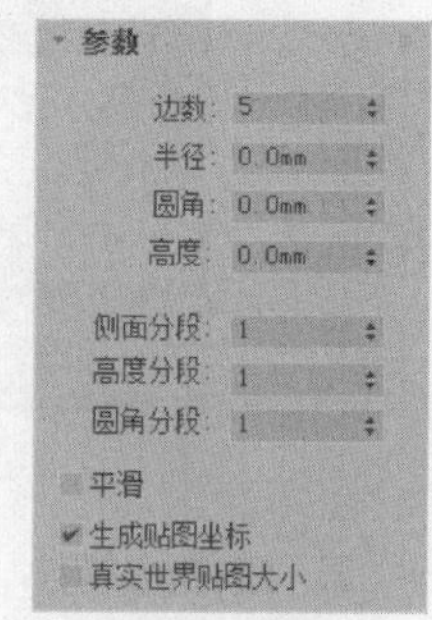

图2-115

3. 参数的修改

球棱柱的参数较少，参数的修改不会导致形体上较大的变化，如表 2-15 所示。

表2-15

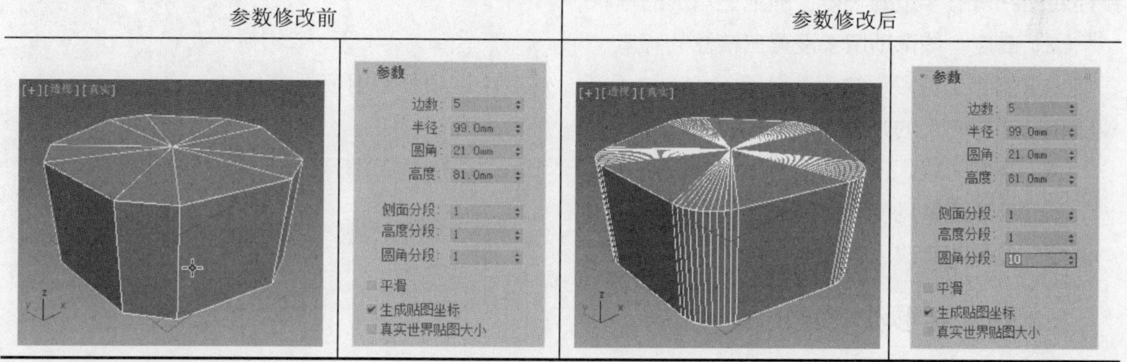

2.2.9 棱柱

棱柱用于制作等腰和不等边的三棱柱体。下面来介绍三棱柱的创建方法及其参数的设置和修改。

1. 创建棱柱

棱柱有两种创建方法：一种是二等边创建方法，另一种是基点/顶点创建方法，如图 2-116 所示。

图2-116

① 二等边创建方法：用于创建等腰三棱柱，创建时按住 Ctrl 键可以生成底面为等边三角形的三棱柱。

② 基点/顶点创建方法：用于创建底面为非等边三角形的三棱柱。

本书使用系统默认的基点/顶点方式创建三棱柱，操作步骤如下。

（1）单击“+（创建）>●（几何体）> 扩展基本体 > 棱柱”按钮。

（2）将光标移动到视口中，单击并按住鼠标左键不放拖曳鼠标，视口中生成棱柱的底面，此时移动光标，可以调整底面的大小，释放鼠标左键后移动光标可以调整底面顶点的位置，生成不同形状的底面，如图 2-117 所示。单击并上下移动光标，调整棱柱的高度，在适当的位置再次单击即可创建棱柱，如图 2-118 所示。

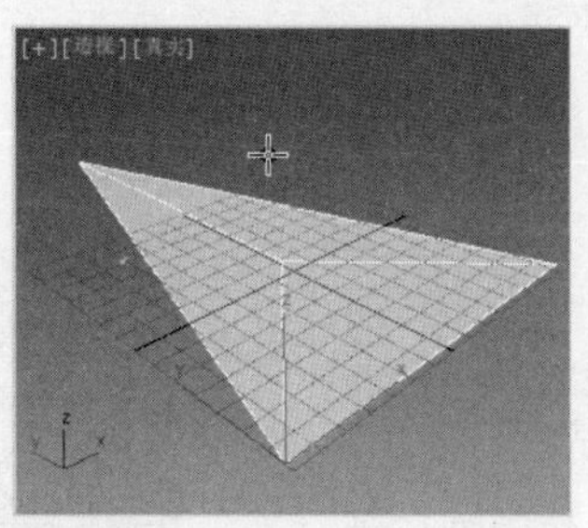

图 2-117

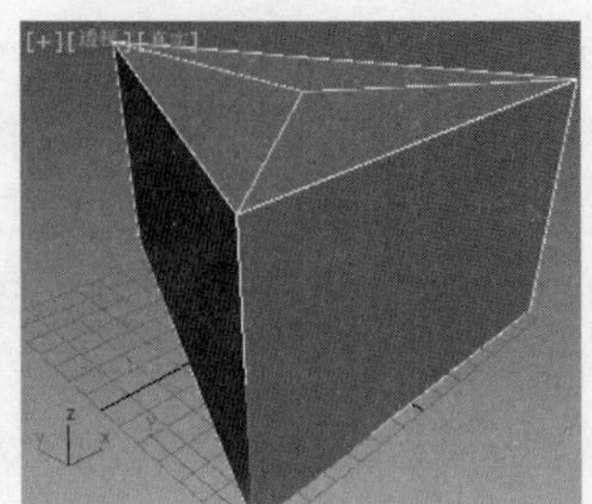

图 2-118

2. 棱柱的参数

单击棱柱将其选中，单击（修改）按钮，在“修改”命令面板中会显示棱柱的参数，如图 2-119 所示。

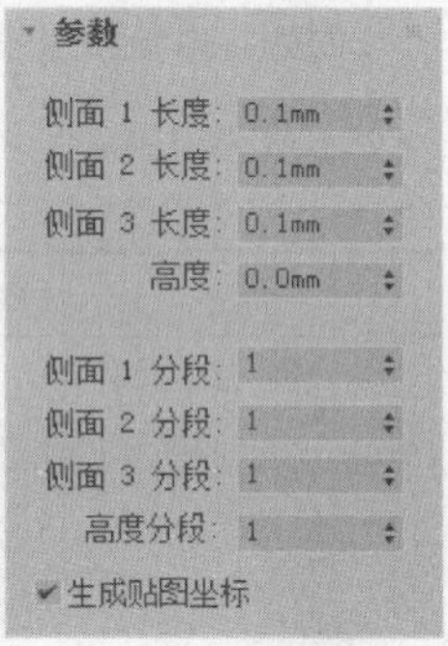

参数
侧面 1 长度：0.1mm
侧面 2 长度：0.1mm
侧面 3 长度：0.1mm
高度：0.0mm
侧面 1 分段：1
侧面 2 分段：1
侧面 3 分段：1
高度分段：1
生成贴图坐标

图 2-119

（1）侧面 1 长度、侧面 2 长度、侧面 3 长度。这 3 个选项分别用于设置棱柱底面三角形 3 边的长度，确定三角形的形状。

（2）高度。该选项用于设置三棱柱的高度。

（3）侧面 1 分段、侧面 2 分段、侧面 3 分段。这 3 个选项分别用于设置棱柱在 3 边方向上的分段数。

（4）高度分段。该选项用于设置棱柱沿主轴方向上高度的片段划分数。

其他参数请参见前面章节的参数说明。

棱柱参数的修改比较简单，这里不再赘述。

2.2.10 环形波

环形波是一种类似于平面造型的扩展基本体，可以创建出与环形结的某些三维效果相似的平面造型，多用于动画的制作。下面来介绍环形波的创建方法及其参数的设置和修改。

1. 创建环形波

环形波是一个比较特殊的几何体，多用于制作动画效果。创建环形波的操作步骤如下。

（1）单击“+（创建）>（几何体）> 扩展基本体 > 环形波”按钮。

（2）将光标移动到视口中，单击并按住鼠标左键不放拖曳鼠标，视口中生成一个圆，如图 2-120 所示。在适当的位置释放鼠标左键并上下移动光标，调整内圈的大小，单击即可创建环形波，如图 2-121 所示。默认情况下，环形波是没有高度的，通过“参数”面板中的“高度”选项可以调整其高度。

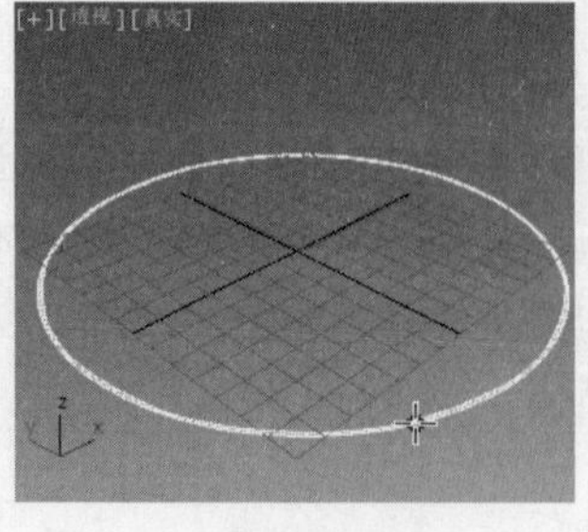

图 2-120

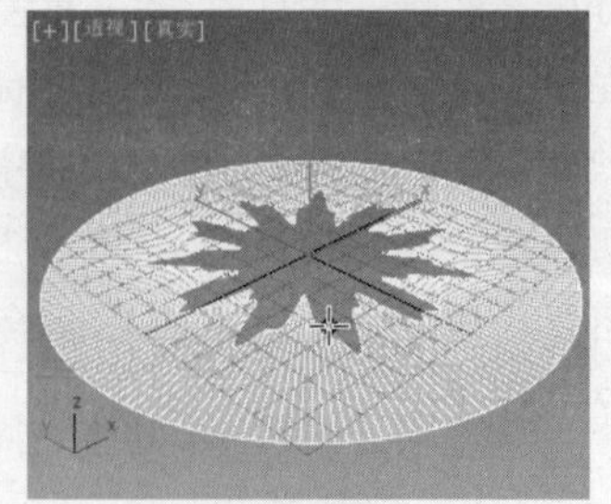

图 2-121

2. 环形波的参数

单击环形波将其选中，单击（修改）按钮，在“修改”命令面板中会显示环形波的参数，如图 2-122 所示。环形波的参数比较复杂，主要可分为环形波大小、环形波计时、外边波折和内边波折，这些参数多用于制作动画。

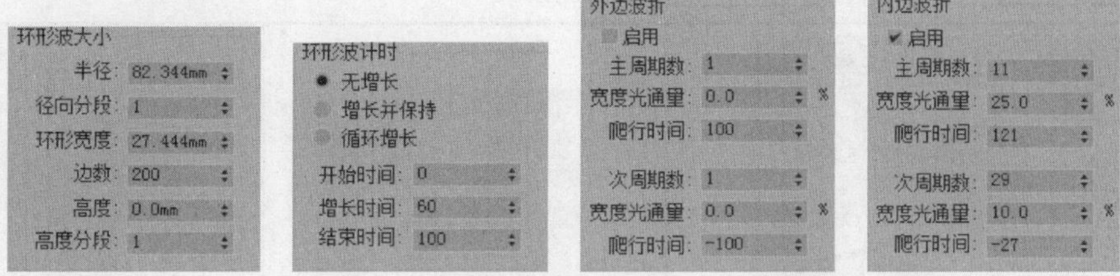

图 2-122

（1）“环形波大小”选项组。该选项组用于控制场景中环形波的具体尺寸大小。

① 半径：用于设置环形波的外径大小。如果数值增加，则其内、外径将随之同步增加。

② 径向分段：用于设置环形波沿半径方向上的分段数。

③ 环形宽度：用于设置环形波内、外径之间的距离。如果数值增加，则内径减少，外径不变。

④ 边数：用于设置环形波沿圆周方向上的片段划分数。

⑤ 高度：用于设置环形波沿其主轴方向上的高度。

⑥ 高度分段：用于设置环形波沿主轴方向上高度的分段数。

（2）“环形波计时”选项组。该选项组用于环形波尺寸大小的动画设置。

① 无增长：用于设置一个静态环形波，它在 Start Time（开始时间）显示，在 End Time（结束时间）消失。

② 增长并保持：用于设置单个增长周期。环形波在“开始时间”开始增长，并在“开始时间”及“增长时间”达到最大尺寸。

③ 循环增长：用于设置环形波从“开始时间”到“开始时间”及“增长时间”重复增长。

④ 开始时间：如果选中“增长并保持”或“循环增长”单选按钮，则环形波出现帧数并开始增长。

⑤ 增长时间：用于设置从“开始时间”后环形波达到其最大尺寸所需的帧数。“增长时间”仅在选中“增长并保持”或“循环增长”单选按钮时可用。

⑥ 结束时间：用于设置环形波消失的帧数。

（3）“外边波折”选项组。该选项组用于设置环形波的外边缘。该选项组未被激活时，环形波的外边缘是平滑的圆形，激活该选项组后，用户可以把环形波的外边缘同样设置成波动形状，并可以设置动画。

① 主周期数：用于设置环形波外边缘沿圆周方向上的主波数。

② 宽度光通量：用于设置主波的大小，以百分数表示。

③ 爬行时间：用于设置每个主波沿环形波外边缘蠕动一周的时间。

④ 次周期数：用于设置环形波外边缘沿圆周方向上的次波数。

⑤ 宽度光通量：用于设置次波的大小，以百分数表示。

⑥ 爬行时间：用于设置每个次波沿其各自主波外边缘蠕动一周的时间。

（4）“内边波折”选项组。该选项组用于设置环形波的内边缘。参数说明请参见“外边波折”选项组。

3. 参数的修改

环形波的参数多用于制作动画。通过修改其参数，可以生成个别形体，如表 2-16 所示。

表 2-16

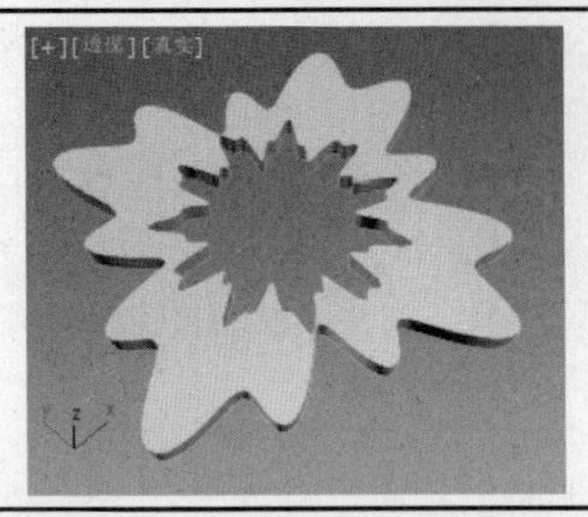	环形波大小 半径：90.0mm 径向分段：1 环形宽度：40.0mm 边数：200 高度：10.0mm 高度分段：1	外边波折 ✔启用 主周期数：4 宽度光通量：45.0 % 爬行时间：100 次周期数：13 宽度光通量：35.0 % 爬行时间：-100

2.3 创建建筑模型

3ds Max 2019 提供了几种常用的快速建筑模型，在一些简单场景（如楼梯、窗和门等建筑物体）的设计中，使用这些模型可以提高效率。

2.3.1 楼梯

单击“+（创建）>●（几何体）”按钮，在弹出的下拉列表框中选择“楼梯”选项，可以看到 3ds Max 2019 提供了 4 种楼梯形式，如图 2-123 所示。

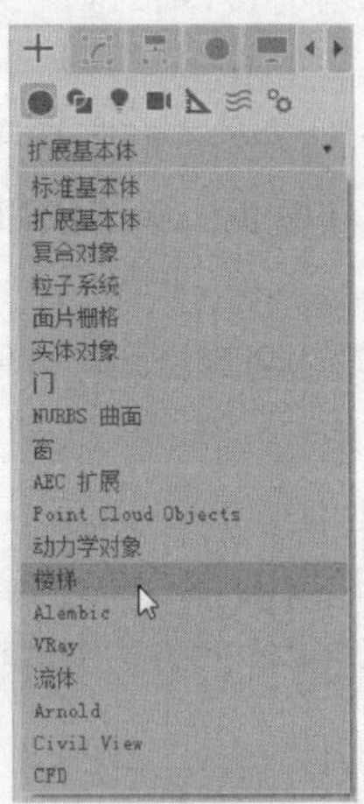

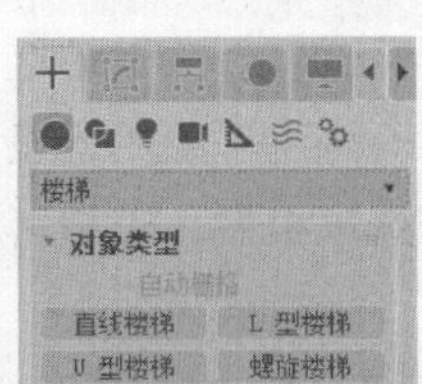

图 2-123

1. 直线楼梯

直线楼梯用于创建直楼梯物体。直线楼梯是最简单的楼梯形式，效果如图 2-124 所示。

2. L 型楼梯

L 型楼梯用于创建 L 型的楼梯物体，效果如图 2-125 所示。

图 2-124　　图 2-125

3. U 型楼梯

U 型楼梯用于创建 U 型楼梯物体。U 型楼梯是日常生活中比较常见的楼梯形式，效果如图 2-126 所示。

图 2-126

4. 螺旋楼梯

螺旋楼梯用于创建螺旋型的楼梯物体，效果如图 2-127 所示。

图 2-127

2.3.2 门和窗

3ds Max 2019 中还提供了门和窗的模型，单击“+（创建）> ●（几何体）”按钮，在弹出的下拉列表框中选择“门”或“窗”选项，如图 2-128 所示。门和窗都提供了几种类型的模型，如图 2-129 所示。

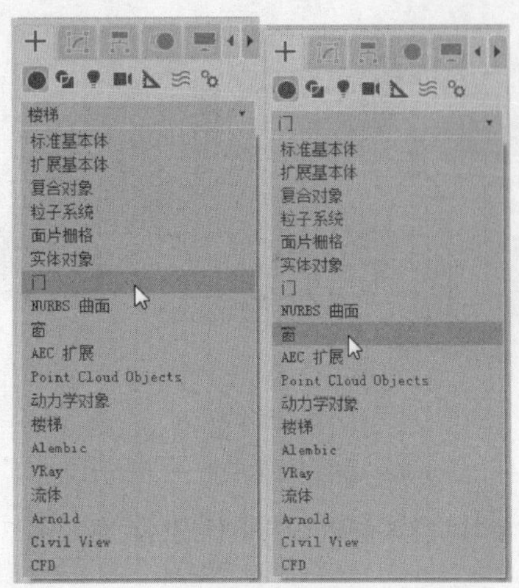

图 2-128

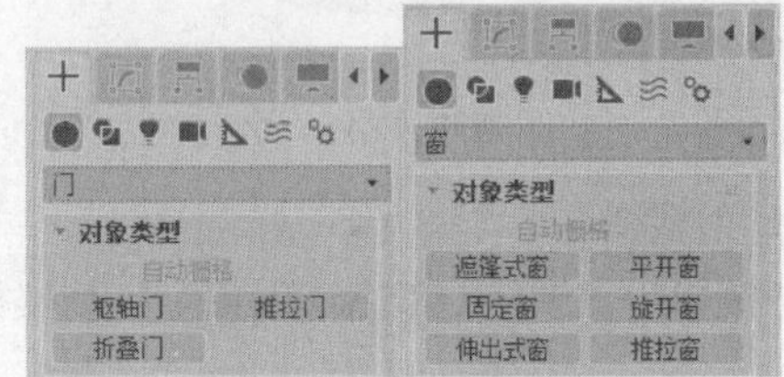

图 2-129

门和窗的形态如表 2-17 所示。

表 2-17

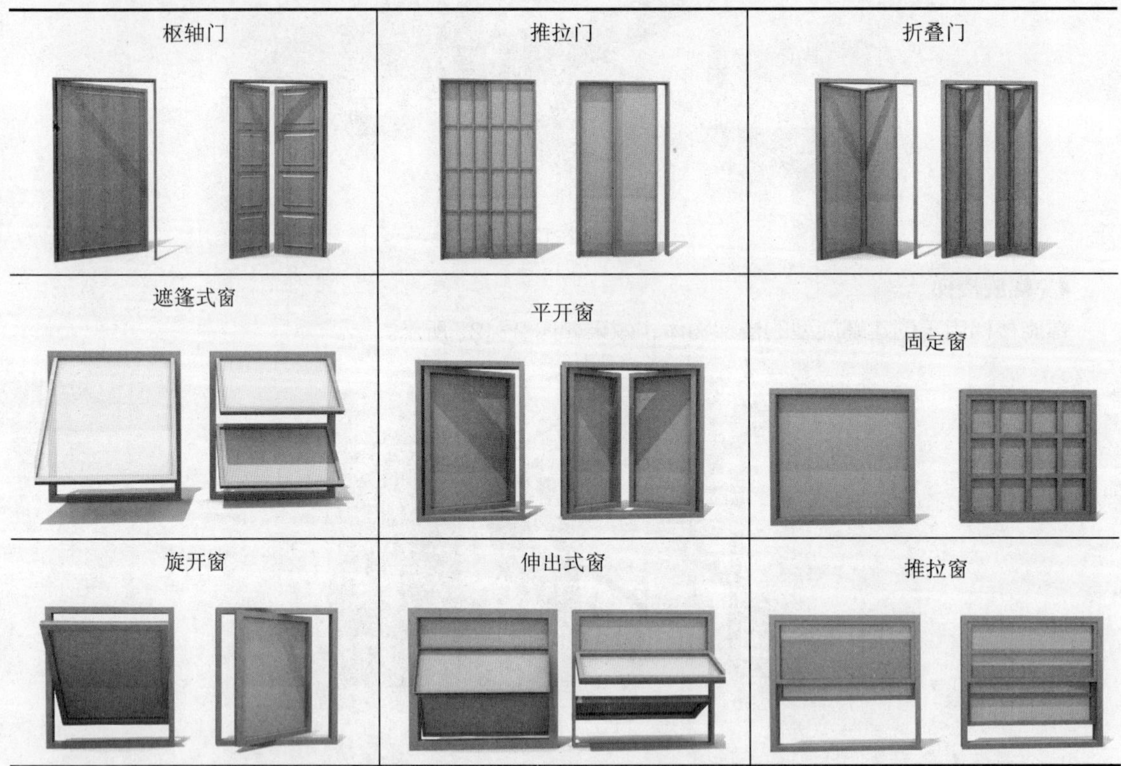

枢轴门	推拉门	折叠门
遮篷式窗	平开窗	固定窗
旋开窗	伸出式窗	推拉窗

课堂练习——沙发模型的制作

【知识要点】利用标准基本体和扩展基本体组合模型，并配合使用图形和简单的修改器来完成沙发模型的制作，如图 2-130 所示。

【素材文件位置】素材文件/贴图。

【参考模型文件所在位置】素材文件/场景/第 2 章/沙发.max。

图 2-130

微课视频

沙发模型的制作

课后习题——壁灯模型的制作

【知识要点】利用“管状体”“圆柱体”“切角圆柱体”和“线”工具，并结合使用一些常用的修改器来组合壁灯模型，如图 2-131 所示，熟练掌握本章中出现的各类工具。

【素材文件位置】素材文件/贴图。

【参考模型文件所在位置】素材文件/场景/第 2 章/壁灯.max。

图 2-131

微课视频

壁灯模型的制作

第3章 二维图形的创建

本章介绍

本章将介绍二维图形的创建和参数的修改方法，对线的创建和修改方法进行重点介绍。通过本章的学习，读者应掌握创建二维图形的方法和技巧，并可以融会贯通，制作出具有想象力的模型。

学习目标

- 掌握创建线的方法
- 掌握对线进行编辑和修改的方法
- 熟练掌握其他二维图形的创建方法

技能目标

- 掌握制作花架模型的方法和技巧
- 掌握制作沙发边几模型的方法和技巧

3.1 创建二维线形

平面图形基本上是由直线和曲线组成的。通过创建二维线形来建模是 3ds Max 2019 中一种常用的建模方法。下面来介绍二维线形的创建。

3.1.1 课堂案例——花架模型的制作

【学习目标】熟悉线的创建，并配合修改器和“移动”“阵列”工具进行位置的调整及复制。

【知识要点】使用可渲染的样条线制作出花架的支架模型，继续使用矩形、圆、阵列来完成花架筐模型的制作。完成的模型效果如图 3-1 所示。

微课视频

花架模型的制作

【素材文件位置】素材文件/贴图。

【模型文件所在位置】素材文件/场景/第 3 章/花架模型.max。

【参考模型文件所在位置】素材文件/场景/第 3 章/花架.max。

（1）单击“（创建）>（图形）>样条线>矩形”按钮，在“前”视口中通过单击绘制图 3-2 所示的矩形，在“参数”卷展栏中设置合适的参数。

图 3-1

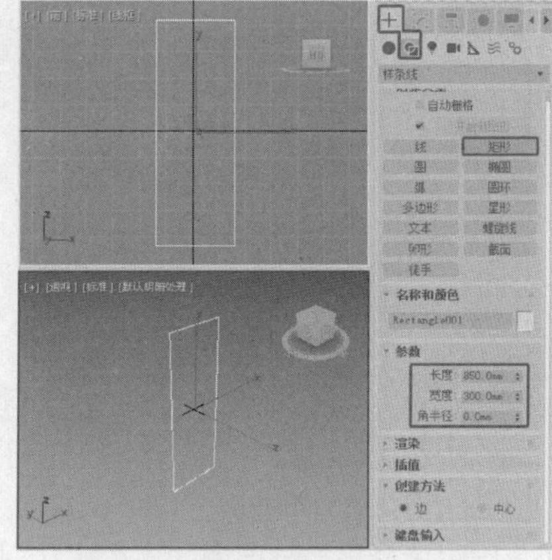

图 3-2

（2）使用（选择并移动）工具，在坐标显示中设置 X、Y、Z 均为 0，如图 3-3 所示。

（3）启用（2.5D 捕捉），用鼠标右键单击（2.5D 捕捉）工具，在打开的“栅格和捕捉设置”窗口中选中“栅格线”和“中点”复选框，如图 3-4 所示。

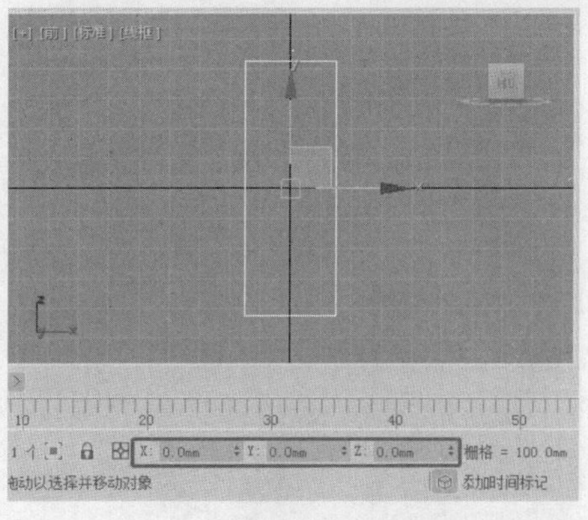

图 3-3

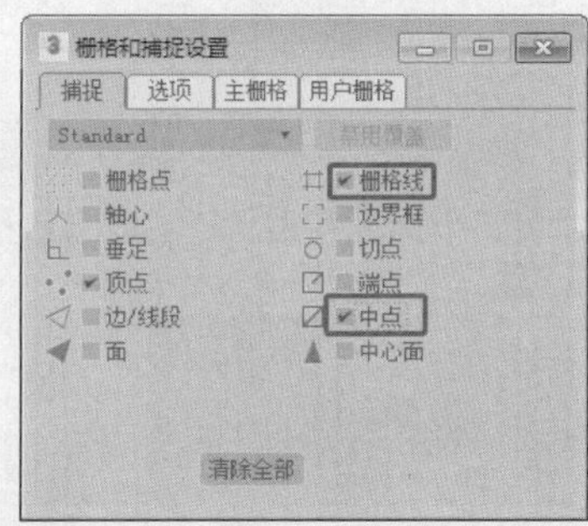

图 3-4

提 示

在本案例中创建的矩形是辅助图形，用来规定样条线的高度和宽度，根据矩形大小来创建样条线，因为样条线没有尺寸，所以如果需要进行有尺寸的样条线绘制，则必须为其创建辅助图形来规定其尺寸。

（4）单击“（创建）>（图形）>样条线>线”按钮，在“前”视口中通过捕捉创建形状，如图 3-5 所示。

（5）切换到（修改）面板，将选择集定义为“顶点”，在“前”视口中向上调整中间的两个顶点，在“渲染”卷展栏中设置可渲染，如图 3-6 所示。

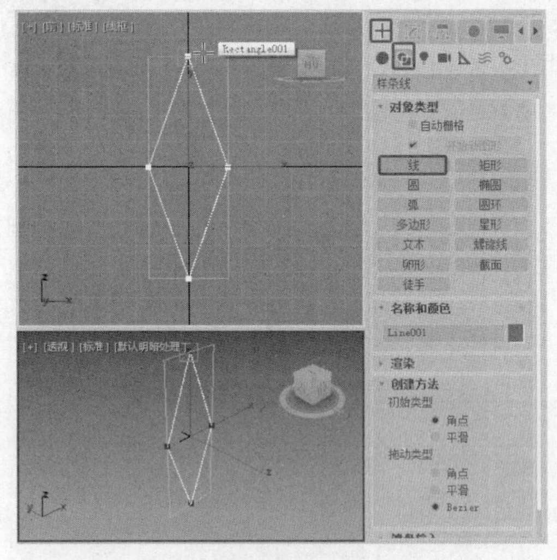

图 3-5

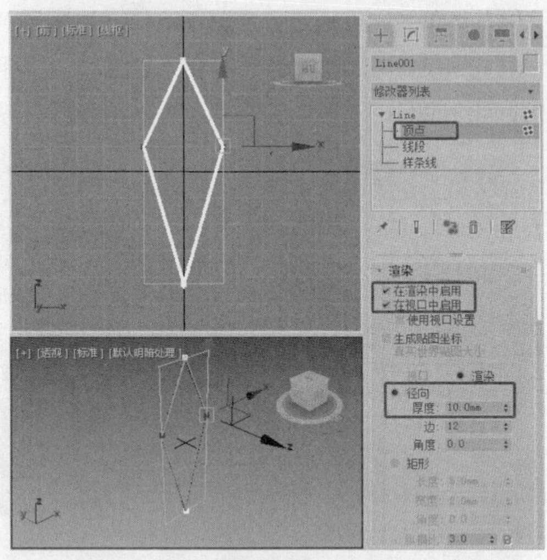

图 3-6

（6）确定选择集为“顶点”，在“几何体”卷展栏中单击“圆角”按钮，选择并拖曳底部顶点，设置出圆角，调整底部顶点的位置，如图 3-7 所示。

（7）单击“（创建）>（图形）>样条线>圆”按钮，在“顶”视口中创建圆，设置合适的参数，如图 3-8 所示。

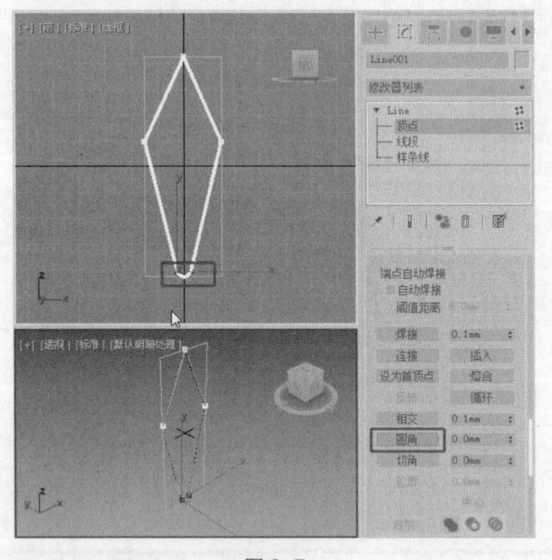

图 3-7

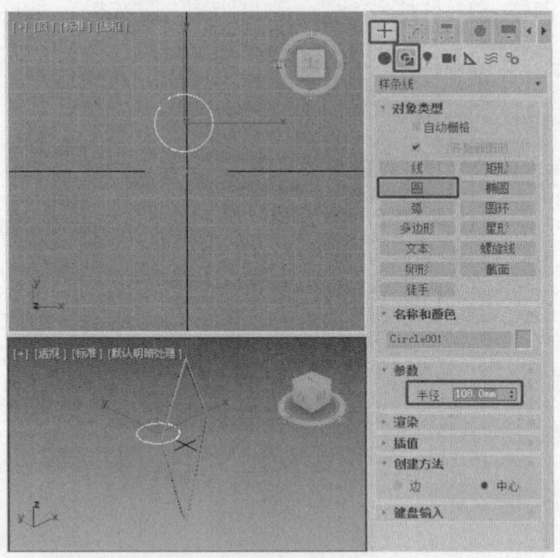

图 3-8

（8）设置圆的可渲染参数，并在“顶”视口中旋转样条线的角度，旋转之前需要启用（角度捕捉切换），如图 3-9 所示。

（9）旋转支架样条线，切换到（层级）面板，单击“仅影响轴”按钮，在工具栏中单击（对齐）按钮，在“顶”视口中拾取圆图形，在弹出的对话框中设置对齐为“轴点”，如图 3-10 所示。

（10）激活“顶”视口。在菜单栏中选择“工具>阵列”命令，在弹出的“阵列”对话框中设置合适的阵列参数，设置“对象类型”为“实例”，如图 3-11 所示。

提 示

在进行阵列复制时，选择不同的视口，阵列出的效果就会不同，所以一般要确定是哪个视口或阵列旋转轴向。

（11）阵列后的模型如图 3-12 所示，从中可以发现底部的支架出现了交叉。

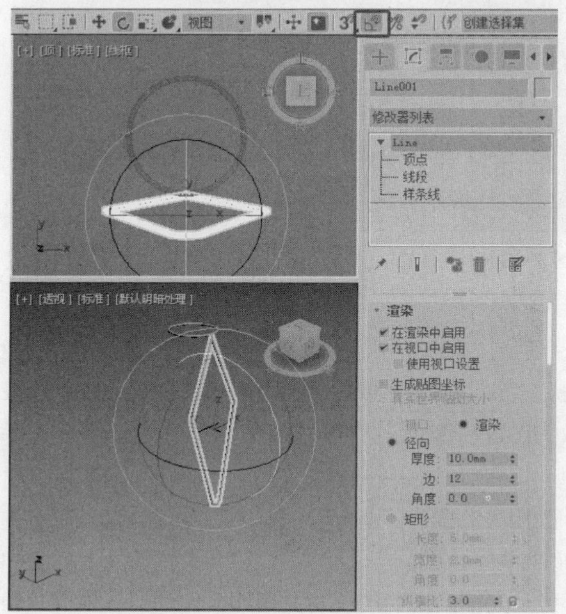

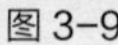
图 3-9

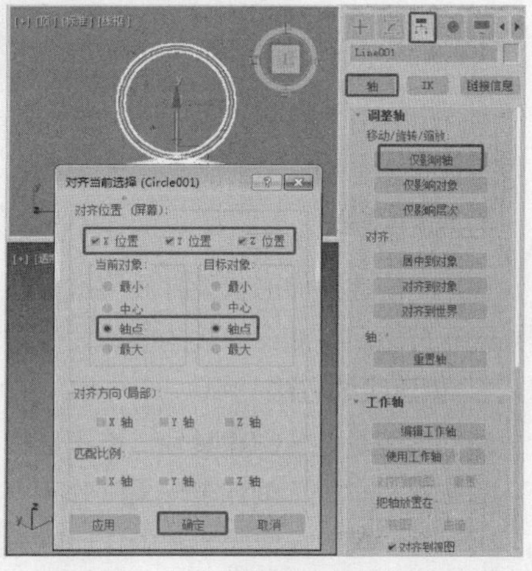

图 3-10

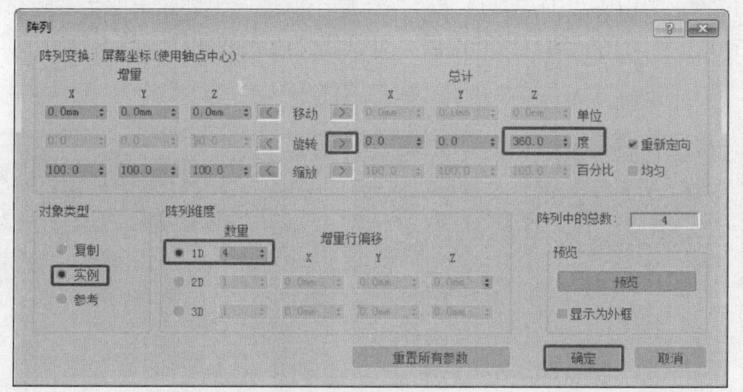

图 3-11

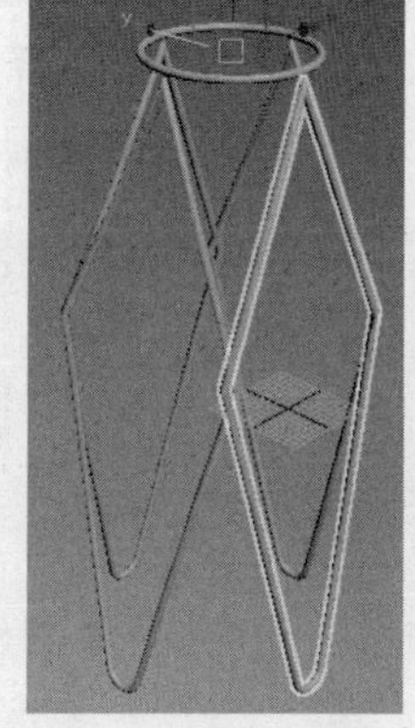

图 3-12

（12）选择样条线，将选择集定义为“顶点”，在“前”视口中调整顶点，由于是实例阵列复制的，只需调整“前”视口的一个样条线形状即可，完成花架模型的制作，如图 3-13 所示。

提 示

本案例所涉及的修改器将在后面的章节中详细介绍，这里简单地介绍模型的制作和操作。

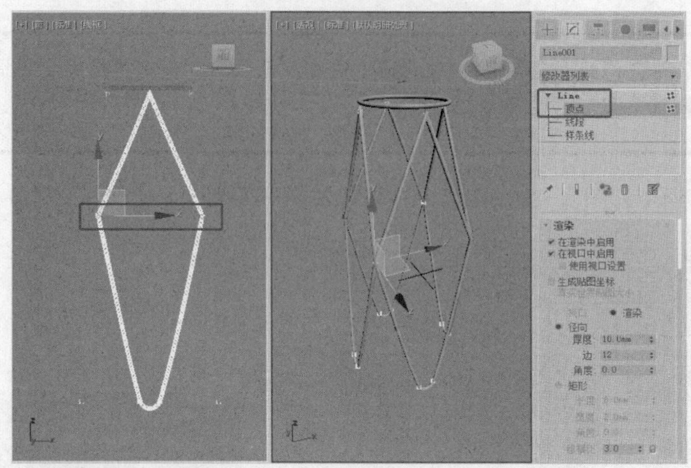

图 3-13

3.1.2 线

线用于创建任何形状的开放型或封闭型的线和直线。创建完成后，还可以通过调整节点、线段和线来编辑形态。下面介绍线的创建方法及其参数的设置和修改。

1. 创建线的方法

线的创建是学习创建其他二维图形的基础。创建线的操作步骤如下。

（1）单击“+（创建）> （图形）>样条线>线”按钮。

（2）在“顶”视口中单击确定线的起始点，移动光标到适当的位置并单击确定节点，生成一条直线，如图 3-14 所示。

（3）继续移动光标到适当的位置，单击确定节点并按住鼠标左键不放拖曳鼠标，生成一条弧状的线，如图 3-15 所示。释放鼠标左键并移动光标到适当的位置，可以调整出新的曲线，单击确定节点，线的形态如图 3-16 所示。

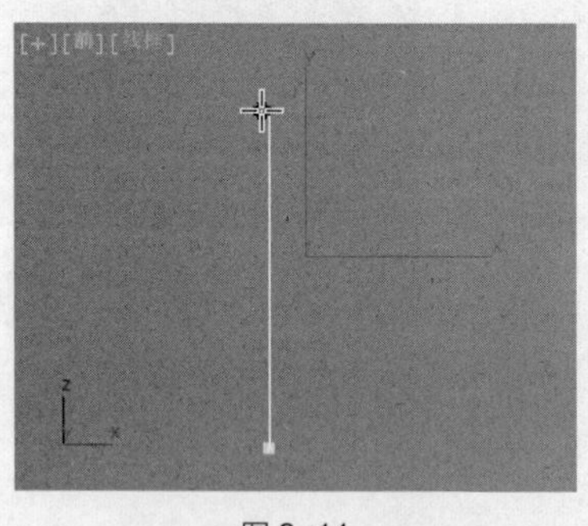

图 3-14

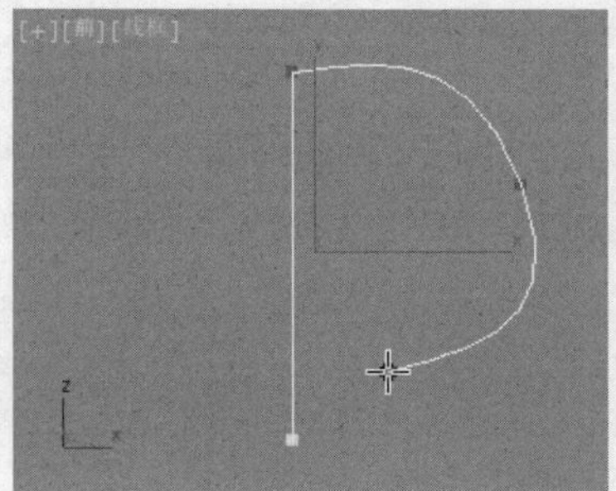

图 3-15

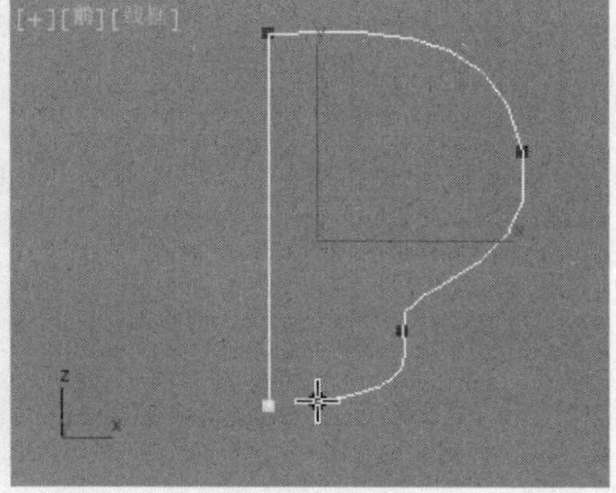

图 3-16

（4）继续移动光标到适当的位置并单击确定节点，可以生成一条新的直线，如图 3-17 所示。如果需要创建封闭线，则可将光标移动到线的起始点上并单击，弹出“样条线”对话框，如图 3-18 所示，提示用户是否闭合正在创建的线，单击“是”按钮即可闭合创建的线，如图 3-19 所示；单击“否”按钮，则可以继续创建线。

（5）单击鼠标右键，即可结束线的创建。

（6）在创建线时，如果同时按住 Shift 键，则可以创建出与坐标轴平行的直线。

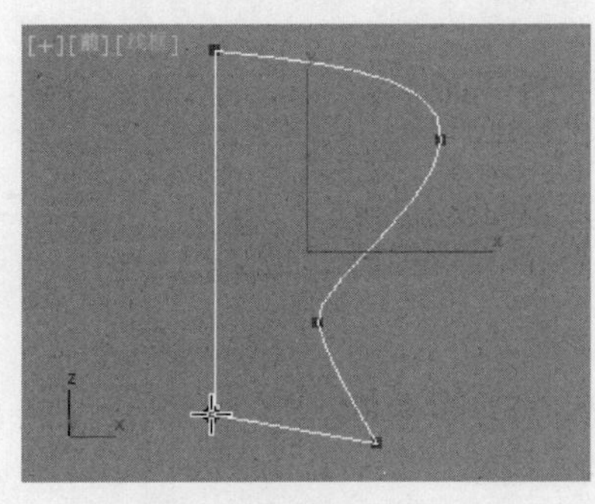
图 3-17

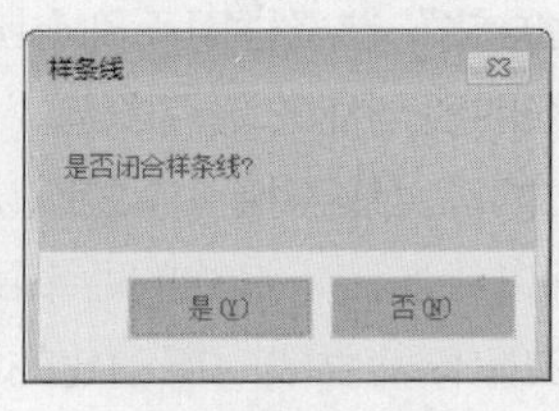

图 3-18

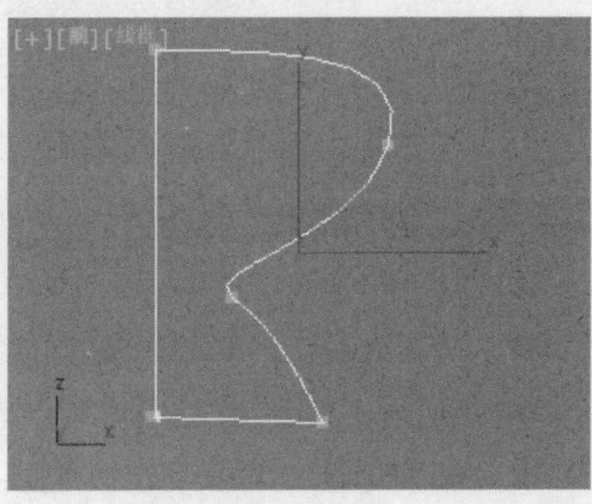
图 3-19

2. 线的创建参数

单击“+（创建）> （图形）> 线”按钮，在“创建”命令面板下方会显示线的创建参数，如图 3-20 所示。

（1）“渲染”卷展栏。“渲染”卷展栏用于设置线的渲染特性，可以选择是否对线进行渲染，并设定线的厚度。

① 在渲染中启用：选中该复选框后，使用为渲染器设置的径向或矩形参数将图形渲染为 3D 网格。

② 在视口中启用：选中该复选框后，使用为渲染器设置的径向或矩形参数将图形作为 3D 网格显示在视口中。

③ 厚度：用于设置视口或渲染中线的直径大小。

④ 边：用于设置视口或渲染中线的侧边数。

⑤ 角度：用于调整视口或渲染中线的横截面旋转的角度。

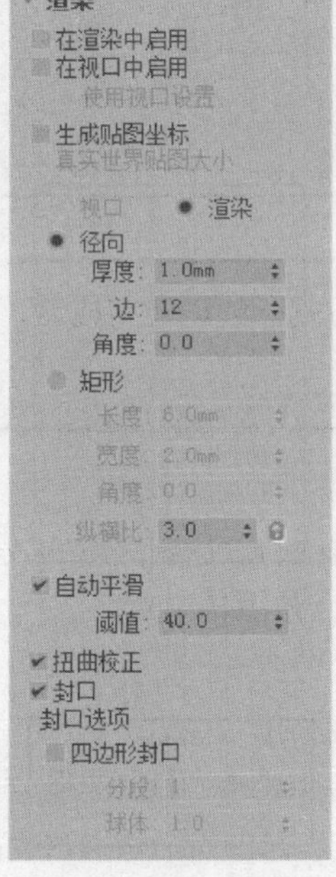

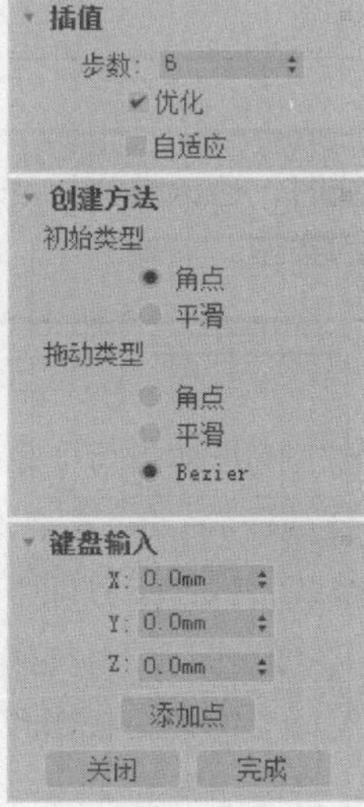

图 3-20

（2）“插值”卷展栏。“插值”卷展栏用于控制线的光滑程度。

① 步数：用于设置程序在每个顶点之间使用的划分数量。

② 优化：选中该复选框后，可以从样条线的直线线段中删除不需要的步数。

③ 自适应：选中该复选框后，系统自动根据线状调整分段数。

（3）“创建方法”卷展栏。“创建方法”卷展栏用于确定所创建的线的类型。

① 初始类型：用于设置单击建立线时所创建的端点类型。

- 角点：用于建立折线，端点之间以直线连接（系统默认设置）。
- 平滑：用于建立线，端点之间以线连接，且线的曲率由端点之间的距离决定。

② 拖动类型：用于设置按压并拖曳鼠标建立线时所创建的端点类型。

- 角点：选中该单选按钮后，建立的线在端点之间为直线。
- 平滑：选中该单选按钮后，建立的线在端点处将产生圆滑的线。
- Bezier：选中该单选按钮后，建立的线在端点处将产生光滑的线。端点之间线的曲率及方向是通过在端点处拖曳鼠标控制的（系统默认设置）。

“渲染”卷展栏参数的修改结果如表 3-1 所示。

表 3-1

参数修改前	参数修改后

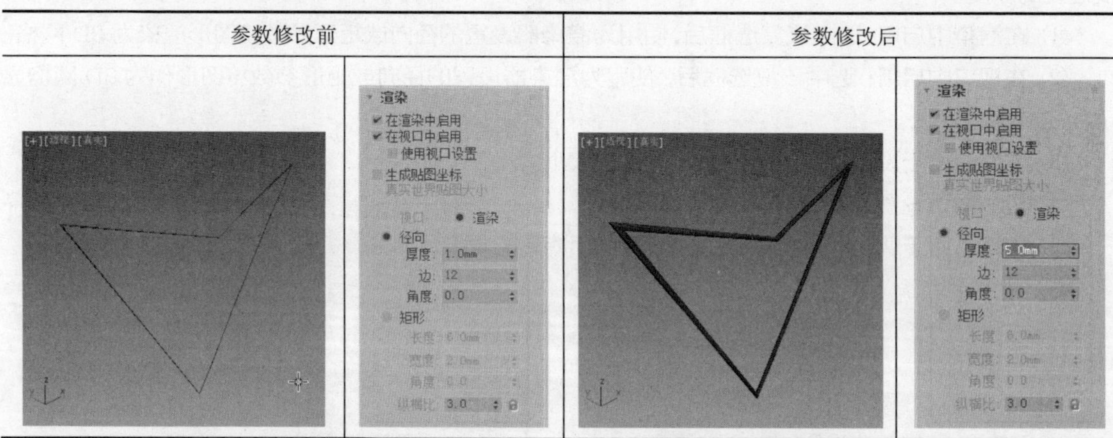

提 示

创建线时，应该选择好线的创建方式。线创建完成后，无法通过卷展栏创建方式调整线的类型。

3. 线的形体修改

线创建完成后，总要对它的形体进行一定程度的修改，以达到满意的效果，这就需要对节点进行调整。节点有 4 种类型，分别是 Bezier 角点、Bezier、角点和平滑。

下面来介绍线的形体修改，操作步骤如下。

（1）单击“+（创建）>（图形）>样条线>线”按钮，在视口中创建一条线，如图 3-21 所示。

（2）切换到（修改）命令面板，在修改命令堆栈中单击“Line”命令前面的▶按钮，展开子层级命令，如图 3-22 所示。将选择集定义为“顶点”后，可以对节点进行修改操作；将选择集定义为“线段”后，可以对线段进行修改操作；将选择集定义为“样条线”后，可以对整条线进行修改操作。

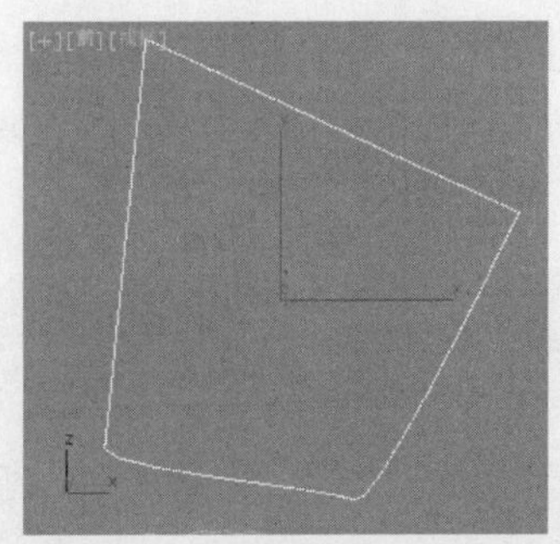

图 3-21

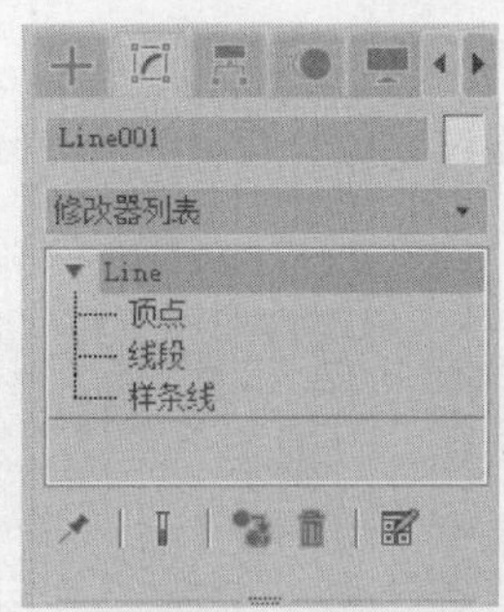

图 3-22

（3）将选择集定义为“顶点”，该选项变为黄色表示被开启，此时视口中的线会显示出节点，如图 3-23 所示。

（4）单击选中需要移动的节点，使用“移动”工具调整顶点的位置。

线的形体还可以通过调整节点的类型来修改，操作步骤如下。

（1）单击“+（创建）>（图形）>样条线>线”按钮，在“顶”视口中创建一条线，如图 3-24 所示。

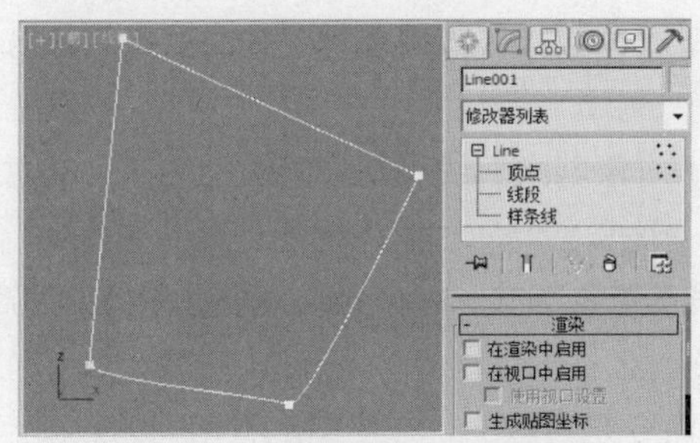

图 3-23

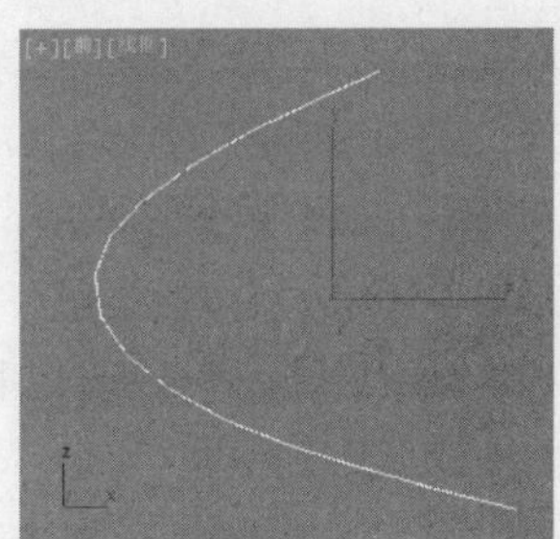

图 3-24

（2）在修改命令堆栈中选择“顶点”命令，在视口中单击中间的节点将其选中，如图 3-25 所示。在节点上单击鼠标右键，在弹出的快捷菜单中显示了所选择节点的类型，如图 3-26 所示。在快捷菜单中选择其他节点类型的命令，节点的类型会随之改变。

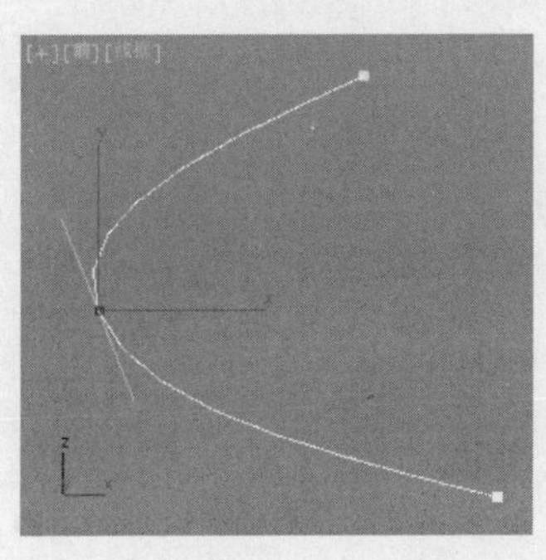

图 3-25

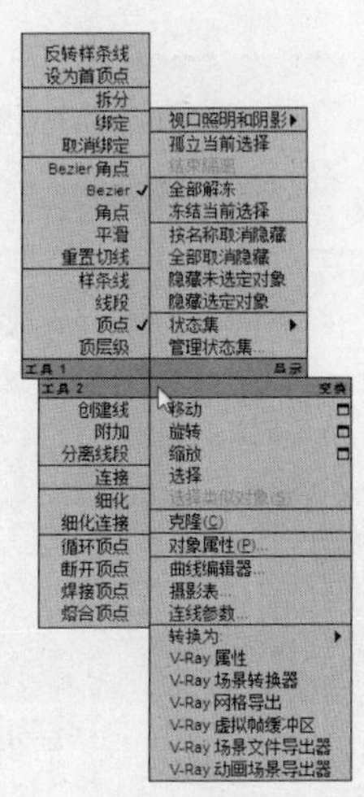

图 3-26

图 3-27 所示为 4 种节点类型，从左到右分别为 Bezier 角点、Bezier、角点和平滑，前两种类型的节点可以通过绿色的控制手柄进行调整，后两种类型的节点可以直接使用“移动”工具进行位置的调整。

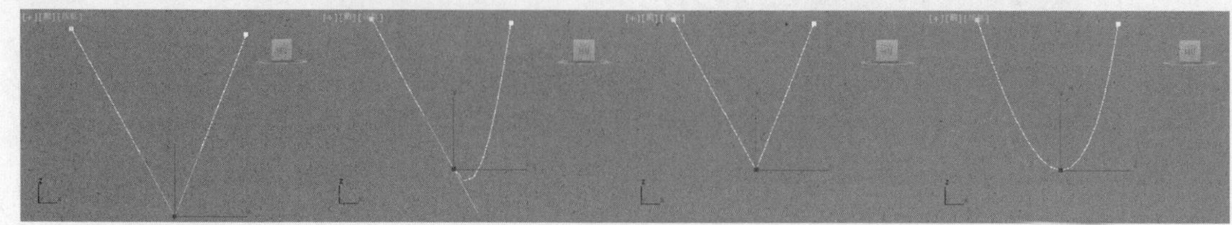

图 3-27

4. 线的修改参数

线创建完成后单击 （修改）按钮，在“修改”命令面板中会显示线的修改参数。线的修改参数分为 5 个部分，如图 3-28 所示。

（1）“选择”卷展栏。“选项”卷展栏主要用于控制顶点、线段和样条线 3 个次对象级别的选择，如图 3-29 所示。

① （节点）级：单击该按钮，可进入节点级子对象层次。节点是样条线次对象的最低一级，因此，修改节点是编辑样条对象最灵活的方法。

② （线段）级：单击该按钮，可进入线段级子对象层次。线段是中间级别的样条次对象，对它的修改比较少。

③ （样条线）级：单击该按钮，可进入样条线子对象层次。样条线是样条次对象的最高级别，对它的修改比较多。

以上 3 个进入子层级的按钮与修改命令堆栈中的命令是对应的，在使用上有相同的效果。

（2）“几何体”卷展栏。“几何”卷展栏中提供了大量关于样条线的几何参数，在建模中对线的修改主要通过对该面板的参数进行调节来完成，如图 3-30 所示。

① 创建线：用于创建一条线并把它加入当前线，使新创建的线与当前线成为一个整体。

② 断开：用于断开节点和线段。

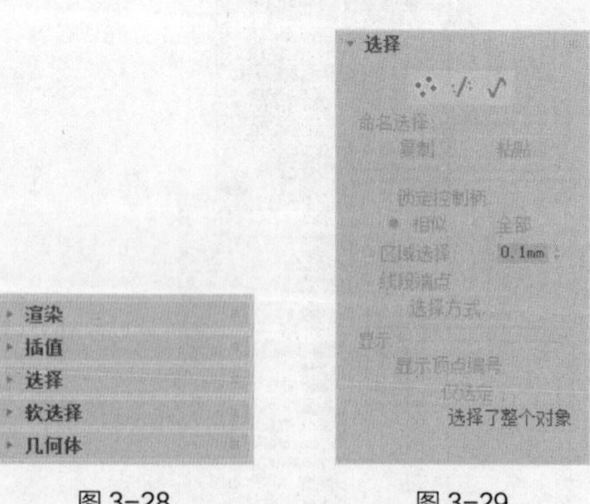

图 3-28　图 3-29

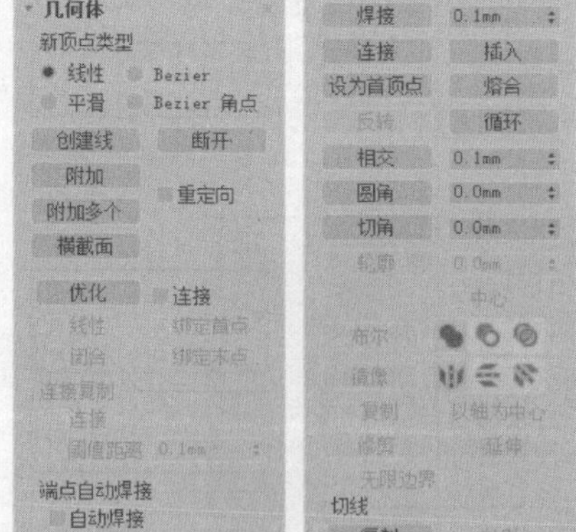

图 3-30

将闭合的线断开的方法有以下两种。

单击“+（创建）>（图形）>样条线>线”按钮，在“顶”视口中创建一条线，如图 3-31 所示。

方法一：在修改命令堆栈中选择“顶点”命令，在视口中要断开的节点上单击将其选中，单击“断开”按钮，节点被断开，移动节点，可以看到节点已经被断开，如图 3-32 所示。

方法二：在修改命令堆栈中选择“线段”命令，单击“断开”按钮，将光标移动到线上，光标变为形状，在线上单击，线被断开，如图 3-33 所示。

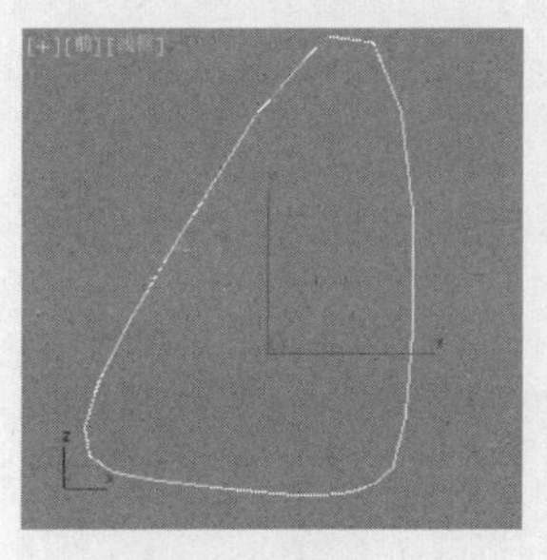

图 3-31

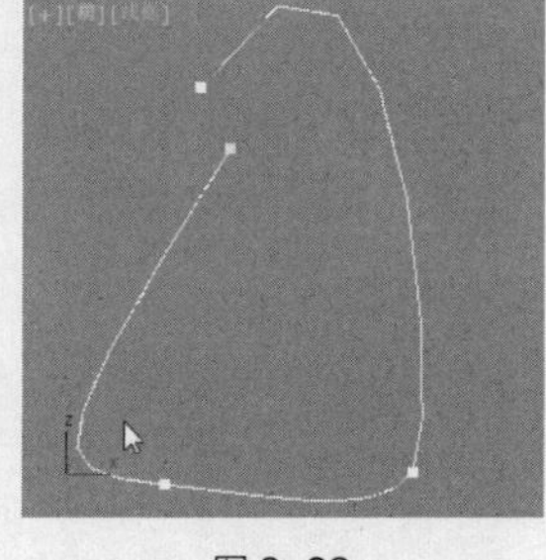

图 3-32

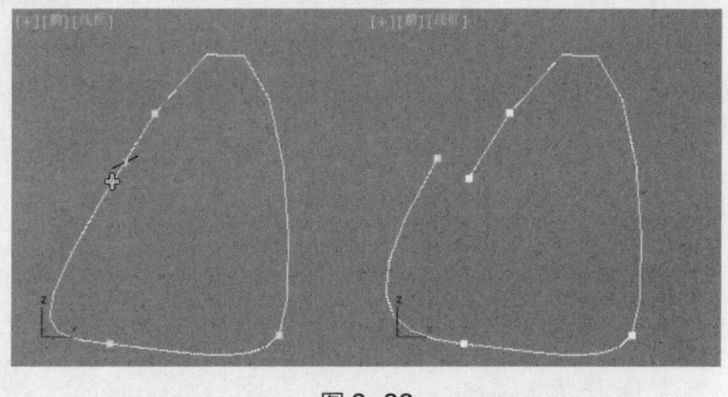

图 3-33

③ 附加：用于将场景中的二维图形与当前线结合，使它们变为一个整体。场景中存在两个以上的二维图形时，才能使用结合功能。

使用方法为单击一条线将其选中，单击“附加”按钮，在视口中单击另一条线，两条线就会结合成一个整体，如图 3-34 所示。

④ 附加多个：原理与“附加”相同，区别在于单击该按钮后，将弹出“附加多个”对话框，对话框中会显示场景中线的名称，如图 3-35 所示。用户可以在对话框中选择多条线，单击“附加”按钮，选择的线与当前的线将结合为一个整体。

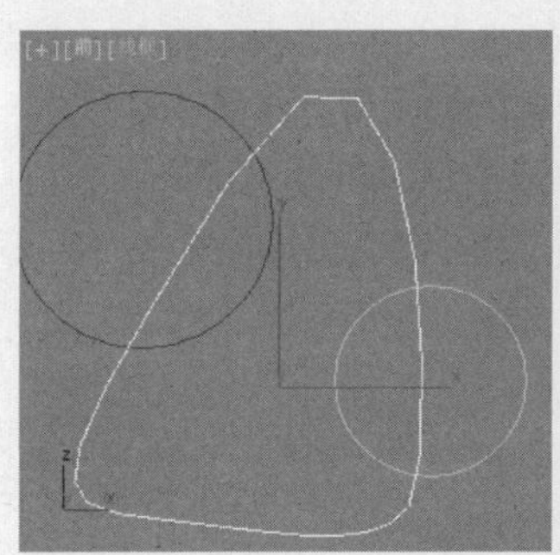

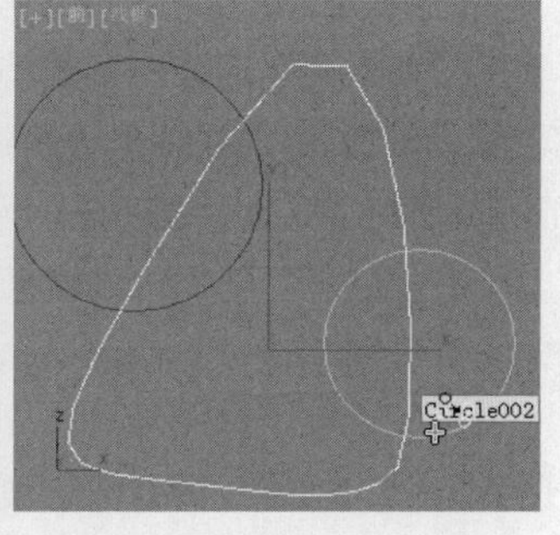

图 3-34

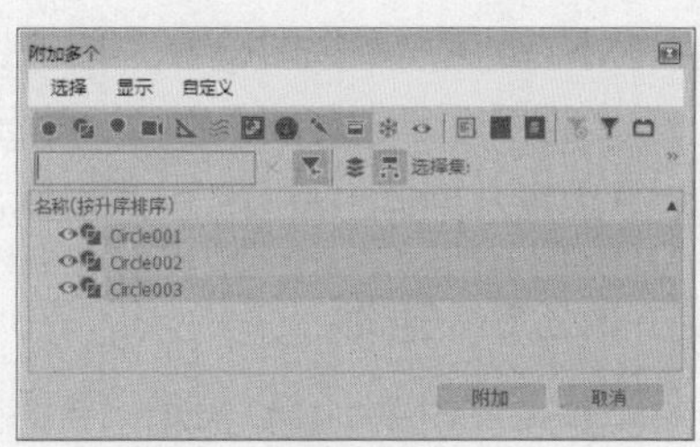

图 3-35

⑤ 优化：用于在不改变线的形态的前提下在线上插入节点。

使用方法为单击“优化”按钮，在线上单击插入新的节点，如图 3-36 所示。

⑥ 圆角：用于在选择的节点处创建圆角。

使用方法为在视口中单击要修改的节点将其选中，然后单击“圆角”按钮，将光标移动到被选择的节点上，按住鼠标左键不放并拖曳鼠标，节点会形成圆角，如图 3-37 所示，也可以在数值框中输入数值或通过调节微调器来设置圆角。

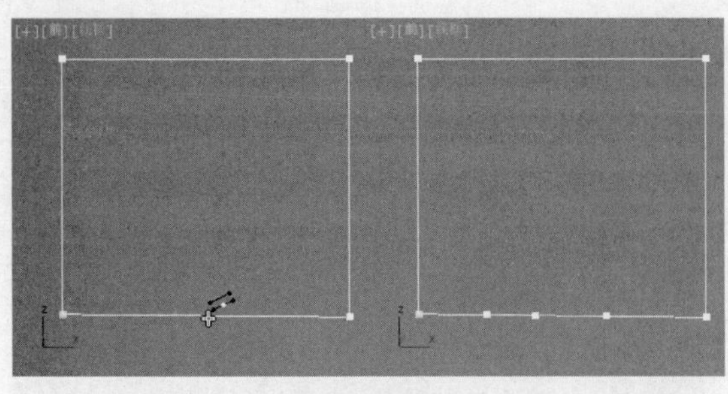

图 3-36

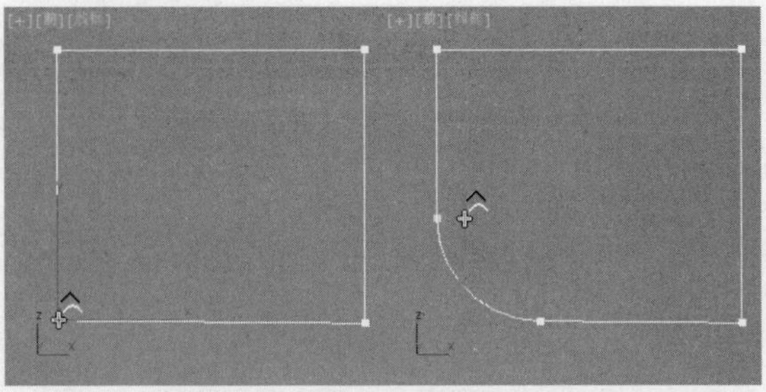

图 3-37

⑦ 切角：其功能和操作方法与“圆角”相同，但创建的是切角，如图 3-38 所示。

⑧ 轮廓：用于给选择的线设置轮廓，用法和“圆角”相同，如图 3-39 所示，该按钮仅在“样条线”层级有效。

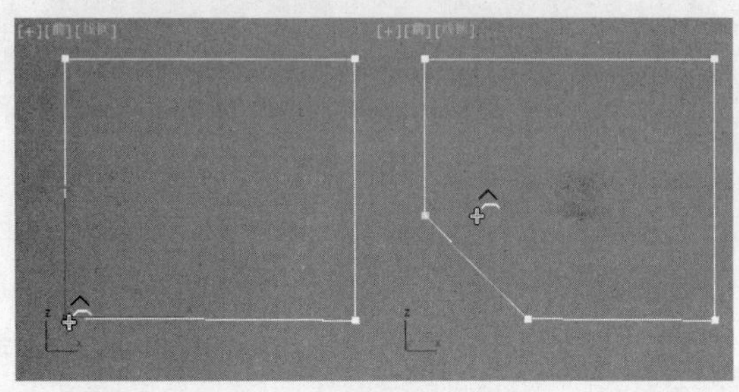

图 3-38

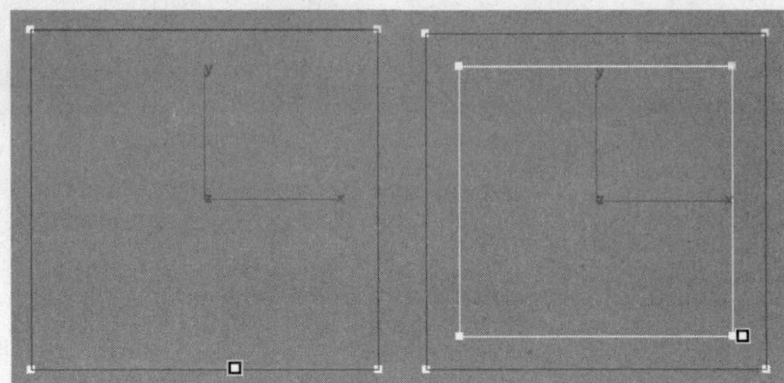

图 3-39

3.2 创建二维图形

3ds Max 2019 提供了一些具有固定形态的二维图形，这些图形的造型比较简单，但都各具特点。通过对二维图形参数的设置，能产生很多形状的新图形。二维图形也是建模中常用的几何图形。

二维图形是创建复合物体、表面建模和制作动画的重要组成部分。用二维图形能创建出 3ds Max 2019 内置几何体中没有的特殊形体。创建二维图形是最主要的一种建模方法。

3.2.1 矩形

“矩形”用于创建矩形和正方形。下面介绍矩形的创建及其参数的设置和修改。

1. 创建矩形

矩形的创建比较简单，操作步骤如下。

（1）单击“（创建）>（图形）>样条线>矩形”按钮。

（2）将光标移动到视口中，单击并按住鼠标左键不放拖曳鼠标，视口中生成一个矩形，移动光标调整矩形大小，在适当的位置释放鼠标左键，矩形创建完成，如图 3-40 所示。创建矩形时按住 Ctrl 键，可以创建出正方形。

2. 矩形的修改参数

单击矩形将其选中，单击（修改）按钮，在“修改”命令面板中会显示矩形的参数，如图 3-41 所示。

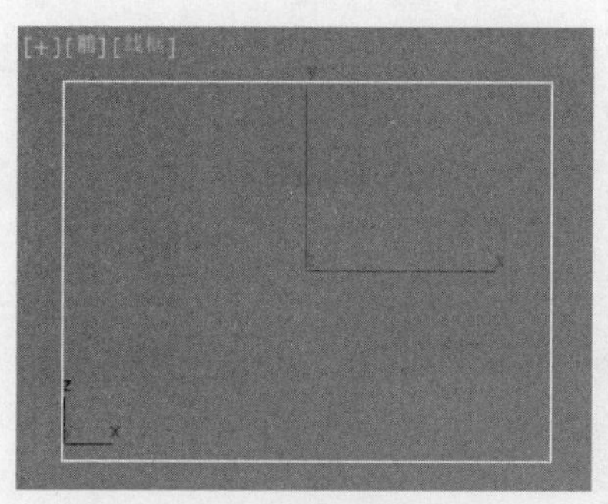

图 3-40

图 3-41

（1）长度。该选项用于设置矩形的长度值。

（2）宽度。该选项用于设置矩形的宽度值。

（3）角半径。该选项用于设置矩形的四角是直角还是有弧度的圆角。若其值为 0，则矩形的 4 个角都为直角。

3. 参数的修改

矩形的参数比较简单，在参数的数值框中直接设置数值，矩形的形体即会发生改变，其修改效果如图 3-42 所示。

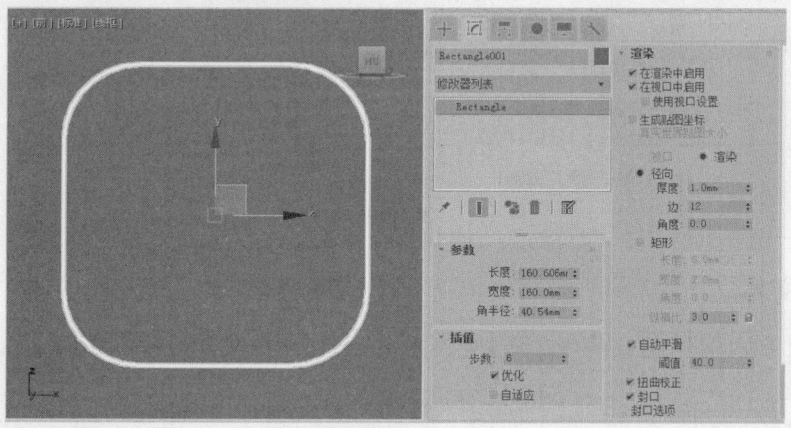

图 3-42

3.2.2 圆和椭圆

圆和椭圆的形态比较相似，创建方法基本相同。下面介绍圆和椭圆的创建方法及其参数的设置。

1. 创建圆和椭圆

下面以圆形为例来介绍创建方法，操作步骤如下。

（1）单击“+（创建）> （图形）>样条线>圆或椭圆”按钮。

（2）将光标移动到视口中，单击并按住鼠标左键不放拖曳鼠标，视口中生成一个圆，移动光标调整圆的大小，在适当的位置释放鼠标左键，圆创建完成。在视口中单击并拖动鼠标即可创建椭圆，如图 3-43 所示。其中，图 3-43（a）所示为圆，图 3-43（b）所示为椭圆。

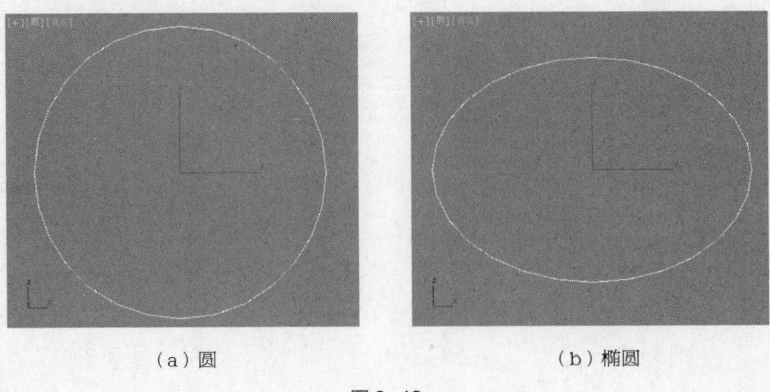

（a）圆　（b）椭圆

图 3-43

2. 圆和椭圆的修改参数

单击圆或椭圆将其选中，单击（修改）按钮，在“修改”命令面板中会显示它们的参数，如图 3-44 所示。

在“参数”卷展栏中，圆的参数只有半径，椭圆的参数为长度和宽度，用于调整椭圆的长轴和短轴。

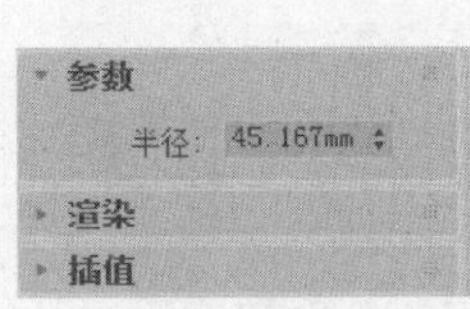

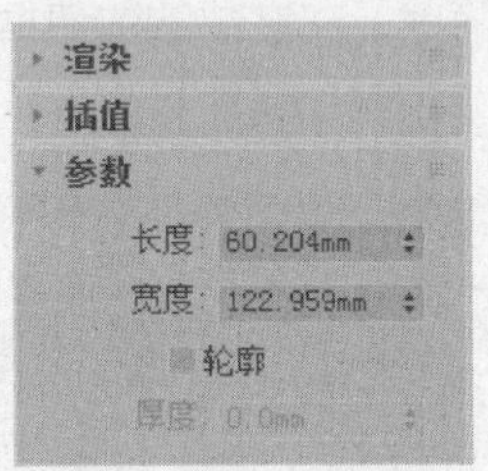

（a）圆的“参数”卷展栏　（b）椭圆的“参数”卷展栏

图 3-44

3.2.3 文本

“文本”用于在场景中直接产生二维文字图形或创建三维的文字图形。下面介绍文本的创建方法及其参数的设置。

1. 创建文本

文本的创建方法很简单，操作步骤如下。

（1）单击“（创建）>（图形）>样条线>文本”按钮，在“参数”卷展栏中设置创建参数，在文本输入区中输入要创建的文本内容，如图 3-45 所示。

（2）将光标移动到视口中并单击，文本创建完成，如图 3-46 所示。

2. 文本的修改参数

单击文本将其选中，单击（修改）按钮，在“修改”命令面板中会显示文本的参数，如图 3-45 所示。

（1）字体下拉列表框。该下拉列表框用于选择文本的字体。

（2）*I* 按钮。该按钮用于设置斜体字体。

（3）U 按钮。该按钮用于设置下画线。

（4）按钮。该按钮用于设置向左对齐。

（5）按钮。该按钮用于设置居中对齐。

（6）按钮。该按钮用于设置向右对齐。

（7）按钮。该按钮用于设置两端对齐。

（8）大小。该选项用于设置文字的大小。

（9）字间距。该选项用于设置文字的间隔距离。

（10）行间距。该选项用于设置文字行与行之间的距离。

（11）文本。该文本框用于输入文本内容，同时可以对文本进行改动。

（12）更新。该按钮用于设置修改完文本内容后，视口是否立刻进行更新显示。当文本内容非常复杂时，系统可能很难完成自动更新，此时可使用手动更新方式。

（13）手动更新。该复选框用于手动更新视口。选中该复选框后，只有单击了“更新”按钮后，文本框中当前的内容才会被显示在视口中。

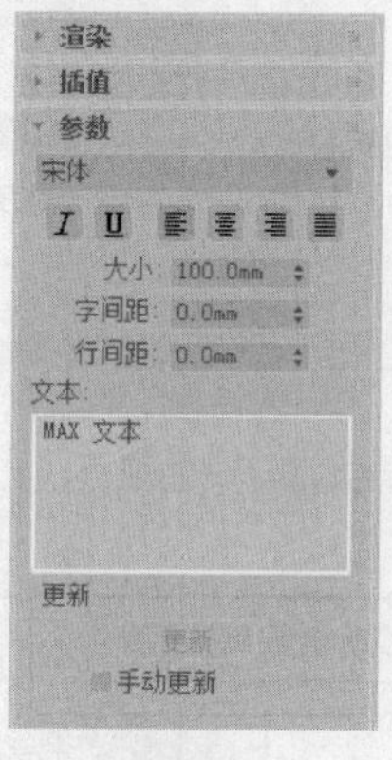

图 3-45

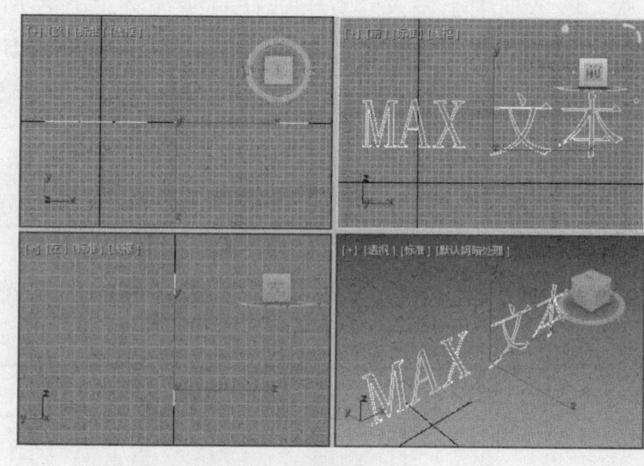

图 3-46

3.2.4 弧

“弧”可用于建立弧线和扇形。下面来介绍弧的创建方法及其参数的设置和修改。

1. 创建弧

弧有两种创建方法：一种是端点－端点－中央创建方法（系统默认设置），另一种是中间－端点－端点创建方法，如图 3-47 所示。

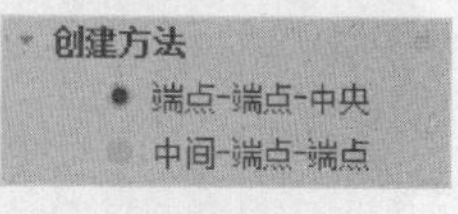

图 3-47

① 端点－端点－中央创建方法：建立弧时先引出一条直线，以直线的两端点作为弧的两个端点，移动光标以确定弧的半径。

② 中间－端点－端点创建方法：建立弧时先引出一条直线作为弧的半径，再移动光标确定弧长。

创建弧的操作步骤如下。

（1）单击“＋（创建）>（图形）>样条线>弧”按钮。

（2）将光标移动到视口中，单击并按住鼠标左键不放拖曳鼠标，视口中生成一条直线，如图 3-48 所示，释放鼠标左键并移动光标，调整弧的大小，如图 3-49 所示，在适当的位置单击，弧创建完成，如图 3-50 所示。图 3-50 中显示的是以“端点－端点－中央”方式创建的弧。

图 3-48

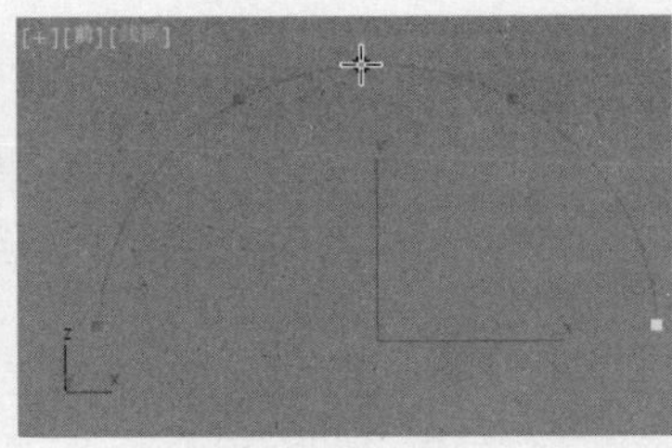
图 3-49

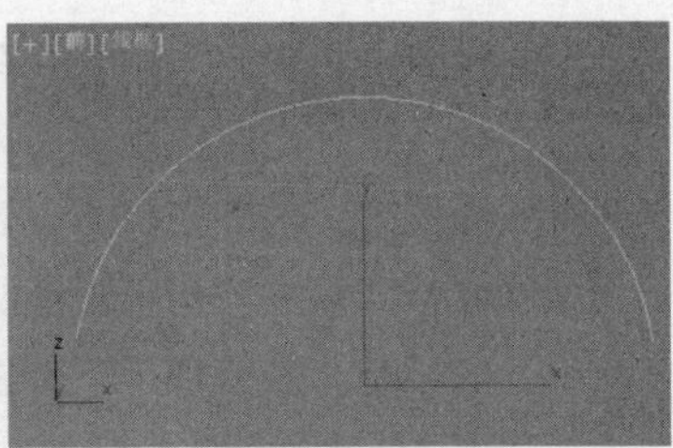
图 3-50

2. 弧的修改参数

单击弧将其选中，单击（修改）按钮，在“修改”命令面板中会显示弧的参数，如图 3-51 所示。

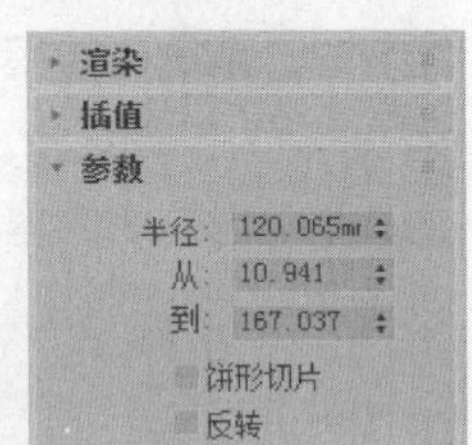

图 3-51

（1）半径。该选项用于设置弧的半径大小。

（2）从。该选项用于设置建立的弧在其所在圆上的起始点角度。

（3）到。该选项用于设置建立的弧在其所在圆上的结束点角度。

（4）饼形切片。选中该复选框，可分别把弧中心和弧的两个端点连接起来构成封闭的图形。

“反转”复选框使用较少，此处不做介绍。

3. 参数的修改

弧的修改参数和创建参数基本相同，只是没有创建方式，其修改效果如表 3-2 所示。

表 3-2

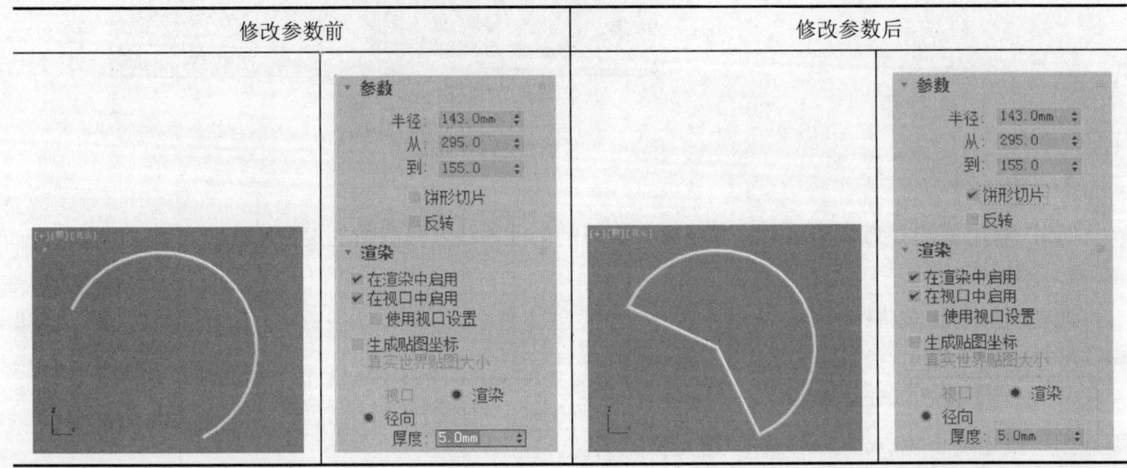

修改参数前	修改参数后
参数 半径: 143.0mm 从: 295.0 到: 155.0 饼形切片 反转 渲染 在渲染中启用 在视口中启用 使用视口设置 生成贴图坐标 真实世界贴图大小 视口 渲染 径向 厚度: 5.0mm	参数 半径: 143.0mm 从: 295.0 到: 155.0 饼形切片 反转 渲染 在渲染中启用 在视口中启用 使用视口设置 生成贴图坐标 真实世界贴图大小 视口 渲染 径向 厚度: 5.0mm

3.2.5 课堂案例——沙发边几模型的制作

【学习目标】熟悉圆和弧的创建，设置它们的可渲染参数，并配合标准基本体、修改器及“移动”工具进行模型位置和效果的调整。

【知识要点】使用“可渲染的圆、可渲染的弧和圆柱体”工具，完成的模型效果如图 3-52 所示。

图 3-52

【素材文件位置】素材文件/贴图。

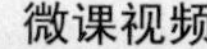
微课视频

沙发边几模型的制作

【模型文件所在位置】素材文件/场景/第 3 章/沙发边几模型.max。

【参考模型文件所在位置】素材文件/场景/第 3 章/沙发边几.max。

（1）单击“（创建）>（图形）>样条线>圆”按钮，在“顶”视口中对图 3-53 所示的圆设置合适的参数，并设置其可渲染。

（2）单击“（创建）>（图形）>样条线>弧”按钮，在“顶”视口中单击，拖动，再次单击创建弧，如图 3-54 所示，设置合适的参数。

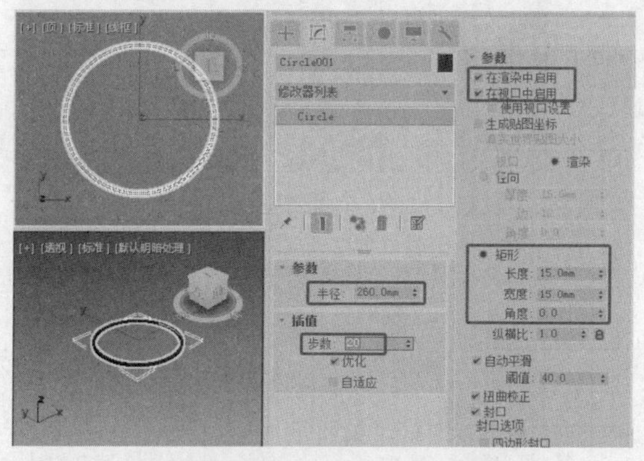
图 3-53

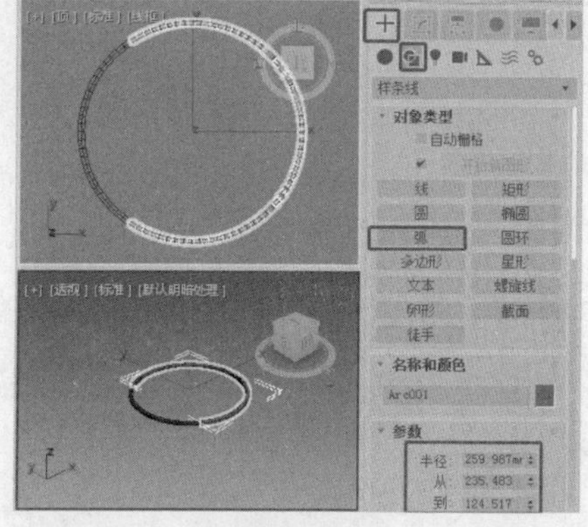
图 3-54

（3）在场景中选择圆，使用（选择并移动）工具，激活“左”视口，在坐标显示中单击（绝对模式）按钮，使其显示为（偏移模式），并设置 Y 的参数为 680，如图 3-55 所示。

（4）先取消弧的可渲染，在（修改）面板的“修改器列表”下拉列表框中选择“编辑样条线”选项，将选择集定义为“分段”，在场景中选择图 3-56 所示的分段。

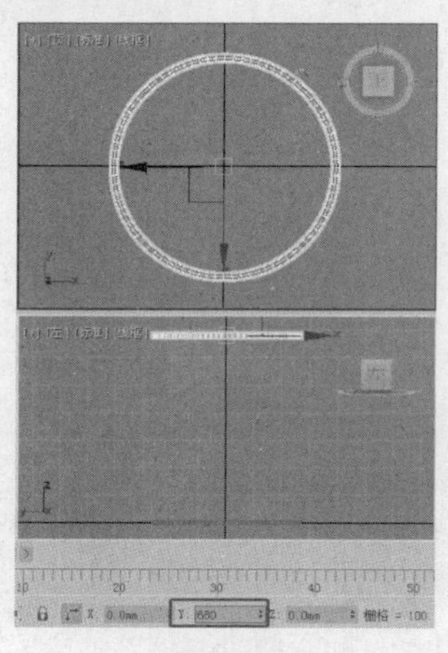
图 3-55

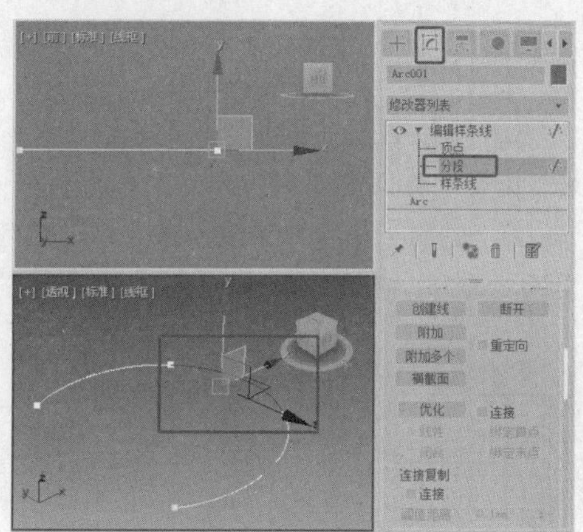
图 3-56

（5）在“几何体”卷展栏中设置“拆分”为 1，设置分段的拆分顶点，如图 3-57 所示。

（6）将选择集定义为“样条线”，在场景中选择拆分后的弧。在“几何体”卷展栏中选中“连接复制”选项组中的“连接”复选框，在“前”视口中按住 Shift 键移动复制样条线，如图 3-58 所示。

（7）将选择集定义为“分段”，选择图 3-59 所示的分段，按 Delete 键删除分段。

（8）关闭选择集，为图形施加“可渲染样条线”修改器，设置合适的参数，如图 3-60 所示。

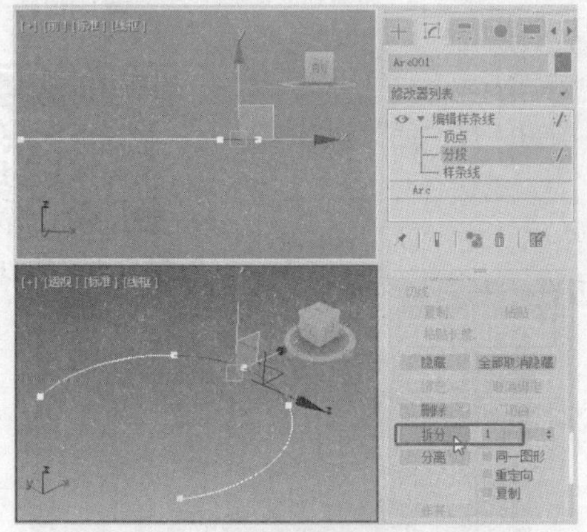

图 3-57

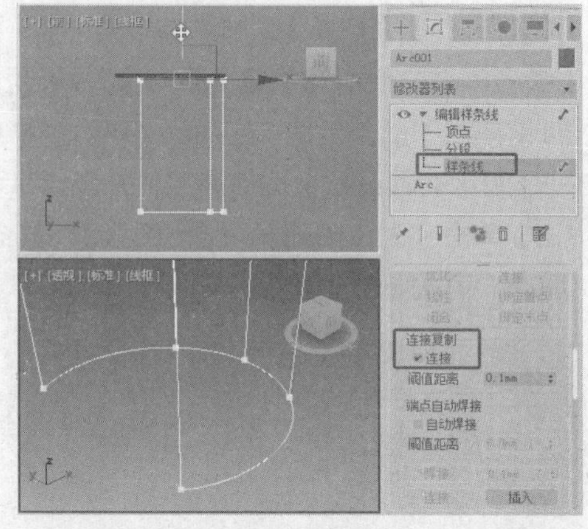

图 3-58

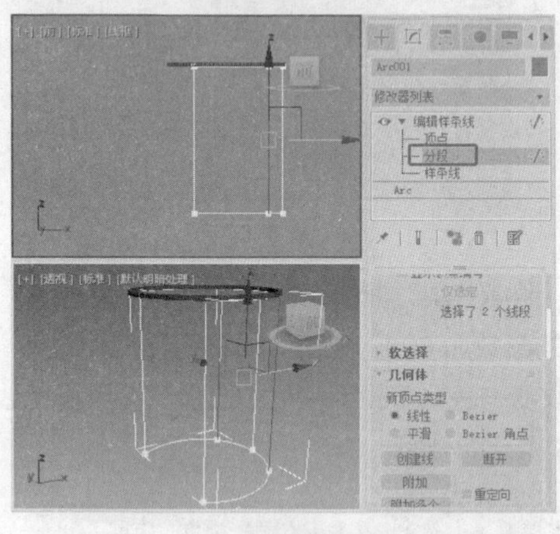

图 3-59

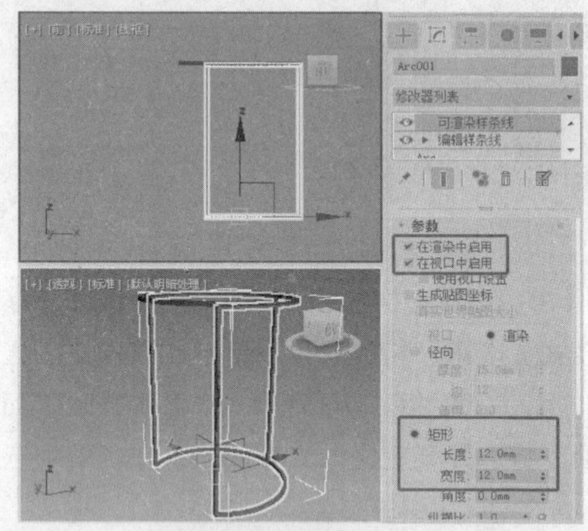

图 3-60

（9）单击“+（创建）>●（几何体）>标准基本体>圆柱体”按钮，在“顶”视口中创建圆柱体，设置合适的参数，如图 3-61 所示。

（10）切换到 （修改）面板，在“修改器列表”下拉列表框中选择“编辑多边形”选项，将选择集定义为“边”，在场景中选择图 3-62 所示的边。

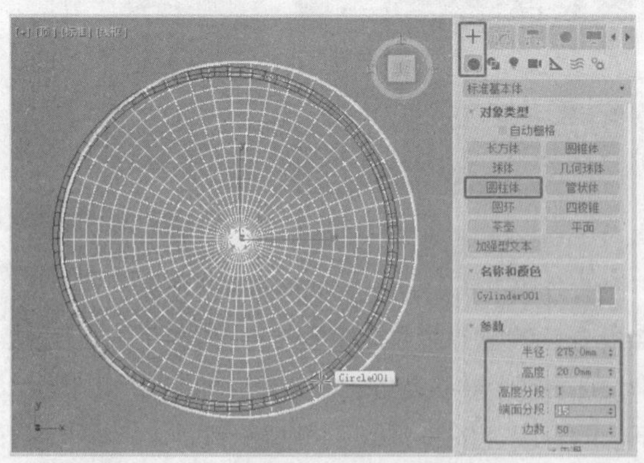

图 3-61

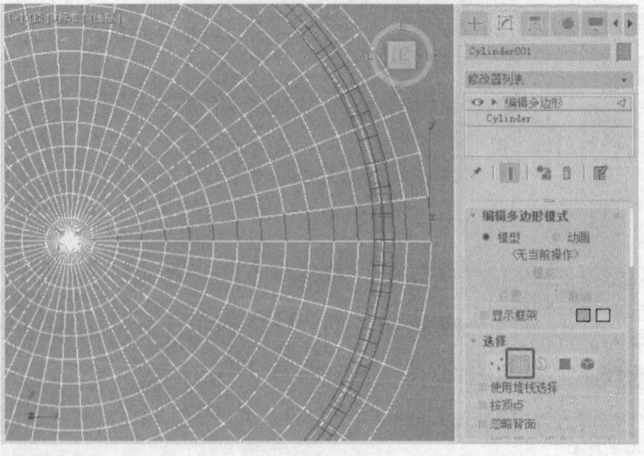

图 3-62

（11）在“选择”卷展栏中单击“循环”按钮，选中图 3-63 所示的边。

（12）选择边后，在“编辑边”卷展栏中单击“挤出”右侧的（设置）按钮，在弹出的助手中设置合适的挤出参数，如图 3-64 所示，单击（确定）按钮。

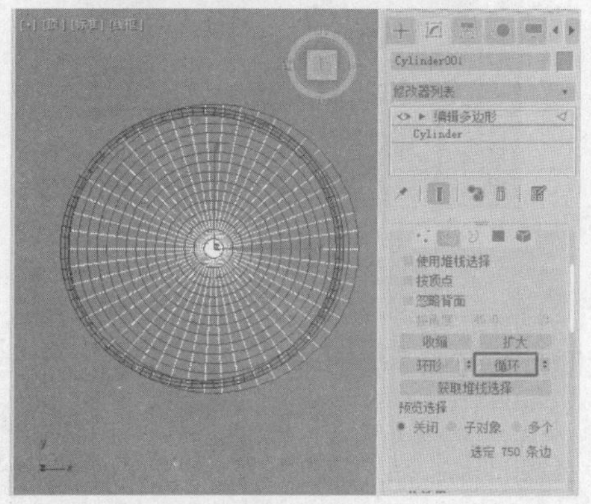

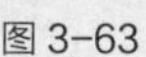

图 3-63

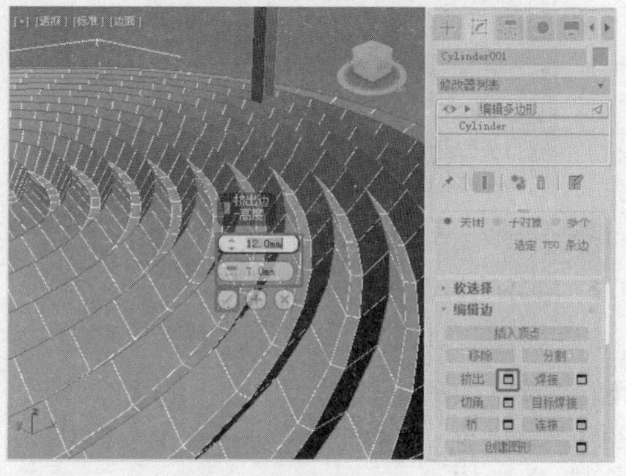

图 3-64

（13）单击“切角”右侧的（设置）按钮，在弹出的助手中设置合适的挤出参数，如图 3-65 所示，单击（确定）按钮。

（14）设置好模型的效果后，关闭选择集，在场景中调整模型的位置，并复制模型，组合出沙发边几模型的效果，如图 3-66 所示。

图 3-65

图 3-66

3.2.6 圆环

“圆环”用于制作由两个圆组成的圆环。下面介绍圆环的创建方法及其参数的设置。

1. 创建圆环

圆环的创建方法比圆的创建方法多一个步骤，也比较简单，操作步骤如下。

（1）单击“（创建）>（图形）>样条线>圆环”按钮。

（2）将光标移动到视口中，单击并按住鼠标左键不放拖曳鼠标，视口中生成一个圆形，如图 3-67 所示，释放鼠标左键并移动光标，生成另一个圆，在适当的位置单击，圆环创建完成，如图 3-68 所示。

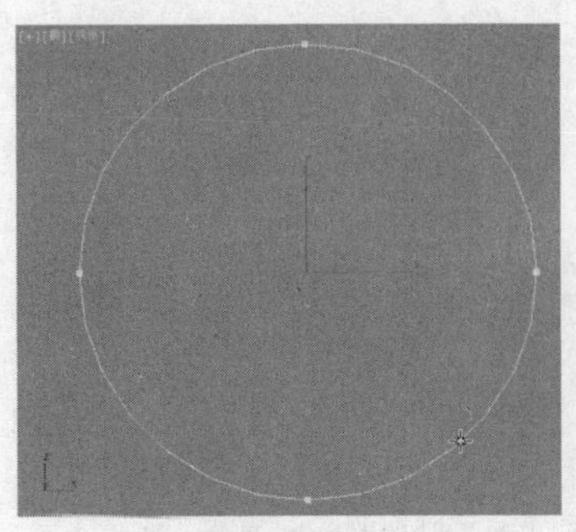
图 3-67

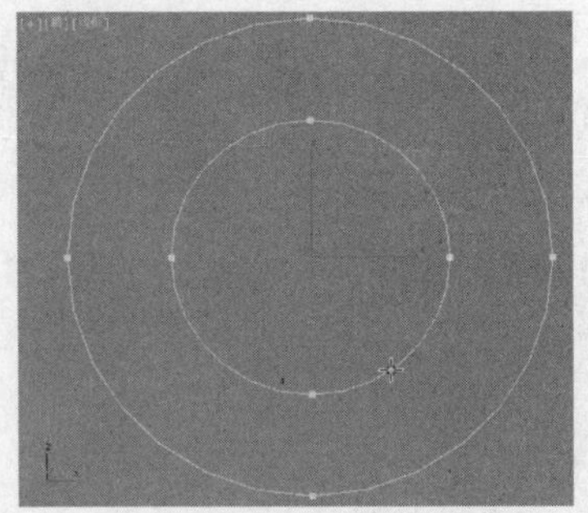
图 3-68

2. 圆环的修改参数

单击圆环将其选中，单击 （修改）按钮，在“修改”命令面板中会显示圆环的参数，如图 3-69 所示。

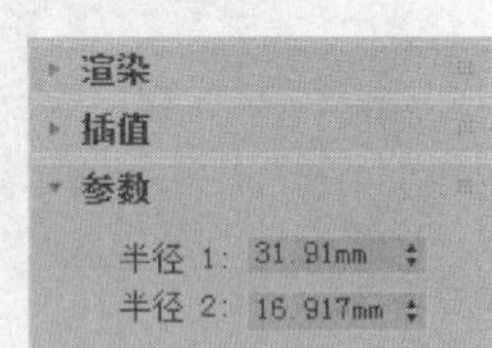

图 3-69

（1）半径 1。该选项用于设置第 1 个圆形的半径大小。

（2）半径 2。该选项用于设置第 2 个圆形的半径大小。

3.2.7 多边形

“多边形”用于创建任意边数的正多边形，也可以创建圆角多边形。下面来介绍多边形的创建方法及其参数的设置和修改。

1. 创建多边形

多边形的创建方法与圆的创建方法相同，操作步骤如下。

（1）单击“ （创建）> （图形）>样条线>多边形”按钮。

（2）将光标移动到视口中，单击并按住鼠标左键不放拖曳鼠标，视口中生成一个多边形，移动光标调整多边形的大小，在适当的位置释放鼠标左键，多边形创建完成，如图 3-70 所示。

2. 多边形的修改参数

单击多边形将其选中，单击 （修改）按钮，在“修改”命令面板中会显示多边形的参数，如图 3-71 所示。

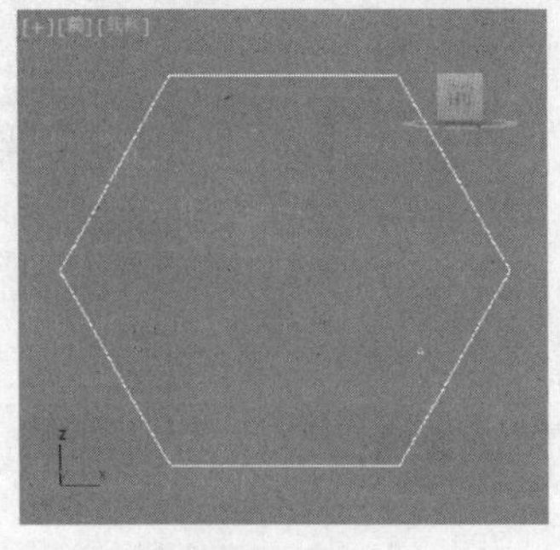
图 3-70

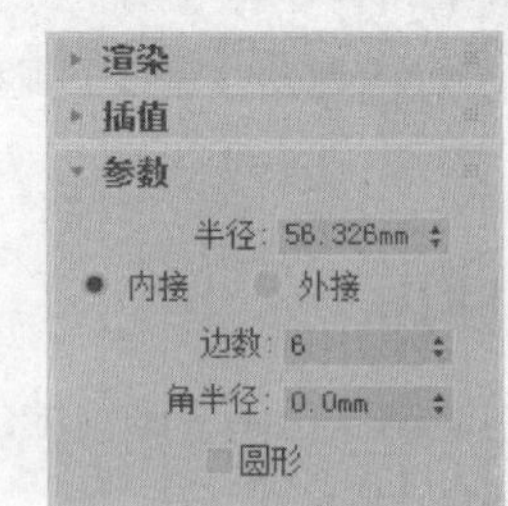

图 3-71

（1）半径。该选项用于设置正多边形的半径。

（2）内接。该单选按钮使输入的半径为多边形的中心到其边界的距离。

（3）外接。该单选按钮使输入的半径为多边形的中心到其顶点的距离。

（4）边数。该选项用于设置正多边形的边数，其值为 3~100。

（5）角半径。该选项用于设置多边形在顶点处的圆角半径。

（6）圆形。选中该复选框，可以设置正多边形为圆形。

3. 参数的修改

多边形的参数不多，但修改参数值后却能生成多种形状，如表 3-3 所示。

表 3-3

修改参数前		修改参数后	
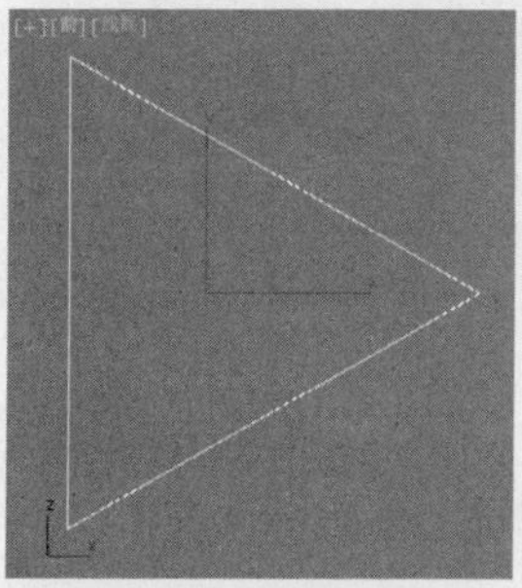	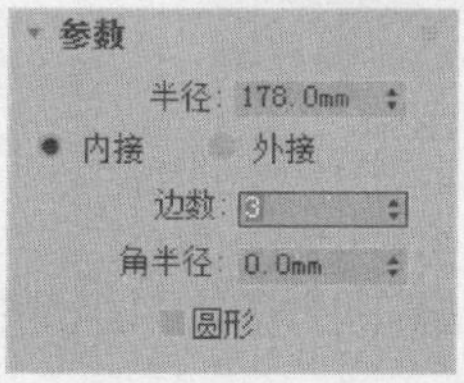 参数 半径：178.0mm 内接 外接 边数：3 角半径：0.0mm 圆形	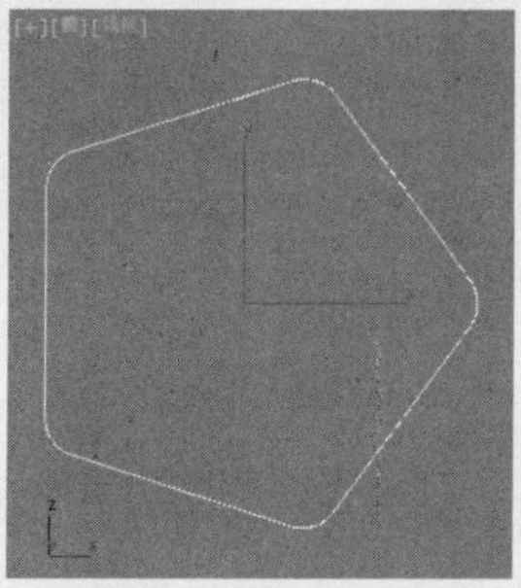	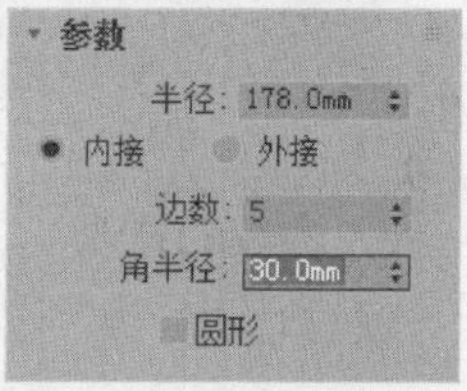 参数 半径：178.0mm 内接 外接 边数：5 角半径：30.0mm 圆形
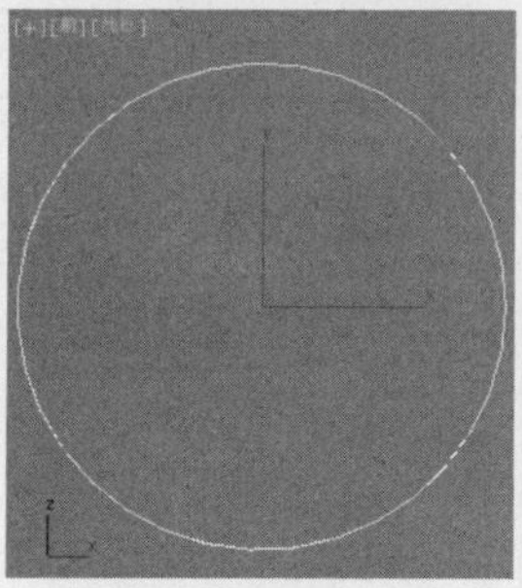	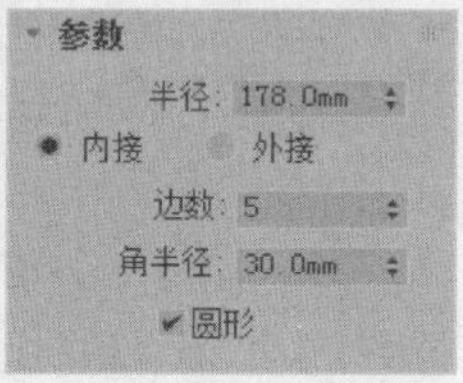 参数 半径：178.0mm 内接 外接 边数：5 角半径：30.0mm ✔圆形	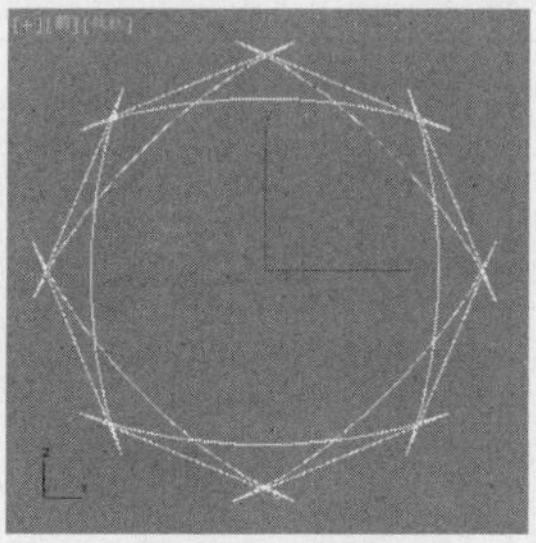	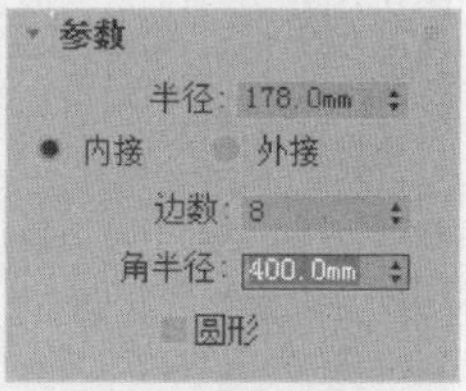 参数 半径：178.0mm 内接 外接 边数：8 角半径：400.0mm 圆形

3.2.8 星形

“星形”用于创建多角星形，也可以创建齿轮图案。下面来介绍星形的创建方法及其参数的设置和修改。

1. 创建星形

星形的创建方法与同心圆的创建方法相同，操作步骤如下。

（1）单击“（创建）>（图形）>样条线>星形”按钮。

（2）将光标移动到视口中，单击并按住鼠标左键不放拖曳鼠标，视口中生成一个星形，如图 3-72 所示，释放鼠标左键并移动光标，调整星形的形态，在适当的位置单击，星形创建完成，如图 3-73 所示。

2. 星形的修改参数

单击星形将其选中，单击（修改）按钮，在“修改”命令面板中会显示星形的参数，如图 3-74 所示。

（1）半径 1。该选项用于设置星形的内顶点所在圆的半径大小。

（2）半径 2。该选项用于设置星形的外顶点所在圆的半径大小。

（3）点。该选项用于设置星形的顶点数。

（4）扭曲。该选项用于设置扭曲值，使星形的齿产生扭曲。

（5）圆角半径 1。该选项用于设置星形内顶点处圆滑角的半径。

（6）圆角半径 2。该选项用于设置星形外顶点处圆滑角的半径。

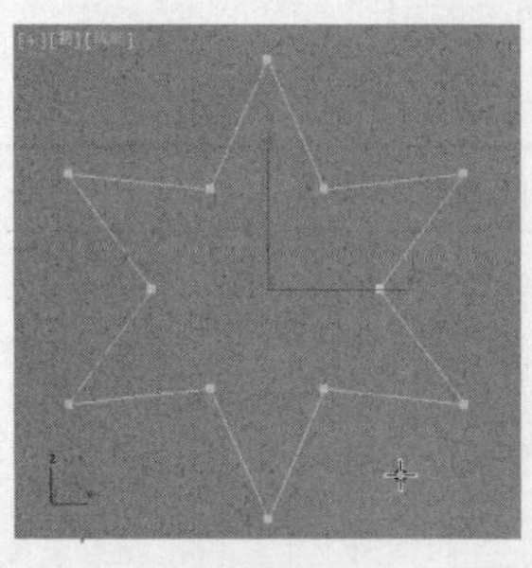
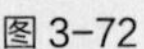

图 3-72

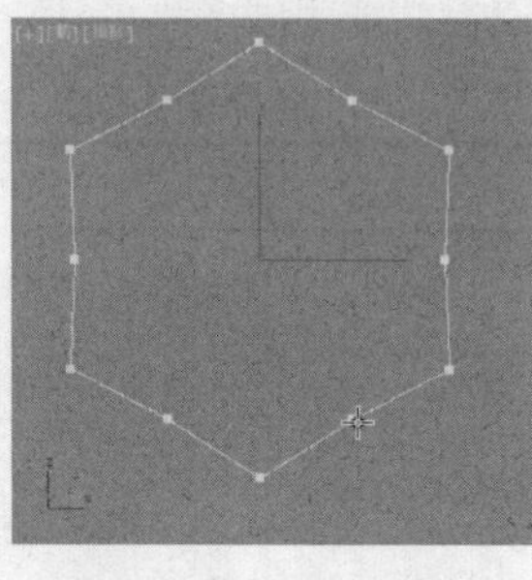

图 3-73

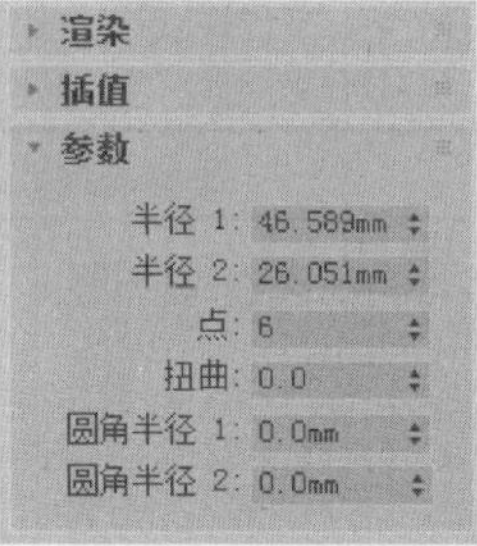

图 3-74

3. 参数的修改

通过对“参数”卷展栏中的参数进行设置，能使星形生成很多形状的形体，如表 3-4 所示。

表 3-4

修改参数前		修改参数后	
	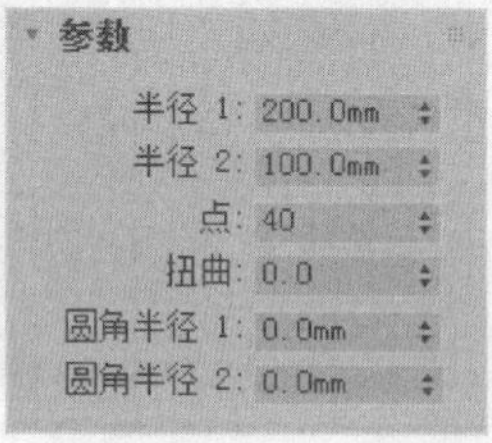 参数 半径 1: 200.0mm 半径 2: 100.0mm 点: 40 扭曲: 0.0 圆角半径 1: 0.0mm 圆角半径 2: 0.0mm	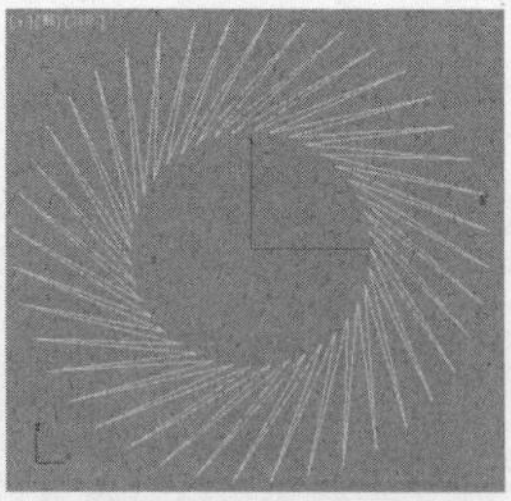	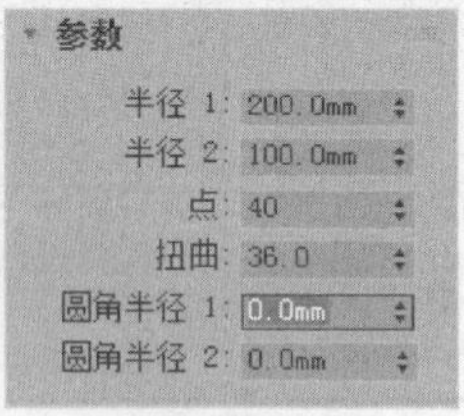 参数 半径 1: 200.0mm 半径 2: 100.0mm 点: 40 扭曲: 36.0 圆角半径 1: 0.0mm 圆角半径 2: 0.0mm
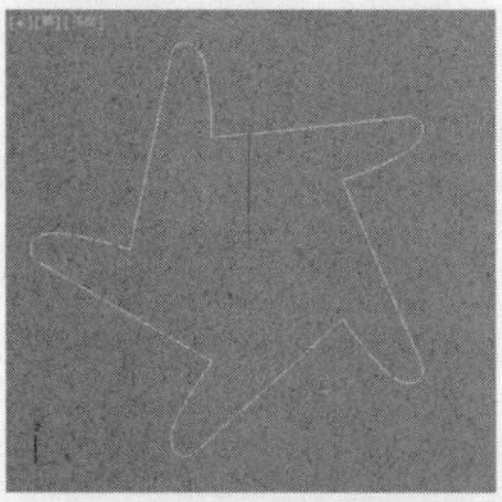	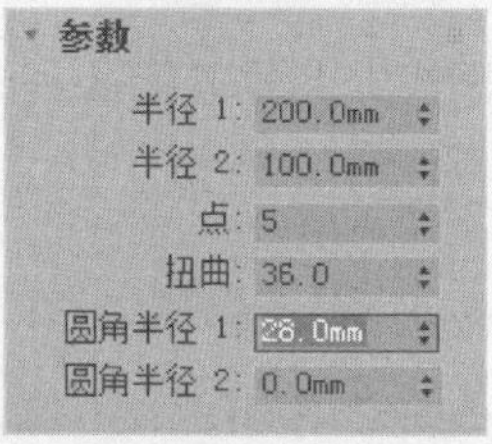 参数 半径 1: 200.0mm 半径 2: 100.0mm 点: 5 扭曲: 36.0 圆角半径 1: 28.0mm 圆角半径 2: 0.0mm	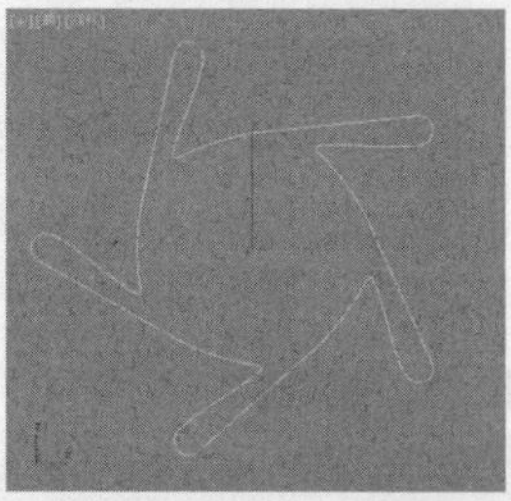	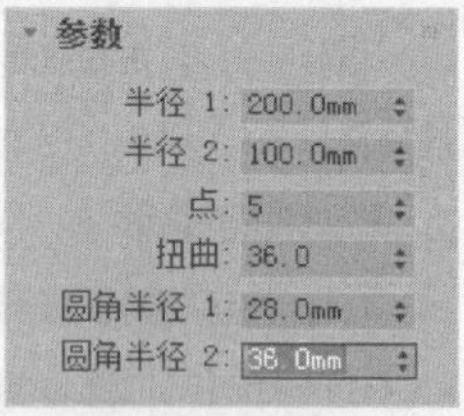 参数 半径 1: 200.0mm 半径 2: 100.0mm 点: 5 扭曲: 36.0 圆角半径 1: 28.0mm 圆角半径 2: 38.0mm
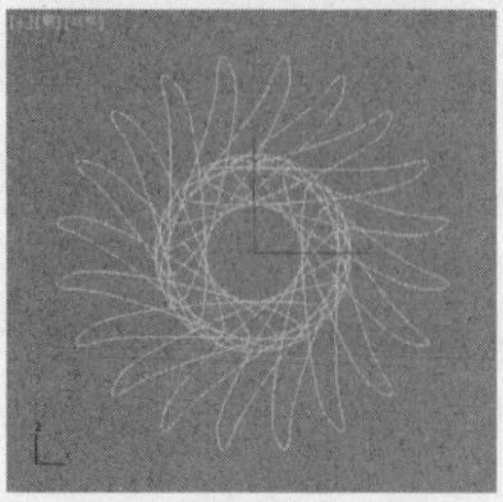	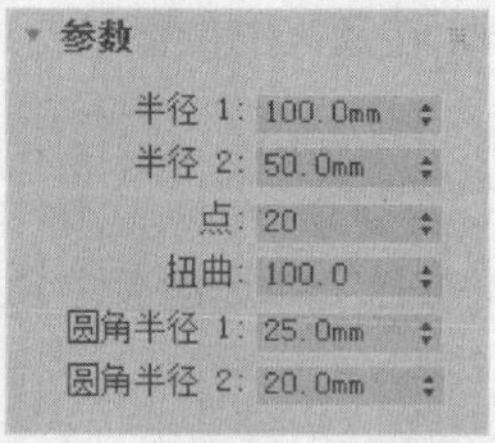 参数 半径 1: 100.0mm 半径 2: 50.0mm 点: 20 扭曲: 100.0 圆角半径 1: 25.0mm 圆角半径 2: 20.0mm	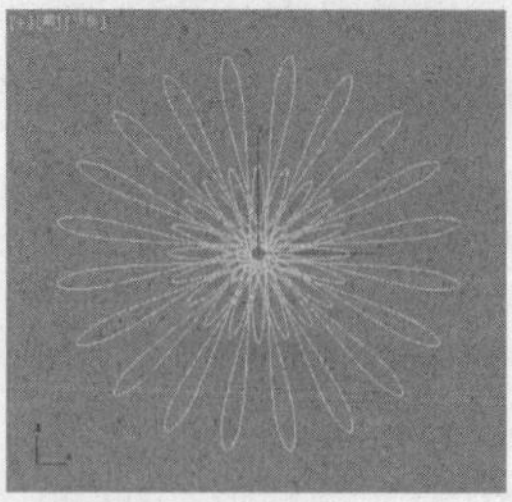	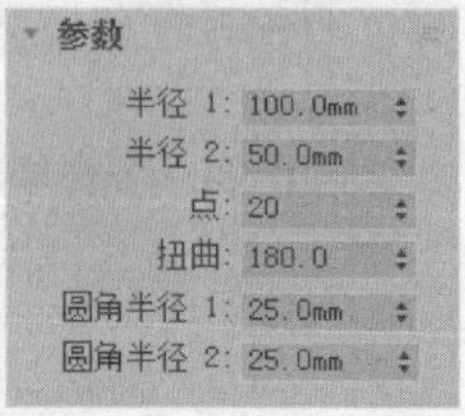 参数 半径 1: 100.0mm 半径 2: 50.0mm 点: 20 扭曲: 180.0 圆角半径 1: 25.0mm 圆角半径 2: 25.0mm

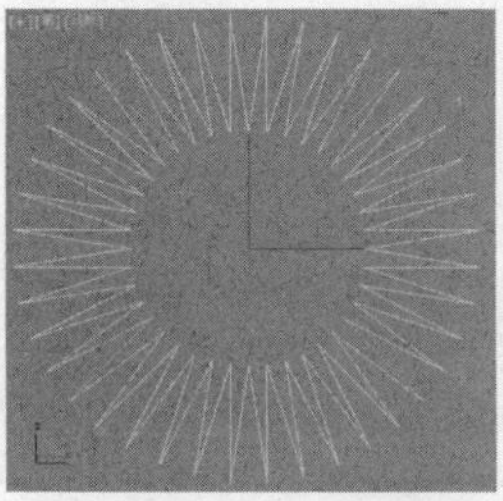

3.2.9 螺旋线

“螺旋线”用于制作平面或空间的螺旋线。下面来介绍螺旋线的创建方法及其参数的设置和修改。

1. 创建螺旋线

螺旋线的创建方法与其他二维图形的创建方法不同，操作步骤如下。

（1）单击“+（创建）>（图形）> 样条线> 螺旋线”按钮。

（2）将光标移动到视口中，单击并按住鼠标左键不放拖曳鼠标，视口中生成一个圆形，如图 3-75 所示，释放鼠标左键并移动光标，调整螺旋线的高度，如图 3-76 所示，单击并移动光标，调整螺旋线顶半径的大小，再次单击，螺旋线创建完成，如图 3-77 所示。

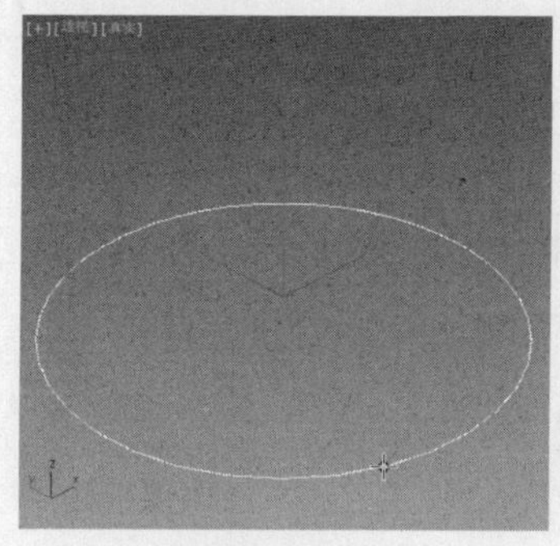

图 3-75

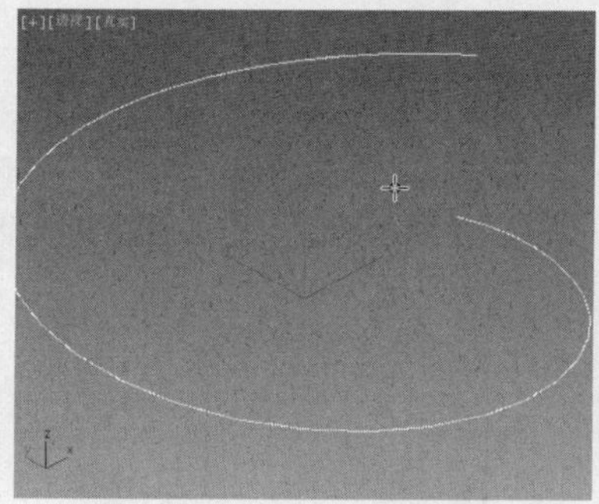

图 3-76

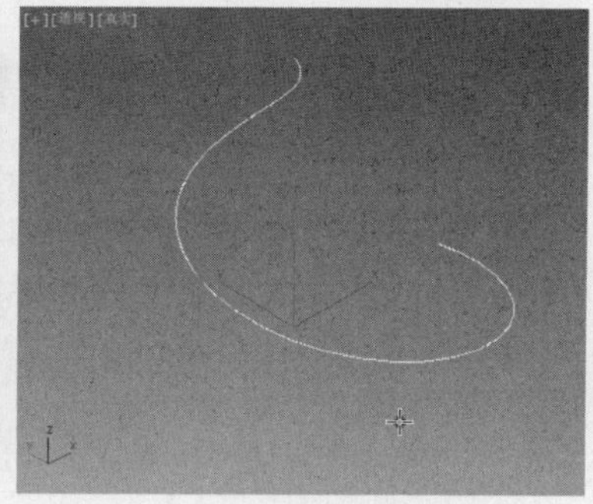

图 3-77

2. 螺旋线的修改参数

单击螺旋线将其选中，单击（修改）按钮，在“修改”命令面板中会显示螺旋线的参数，如图 3-78 所示。

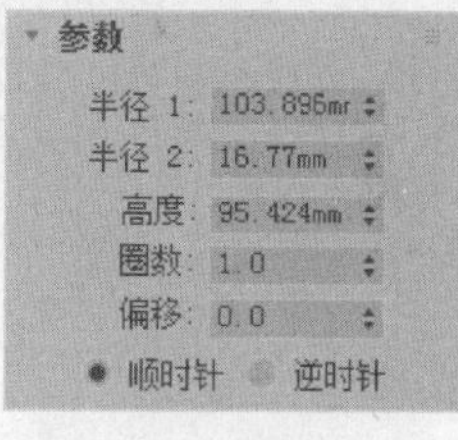

图 3-78

（1）半径 1。该选项用于设置螺旋线底圆的半径大小。

（2）半径 2。该选项用于设置螺旋线顶圆的半径大小。

（3）高度。该选项用于设置螺旋线的高度。

（4）圈数。该选项用于设置螺旋线旋转的圈数。

（5）偏移。该选项用于设置在螺旋高度上，螺旋圈数的偏向强度，以表示螺旋线是靠近底圈，还是靠近顶圈。

（6）顺时针/逆时针。这两个单选按钮用于选择螺旋线旋转的方向。

3. 参数的修改

通过对“参数”卷展栏中的参数进行设置，能改变螺旋线的形态，如表 3-5 所示。

表 3-5

修改参数前		修改参数后	
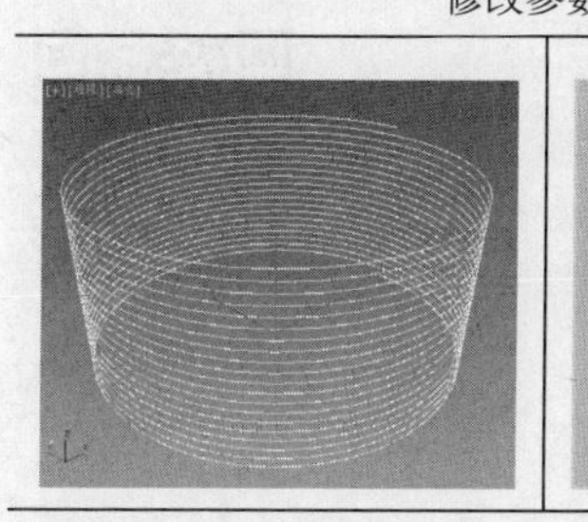	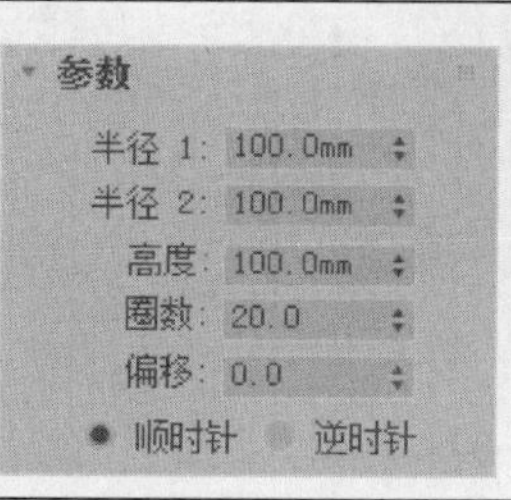	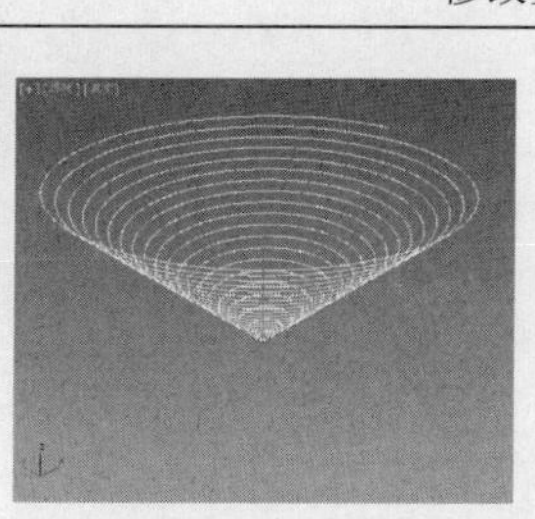	

续表

修改参数前		修改参数后	
	参数 半径 1：0.0mm 半径 2：100.0mm 高度：100.0mm 圈数：20.0 偏移：-1.0 顺时针 逆时针		参数 半径 1：0.0mm 半径 2：100.0mm 高度：100.0mm 圈数：20.0 偏移：0.55 顺时针 逆时针

课堂练习——回旋针模型的制作

【知识要点】利用可渲染的线，通过对线的调整，完成回旋针模型的制作，如图 3-79 所示。

【素材文件位置】素材文件/贴图。

【参考模型文件所在位置】素材文件/场景/第 3 章/回旋针.max。

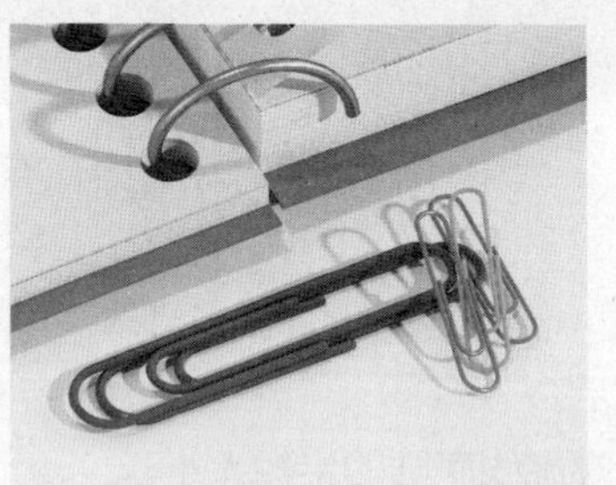

图 3-79

微课视频

回旋针模型的制作

课后习题——红酒架模型的制作

【知识要点】利用可渲染的线，结合使用球体制作红酒架模型，如图 3-80 所示。

【素材文件位置】素材文件/贴图。

【参考模型文件所在位置】素材文件/场景/第 3 章/红酒架.max。

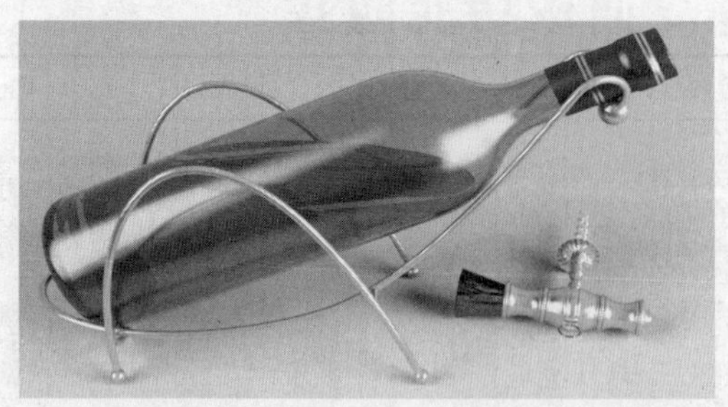

图 3-80

微课视频

红酒架模型的制作

第 4 章 三维模型的创建

本章介绍

本章主要对各种常用的修改命令进行介绍，通过对修改命令的编辑，可以使几何体的形体发生改变。通过本章的学习，读者应掌握各种修改命令的属性和作用，通过修改命令的配合使用，制作出完整、精美的模型。

学习目标

- 熟练掌握将二维图形转化为三维模型的方法
- 熟练掌握三维模型修改命令的应用
- 熟练掌握编辑样条线命令的应用

技能目标

- 掌握制作花瓶模型的方法和技巧
- 掌握制作中式案几模型的方法和技巧
- 掌握制作铁艺床头柜模型的方法和技巧
- 掌握制作创意沙发凳模型的方法和技巧

4.1 “修改”命令面板功能简介

对于“修改”命令面板，在前面章节对几何体进行修改的过程中已经有过接触。通过“修改”命令面板可以直接对几何体进行修改，还能实现修改命令之间的切换。

创建几何体后，切换到（修改）命令面板，面板中显示的是几何体的修改参数，当对几何体进行修改命令编辑后，修改命令堆栈中就会显示修改命令的参数，如图 4-1 所示。

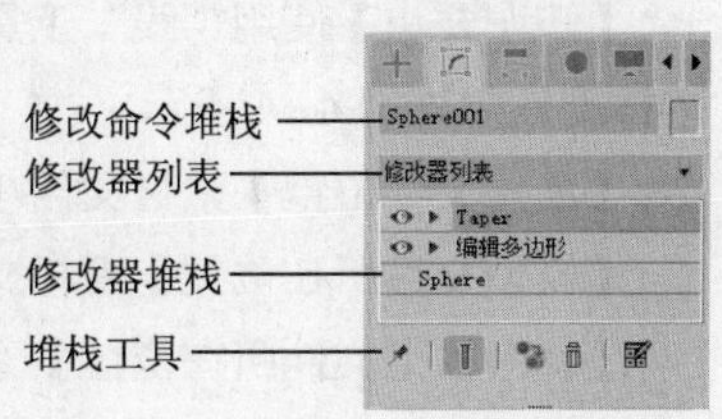

图 4-1

（1）修改命令堆栈。修改命令堆栈用于显示使用的修改命令。

（2）修改器列表。修改器列表用于选择修改选项，单击后会弹出下拉列表框，可以选择要使用的修改选项。

（3）（修改命令开关）。该按钮用于开启和关闭修改命令。该按钮被单击后会变为图标，表示该命令被关闭，被关闭的命令不再对物体产生影响，再次单击此图标，命令会重新开启。

（4）（从堆栈中移除修改器）。该按钮用于删除命令，在修改命令堆栈中选择修改命令，单击“塌陷”按钮，即可删除修改命令，通过修改命令对几何体进行过的编辑也可以被撤销。

（5）（配置修改器集）。该按钮用于对修改命令的布局进行重新设置，可以将常用的命令以列表或按钮的形式表现出来。

在修改命令堆栈中，有些命令左侧有一个按钮，如图 4-2 所示，表示该命令拥有子层级命令，单击此按钮，子层级就会被打开，可以选择子层级命令，如图 4-3 所示。选择子层级命令后，该命令会变为蓝色，表示已被启用。

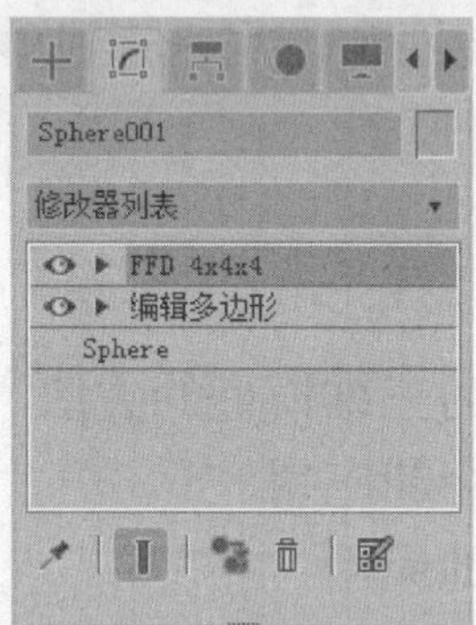

图 4-2

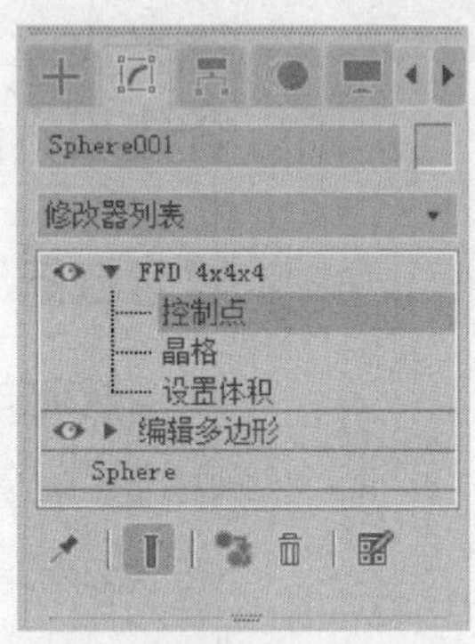

图 4-3

4.2 将二维图形转化为三维模型的方法

第 3 章介绍了二维图形的创建。通过对二维图形基本参数的修改，可以创建出各种形状的图形，但如何将二维图形转化为立体的三维图形并应用到建模中呢？本节将介绍通过使用修改命令使二维图形转化为三维模型的建模方法。

4.2.1 课堂案例——花瓶模型的制作

【学习目标】学习“车削”修改器。

【知识要点】使用“线”工具，结合使用“车削”修改器制作花瓶模型，完成的模型效果如图 4-4 所示。

【素材文件位置】素材文件/贴图。

【模型文件所在位置】素材文件/场景/第 4 章/花瓶模型.max。

【参考模型文件所在位置】素材文件/场景/第 4 章/花瓶.max。

微课视频

花瓶模型的制作

1. 曲面花瓶的制作

（1）单击“+（创建）>（图形）> 样条线 > 线”按钮，在“前”视口中创建线，如图 4-5 所示。

图 4-4

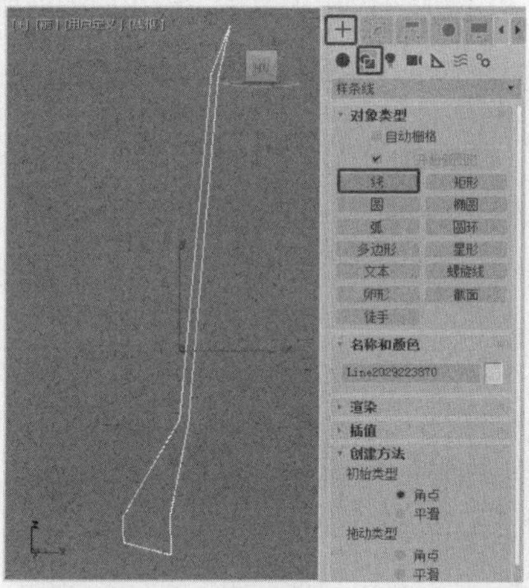

图 4-5

（2）切换到（修改）命令面板，将选择集定义为“顶点”，按 Ctrl+A 组合键，在场景中可以全选顶点，如图 4-6 所示。

（3）在视口中单击鼠标右键，在弹出的快捷菜单中选择“Bezier 角点”命令，如图 4-7 所示。

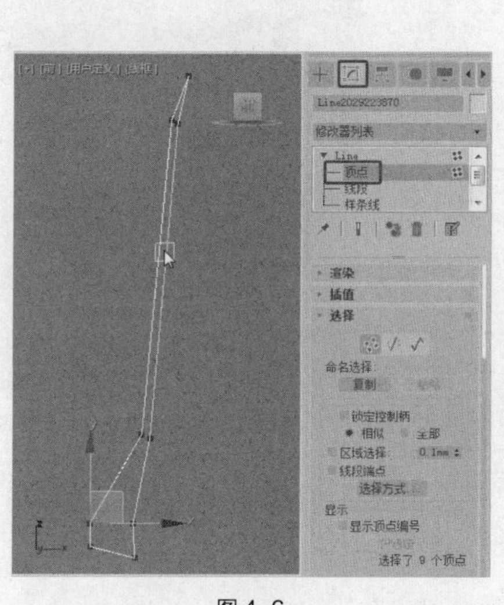

图 4-6

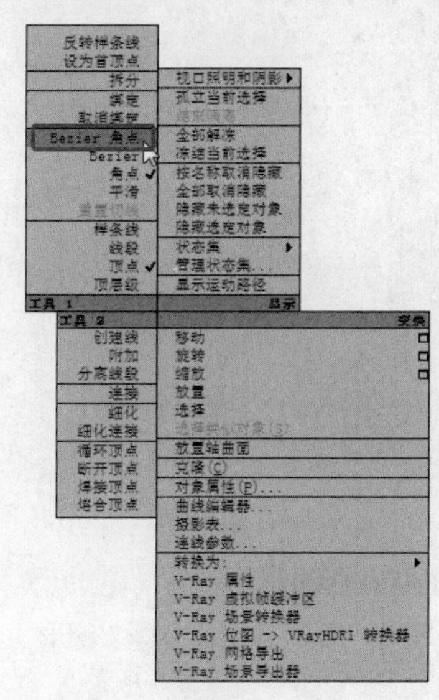

图 4-7

（4）在场景中可以看到每个顶点出现了两个控制手柄，可通过调整控制手柄调整样条线的曲线效果，如图 4-8 所示，调整出花瓶的截面图形。

（5）关闭选择集，在“修改器列表”下拉列表框中选择“车削”选项，在“参数”卷展栏中设置合适的车削参数，如图 4-9 所示。

（6）如果觉得模型不够平滑，则可以在“车削”修改器的“参数”卷展栏中增加“分段”。若想要样条线变得平滑，则可以在修改器堆栈中返回到“Line”中，设置其线段的“步数”，增加步数参数可以使样条线变得更加平滑，如图 4-10 所示。

（7）增加分段和步数后完成花瓶的模型效果，如图 4-11 所示。

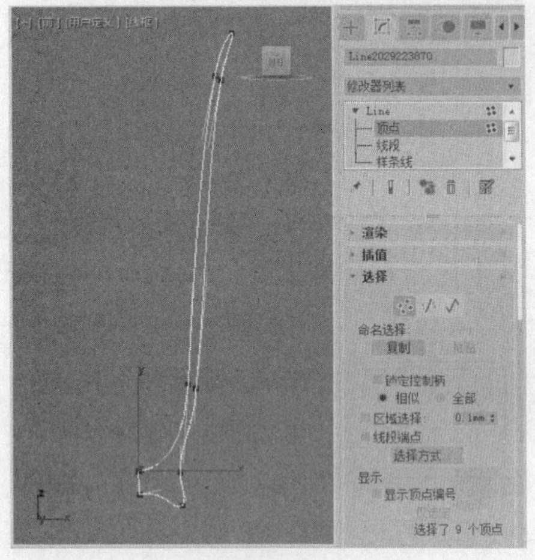

图 4-8

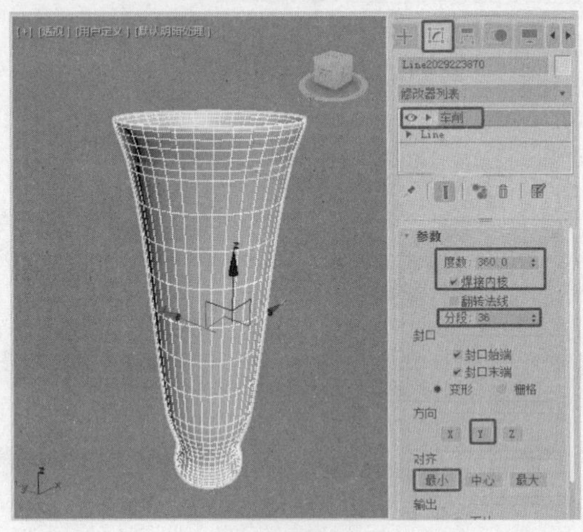

图 4-9

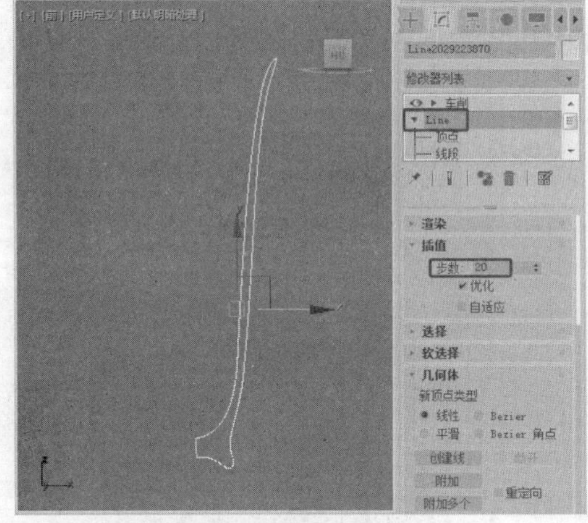

图 4-10

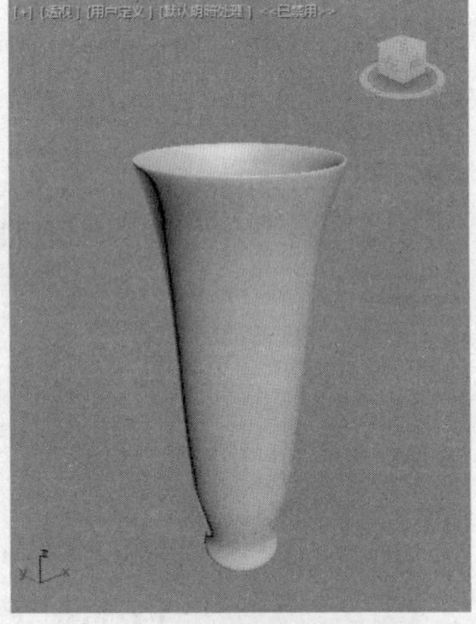

图 4-11

2. 桶状花瓶的制作

（1）单击“+（创建）>（图形）> 样条线 > 线”按钮，在“前”视口中创建线，如图 4-12 所示。

（2）切换到（修改）命令面板，将选择集定义为“样条线”，在“几何体”卷展栏中单击“轮廓”按钮，在场景中选择并拖曳样条线，拖曳出合适的轮廓后释放鼠标左键，取消“轮廓”工具的选择，如图 4-13 所示。

（3）将选择集定义为“顶点”，在“几何体”卷展栏中单击“圆角”按钮，在场景中拖曳顶点，设置出顶点的圆角效果，如图 4-14 所示。

（4）关闭选择集，为模型施加“车削”修改器，设置合适的参数，完成桶状花瓶的制作，如图 4-15 所示。

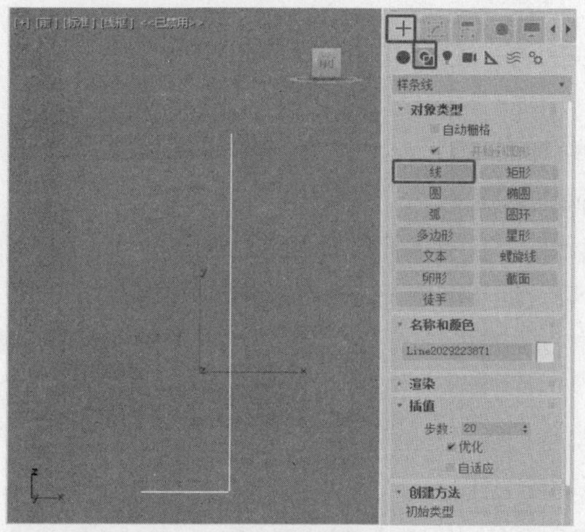

图 4-12

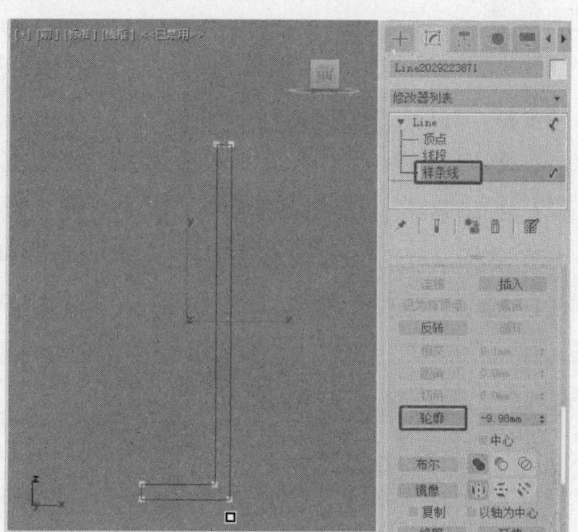

图 4-13

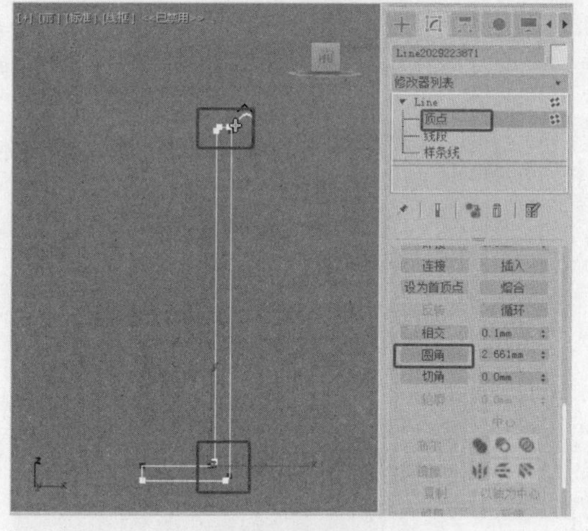

图 4-14

图 4-15

4.2.2 “车削”修改器

“车削”修改器用于通过绕轴旋转一个图形或 NURBS 曲线，进而生成三维形体。通过“旋转”命令，能得到表面圆滑的物体。下面介绍“车削”修改器的使用。

1. 选择“车削”修改器

对于所有修改器来说，都必须在物体被选中时才能进行选择。“车削”修改器用于对二维图形进行编辑，所以只有选择二维形体后才能选择“车削”修改器。

在视口中任意创建一个二维图形，单击（修改）按钮，选择“修改器列表”下拉列表框中的“车削”选项，如图 4-16 所示。

2. “车削”修改器的参数

选择“车削”选项后，在“修改”命令面板中会显示其参数，如图 4-17 所示。

（1）度数。该选项用于设置旋转的角度。

（2）焊接内核。选中该复选框，可将旋转轴上重合的点进行焊接精简，以得到结构相对简单的造型。

（3）翻转法线。选中该复选框，将会翻转造型表面的法线方向。

（4）“封口”选项组。

① 封口始端：选中该复选框，将挤出的对象顶端加面覆盖。

② 封口末端：选中该复选框，将挤出的对象底端加面覆盖。

③ 变形：选中该单选按钮，将不进行面的精简计算，以便用于变形动画的制作。

④ 栅格：选中该单选按钮，将进行面的精简计算，但不能用于变形动画的制作。

（5）“方向”选项组。该选项组用于设置旋转中心轴的方向。“X”“Y”“Z”分别用于设置不同的轴向。系统默认 y 轴为旋转中心轴。

（6）“对齐”选项组。该选项组用于设置曲线与中心轴线的对齐方式。

① 最小：单击该按钮，可将曲线内边界与中心轴线对齐。

② 中心：单击该按钮，可将曲线中心与中心轴线对齐。

③ 最大：单击该按钮，可将曲线外边界与中心轴线对齐。

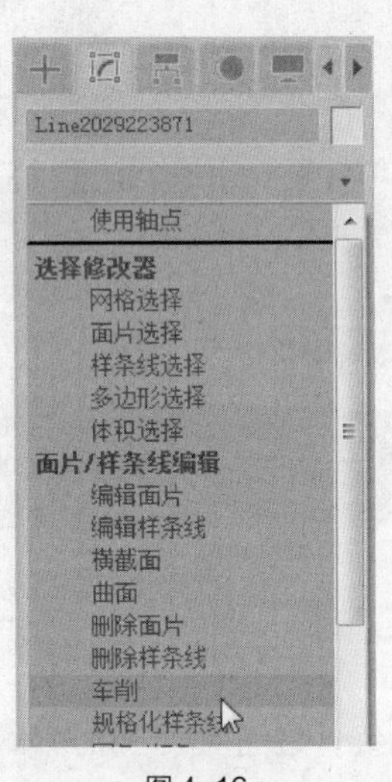

图 4-16

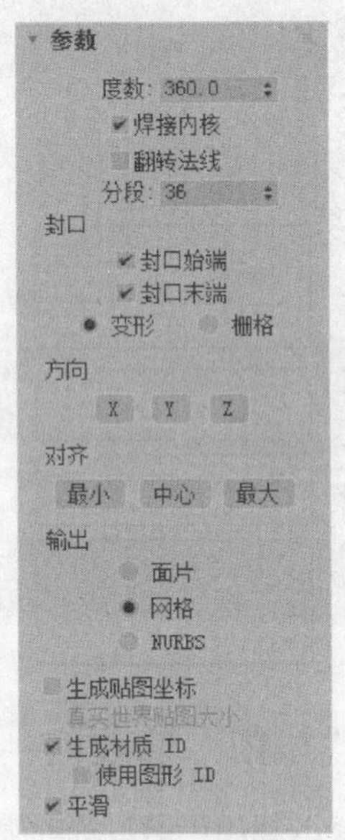

图 4-17

4.2.3 “挤出”修改器

通过“挤出”修改器可以使二维图形增加厚度，将其转化成三维物体。下面介绍“挤出”修改器的参数和使用方法。

单击“（创建）>（图形）>星形”按钮，在“透视”视口中创建一个星形，参数不用设置，如图 4-18 所示。

在“修改器列表”下拉列表框中选择“挤出”选项，可以看到星形已经受到“挤出”修改器的影响而变为一个星形平面，如图 4-19 所示。

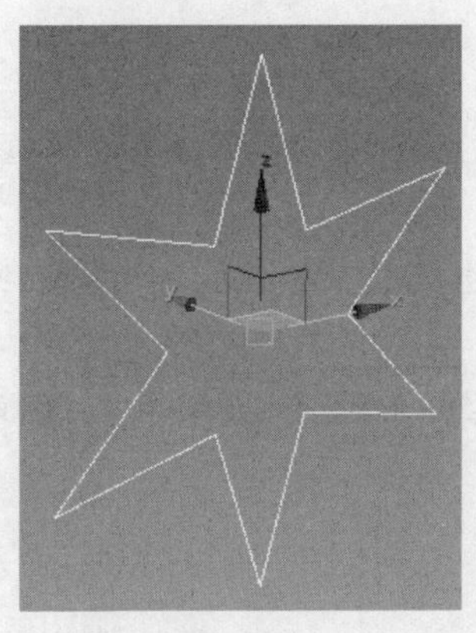
图 4-18

图 4-19

在“参数”卷展栏的“数量”数值框中设置参数，星形的高度会随之变化，如图 4-20 所示。

“挤出”选项的参数如下。

（1）数量。该选项用于设置挤出的高度。

（2）分段。该选项用于设置在挤出高度上的段数。

（3）“封口”选项组。

① 封口始端：选中该复选框，将挤出的对象顶端加面覆盖。

② 封口末端：选中该复选框，将挤出的对象底端加面覆盖。

③ 变形：选中该单选按钮，将不进行面的精简计算，以便用于变形动画的制作。

④ 栅格：选中该单选按钮，将进行面的精简计算，不能用于变形动画的制作。

（4）“输出”选项组。该选项组用于设置挤出对象的输出类型。

① 面片：选中该单选按钮，将挤出的对象输出为面片造型。

② 网格：选中该单选按钮，将挤出的对象输出为网格造型。

③ NURBS：选中该单选按钮，将挤出的对象输出为 NURBS 曲面造型。

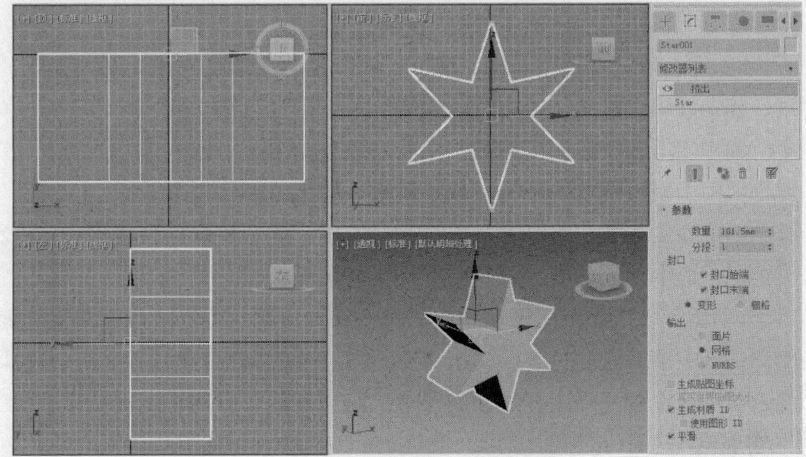
图 4-20

“挤出”修改器的用法比较简单，一般情况下，大部分修改参数保持为默认设置即可，只对“数量”参数进行设置即可满足一般建模的需要。

4.2.4 “倒角”修改器

“倒角”修改器只用于二维形体的编辑，可以对二维形体进行挤出，还可以对形体边缘进行倒角。下面介绍“倒角”修改器的参数和用法。

选择“倒角”修改器的方法与选择“车削”修改器相同，选择时应先在视口中创建二维图形，选中二维图形后再选择“倒角”修改器。

选择“倒角”修改器后，“修改”命令面板中会显示其参数，如图 4-21 所示。“倒角”修改器的参数主要分为以下两部分。

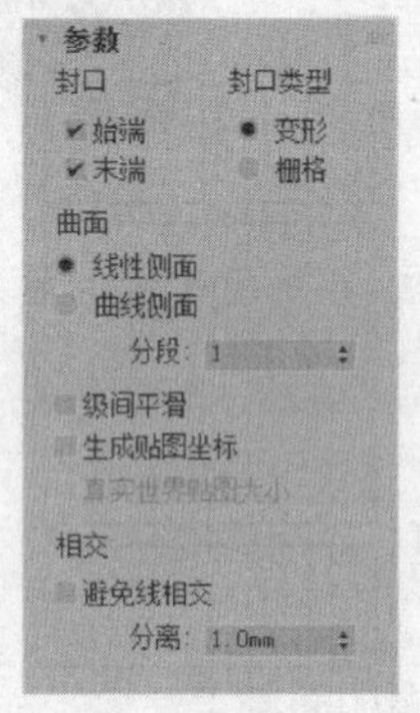

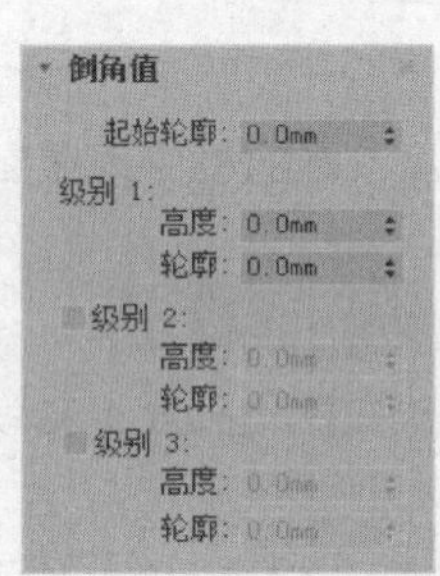

图 4-21

1.“参数”卷展栏

（1）“封口”选项组。该选项组用于对造型两端进行加盖控制。如果对两端都进行加盖处理，则该造型成为封闭实体。

① 始端：选中该复选框，将开始截面封顶加盖。

② 末端：选中该复选框，将结束截面封顶加盖。

（2）“封口类型”选项组。该选项组用于设置封口表面的构成类型。

① 变形：选中该单选按钮，将不处理表面，以便进行变形操作，制作变形动画。

② 栅格：选中该单选按钮，将进行表面网格处理。

（3）“曲面”选项组。该选项组用于控制侧面的曲率和光滑度，并指定贴图坐标。

① 线性侧面：选中该单选按钮，可将倒角内部片段划分为直线方式。

② 曲线侧面：选中该单选按钮，可将倒角内部片段划分为弧形方式。

③ 分段：该选项用于设置倒角内部的段数。其数值越大，倒角越圆滑。

④ 级间平滑：选中该复选框，将对倒角进行光滑处理，但总是保持顶盖不被光滑。

⑤ 生成贴图坐标：选中该复选框，将为造型指定贴图坐标。

（4）“相交”选项组。该选项组用于在制作倒角时，改进因尖锐的折角而产生的突出变形。

① 避免线相交：选中该复选框，可以防止尖锐折角产生的突出变形。

② 分离：该选项用于设置两个边界线之间保持的距离间隔，以防止越界交叉。

2.“倒角值”卷展栏

“倒角值”卷展栏用于设置不同倒角级别的高度和轮廓。

（1）起始轮廓。该选项用于设置原始图形的外轮廓大小。

（2）级别 1/级别 2/级别 3：这 3 个选项组分别用于设置 3 个级别的高度和轮廓大小。

4.2.5 课堂案例——中式案几模型的制作

【学习目标】学习“倒角”修改器。

【知识要点】使用线、矩形、切角长方体工具，结合使用“倒角”“挤出”修改器制作中式案几模型，场景模型效果如图 4-22 所示。

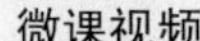
微课视频

中式案几模型的制作

【素材文件位置】素材文件/贴图。

【模型文件所在位置】素材文件/场景/第 4 章/中式案几模型.max。

【参考模型文件所在位置】素材文件/场景/第 4 章/中式案几.max。

（1）单击“+（创建）>（图形）> 样条线 > 线”按钮，在“前”视口中创建图形，调整图形的形状，如图 4-23 所示。

图 4-22

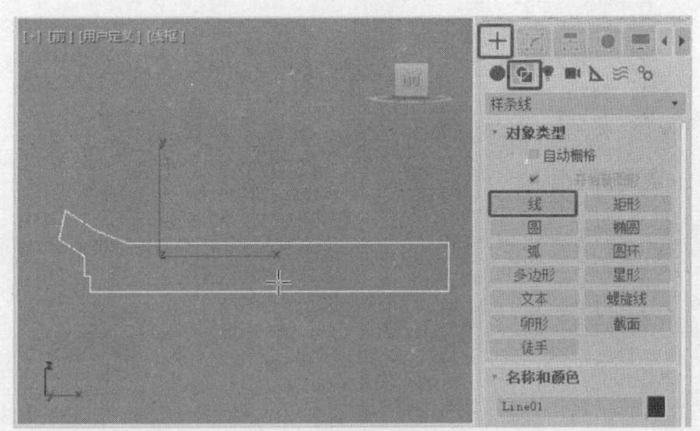

图 4-23

（2）切换到（修改）命令面板，将线的选择集定义为“顶点”，在“前”视口中使用“Bezier”工具和“移动”工具调整顶点，如图 4-24 所示。

（3）调整图形形状后，关闭选择集，为图形施加“倒角”修改器，在“倒角值”卷展栏中设置合适的倒角参数，如图 4-25 所示。

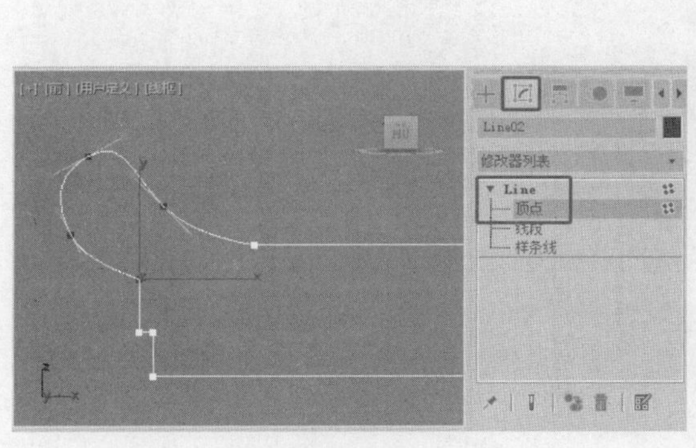

图 4-24

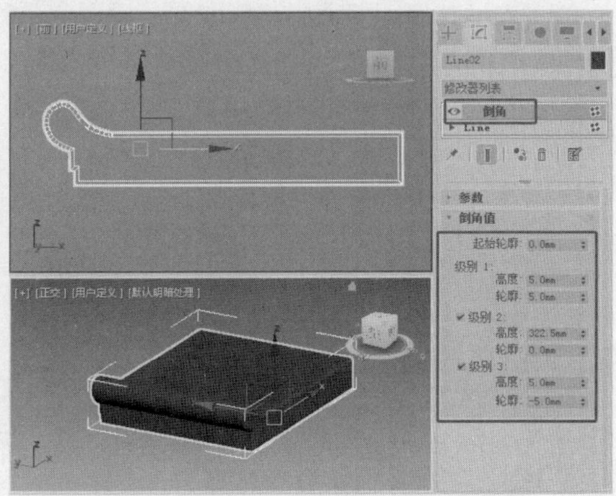

图 4-25

（4）单击“+（创建）>（图形）> 样条线 > 线”按钮，在场景中创建图 4-26 所示的图形。

（5）调整图形的顶点，调整出图形的形状，如图 4-27 所示。

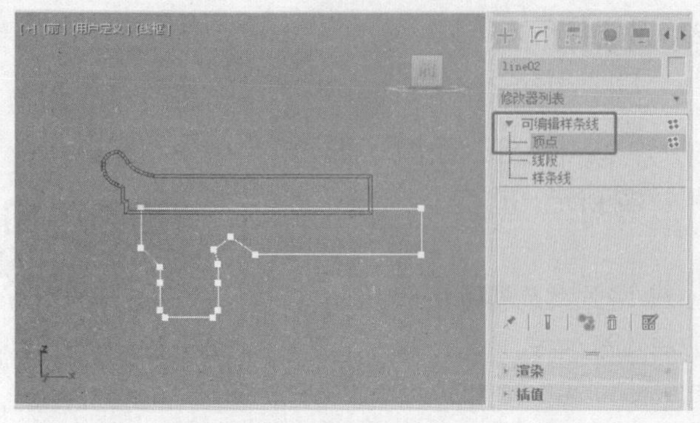

图 4-26　　图 4-27

（6）调整形状后关闭选择集，为图形施加“挤出”修改器，设置合适的挤出参数，如图 4-28 所示，复制并调整模型的位置。

（7）继续创建图 4-29 所示的形状。

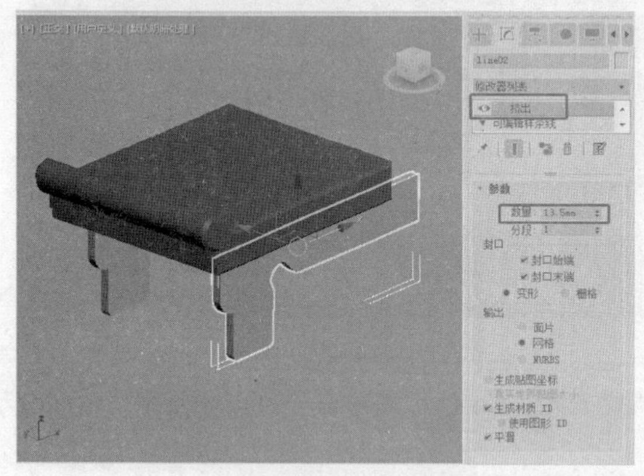

图 4-28

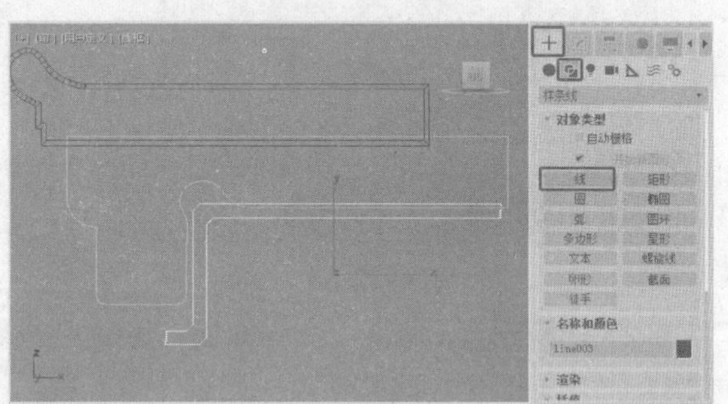

图 4-29

（8）调整图形的形状，如图 4-30 所示。

（9）为形状施加“挤出”修改器，设置合适的参数，为其调整合适的位置并对其进行复制，如图 4-31 所示。

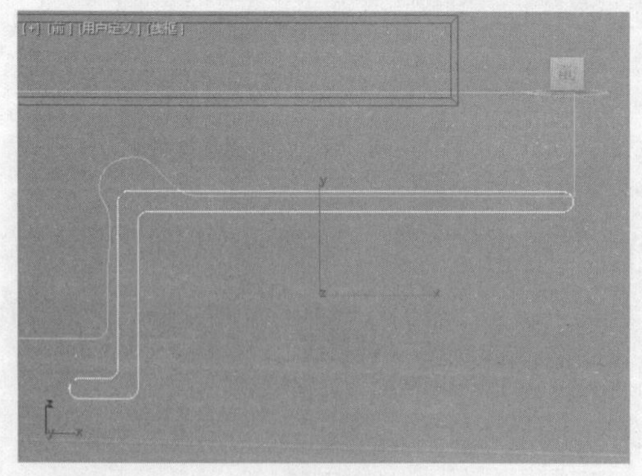

图 4-30

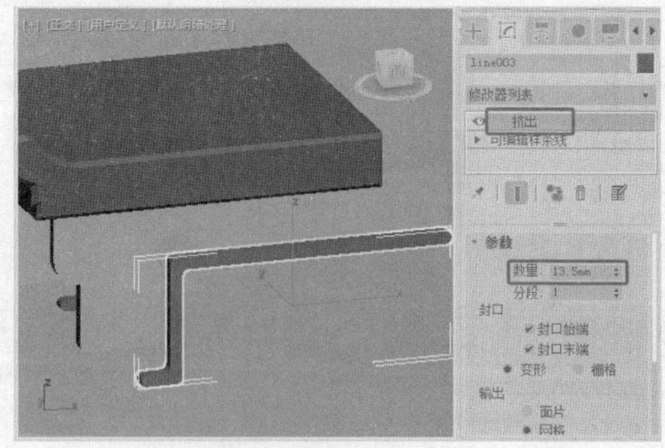

图 4-31

（10）单击“+（创建）>（图形）> 样条线 > 矩形”按钮，在“顶”视口中创建矩形，设置合适的参数，如图 4-32 所示。

（11）切换到（修改）命令面板，在“修改器列表”下拉列表框中选择“挤出”选项，设置合适的挤出参数，如图 4-33 所示，调整模型的位置，并对其进行复制，将复制的图形作为一侧的腿。

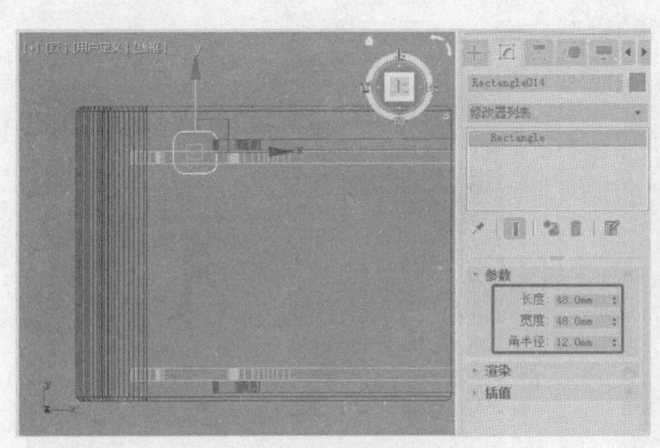

图 4-32

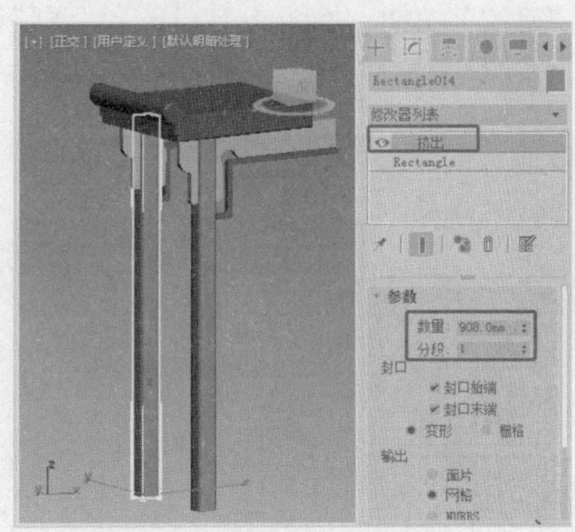

图 4-33

（12）单击“（创建）>（几何体）>扩展基本体>切角长方体”按钮，在“顶”视口中创建切角长方体，在“参数”卷展栏中设置合适的参数，如图 4-34 所示。

（13）复制切角长方体，修改切角长方体的参数，使其成为抽屉模型，如图 4-35 所示。

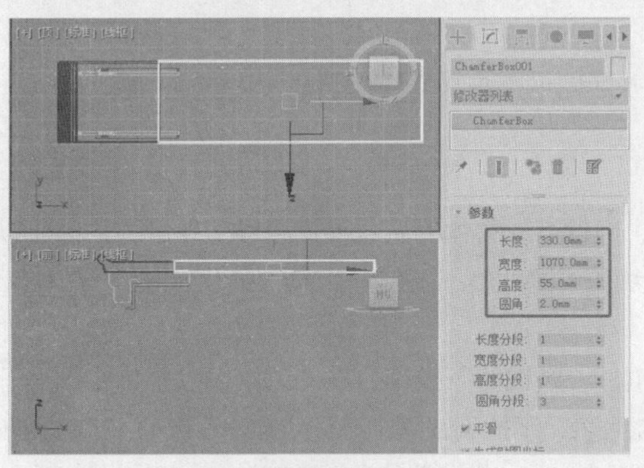

图 4-34

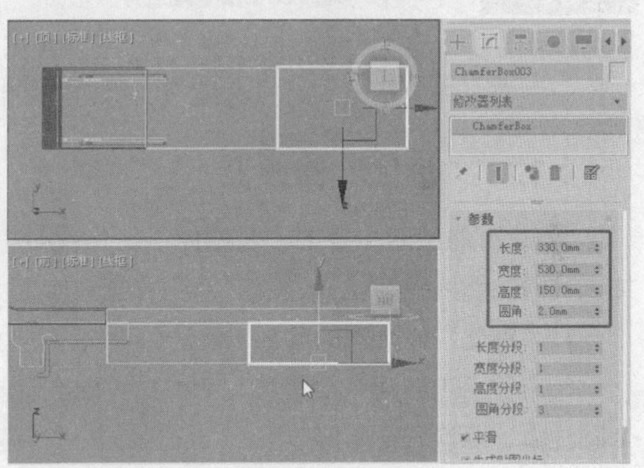

图 4-35

（14）继续复制切角长方体，修改其参数，将复制模型作为抽屉把，如图 4-36 所示。

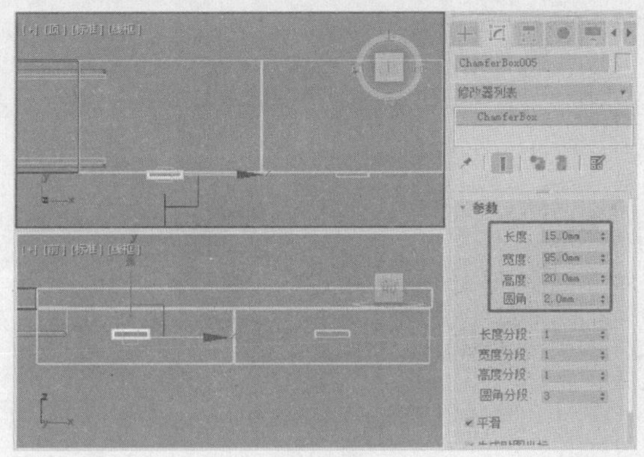

图 4-36

（15）在“前”视口中框选除中间台面和抽屉以外的所有模型，在工具栏中单击（镜像）按钮，在弹出的“镜像：屏幕坐标”对话框中设置“镜像轴”为“X”，设置“克隆当前选择”为“实例”，单击“确定”按钮，如图 4-37 所示，调整复制出的模型至合适的位置。

（16）复制模型后继续调整模型直至得到满意的模型效果，如图 4-38 所示。

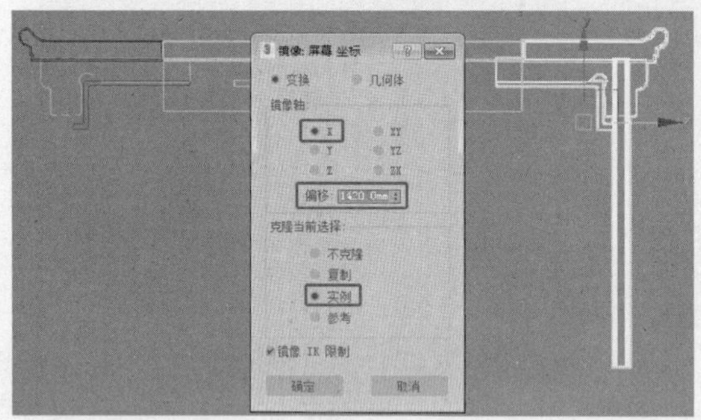

图 4-37

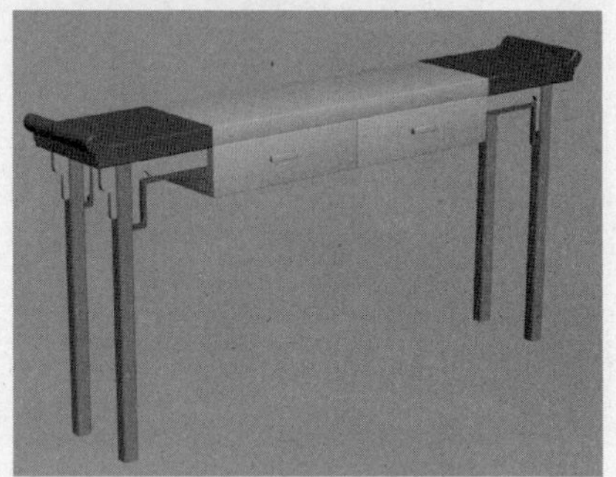

图 4-38

4.3 三维变形修改器

三维变形修改器可以对三维模型，也可以对特殊的图形进行变形操作。

4.3.1 “锥化”修改器

“锥化”修改器主要用于对物体进行锥化处理，通过缩放物体的两端而产生锥形轮廓，同时可以加入光滑的曲线轮廓。通过调节锥化的倾斜度和曲线轮廓的曲度，还能产生局部锥化效果。

1. “锥化”修改器的参数

单击“+（创建）>（几何体）> 标准基本体 > 圆柱体”按钮，在“透视图”视口中创建一个圆柱体。切换到（修改）命令面板，在“修改器列表”下拉列表框中选择“锥化”选项，“修改”命令面板中会显示“锥化”修改器的参数，圆柱体周围会出现“锥化”修改器的套框，如图 4-39 所示。

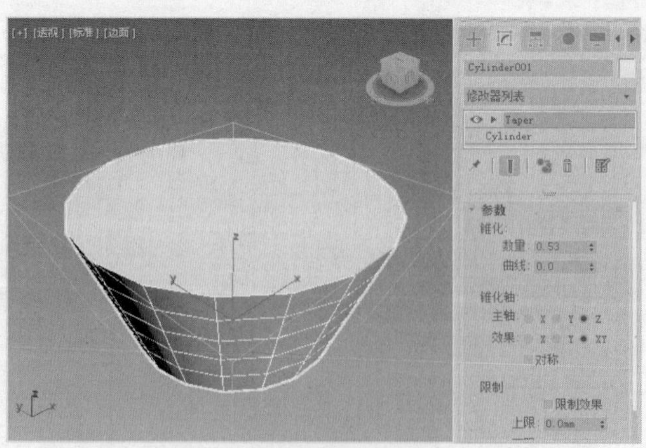

图 4-39

“锥化”修改器的参数如下。

（1）“锥化”选项组。该选项组有以下两个选项。

① 数量：该选项用于设置锥化倾斜的程度。

② 曲线：该选项用于设置锥化曲线的曲率。

（2）“锥化轴”选项组。该选项组用于设置锥化所依据的坐标轴向。

① 主轴：用于设置基本的锥化依据轴向。

② 效果：用于设置锥化所影响的轴向。

③ 对称：选中该复选框，将会产生相对于主坐标轴对称的锥化效果。

（3）“限制”选项组。该选项组用于控制锥化的影响范围。

① 限制效果：选中该复选框，启用限制影响，将允许用户限制锥化影响的上限值和下限值。

② 上限/下限：分别用于设置锥化限制的区域。

2. “锥化”修改器参数的修改

对圆柱体进行“锥化”修改器编辑，在“数量”数值框中设置数值，即可使圆柱体产生锥化效果，如表 4-1 所示。圆柱体的参数均为系统默认设置。

表 4-1

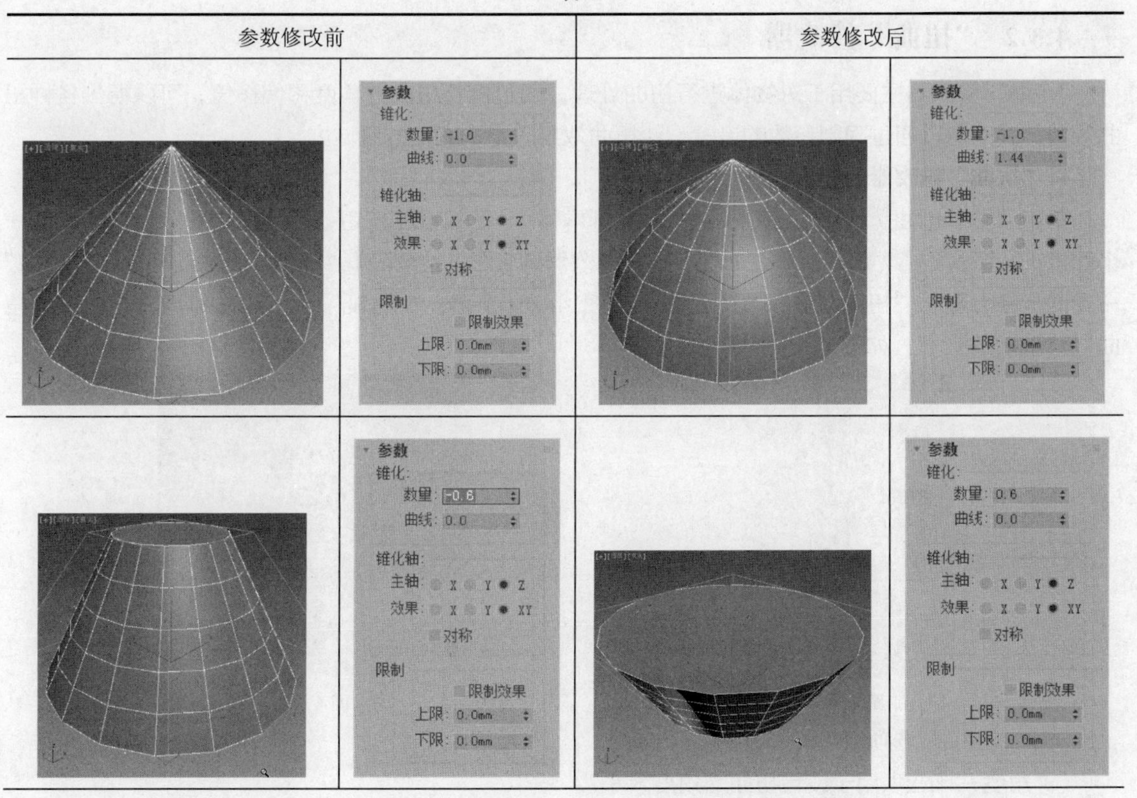

续表

<table>
<tr><th colspan="2">参数修改前</th><th colspan="2">参数修改后</th></tr>
<tr>
<td>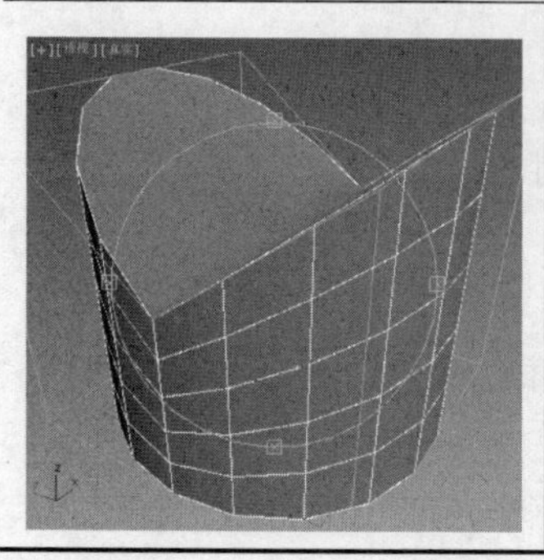</td>
<td>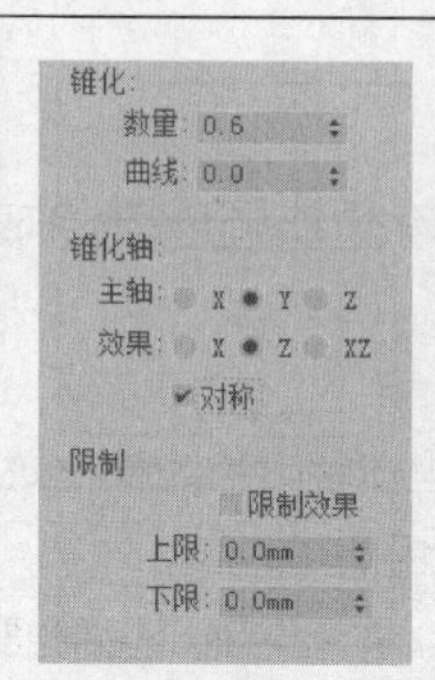</td>
<td>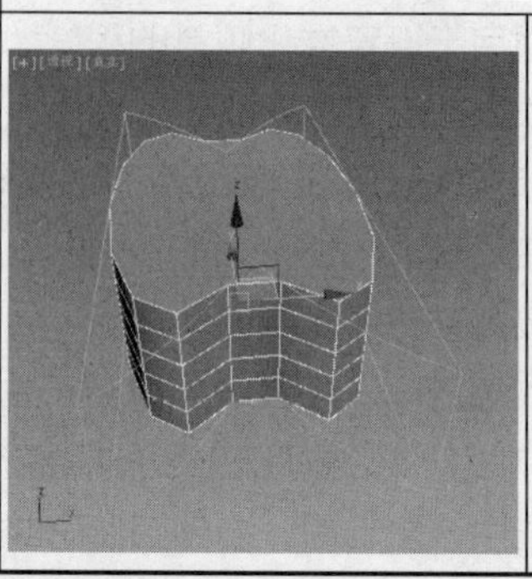</td>
<td>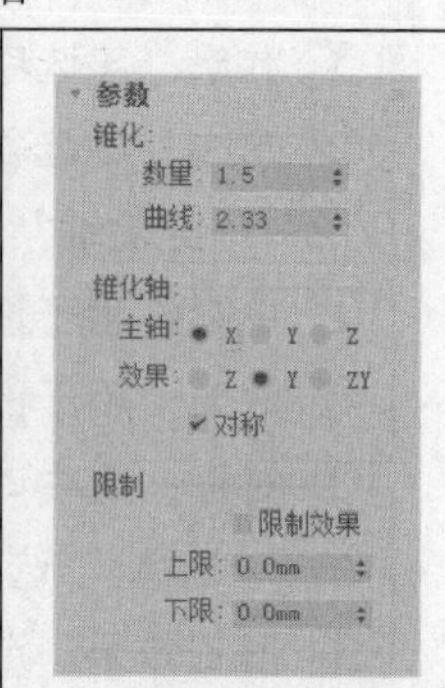</td>
</tr>
</table>

提 示

几何体的分段数对锥化的效果有很大影响，段数越多，锥化后物体表面就越圆滑。可以以圆柱体为例，通过改变段数，来观察锥化效果的变化。

4.3.2 “扭曲”修改器

“扭曲”修改器主要用于对物体进行扭曲处理。通过调整扭曲的角度和偏移值，可以得到各种扭曲效果，同时可以通过限制参数的设置，使扭曲效果限定在固定的区域内。

1. “扭曲”修改器的参数

单击“+（创建）>●（几何体）> 标准基本体 > 四棱锥”按钮，在“透视图”视口中创建一个四棱锥。切换到（修改）命令面板，在“修改器列表”下拉列表框中选择“扭曲”选项，“修改”命令面板中会显示“扭曲”修改器的参数，如图 4-40 所示。“透视”视中长方体周围会出现“扭曲”修改器的套框，如图 4-41 所示。

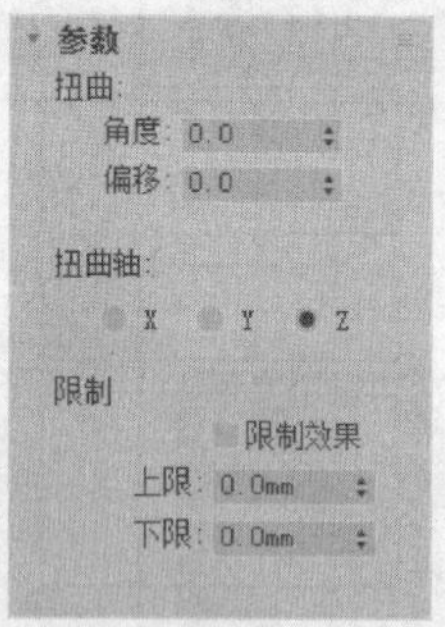

图 4-40

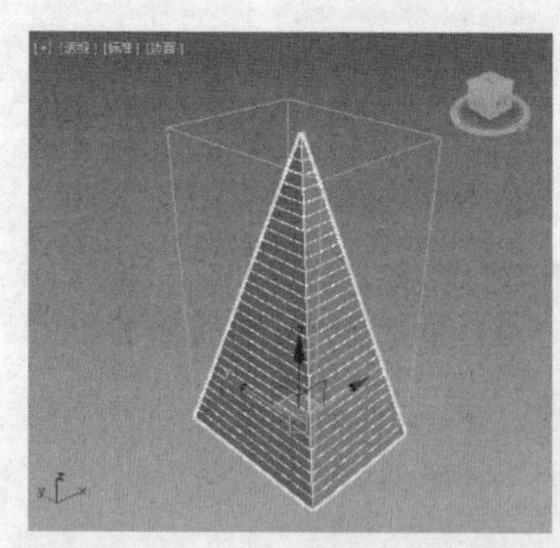

图 4-41

（1）“扭曲”选项组。

① 角度：该选项用于设置扭曲的角度大小。

② 偏移：该选项用于设置扭曲向上或向下的偏向度。

（2）“扭曲轴”选项组。该选项组用于设置扭曲依据的坐标轴向。

（3）“限制”选项组。

① 限制效果：选中该复选框，将启用限制影响。

② 上限/下限：用于设置扭曲限制的区域。

2. “扭曲”修改器参数的修改

由于长方体的参数在默认设置下各方向上的段数都为“1”，所以此时设置扭曲的参数是看不出扭曲效果的，应该先设置长方体的段数，将各方向上的段数都改为“6”，再调整“扭曲”修改器的参数，才可以看到长方体的扭曲效果，如表 4-2 所示。

表 4-2

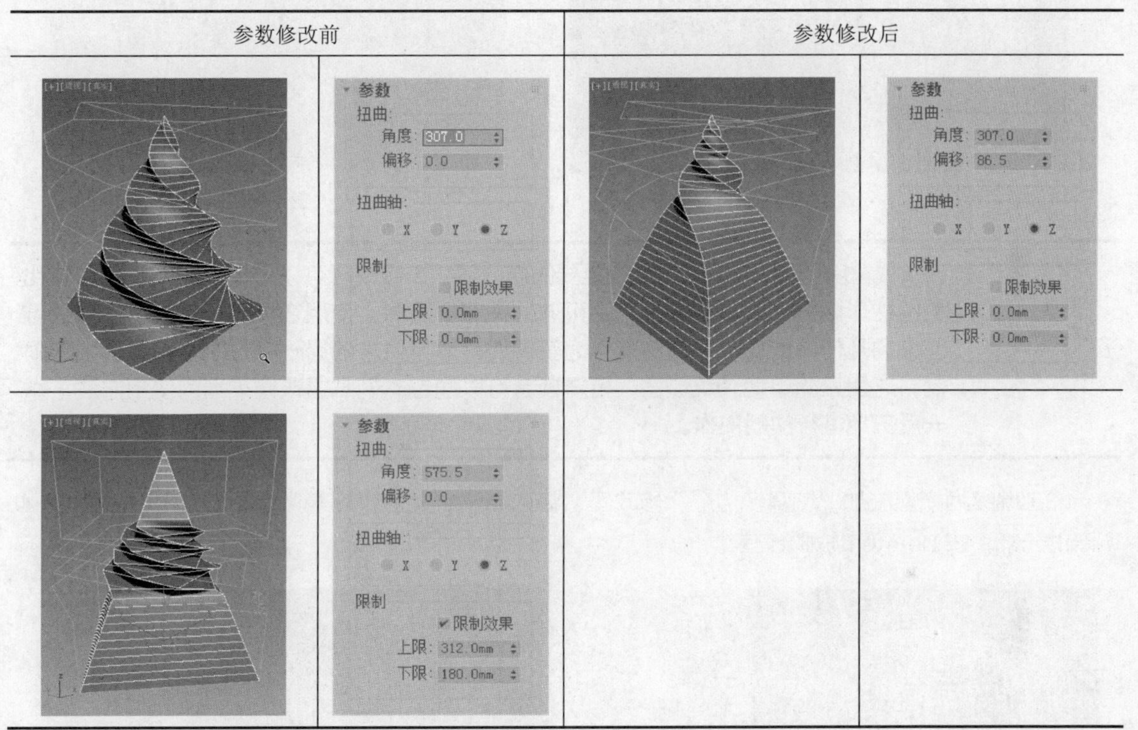

使用“扭曲”修改器时，应对物体设定合适的段数。灵活运用限制参数也能很好地实现扭曲效果。

4.3.3 课堂案例——铁艺床头柜模型的制作

【学习目标】学习使用“晶格”“锥化”修改器。

【知识要点】使用“圆柱体”“圆”工具，结合使用“晶格”“锥化”“挤出”修改器完成铁艺床头柜模型的制作，完成的模型效果如图 4-42 所示。

微课视频

铁艺床头柜模型的制作

【素材文件位置】素材文件/贴图。

【模型文件所在位置】素材文件/场景/第 4 章/铁艺床头柜模型.max。

【参考模型文件所在位置】素材文件/场景/第 4 章/铁艺床头柜.max。

（1）单击“+（创建）>●（几何体）> 标准基本体 > 圆柱体”按钮，在“顶”视口中创建圆柱体，设置合适的参数，如图 4-43 所示。

（2）切换到 （修改）命令面板，为圆柱体施加“晶格”修改器，设置合适的晶格参数，如图 4-44 所示。

图 4-42

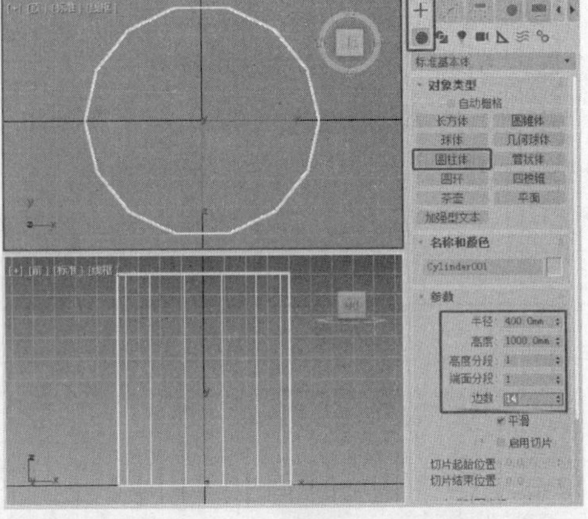

图 4-43

提 示

“晶格”修改器是一个比较重要的修改器，该修改器可以将模型的线段或边转化为圆柱形结构，并在顶点上产生可选的关节多面体。使用它可基于网格拓扑创建可渲染的几何体结构，也可将其作为获得线框渲染效果的另一种方法。由于篇幅的限制，这里只简单地介绍这些，希望读者可以通过本例掌握该修改器的使用方法，举一反三地进行实战操作。

（3）继续为模型施加“编辑多边形”修改器，将选择集定义为“元素”，在场景中选择图 4-45 所示的元素，按 Delete 键删除元素。

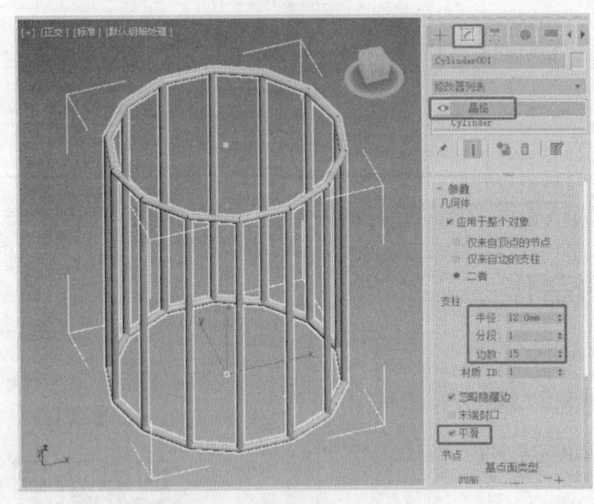

图 4-44

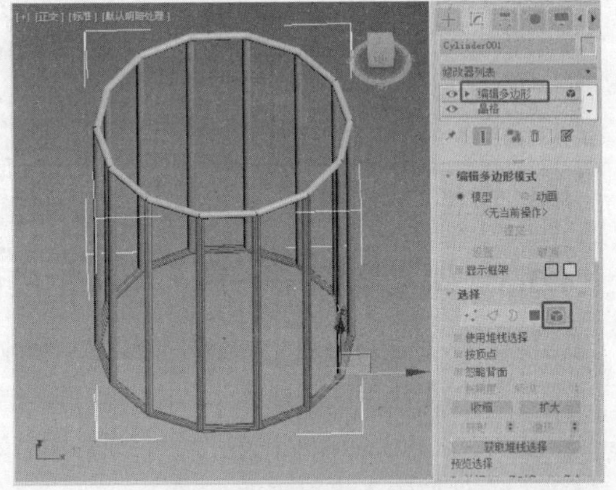

图 4-45

（4）单击“+（创建）>（图形）> 样条线 > 圆”按钮，在“顶”视口中创建圆，设置圆的合适大小，并设置合适的渲染参数，如图 4-46 所示。

（5）复制圆到图 4-47 所示的位置，并选择晶格模型，定义选择集为“元素”，选择顶部的一圈元素，按 Delete 键删除元素。

（6）关闭选择集，单击“附加”按钮，将两个顶底可渲染的圆附加到晶格模型上，如图 4-48 所示。

（7）为模型施加“锥化”修改器，设置合适的锥化参数，如图 4-49 所示。

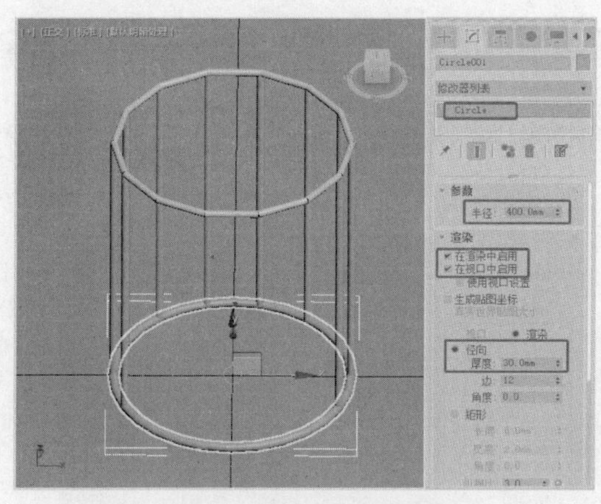

图 4-46

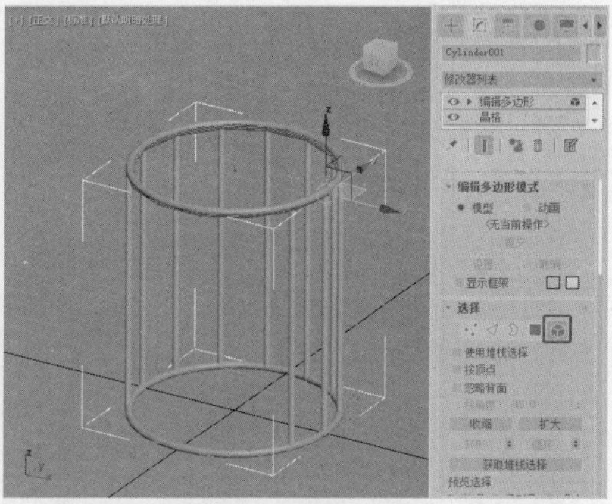

图 4-47

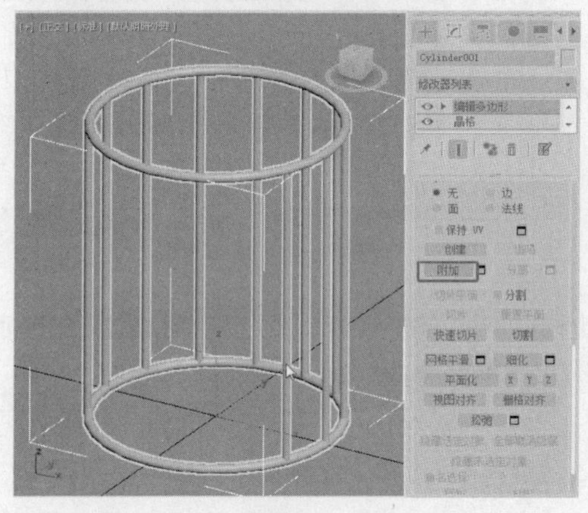

图 4-48

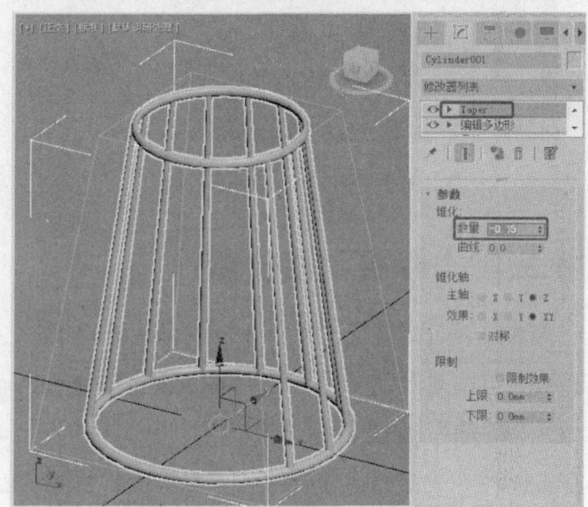

图 4-49

（8）继续创建可渲染的圆，设置合适的参数，如图 4-50 所示。

（9）调整圆的位置后，按 Ctrl+V 组合键，在弹出的“克隆选项”对话框中选中“复制”单选按钮，单击“确定”按钮，如图 4-51 所示。

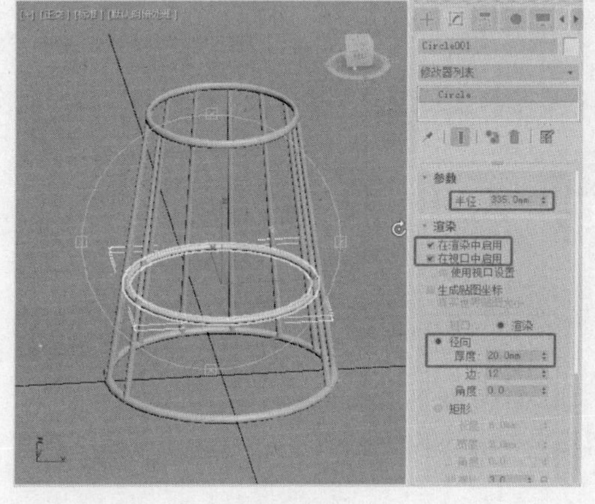

图 4-50

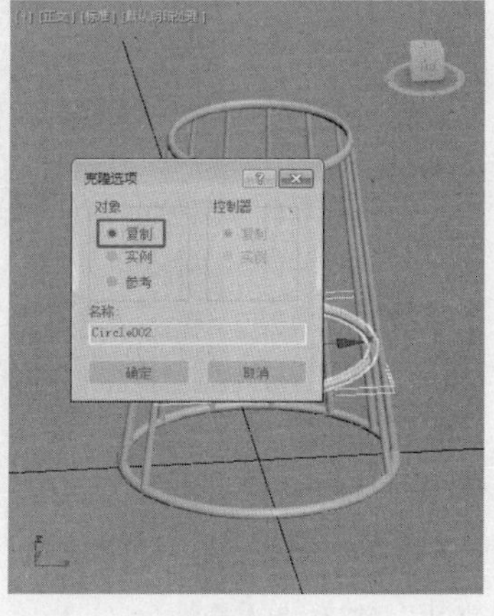

图 4-51

（10）复制圆后，为圆施加“挤出”修改器，设置合适的参数，调整模型至合适的位置，使其作为床头柜的底部层板，如图 4-52 所示。

（11）将底部层板复制到模型的上方，使复制的图形作为床头柜面，如图 4-53 所示，这样就完成了铁艺床头柜的制作。

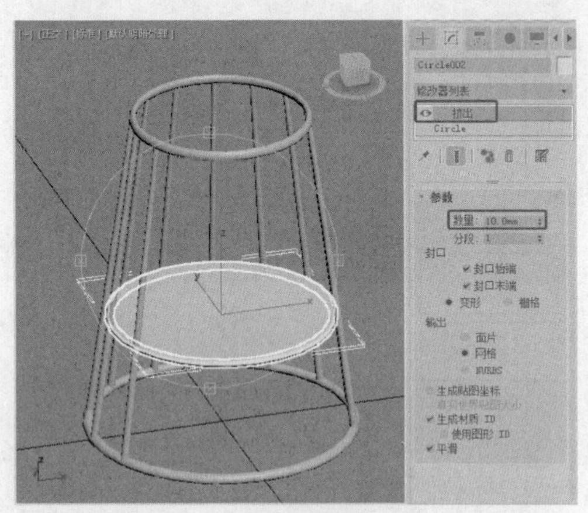

图 4-52

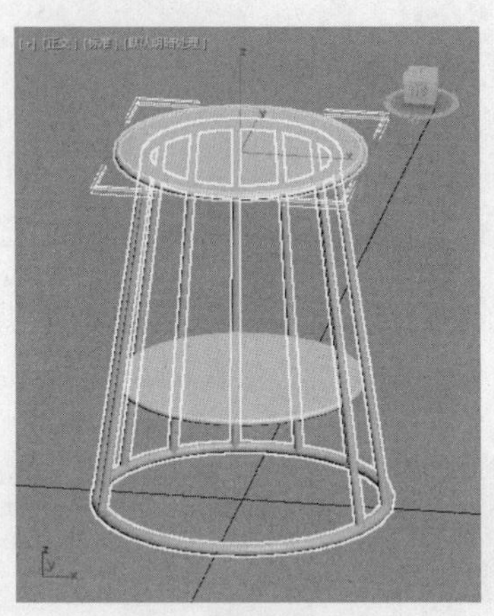

图 4-53

4.3.4 “弯曲”修改器

“弯曲”修改器是一个比较简单的修改器，可以使物体产生弯曲效果。通过“弯曲”修改器可以调节弯曲的角度和方向及弯曲所依据的坐标轴向，还可以将弯曲修改限制在一定区域内。

1. “弯曲”修改器的参数

单击“+（创建）>●（几何体）> 标准基本体 > 圆柱体”按钮，在视口中创建一个圆柱体，切换到（修改）命令面板，在“修改器列表”下拉列表框中选择“Bend”（弯曲）选项，“修改”命令面板中会显示“弯曲”修改器的参数，圆柱体周围会出现“弯曲”修改器的套框，如图 4-54 所示。

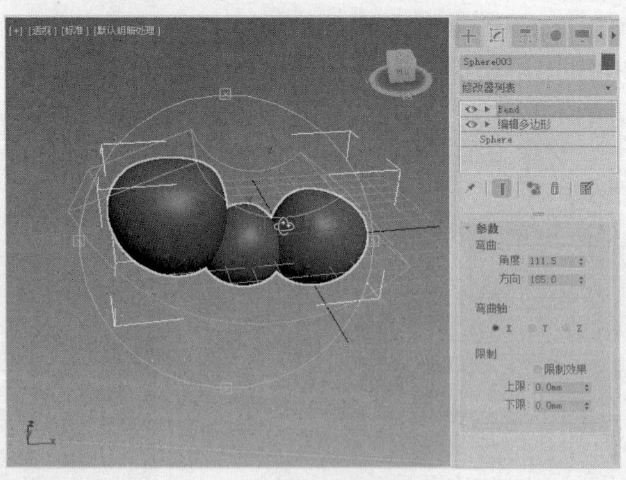

图 4-54

“弯曲”修改器的参数如下。

（1）“弯曲”选项组。该选项组用于设置弯曲的角度和方向。

① 角度：该选项用于设置沿垂直面弯曲的角度大小。

② 方向：该选项用于设置弯曲相对于水平面的方向。

（2）“弯曲轴”选项组。该选项组用于设置弯曲所依据的坐标轴向。

X、Y、Z：用于指定将被弯曲的轴。

（3）“限制”选项组。该选项组用于控制弯曲的影响范围。

① 限制效果：选中该复选框，将对对象指定限制影响的范围，其影响区域由上限、下限的值确定。

② 上限：该选项用于设置弯曲的上限，在此限度以上的区域将不会受到弯曲的影响。

③ 下限：该选项用于设置弯曲的下限，在此限度与上限之间的区域都将受到弯曲的影响。

2. “弯曲”修改器参数的修改

在“参数”卷展栏中对“角度”值进行调整，圆柱体会随之发生弯曲，如图 4-55 所示。

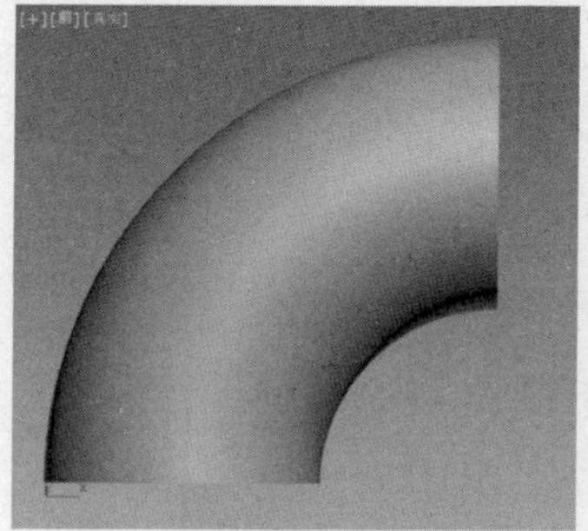

（a）角度值为 90°

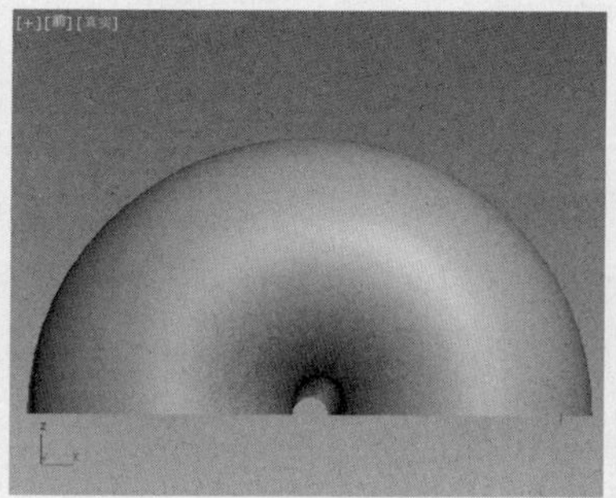

（b）角度值为 180°

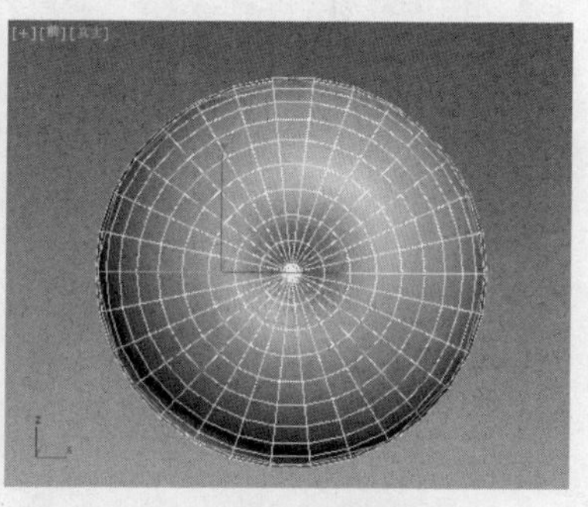

（c）角度值为 360°

图 4-55

将弯曲角度设置为 90°，依次选中“弯曲轴”选项组中的 3 个轴向单选按钮，圆柱体的弯曲方向会随之发生变化，如图 4-56 所示。

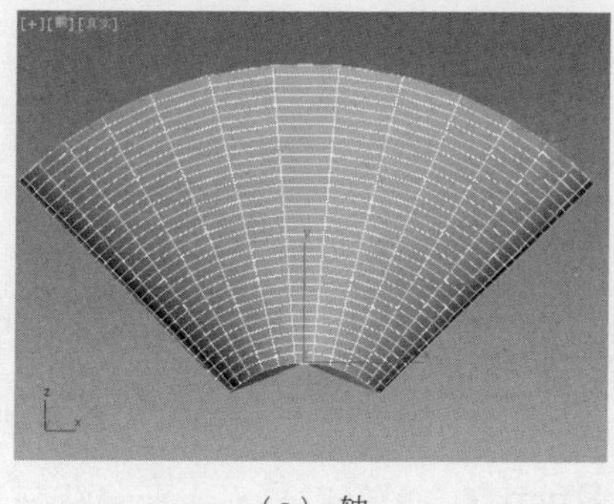

（a）*x* 轴

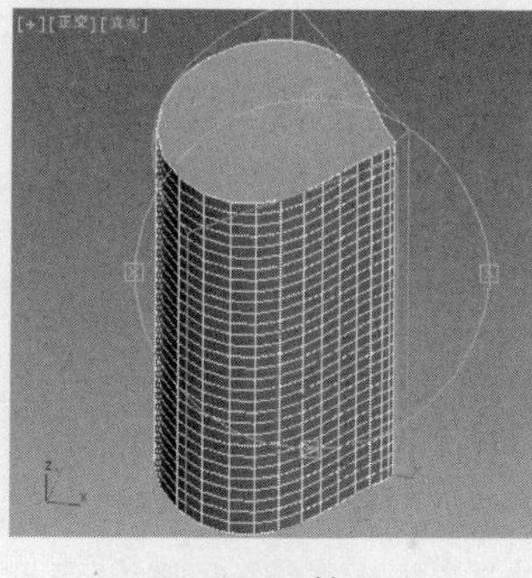

（b）*y* 轴

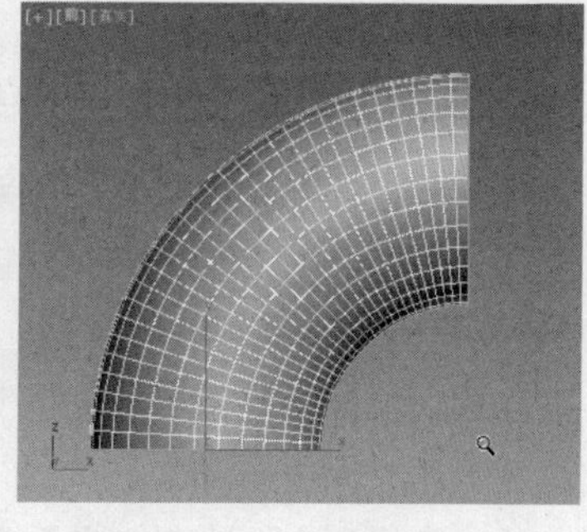

（c）*z* 轴

图 4-56

几何体的分段数与弯曲效果也有很大关系。几何体的分段数越多，弯曲表面就越光滑。对于同一几何体，“弯曲”修改器的参数不变，如果改变几何体的分段数，则其形体会发生很大变化。

在修改命令堆栈中单击“弯曲”修改器前面的 ⊞ 按钮，会弹出“弯曲”修改器的两个选项，如

图 4-57 所示。将选择集定义为“Gizmo”，视口中将出现黄色的套框，如图 4-58 所示。

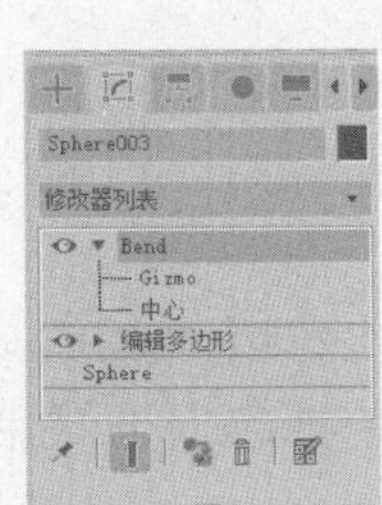
图 4-57

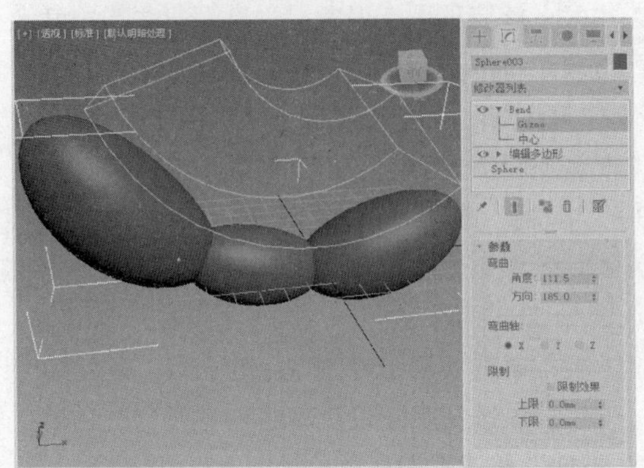
图 4-58

使用 （选择并移动）工具在视口中移动套框，圆柱体的弯曲形态会随之发生变化，如图 4-59 所示。

将选择集定义为“中心”，视口中弯曲中心点的颜色会变为黄色，如图 4-60 所示，使用 （选择并移动）工具改变弯曲中心的位置，圆柱体的弯曲形态会随之发生变化。

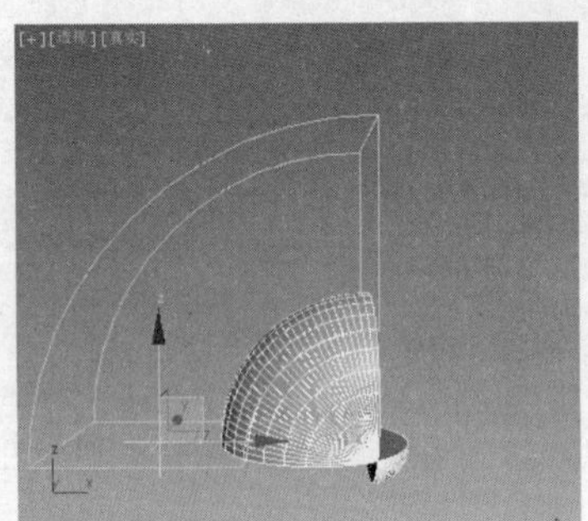
图 4-59

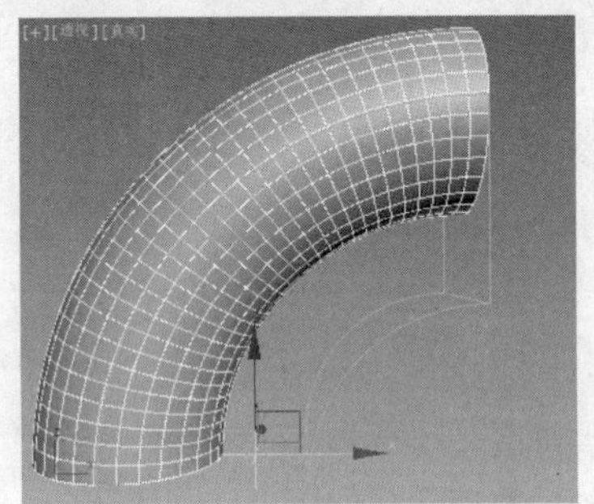
图 4-60

4.3.5 课堂案例——创意沙发凳模型的制作

【学习目标】学习使用“弯曲”修改器。

【知识要点】使用“球体”工具，结合使用“弯曲”“锥化”修改器来制作创意沙发凳模型，如图 4-61 所示。

微课视频

创意沙发凳模型的制作

【素材文件位置】素材文件/贴图。

【模型文件所在位置】素材文件/场景/第 4 章/创意沙发凳模型.max。

【参考模型文件所在位置】素材文件/场景/第 4 章/创意沙发凳.max。

（1）单击“ （创建）> （几何体）> 球体”按钮，在“顶”视口中创建球体，设置合适的参数，如图 4-62 所示。

（2）单击以选中球体，在“透视”视口中，使用 （选择并均匀缩放）工具，在场景中沿着 z 轴缩放模型至“Z”数值为 385，如图 4-63 所示。

（3）继续在“顶”视口中缩放模型，如图 4-64 所示。

图 4-61

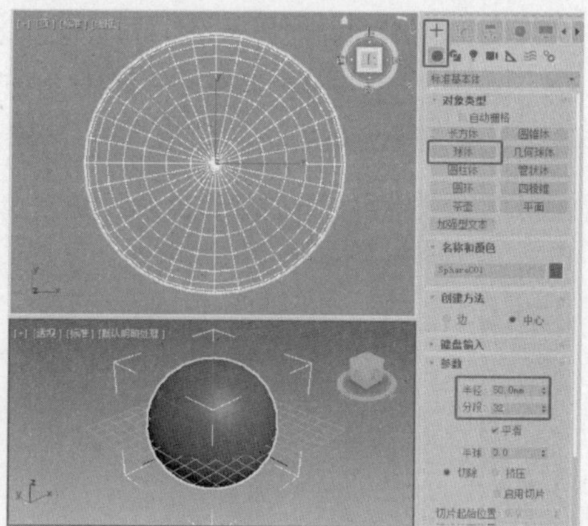
图 4-62

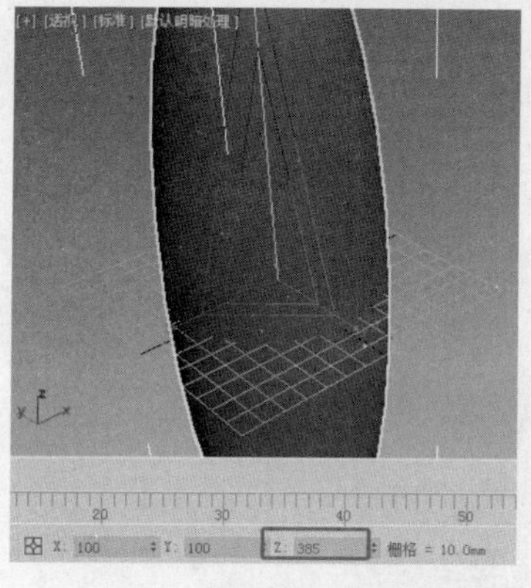
图 4-63

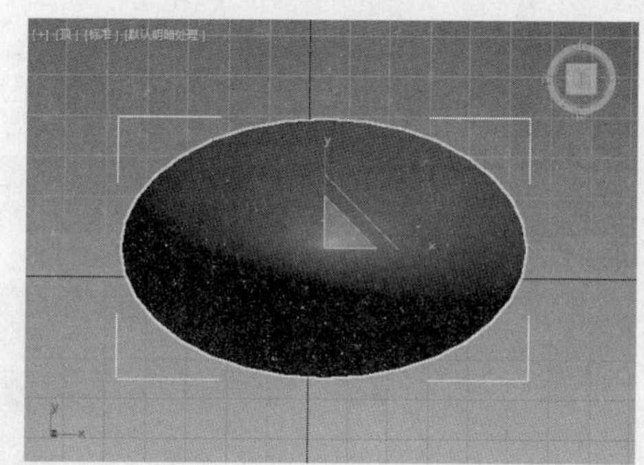
图 4-64

（4）在场景中选择模型，使用（选择并移动）工具，在“前”视口中沿着 x 轴移动复制模型，在合适的位置释放鼠标左键，在弹出的“克隆选项”对话框中设置“副本数”，如图 4-65 所示。

（5）复制出模型后，选择所有的模型，为其施加“锥化”修改器，设置合适的锥化参数，如图 4-66 所示。

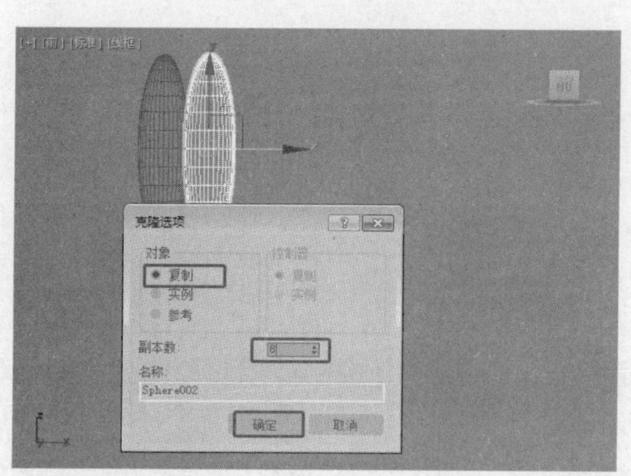

图 4-65

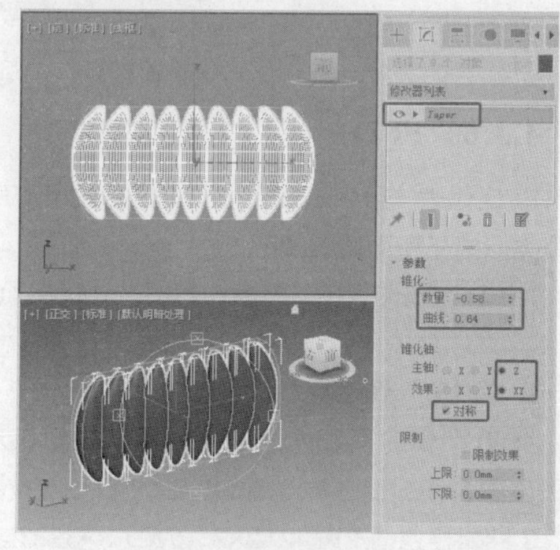

图 4-66

（6）继续为模型施加“弯曲”修改器，设置合适的弯曲参数，如图 4-67 所示。

（7）单击“+（创建）>●（几何体）>扩展基本体>切角圆柱体”按钮，在“顶”视口中创建切角圆柱体，设置合适的参数，如图 4-68 所示。

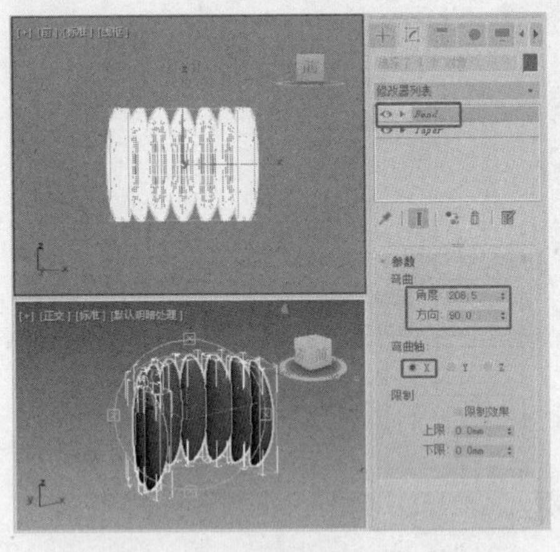

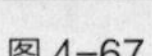

图 4-67

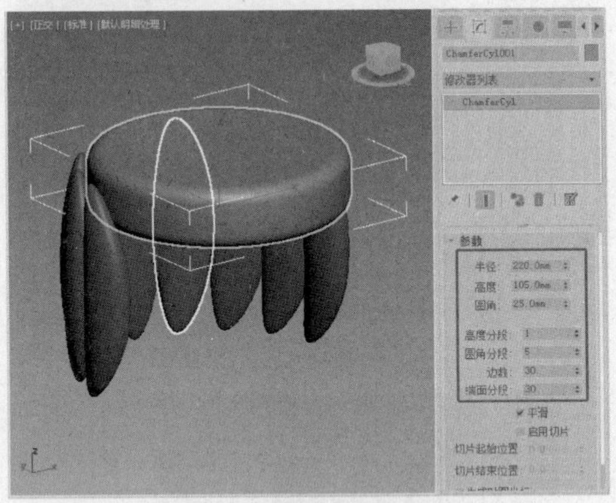

图 4-68

（8）创建圆柱体，设置合适的圆柱体参数，将其作为支架，如图 4-69 所示。这样，创意沙发凳模型就制作完成了。

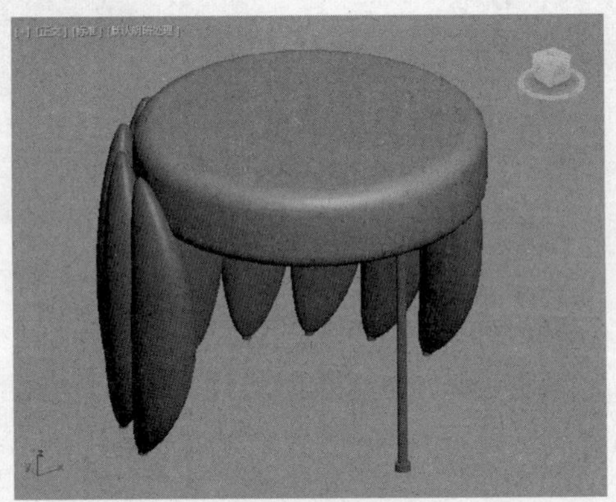

图 4-69

4.3.6 FFD

FFD 代表“自由形式变形”，它的效果可用于类似舞蹈、汽车或坦克的计算机动画中，也可用于构建类似椅子和雕塑的图形。

“FFD”修改器使用晶格框包围选中的几何体，通过调整晶格的控制点，可以改变封闭几何体的形状。

1. “FFD”修改器

“FFD”修改器提供了 3 种晶格解决方案和两种形体解决方案。控制点相对原始晶格源体积的偏移位置会引起受影响对象的扭曲，如图 4-70 所示。

3 种晶格包括 FFD 2×2×2、FFD 3×3×3 与 FFD 4×4×4，提供具有相应数量控制点的晶格对几何体进行变形。

两种形体包括 FFD（长方体）和 FFD（圆柱体）。使用 FFD（长方体/圆柱体）修改器，可在晶格上设置任意数目的点，使它们比基本修改器的功能更强大。

2. FFD（圆柱体）

FFD （圆柱体）是比较常用的修改器，可以通过自由设置控制点对几何体进行变形。

在视口中创建一个几何体，切换到（修改）命令面板。在“修改器列表”下拉列表框中选择“FFD 4×4×4”选项，可看到几何体上出现了“FFD”控制点，如图 4-71 所示。在修改器堆栈中单击▶按钮，弹出其子层级选项，如图 4-72 所示。

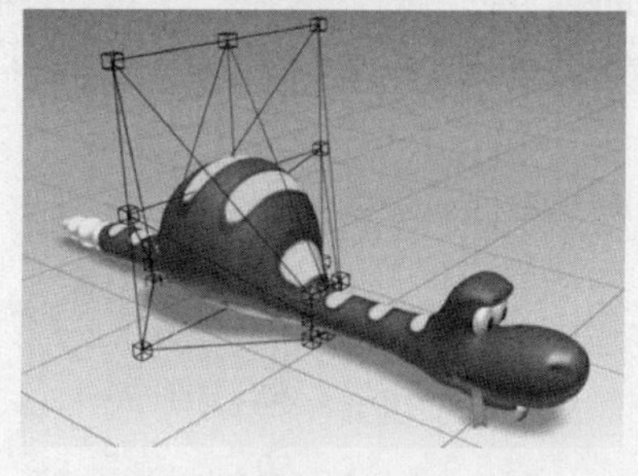

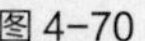

图 4-70

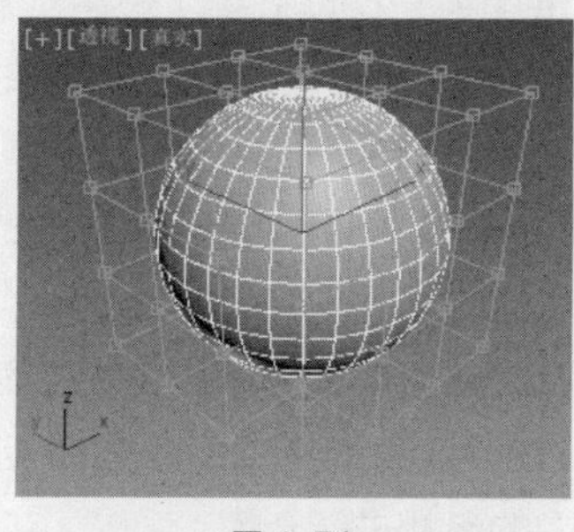

图 4-71

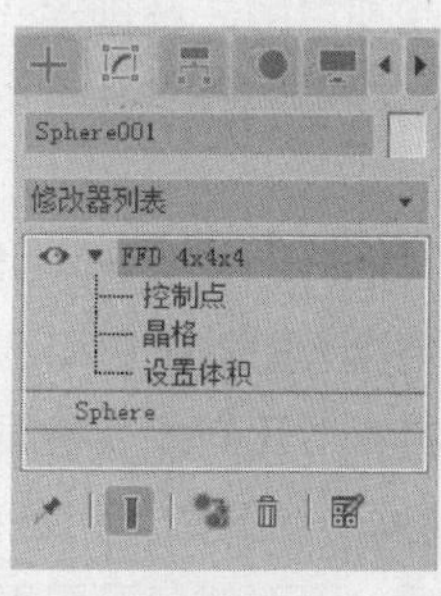

图 4-72

（1）控制点。选择该选项，可以选择并操纵晶格的控制点，也可以一次处理一个或以组为单位处理多个几何体。操纵控制点将影响基本对象的形状。

（2）晶格。选择该选项，可在几何体中单独摆放、旋转或缩放晶格框。首次应用 FFD 时，默认晶格是一个包围几何体的边界框。移动或缩放晶格时，仅位于体积内的顶点子集合可应用局部变形。

（3）设置体积。选择该选项，晶格控制点将变为绿色，可以选择并操纵控制点而不影响修改对象。这使得晶格能更精确地符合不规则形状对象，且在变形时将提供更好的控制。

在对几何体进行 FFD 编辑时，必须考虑到几何体的分段数，如果几何体的分段数很低，则自由形式变形的效果也不会明显，如图 4-73 所示。当增加几何体的分段数后，几何体变得更圆滑，如图 4-74 所示。

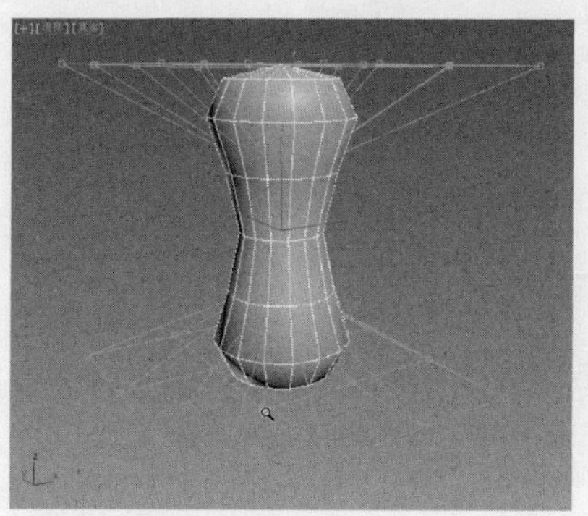

图 4-73

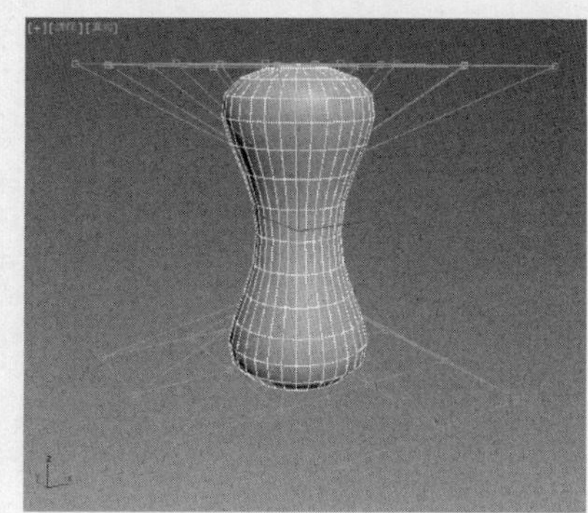

图 4-74

4.4 “编辑样条线”修改器

“编辑样条线”修改器为选定图形的不同层级提供了显示的编辑工具：顶点、分段或样条线。“编辑样条线”修改器可匹配基础“可编辑样条线”对象的所有功能。

“编辑样条线”修改器：专门用于编辑二维图形的修改器，在建模中的使用率非常高。“编辑样条线”修改器与线的修改参数相同，但其可以用于所有二维图形的编辑修改。

在视口中任意创建一个二维图形，切换到（修改）命令面板，在“修改器列表”下拉列表框中选择“编辑样条线”选项，“修改”命令面板中会显示其参数，如图 4-75 所示。

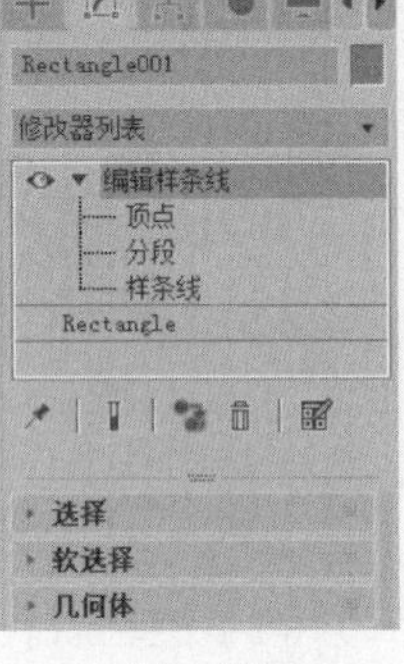

图 4-75

“几何体”卷展栏中提供了关于样条曲线的大量几何参数，其参数面板很繁杂，包含大量的按钮和选项。

打开“几何体”卷展栏，依次激活“编辑样条线”选项的子层级选项，观察“几何体”卷展栏下的各参数。激活子层级选项，参数面板中相对应的选项也会被激活。下面对各子层级选项中的参数进行介绍。

（1）顶点。“顶点”层级选项的参数使用率比较高，是主要的参数。在修改器堆栈中选择“顶点”选项，相应的参数被激活，如图 4-76 所示。

① 自动焊接：选中该复选框，阈值距离范围内线的两个端点自动焊接。该复选框对所有次对象级都可用。

② 阈值距离：用于设置自动焊接节点之间的距离。

③ 焊接：可以将两个或多个节点合并为一个节点。

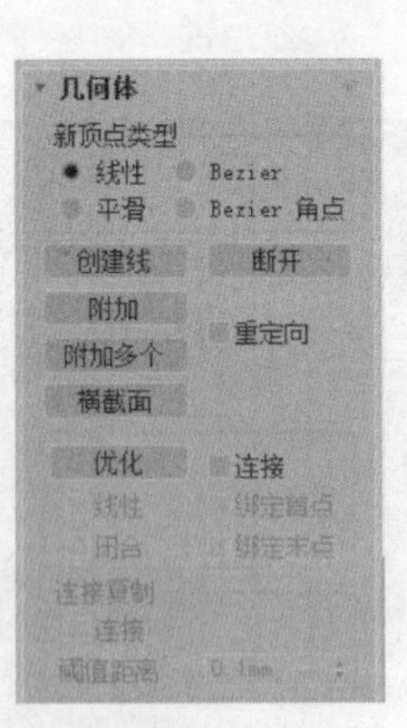

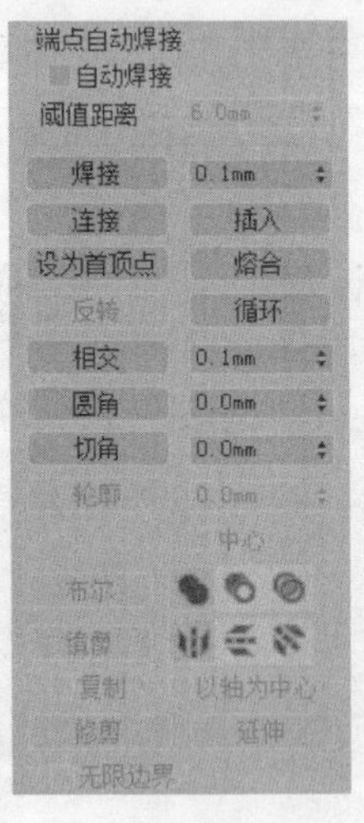

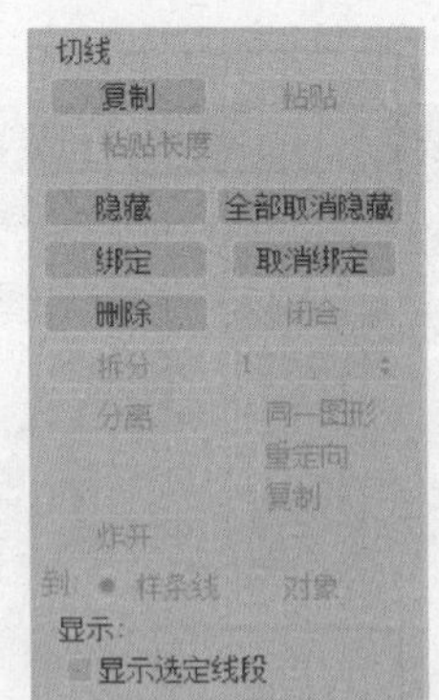

图 4-76

单击“（创建）>（图形）>圆”按钮，在“前”视口中创建圆，切换到（修改）命令面板，在“修改器列表”下拉列表框中选择“编辑样条线”选项；在修改器堆栈中选择“顶点”选项，在视口中用光标框选两个节点，如图 4-77 所示。在参数面板中设置“焊接”数值，单击“焊接”按钮，选择的点即被焊接，如图 4-78 所示。“焊接”的数值表示节点间的焊接范围，在其范围内的节点才能被焊接。

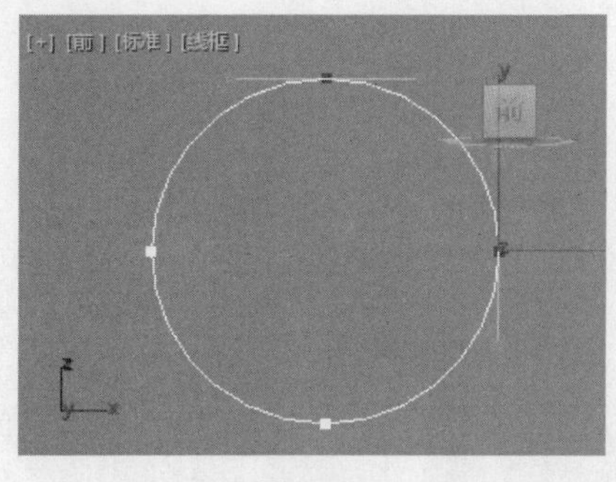
图 4-77

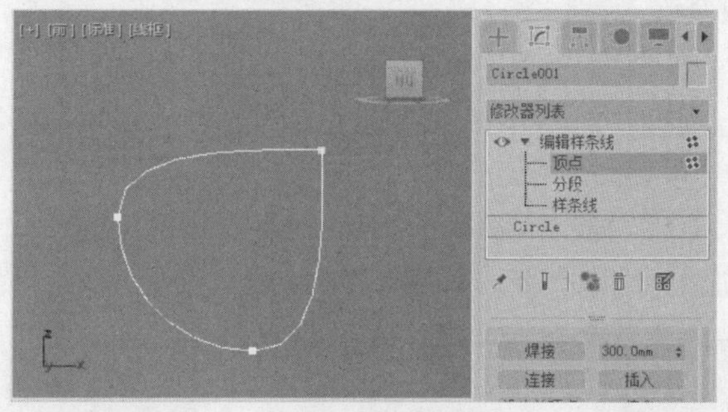

图 4-78

只能在一条线上的节点间进行焊接操作，且只能在相邻的节点间进行焊接，不能越过节点进行焊接。

④ 连接：用于连接两个断开的点。单击“连接”按钮，将光标移动到线的一个端点上，光标变为 ⌖ 形状，按住鼠标左键不放并拖曳光标到另一个端点上，如图 4-79 所示，释放鼠标左键，两个端点会连接在一起，如图 4-80 所示。

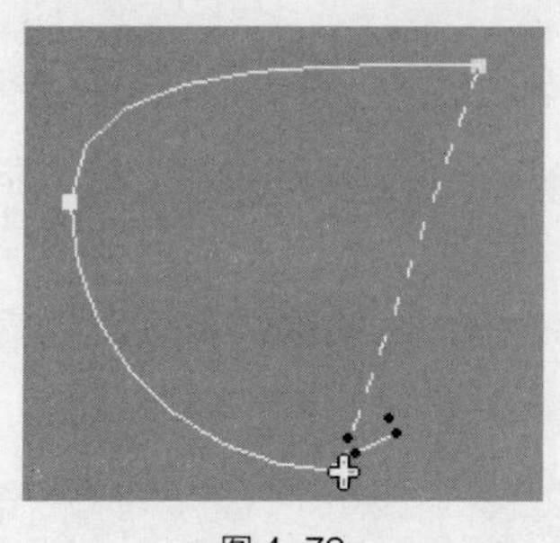
图 4-79

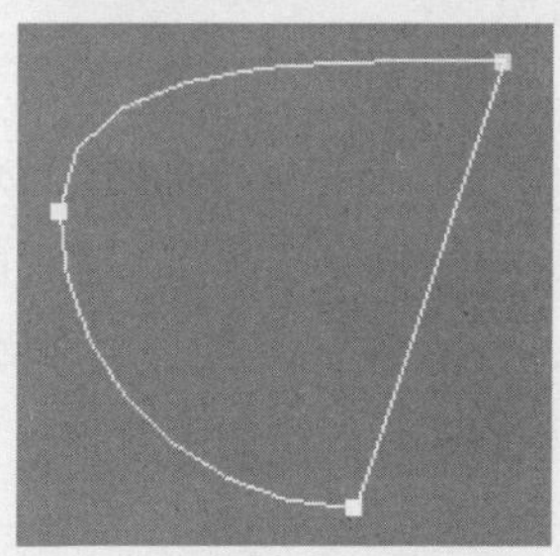
图 4-80

⑤ 插入：用于在二维图形上插入节点。单击“插入”按钮后，将光标移动到要插入节点的位置，光标变为 ⌖ 形状，如图 4-81 所示。单击，节点即被插入，插入的节点会跟随鼠标指针移动，如图 4-82 所示。不断单击可以插入更多节点，单击鼠标右键可结束操作，如图 4-83 所示。

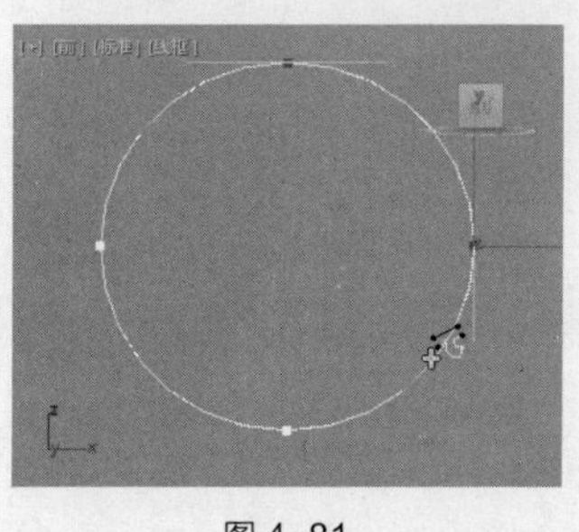
图 4-81

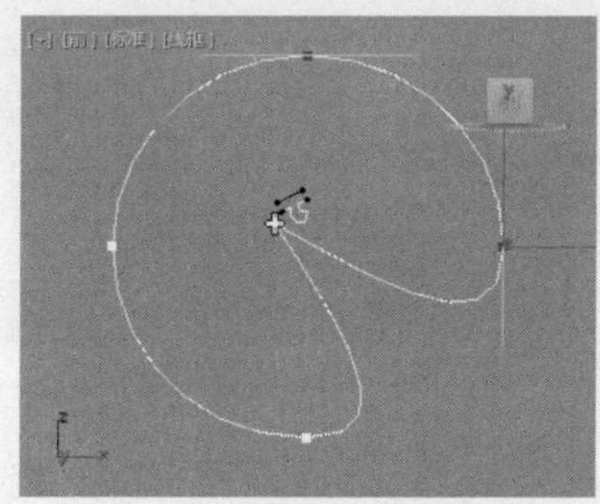
图 4-82

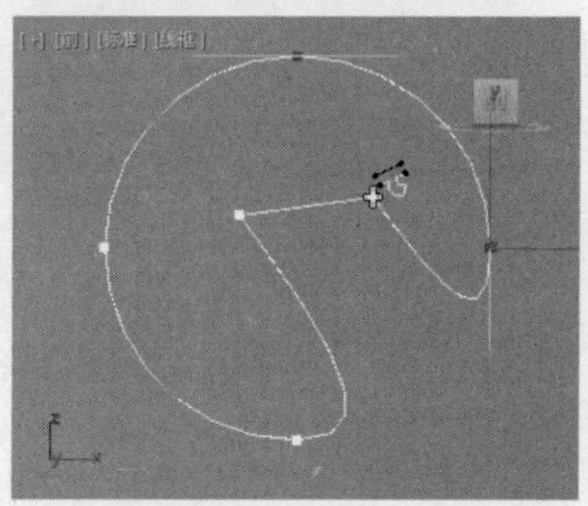
图 4-83

⑥ 设为首顶点：用于将线上的一个节点指定为曲线起点。

⑦ 熔合：用于将所选中的多个节点移动到它们的平均中心位置。选择多个节点后，单击“熔合”按钮，所选择的节点都会移动到同一个位置，如图 4-84 所示。被熔合的节点是相互独立的，可以单

独选择编辑，如图 4-85 所示。

⑧ 循环：用于循环选择节点。选择一个节点，单击该按钮，可以按节点的创建顺序循环更换选择目标。

⑨ 圆角：可以在选中的节点处创建一个圆角。

⑩ 切角：可以在选中的节点处创建一个切角。

⑪ 删除：用于删除所选择的对象。

（2）分段。“分段”层级的参数比较少，使用率也相对较低。在修改器堆栈中选择“分段”选项，相应的参数被激活，如图 4-86 所示。

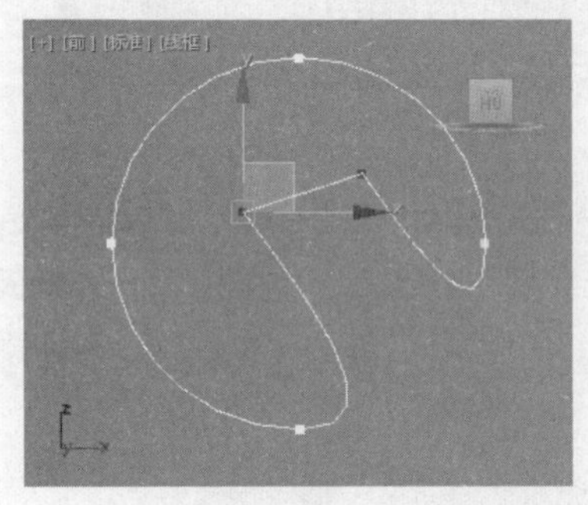

图 4-84

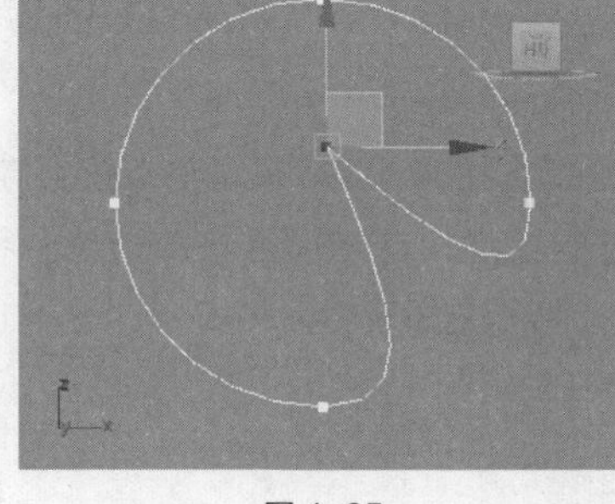

图 4-85

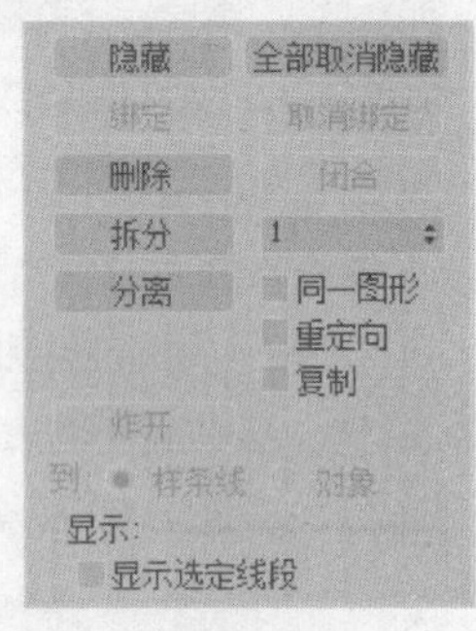

图 4-86

① 拆分：用于平均分割线段。选择一个线段，单击“拆分”按钮，可在线段上插入指定数目的节点，从而将一条线段分割为多条线段，如图 4-87 所示。

② 分离：用于将选中的线段或样条曲线从样条曲线中分离出来。系统提供了 3 种分离方式供用户选择：同一图形、重定向和复制。

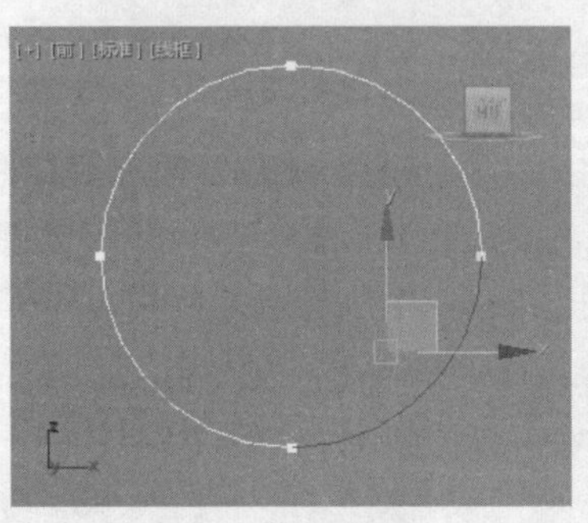

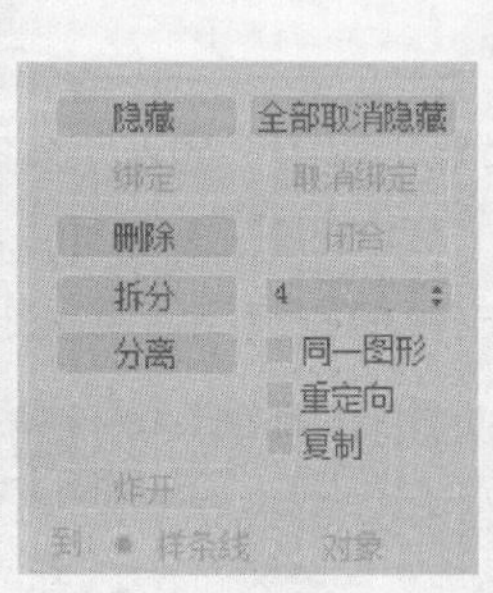

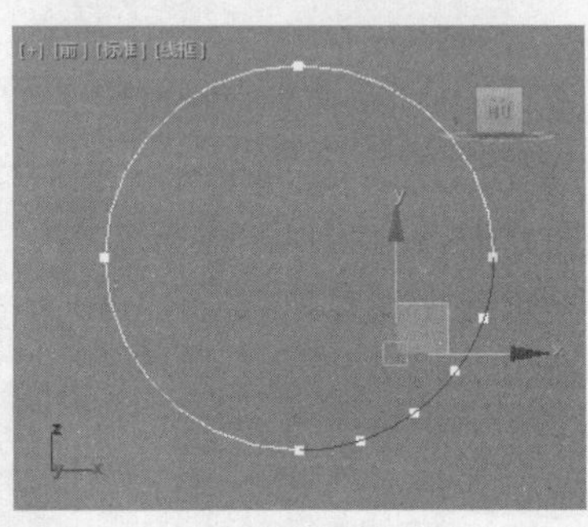

图 4-87

（3）样条线。“样条线”层级的参数使用率较高。下面着重介绍其中常用的参数，如图 4-88 所示。

① 反转：用于颠倒样条曲线的首末端点。选择一个样条曲线，单击“反转”按钮，可以将选择的样条曲线的第一个端点和最后一个端点颠倒。

② 轮廓：用于给选中的线设置轮廓。

③ 布尔：用于将两个二维图形按指定的方式合并到一起，其有 3 种运算方式，即（并集）、（差集）和（相交）。

在“前”视口中创建一个矩形和一个星形，如图 4-89 所示，单击矩形将其选中，切换到（修改）命令面板，在“修改器列表”下拉列表框中选择“编辑样条线”选项，在参数面板中单击“附加”按钮，并单击星形，如图 4-90 所示，将它们结合为一个物体。在修改器堆栈中选择“样条线”选项，将矩形选中，选择运算方式后单击“布尔”按钮，在视口中单击星形，完成运算，如图 4-91 所示。

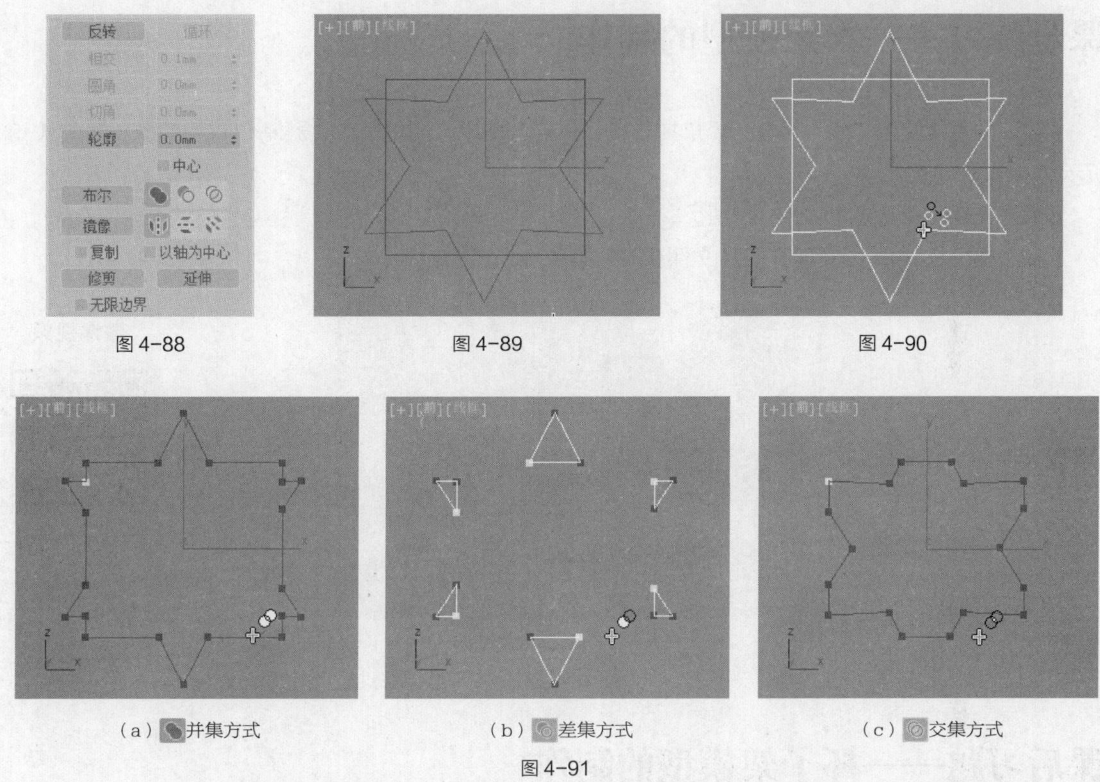

图 4-88　　图 4-89　　图 4-90

（a）并集方式　　（b）差集方式　　（c）交集方式

图 4-91

提 示

进行布尔运算的必须是同一个二维图形的样条线对象，如果是单独的几个二维图形，则应先使用“附加”工具，将图形附加为一个二维图形后，再对其进行布尔运算。进行布尔运算的线必须是封闭的，样条曲线本身不能自相交，要进行布尔运算的线之间不能有重叠部分。

④ 镜像：用于对所选择的曲线进行镜像处理。系统提供了 3 种镜像方式：（水平镜像）、（垂直镜像）和（双向镜像）。

“镜像”按钮下方有两个复选框。复制：选中该复选框，可以将样条曲线复制并镜像产生一个镜像复制品。以轴为中心：用于决定镜像的中心位置，若选中该复选框，则以样条曲线自身的轴心点为中心镜像曲线；若未选中该复选框，则以样条曲线的几何中心为中心来镜像曲线。“镜像”按钮的使用方法与前面的“布尔”按钮相同。

⑤ 修剪：用于删除交叉的样条曲线。

⑥ 延伸：用于将开放样条曲线最接近拾取点的端点扩展到曲线的交叉点。一般在应用“修剪”命令后使用此参数。

以上介绍了“编辑样条线”修改器中比较重要的参数，它们都是在实际建模中经常使用到的参数。其参数比较多，要熟练掌握还需要进行实际操作。下面的章节将会通过几个典型实例来帮助大家熟练运用该修改器。

课堂练习——衣架模型的制作

【知识要点】使用“线”工具，调整其形状，并结合使用“倒角”修改器制作衣架模型，如图 4-92 所示。

【素材文件位置】素材文件/贴图。

【参考模型文件所在位置】素材文件/场景/第 4 章/衣架.max。

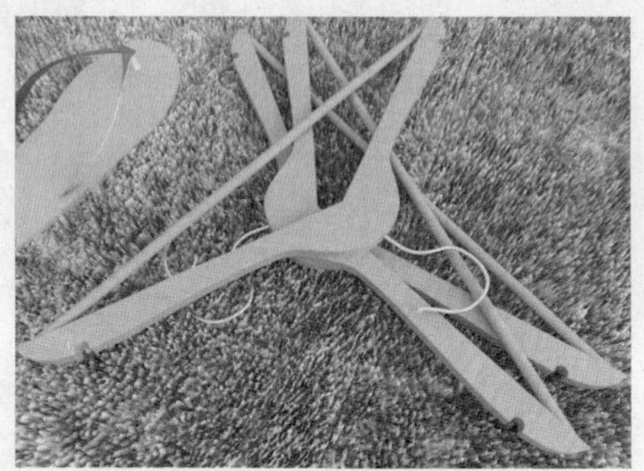

图 4-92

微课视频

衣架模型的制作

课后习题——杯子架模型的制作

【知识要点】使用“矩形”“切角圆柱体”工具，并结合使用“编辑样条线”“锥化”“倒角”修改器制作杯子架模型，如图 4-93 所示。

【素材文件位置】素材文件/贴图。

【参考模型文件所在位置】素材文件/场景/第 4 章/杯子架.max。

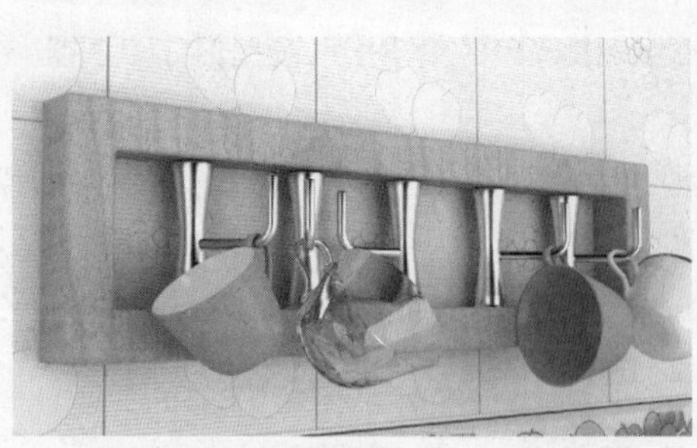

图 4-93

微课视频

杯子架模型的制作

第 5 章 复合对象的创建

本章介绍

本章主要介绍复合对象的创建方法，以及布尔运算和“放样变形”工具的使用。通过本章的学习，读者应掌握复合对象的创建技巧，并可以融会贯通，制作出具有想象力的图像效果。

学习目标

- 熟练掌握使用布尔运算建模的方法
- 熟练掌握使用“放样”工具建模的方法
- 熟练掌握放样的变形工具的使用方法

技能目标

- 掌握制作记事本模型的方法和技巧
- 掌握制作垃圾桶模型的方法和技巧
- 掌握制作清新吊灯模型的方法和技巧

5.1 复合对象创建工具简介

3ds Max 2019 的基本内置模型是创建复合物体的基础，可以将多个内置模型组合在一起，从而产生千变万化的模型。布尔运算工具和放样工具曾经是 3ds Max 的主要建模手段。虽然这两个建模工具已渐渐退出主要地位，但仍然是快速创建一些相对复杂物体模型的好方法。

复合物体就是将两个及以上的物体组合而成的一个新物体。本章学习使用复合物体的创建工具，主要包括变形、散布、一致、连接、水滴网格、图形合并、布尔、地形、放样、网格化、ProBoolean、ProCutter。

在“创建”命令面板中单击其下拉按钮，在弹出的下拉列表框中选择“复合对象”选项，如图 5-1 所示，进入复合对象的创建面板。3ds Max 2019 提供了 12 种复合对象的创建工具，如图 5-2 所示。

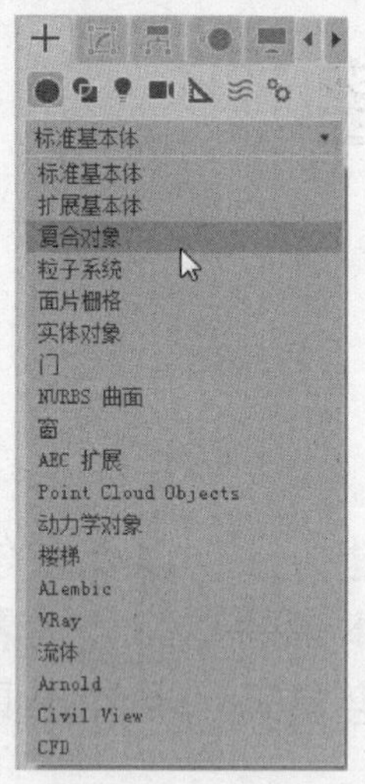

图 5-1

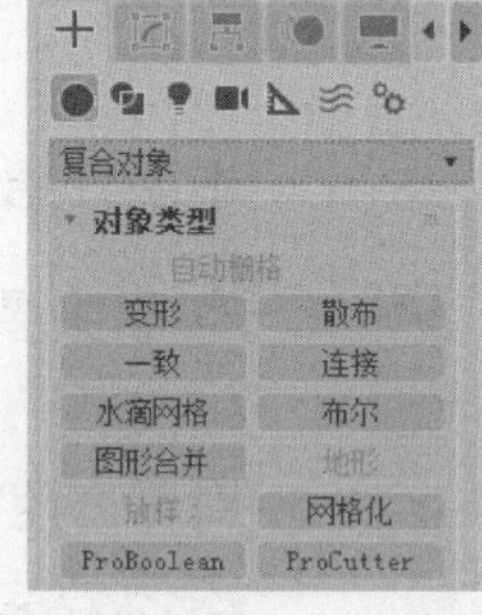

图 5-2

（1）变形。这是一种与 2D 动画中的中间动画类似的动画技术。“变形”对象可以合并两个或多个对象，方法是插补第一个对象的顶点，使其与另外一个对象的顶点位置相符。如果随时执行这项插补操作，则将会生成变形动画。

（2）散布。这是复合对象的一种形式，可将所选的源对象散布为阵列，或散布到分布对象的表面，通过它可以制作头发、胡须和草地等物体。

（3）一致。这是一种复合对象，通过将“包裹器”的顶点投影至另一个对象“包裹器对象”的表面而创建，可以用来制作公路。

（4）连接。使用“连接”复合对象，可通过对象表面的“洞”连接两个或多个对象。执行此操作时，要删除每个对象的面，在其表面创建一个或多个洞，并确定洞的位置，以使洞与洞之间面对面，并应用“连接”。

（5）水滴网格。“水滴网格”复合对象可以通过几何体或粒子创建一组球体，还可以将球体连接起来，就好像这些球体是由柔软的液态物质构成的一样。如果球体在距离另外一个球体的一定范围内移动，它们就会连接在一起。如果这些球体相互移开，则会重新显示球体的形状。

（6）图形合并。“图形合并”可以创建包含网格对象和一个或多个图形的复合对象。这些图形嵌入到网格中（将更改边与面的模式），或从网格中消失。

（7）布尔。“布尔”对象通过对两个对象执行布尔运算将它们组合起来。在 3ds Max 中，布尔型对象是由两个重叠对象生成的。原始的两个对象是操作对象（A 和 B），而布尔型对象自身是运算的结果。

（8）地形。要创建地形，可以选择表示海拔轮廓的可编辑样条线，并对样条线施加“地形”工具，用于建立地形物体。

（9）放样。“放样”对象是沿着第 3 个轴挤出的二维图形。可从两个或多个现有样条线对象中创建放样对象。这些样条线之一会作为路径，其余的样条线会作为放样对象的横截面或图形。

（10）网格化。“网格化”复合对象以每帧为基准将程序对象转化为网格对象，这样可以应用修改器，如弯曲或 UVW 贴图。它可用于任何类型的对象，但主要为使用粒子系统而设计。“网格化”对于复杂修改器堆栈的低空的实例化对象同样有用。

（11）ProBoolean。“ProBoolean”复合对象在执行布尔运算之前，采用了 3ds Max 网格并增加了额外的智能。首先，它组合了拓扑，确定共面三角形并移除附带的边。其次，不是在这些三角形上而是在多边形上执行布尔运算。最后，完成布尔运算之后，对结果执行重复三角算法，在共面的边隐藏的情况下将结果发送回 3ds Max 中。这样额外工作的结果有双重意义：布尔对象的可靠性非常高；因为有更少的小边和三角形，所以结果输出更清晰。

（12）ProCutter。“ProCutter”复合对象能够使用户执行特殊的布尔运算，主要目的是分裂或细分体积。ProCutter 运算的结果尤其适合在动态模拟中使用，在动态模拟中，其会使对象炸开，或由于外力或另一个对象使对象破碎。

5.2 布尔运算建模

在建模过程中，经常会遇到两个或多个物体需要相加和相减的情况，这时就会用到布尔运算工具。

微课视频

记事本模型的制作

布尔运算是一种逻辑数学的计算方法，可以通过对两个或两个以上的物体进行并集、差集和交集的运算，得到新形态的物体。

5.2.1 课堂案例——记事本模型的制作

【学习目标】学习布尔工具。

【知识要点】使用“长方体”“螺旋线”“圆”工具，结合使用布尔运算制作记事本模型，如图 5-3 所示。

【素材文件位置】素材文件/贴图。

【模型文件所在位置】素材文件/场景/第 5 章/记事本模型.max。

【参考模型文件所在位置】素材文件/场景/第 5 章/记事本.max。

图 5-3

（1）单击“+（创建）>●（几何体）>标准基本体>长方体”按钮，在“顶”视口中创建长方体，设置合适的参数，如图 5-4 所示。

（2）单击“+（创建）>●（几何体）>标准基本体>圆柱体”按钮，在“顶”视口中创建圆柱体，设置合适的参数作为布尔对象，如图 5-5 所示。

（3）在“顶”视口中选择圆柱体，使用✥（选择并移动）工具，按住 Shift 键沿着 y 轴移动复制圆柱体，释放鼠标左键和 Shift 键，在弹出的“克隆选项”对话框中选中“复制”单选按钮，设置“副本数”为 20，单击“确定”按钮，如图 5-6 所示。

（4）复制圆柱体后可以删除多余的圆柱体，或缩放圆柱体，如图 5-7 所示。

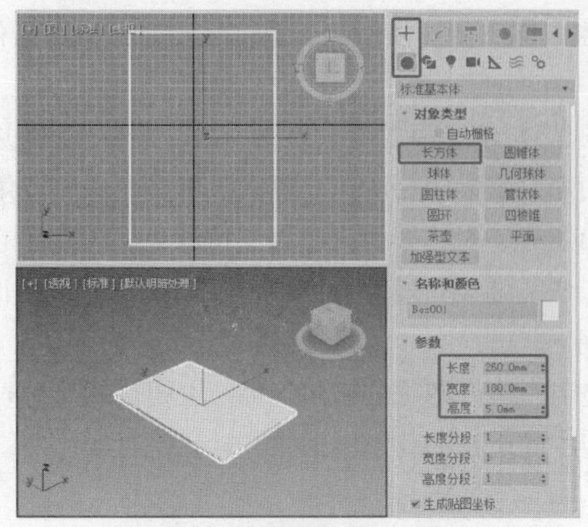
图 5-4

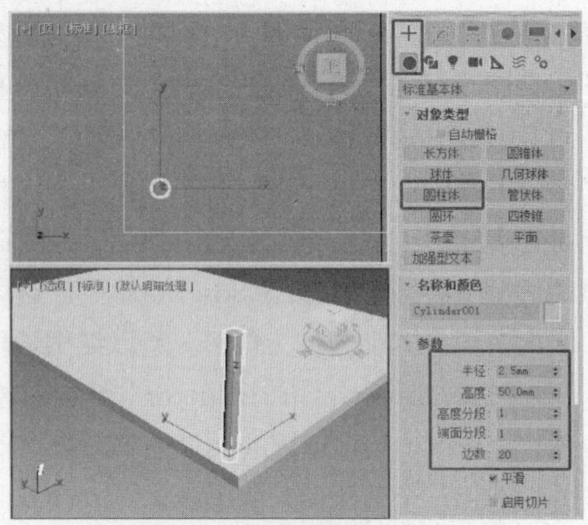
图 5-5

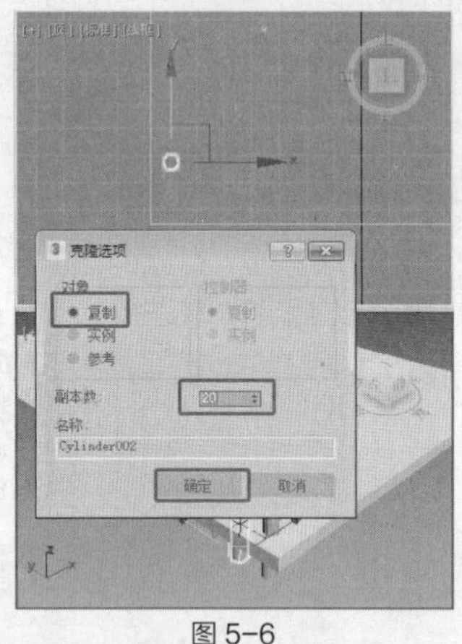
图 5-6

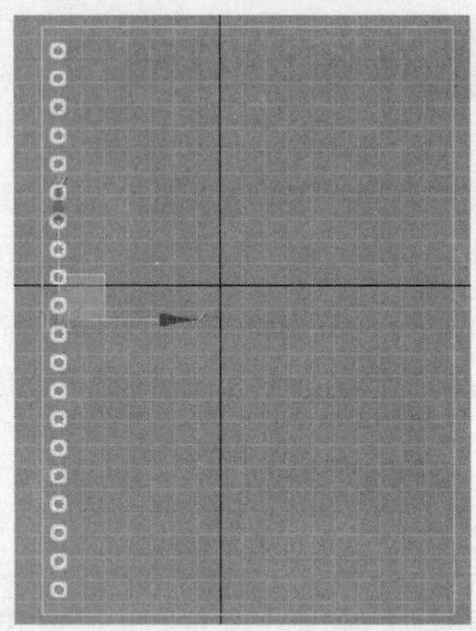
图 5-7

（5）调整圆柱体的位置，选择所有的圆柱体，切换到（实用程序）命令面板，在“实用程序”卷展栏中单击“塌陷”按钮，在“塌陷”卷展栏中单击“塌陷选定对象”按钮，如图 5-8 所示。

（6）在场景中选择长方体，单击“十（创建）>（几何体）>复合对象>布尔”按钮，在“布尔参数”卷展栏中单击“添加运算对象”按钮，在场景中拾取塌陷后的圆柱体，在“运算对象参数”卷展栏中单击“差集”按钮，如图 5-9 所示。

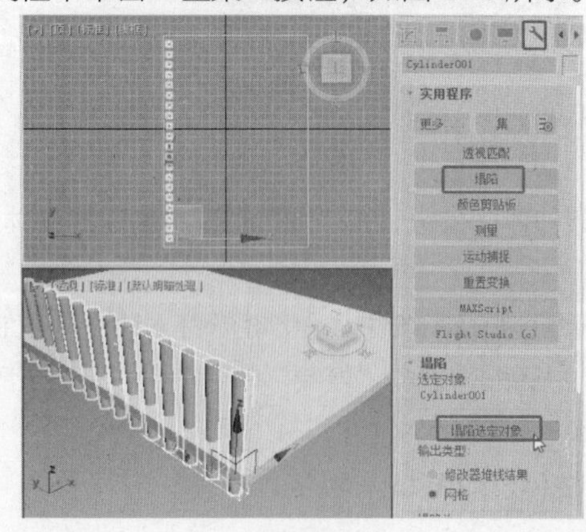
图 5-8

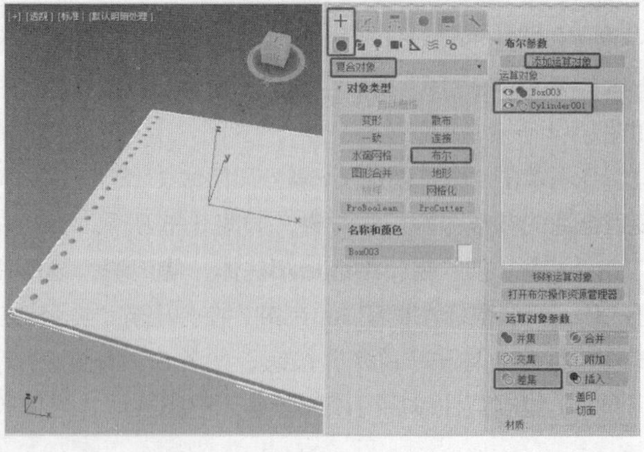
图 5-9

（7）单击“+（创建）>图（图形）>螺旋线”按钮，在“前”视口中创建可渲染的螺旋线，在其他视口中调整螺旋线的位置，设置合适的参数，如图 5-10 所示。

（8）单击“+（创建）>图（图形）>圆”按钮，在“前”视口中创建可渲染的圆，设置合适的参数，如图 5-11 所示。

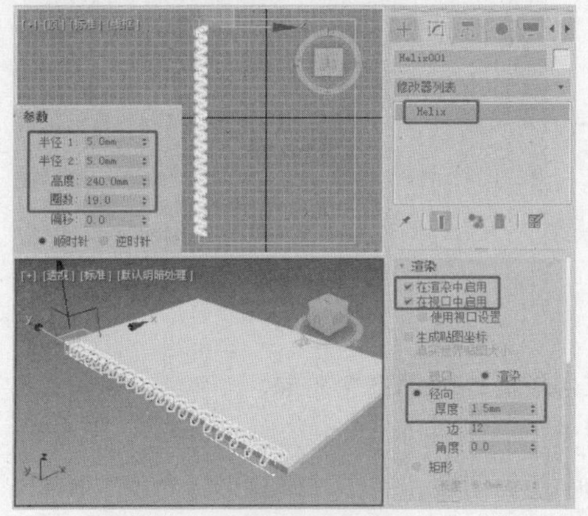

图 5-10

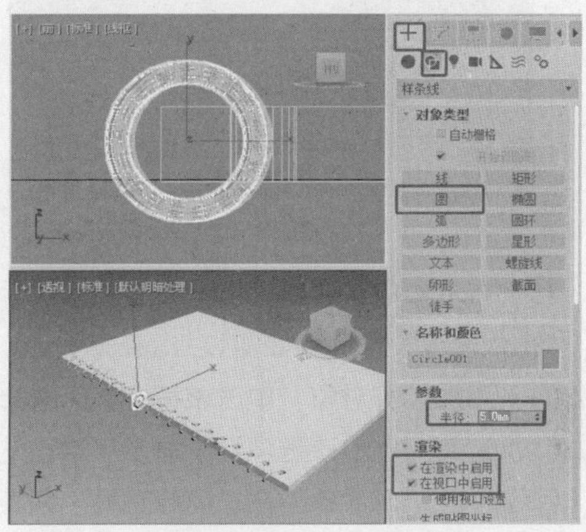

图 5-11

（9）在场景中复制可渲染的圆到两头的孔，如图 5-12 所示。

（10）可以对布尔完成的模型进行复制，缩放厚度，制作出记事本封面的效果，完成的记事本模型如图 5-13 所示。

图 5-12

图 5-13

5.2.2 布尔工具

系统提供了 3 种布尔运算方式：并集、交集和差集。其中，差集包括 A-B 和 B-A 两种方式。下面举例介绍布尔运算的基本用法，操作步骤如下。

（1）在场景中创建原始对象和操作对象，如图 5-14 所示。

（2）选择其中一个模型，单击“+（创建）>●（几何体）> 复合对象 > 布尔”按钮，在“布尔参数”卷展栏中单击“添加运算对象”按钮，在场景中拾取另外一个模型，在“运算对象参数”卷展栏中选择布尔类型，如“差集”，如图 5-15 所示。

图 5-14

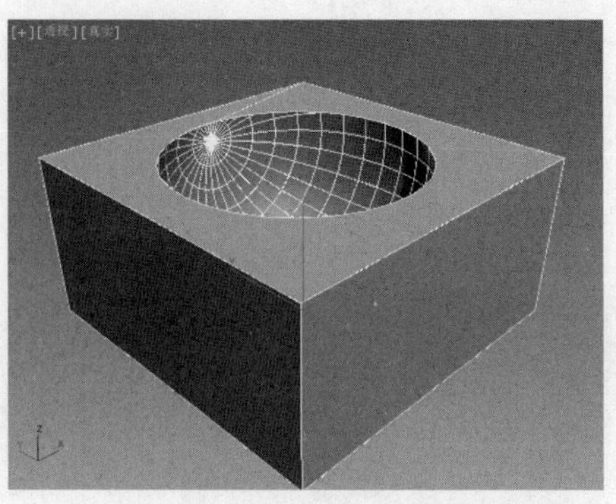
图 5-15

1. “布尔参数”卷展栏

“布尔参数”卷展栏如图 5-16 所示。

（1）添加运算对象。单击该按钮，可选择可完成布尔操作的第 2 个对象。

（2）运算对象。该选项组中显示了当前的操作对象。

（3）移除运算对象。在“运算对象”列表框中选中运算对象，单击“移除运算对象”按钮，可将选中的运算对象移出运算列表。

（4）打开布尔操作资源管理器。单击该按钮，可以弹出“布尔操作资源管理器”对话框，使用布尔操作资源管理器可在装配复杂的复合对象时跟踪操作对象。当用户在“布尔参数”卷展栏中添加操作对象时，操作对象将自动显示在布尔操作资源管理器中。用户也可以将对象从场景资源管理器拖动到布尔操作资源管理器中，以将其添加为新操作对象。在“布尔参数”卷展栏中对操作对象及其操作顺序的所有更改会在“布尔操作资源管理器”对话框中自动更新。

2. “运算对象参数”卷展栏

“运算对象参数”卷展栏如图 5-17 所示。

（1）并集。布尔对象包含两个原始对象的体积，但将移除几何体的相交部分或重叠部分。

（2）交集。单击该按钮，将使两个原始对象的重叠体积相交，剩余几何体会被丢弃。应用了“交集”的操作对象在视口中显示时会以黄色标出其轮廓。

（3）差集。单击该按钮，将从基础（最初选定）对象中移除相交的体积。该操作也称为“差集”。应用了“差集”的操作对象在视口中显示时会以蓝色标出其轮廓。

（4）合并。单击该按钮，将使两个网格相交并组合，而不移除任何原始多边形，并在相交对象的位置创建新边。对于需要有选择地移除网格的某些部分的情况，这可能很有用。应用了“合并”的操作对象在视口中显示时会以紫色标出其轮廓。

（5）附加。单击该按钮，将使多个对象合并成一个对象，而不影响各对象的拓扑；各对象实质上是复合对象中的独立元素。应用了“附加”的操作对象在视口中显示时会以橙色标出其轮廓。

（6）插入。单击该按钮，将从操作对象 A（当前结果）中减去操作对象 B（新添加的操作对象）的边界图形，操作对象 B 的图形不受此操作的影响。应用了“插入”的操作对象在视口中显示时会以红色标出其轮廓。实际上，“插入”操作会将第一个操作对象视为液体体积，因此，如果插入的操作对象存在孔洞或存在使“液体”进入其体积的某些其他途径，则的确会将其视为液体体积。

图 5-16

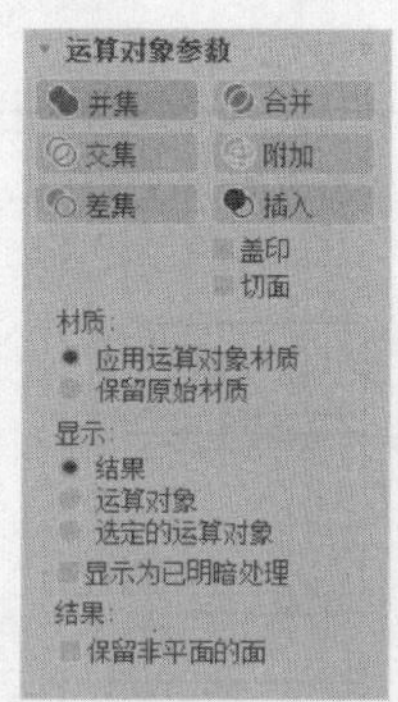

图 5-17

（7）盖印。选中该复选框，可在操作对象与原始网格之间插入（盖印）相交边，而不移除或添加面。“盖印”只分割面，并将新边添加到基础（最初选定）对象的网格中。

（8）切面。选中该复选框，可执行指定的布尔操作，但不会将操作对象的面添加到原始网格中。选定运算对象的面未添加到布尔结果中。可以使用该复选框在网格中剪切一个洞，或获取网格在另一对象内部的部分。

（9）材质。该选项组用来设置布尔运算结果的材质属性。

① 应用运算对象材质：将已添加运算对象的材质应用于整个复合对象。

② 保留原始材质：保留应用到复合对象的现有材质。

（10）显示：该选项组用来设置显示结果。

① 结果：显示布尔操作的最终结果。

② 运算对象：显示没有执行布尔操作的运算对象。运算对象的轮廓会以一种显示当前所执行布尔操作的颜色标出。

③ 选定的运算对象：显示选定的运算对象。运算对象的轮廓会以一种显示当前所执行布尔操作的颜色标出。

④ 显示为已明暗处理：如果选中该单选按钮，则在视口中会显示已明暗处理的运算对象，且会关闭颜色编码显示。

（11）结果。在该选项组中可选择是否保留非平面的面，具体视情况而定。

通过改变不同的运算类型，可以生成不同的形体，如表 5-1 所示。

表 5-1

修改参数前	修改参数后

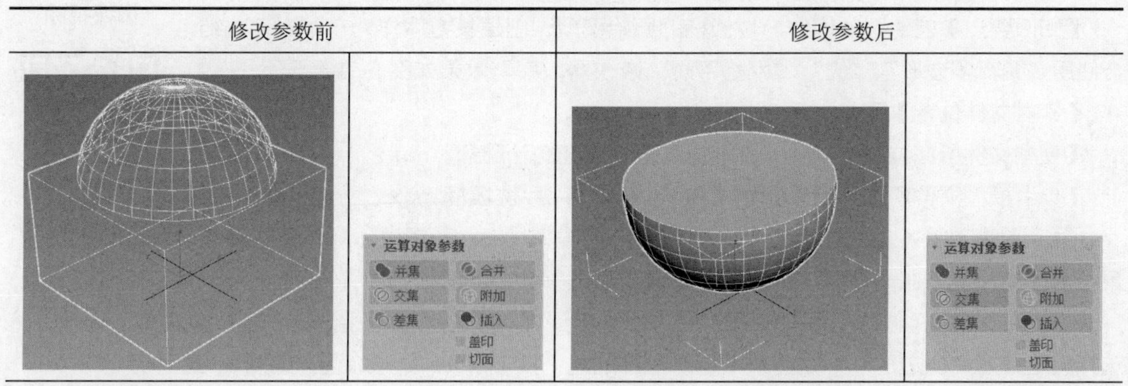

续表

修改参数前		修改参数后	
	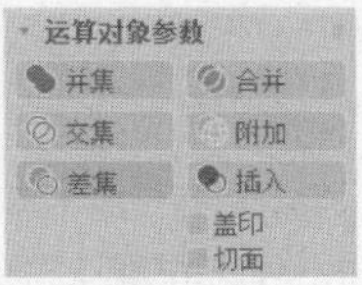 运算对象参数 并集 合并 交集 附加 差集 插入 盖印 切面	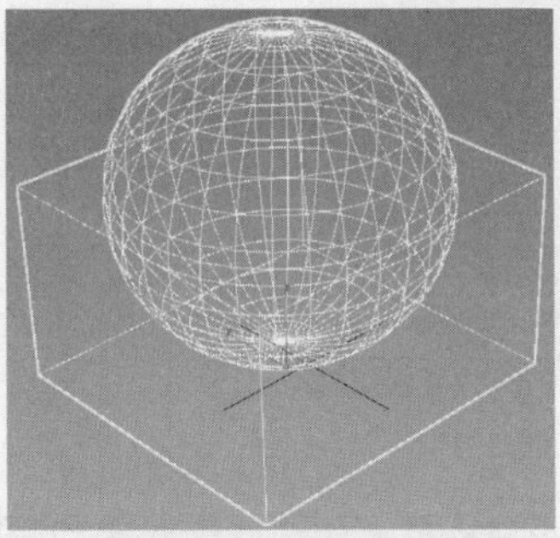	 运算对象参数 并集 合并 交集 附加 差集 插入 盖印 切面
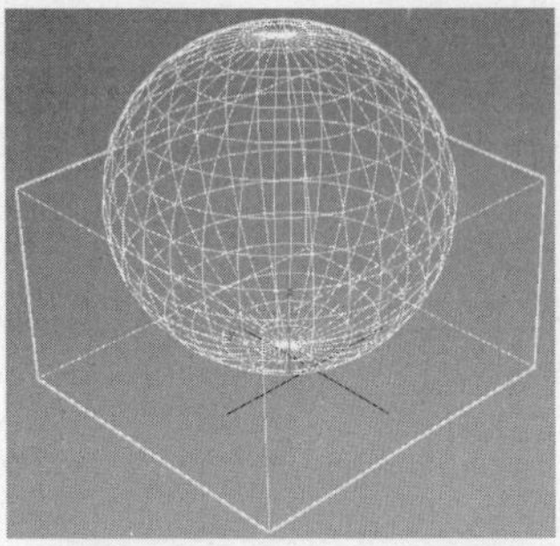	 运算对象参数 并集 合并 交集 附加 差集 插入 盖印 切面	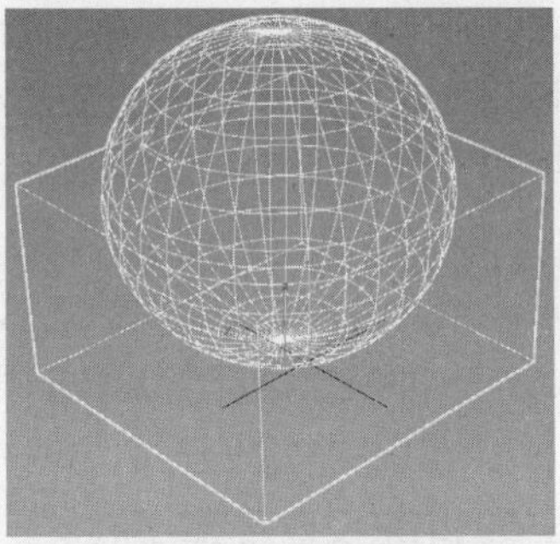	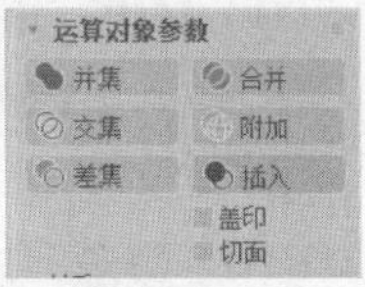 运算对象参数 并集 合并 交集 附加 差集 插入 盖印 切面
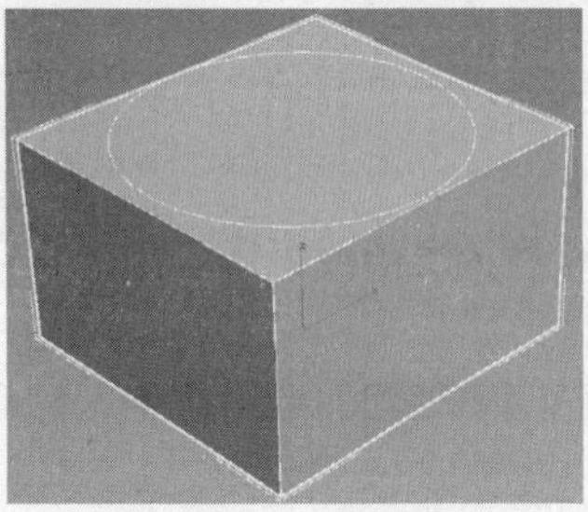	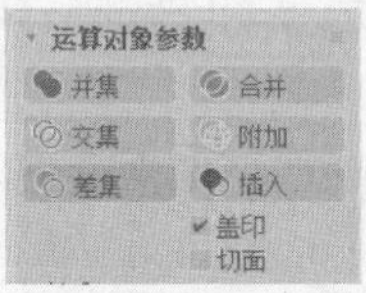 运算对象参数 并集 合并 交集 附加 差集 插入 ✔盖印 切面	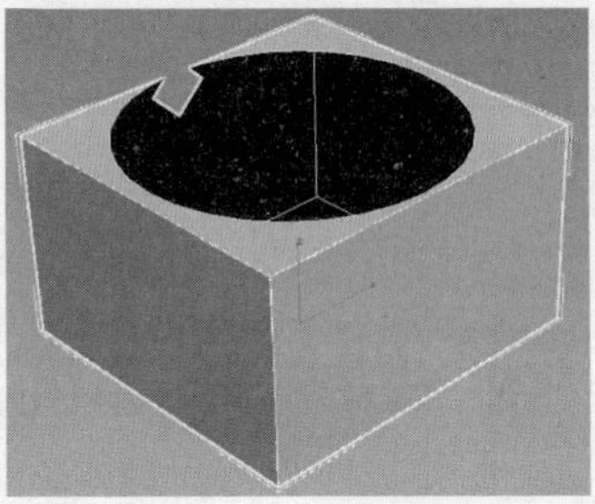	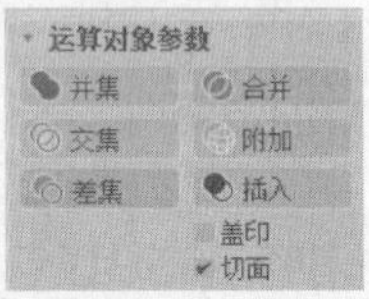 运算对象参数 并集 合并 交集 附加 差集 插入 盖印 ✔切面

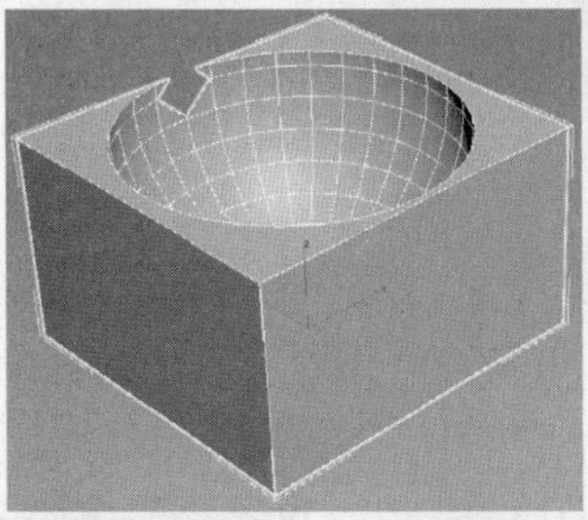

5.2.3 课堂案例——垃圾桶模型的制作

【学习目标】学习“ProBoolean”工具。

【知识要点】创建圆柱体作为垃圾桶的原始模型，创建长方体作为布尔对象，结合使用“编辑多边形”“壳”“网格平滑”修改器，模型效果如图 5-18 所示。

微课视频

垃圾桶模型的制作

【素材文件位置】素材文件/贴图。

【模型文件所在位置】素材文件/场景/第 5 章/垃圾桶模型.max。

【参考模型文件所在位置】素材文件/场景/第 5 章/垃圾桶.max。

（1）单击“+（创建）> ●（几何体）> 标准基本体 > 圆柱体”按钮，在场景中创建圆柱体，在“参数”卷展栏中设置合适的参数，如图 5-19 所示。

（2）切换到 （修改）命令面板，在“修改器列表”下拉列表框中选择“编辑多边形”选项，将选择集定义为“多边形”，在场景中选择顶部的边，按 Delete 键删除边，如图 5-20 所示。

（3）关闭选择集，为模型施加“壳”修改器，设置合适的参数，如图 5-21 所示。

图 5-18

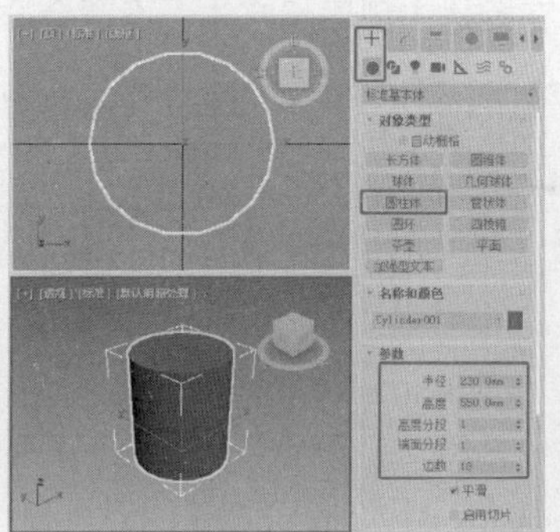

图 5-19

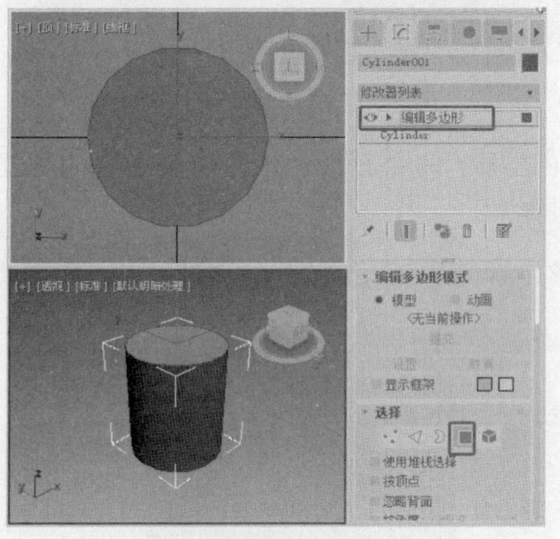

图 5-20

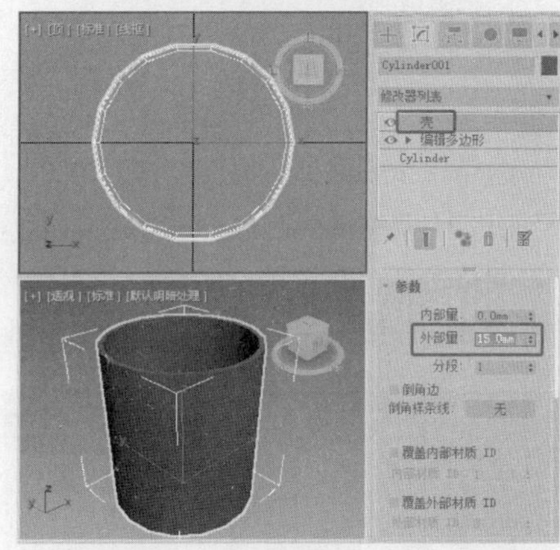

图 5-21

（4）继续为模型施加“编辑多边形”修改器，将选择集定义为“边”，在场景中选择图 5-22 所示的边，在“选择”卷展栏中单击 “循环”按钮， 循环选择边。

（5）在“编辑边”卷展栏中单击“切角”右侧的■（设置）按钮，在弹出的助手中设置合适的参数，如图 5-23 所示。

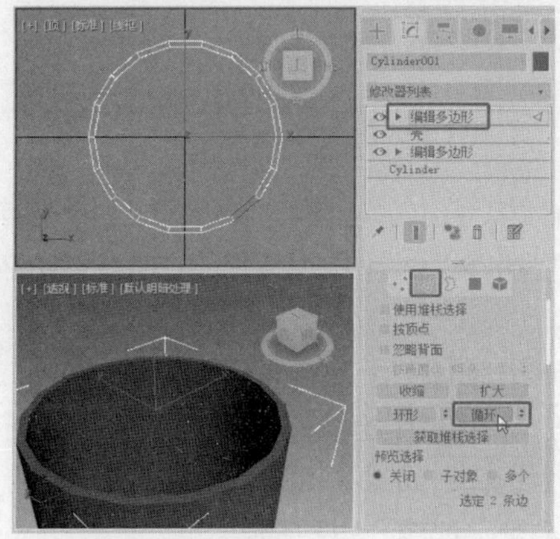

图 5-22

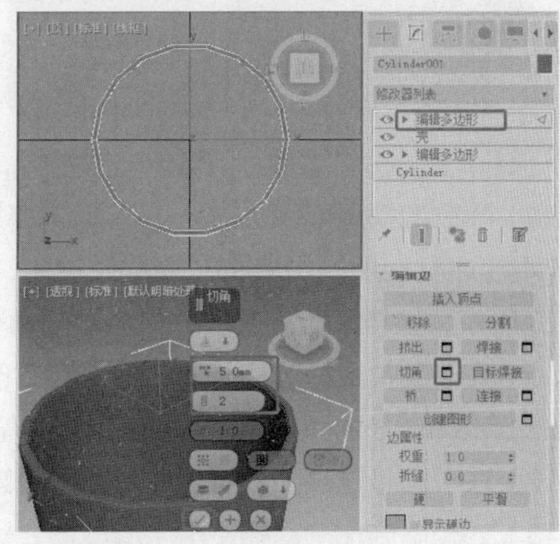

图 5-23

（6）为模型施加“锥化”修改器，设置合适的参数，如图 5-24 所示。

（7）在场景中创建长方体，设置合适的参数，并对长方体进行复制，如图 5-25 所示。

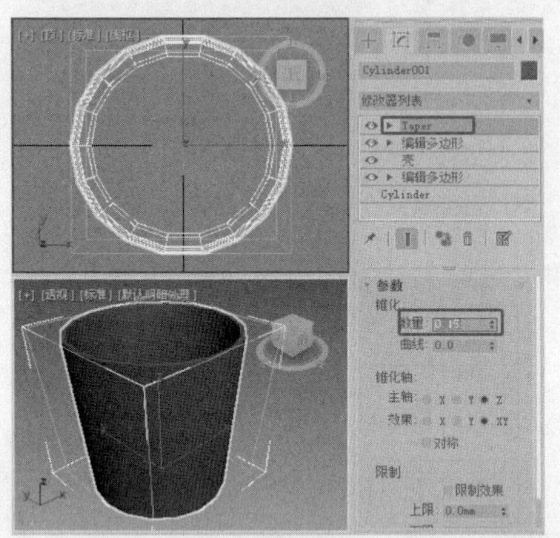

图 5-24

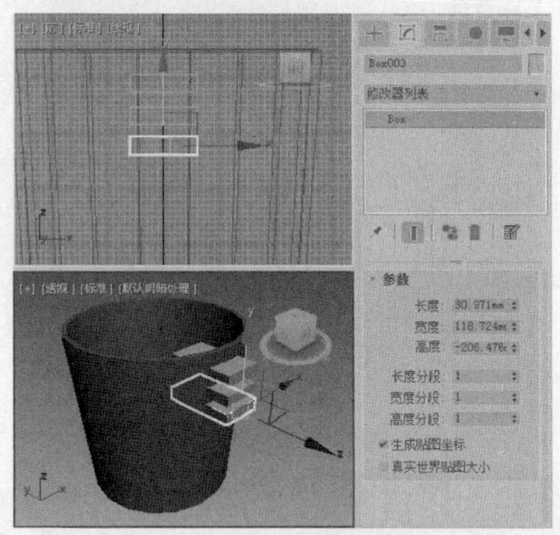

图 5-25

（8）选择 3 个长方体，激活“顶”视口，切换到（层级）命令面板，单击“仅影响轴”按钮，在“顶”视口中调整轴到圆柱体的中心位置，如图 5-26 所示。

（9）调整轴后，在菜单栏中选择“工具>阵列”命令，在弹出的“阵列”对话框中设置合适的参数，单击“确定”按钮，如图 5-27 所示。

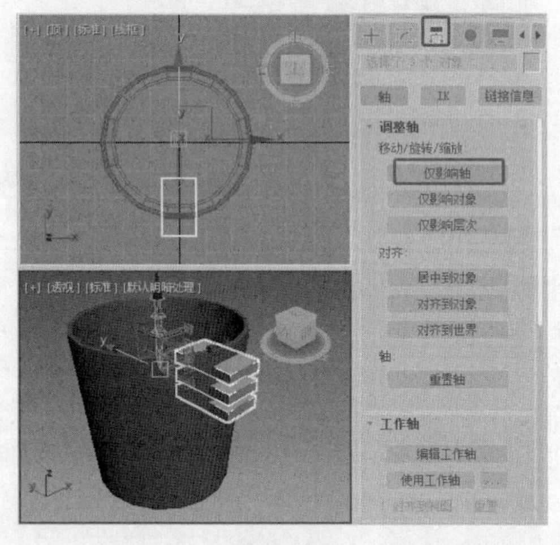

图 5-26

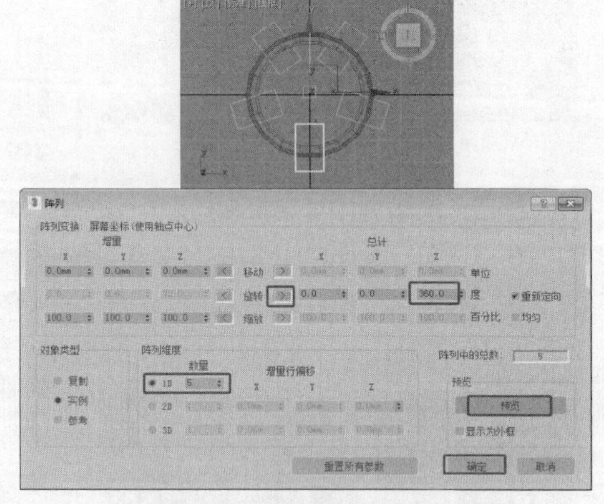

图 5-27

（10）阵列的模型如图 5-28 所示，选择所有的长方体模型，切换到（实用程序）命令面板，在“实用程序”卷展栏中单击“塌陷”按钮，在“塌陷”卷展栏中单击“塌陷选定对象”按钮，如图 5-28 所示，这样即可将所有的模型塌陷为一个模型。

（11）在场景中选择圆柱体，单击“（创建）>（几何体）> 复合对象 > ProBoolean”按钮，在“拾取布尔对象”卷展栏中单击“开始拾取”按钮，在场景中拾取长方体，如图 5-29 所示。

（12）在“高级选项”卷展栏中选中“设为四边形”复选框，如图 5-30 所示。

（13）为模型施加“网格平滑”修改器，设置合适的参数，如图 5-31 所示。

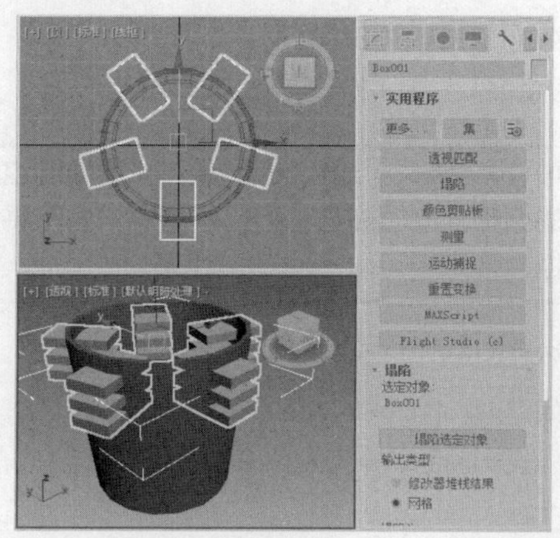

图 5-28

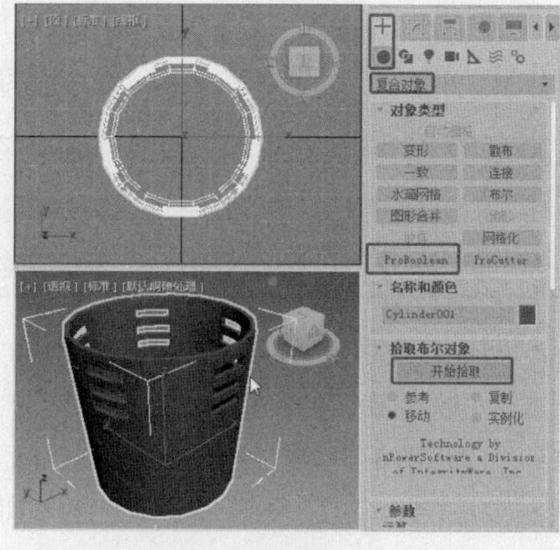

图 5-29

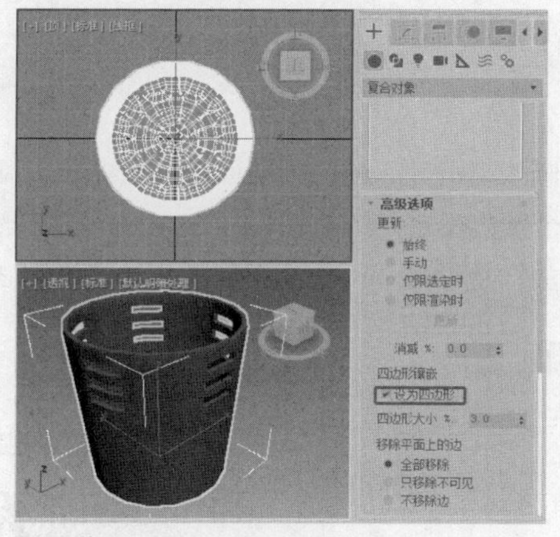

图 5-30

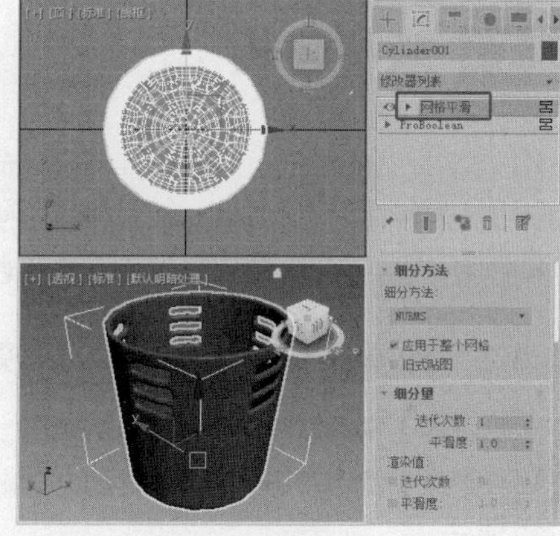

图 5-31

这样，垃圾桶模型就制作完成了。

5.2.4 ProBoolean

ProBoolean 是高级布尔工具，与使用普通的布尔工具制作的模型相比，其制作的模型更加细腻。其操作方法与布尔工具相同。

这里主要介绍“高级选项”卷展栏，其他参数可以参考布尔工具中的介绍。

“高级选项”卷展栏如图 5-32 所示。

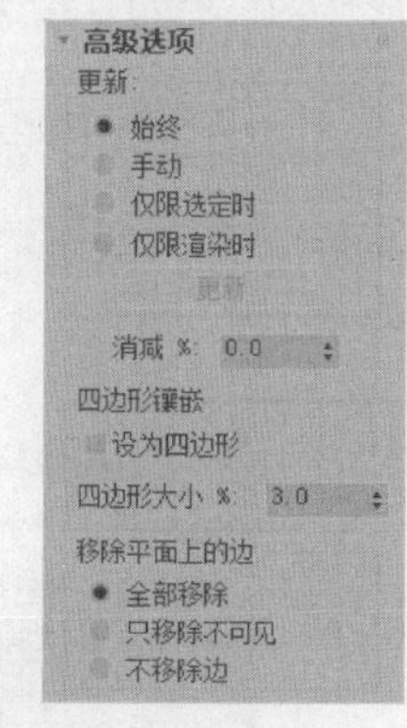

图 5-32

（1）“更新”选项组。该选项组用于确定在进行更改后，何时在布尔对象上执行更新。

① 始终：只要用户更改了布尔对象，就会进行更新。

② 手动：仅在单击“更新”按钮后进行更新。

③ 仅限选定时：不论何时，只要选定了布尔对象，就会进行更新。

④ 仅限渲染时：仅在渲染或单击“更新”按钮时才将更新应用于布尔对象。

⑤ 更新：对布尔对象应用更改。

⑥ 消减%：从布尔对象中的多边形上移除边，从而减少多边形数目的边百分比。

（2）“四边形镶嵌”选项组。该选项组用于启用布尔对象的四边形镶嵌。

① 设为四边形：选中该复选框时，会将布尔对象的镶嵌从三角形改为四边形。

> 提 示　当选中“设为四边形”复选框后，对“消减%”设置没有影响。“设为四边形”可以使用四边形网格算法重设平面曲面的网格。该功能与“网格平滑”“涡轮平滑”和“可编辑多边形”中的细分曲面工具结合使用，可以产生动态效果。

② 四边形大小%：确定四边形的大小作为总体布尔对象长度的百分比。

（3）“移除平面上的边”选项组。该选项组用于确定如何处理平面上的多边形。

① 全部移除：移除一个面上的所有其他共面的边，这样该面本身将定义多边形。

② 只移除不可见：移除每个面上的不可见边。

③ 不移除边：不移除边。

5.3 放样建模

对于很多复杂的模型，很难用基本的几何体组合或修改来得到，此时就要使用“放样”工具来实现。放样建模是指先创建一个二维截面，再使它沿着一个预先设定好的路径进行变形，从而得到三维物体的过程，在路径的不同位置可以有多个截面图形。放样建模是一种非常重要的传统建模方式。

5.3.1 课堂案例——清新吊灯模型的制作

【学习目标】学习“放样”工具。

【知识要点】使用“多边形”“线”“圆”“放样”工具制作清新吊灯模型，如图 5-33 所示。

【素材文件位置】素材文件/贴图。

【模型文件所在位置】素材文件/场景/第 5 章/清新吊灯模型.max。

【参考模型文件所在位置】素材文件/场景/第 5 章/清新吊灯.max。

微课视频

清新吊灯模型的制作

（1）单击“+（创建）>（图形）>多边形”按钮，在“顶”视口中创建多边形作为路径为 0 和 70 时的放样图形，在“参数”卷展栏中设置合适的参数，如图 5-34 所示。

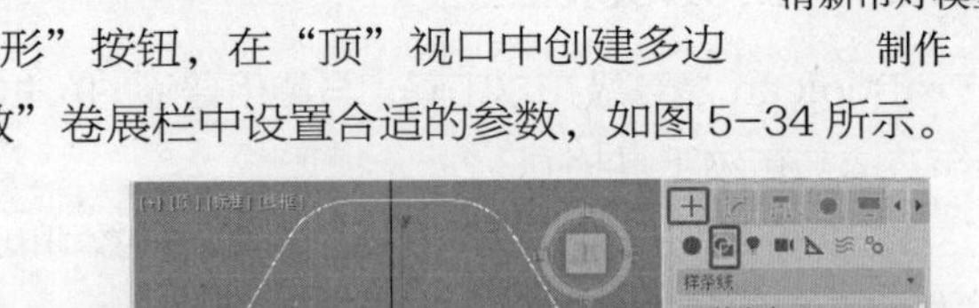

图 5-33

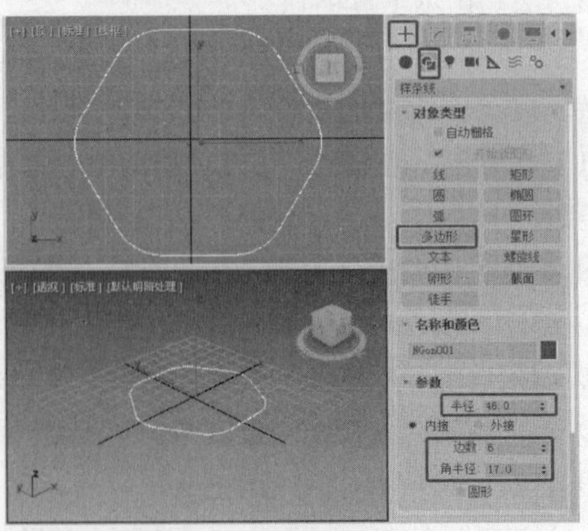

图 5-34

（2）为多边形施加“编辑样条线”修改器，将选择集定义为“顶点”，依次调整顶点，如图 5-35 所示。

（3）单击“![]（创建）>![]（图形）>圆”按钮，在“顶”视口中创建圆作为路径为 100 时的放样图形，在“参数”卷展栏中设置合适的参数，如图 5-36 所示。

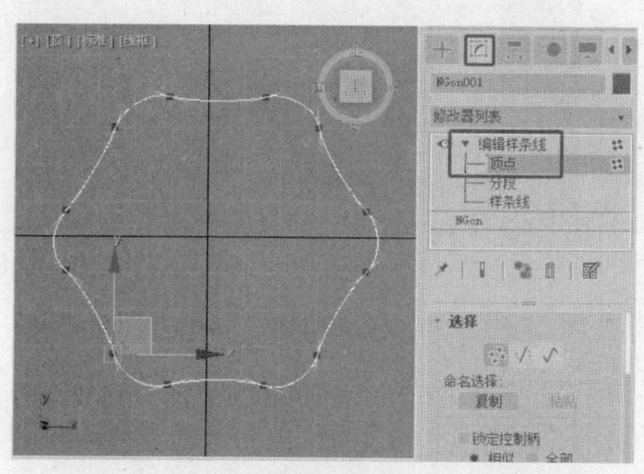

图 5-35

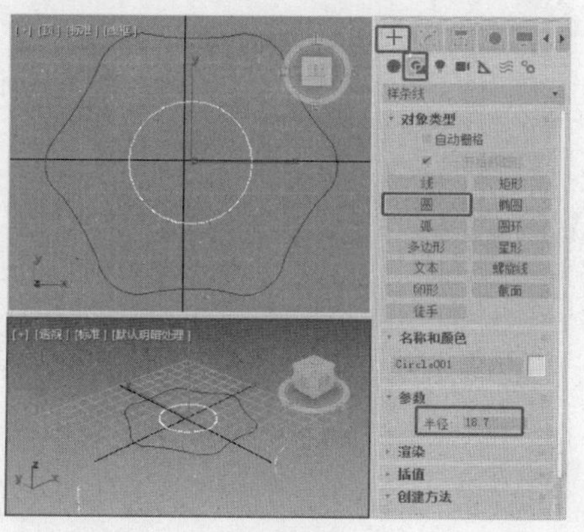

图 5-36

（4）在“前”视口中由下向上创建图 5-37 所示的 2 点直线。

（5）选中线，单击“![]（创建）>![]（几何体）> 复合对象 > 放样”按钮，在“创建方法”卷展栏中单击“获取图形”按钮，拾取多边形，如图 5-38 所示。

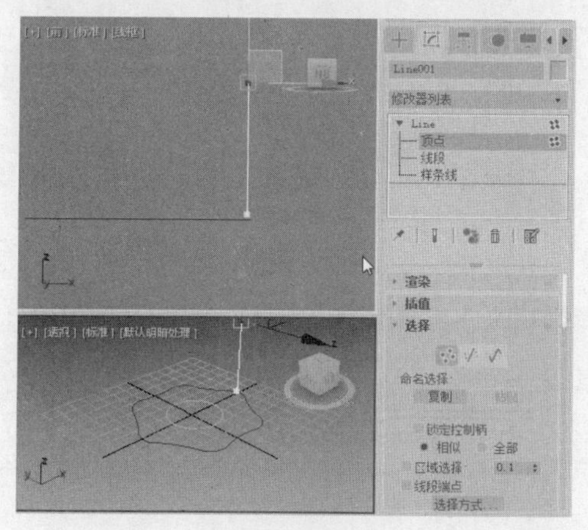

图 5-37

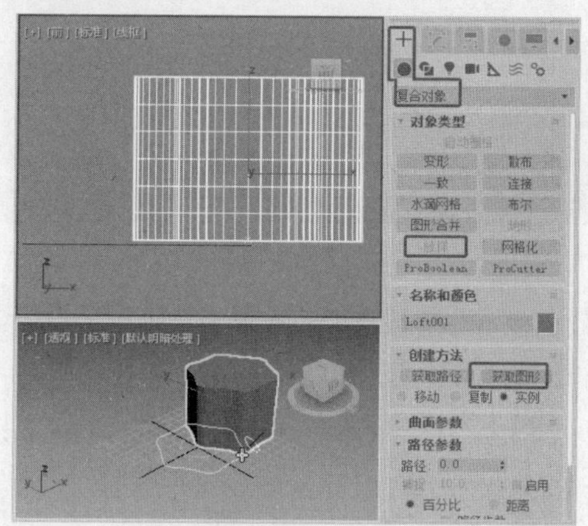

图 5-38

（6）在“路径参数”卷展栏中设置“路径”为 70，在“创建方法”卷展栏中单击“获取图形”按钮，再次拾取多边形，如图 5-39 所示。

（7）在“路径参数”卷展栏中设置“路径”为 100，在“创建方法”卷展栏中单击“获取图形”按钮，拾取圆，如图 5-40 所示。

（8）切换到“修改”命令面板，在“变形”卷展栏中单击“缩放”按钮，打开“缩放变形”窗口，单击![]（插入角点）按钮，在曲线上插入点，激活![]（移动控制点）按钮以调整控制点，选中并鼠标右键单击某个控制点，使用“Bezier-平滑”和“Bezier-角点”进行调整，在调整的同时观察视口中的模型变化，调整完成后的曲线如图 5-41 所示。

（9）在“蒙皮参数”卷展栏中设置“路径步数”为 9，如图 5-42 所示。

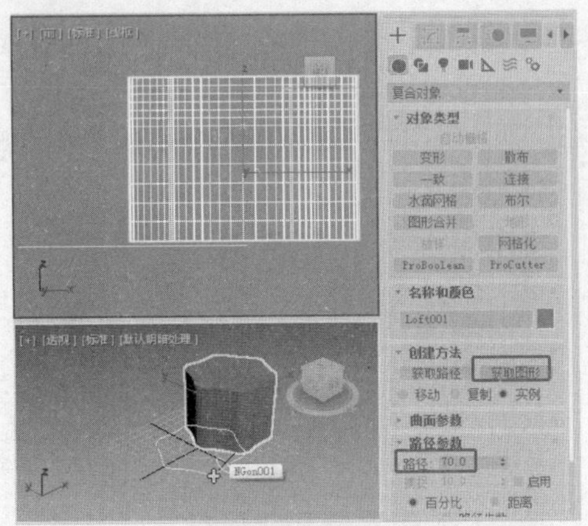
图 5-39

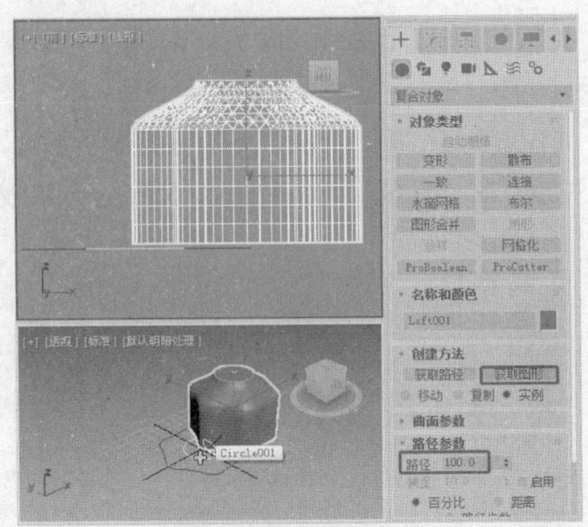
图 5-40

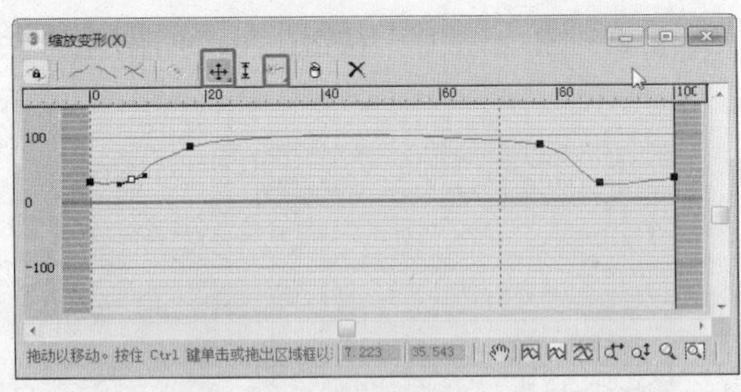
图 5-41

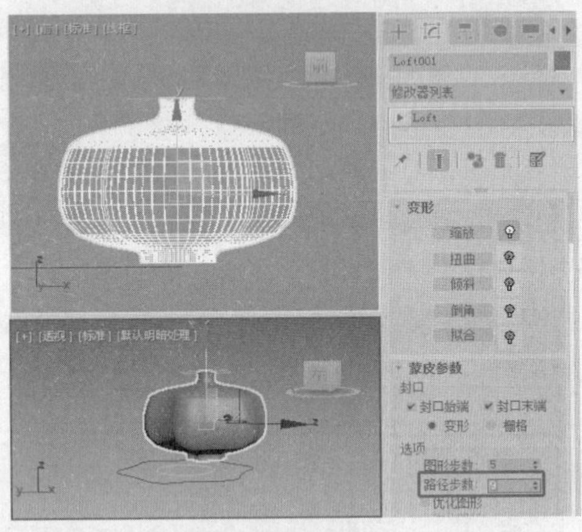
图 5-42

（10）为模型施加“编辑多边形”修改器，将选择集定义为“多边形”，选择底部的多边形，如图 5-43 所示，按 Delete 键将其删除。

（11）为模型施加“壳”修改器，设置“内部量”为 1，如图 5-44 所示。

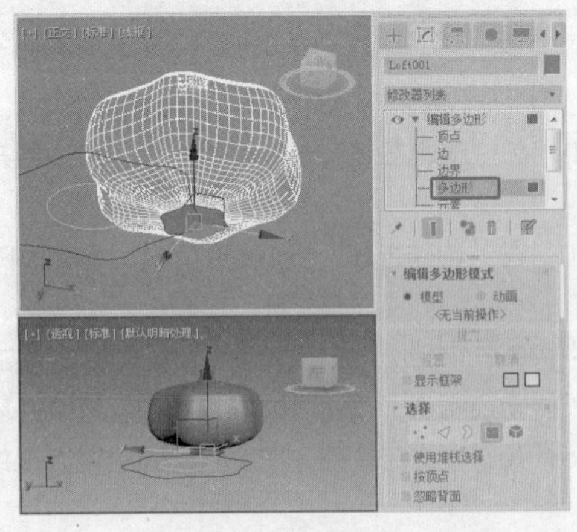
图 5-43

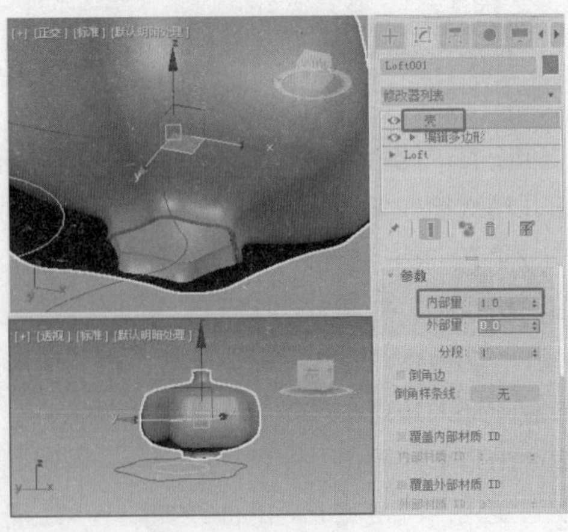
图 5-44

（12）在“前”视口中创建图 5-45 所示的可渲染的样条线，分别在“前”视口和“顶”视口中调整顶点，在“渲染”卷展栏中选中“在渲染中启用”“在视口中启用”复选框，设置“径向”的“厚度”为 1.2，在“插值”卷展栏中设置“步数”为 10。

（13）继续在“前”视口中创建可渲染的样条线，设置“径向”的“厚度”为 0.5，调整模型至合适的位置，如图 5-46 所示。

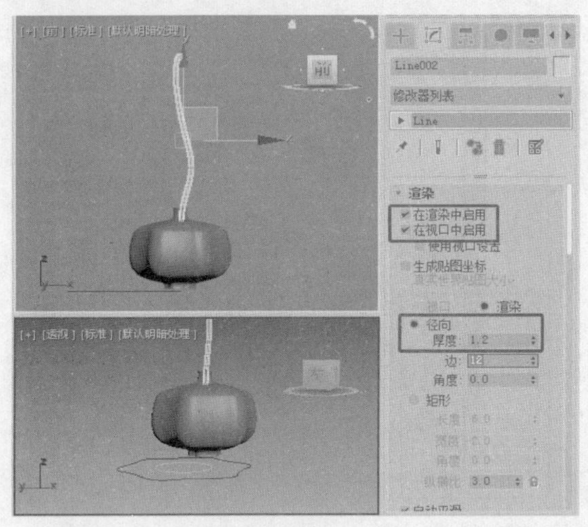

图 5-45

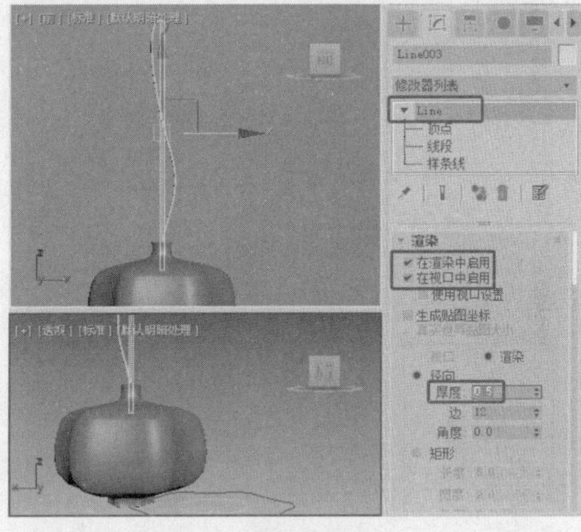

图 5-46

（14）在“顶”视口中创建一个合适的球体，设置球体为半球，如图 5-47 所示。

（15）调整模型至合适的位置，完成清新吊灯模型的制作，如图 5-48 所示。

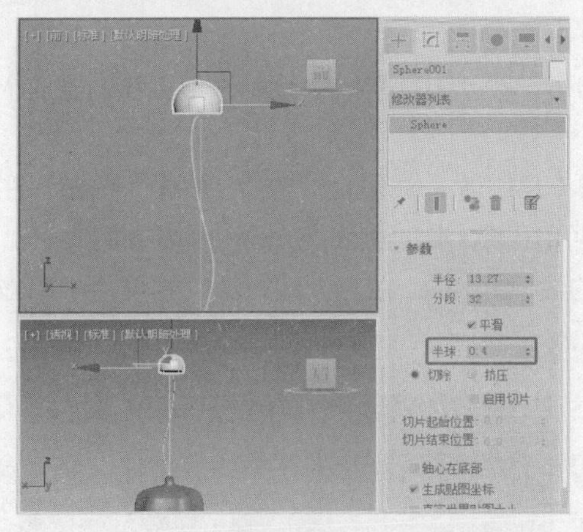

图 5-47

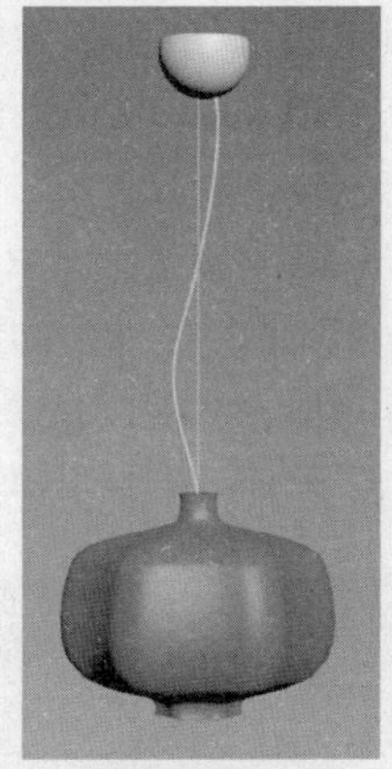

图 5-48

5.3.2 “放样”工具

“放样”工具的用法分为两种：一种是单截面放样变形，只用一次放样变形即可制作出所需要的形体；另一种是多截面放样变形，用于制作较复杂的几何形体，在制作过程中要进行多个路径的放样变形。

1. 单截面放样变形

下面先来介绍单截面放样变形。它是“放样”工具的基础，也是使用比较普遍的放样方法。

（1）在视口中创建一个圆和一条螺旋线。这两个二维图形可以随意创建。

（2）选中螺旋线，单击“＋（创建）>（几何体）> 复合对象”按钮，在命令面板中单击“放样”按钮，命令面板中会显示放样的修改参数，如图 5-49 所示。

（3）在“创建方法”卷展栏中单击“获取图形”按钮，在视口中单击圆，如图 5-50 所示。

（4）拾取图形后即可创建三维放样模型。

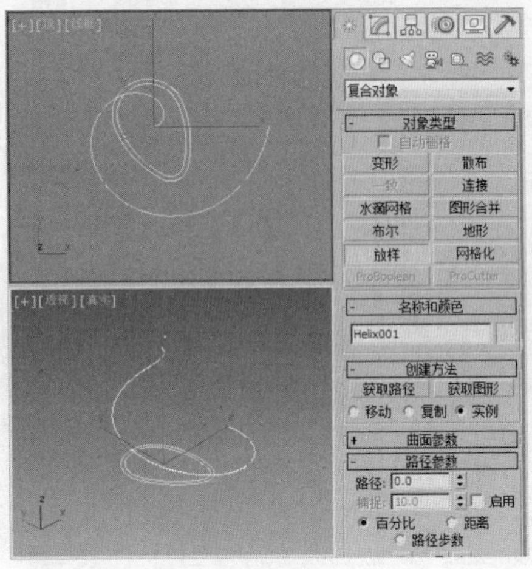

图 5-49

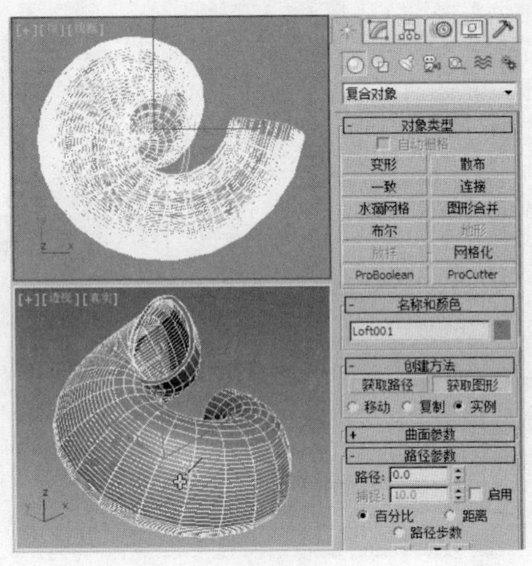

图 5-50

2. 多截面放样变形

在实际制作过程中，有一部分模型只用单截面放样是不能完成的，复杂的造型由不同的截面结合而成，所以就要用到多截面放样。

（1）在“顶”视口中分别创建圆、星形和多边形。在“前”视口中绘制一条直线，这几个二维图形可以随意创建。

（2）单击线将其选中，单击“＋（创建）>（几何体）> 复合对象 > 放样”按钮，在“创建方法”卷展栏中单击“获取图形”按钮，在视口中单击圆，此时直线变为圆柱体，如图 5-51 所示。

（3）在“路径参数”卷展栏中设置“路径”的数值为 45，在“创建方法”卷展栏中单击“获取图形”按钮，在视口中单击星形，如图 5-52 所示。

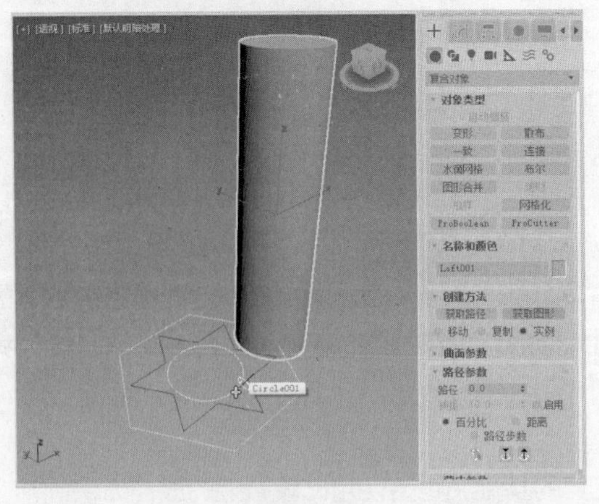

图 5-51

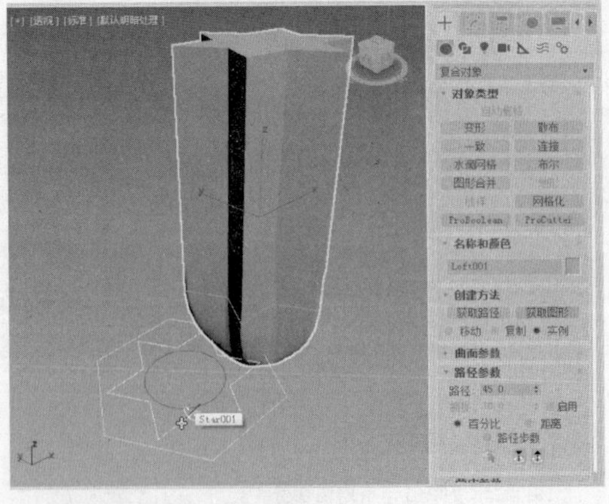

图 5-52

（4）将“路径”的数值设置为 80，单击“获取图形”按钮，在视口中单击星形，如图 5-53 所示。

（5）切换到（修改）命令面板，在修改命令堆栈中将选择集定义为“图形”，此时命令面板中会出现新的参数，在场景中框选放样的模型，选中 3 个放样图形，如图 5-54 所示。单击“比较”按钮，打开“比较”窗口，如图 5-55 所示。

（6）根据场景中选择图形的位置，在“比较”窗口中单击（拾取图形）按钮，在视口中分别在放样物体 3 个截面的位置上单击，将 3 个截面拾取到“比较”窗口中，如图 5-56 所示。

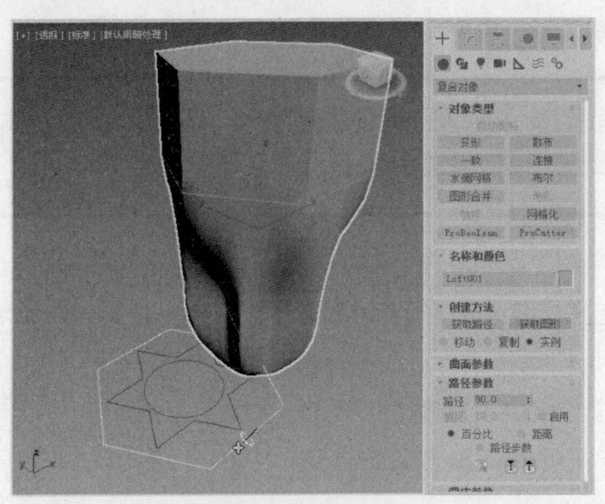

图 5-53　　图 5-54

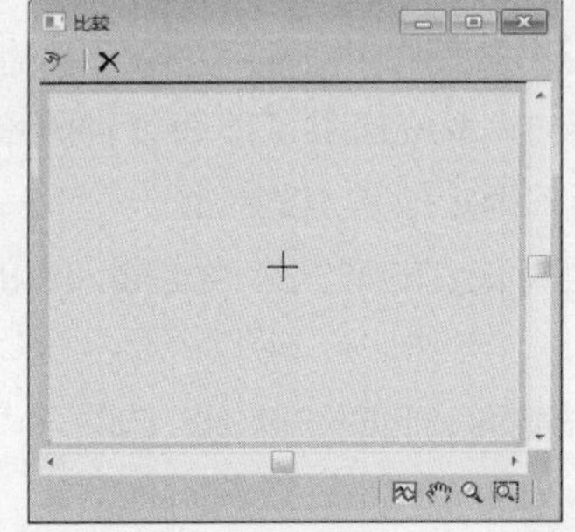

图 5-55

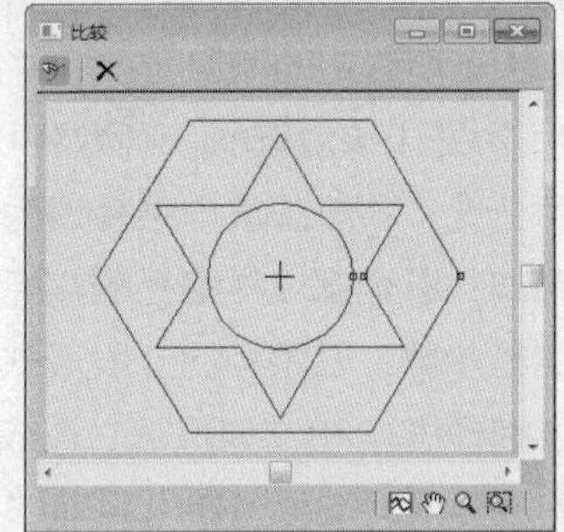

图 5-56

从“比较”窗口中可以看到 3 个截面图形的起始点，如果起始点没有对齐，则可以使用（选择并旋转）工具手动调整，使之对齐。

3. “放样”工具的参数

“放样”工具的参数由 5 部分组成，其中包括创建方法、曲面参数、变形、路径参数和蒙皮参数，如图 5-57 所示。下面只介绍其常用部分的作用。

（1）“创建方法”卷展栏

“创建方法”卷展栏用于决定在放样过程中使用哪一种方式来进行放样，如图 5-58 所示。

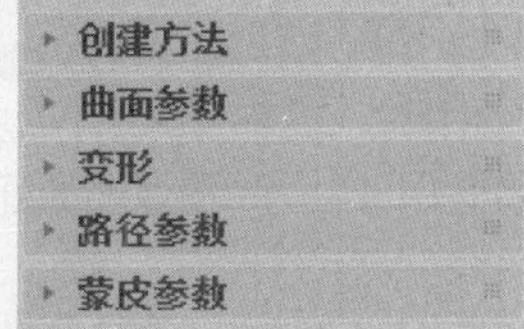

图 5-57

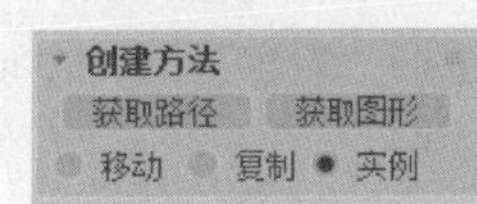

图 5-58

① 获取路径。如果已经选择了路径，则单击该按钮后，可到视口中拾取将要作为截面图形的图形。

② 获取图形。如果已经选择了截面图形，则单击该按钮后，可到视口中拾取将要作为路径的图形。

③ 移动。选中该单选按钮，直接用原始二维图形进入放样系统。

④ 复制。选中该单选按钮，复制一个二维图形进入放样系统，而其本身并不发生任何改变，此时原始二维图形和复制图形之间是完全独立的。

⑤ 实例。选中该单选按钮，原来的二维图形将继续保留，进入放样系统的只是它们各自的关联物体。可以将它们隐藏，以后需要对放样造型进行修改时，直接去修改它们的关联物体即可。

提 示

对于是先指定路径，再拾取截面图形，还是先指定截面图形，再拾取路径，本质上对造型的形态没有影响，只是出于位置放置的需要而选择了不同的方式。

（2）“路径参数”卷展栏

“路径参数”卷展栏用于设置沿放样物体路径上各个截面图形的间隔位置，如图 5-59 所示。

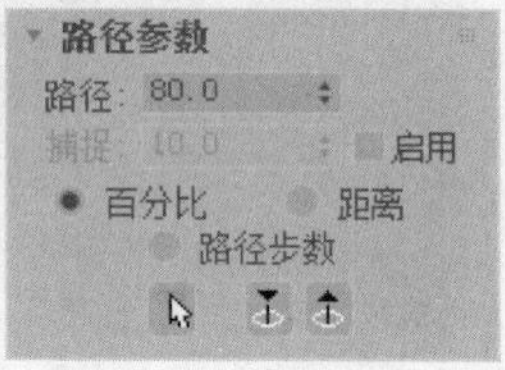

图 5-59

① 路径。该选项用于通过调整微调器或输入一个数值可设置插入点在路径上的位置。其路径的值取决于所选定的测量方式，并随着测量方式的改变而产生变化。

② 捕捉。该选项用于设置放样路径上截面图形固定的间隔距离。捕捉的数值也取决于所选定的测量方式，并随着测量方式的改变而产生变化。

③ 启用。选中该复选框，则激活“Snap（捕捉）”参数栏。系统提供了下面 3 种测量方式。

- 百分比：将全部放样路径设为 100%，以百分比的形式确定插入点的位置。
- 距离：以全部放样路径的实际长度为总数，以绝对距离长度的形式来确定插入点的位置。
- 路径步数：以路径的分段形式来确定插入点的位置。

④ 拾取图形。单击该按钮，在放样物体中手动拾取放样截面，此时“捕捉”选项不可用，并将所拾取到的放样截面的位置作为当前“路径”选项的值。

⑤ 上一个图形。单击该按钮，选择当前截面的前一截面。

⑥ 下一个图形。单击该按钮，选择当前截面的后一截面。

（3）“变形”卷展栏

“变形”卷展栏如图 5-60 所示。

图 5-60

① 缩放。单击该按钮，可以从单个图形中放样对象（如列和小喇叭），该图形在其沿着路径移动时只改变其缩放。要制作这些类型的对象时，请使用 Scale（缩放）变形。

② 扭曲。使用变形“扭曲”可以沿着对象的长度创建盘旋或扭曲的对象。扭曲将沿着路径指定旋转量。

③ 倾斜。“倾斜”变形围绕局部 x 轴和 y 轴旋转图形。当在“蒙皮参数”卷展栏中选择“轮廓”时，“倾斜”是 3ds Max 自动选择的工具。当手动控制轮廓效果时，请使用“倾斜”变形。

④ 倒角。在真实世界中遇到的每一个对象几乎都需要倒角。这是因为制作一个非常尖的边很困

难且耗时间，创建的大多数对象具有倒角或减缓的边。需要使用“倒角”变形来模拟这些效果。

⑤ 拟合。“拟合”变形可以使用两条“拟合”曲线来定义对象的顶部和侧剖面。当通过绘制放样对象的剖面来生成放样对象时，可使用“拟合”变形。

4. “倒角变形”对话框

变形曲线会作为使用常量值的直线。要生成更精细的曲线，可以插入控制点并更改它们的属性。使用“倒角变形”对话框的工具栏中的按钮可以插入和更改变形曲线控制点。下面以“倒角变形”对话框来介绍其中各按钮的功能，如图 5-61 所示。

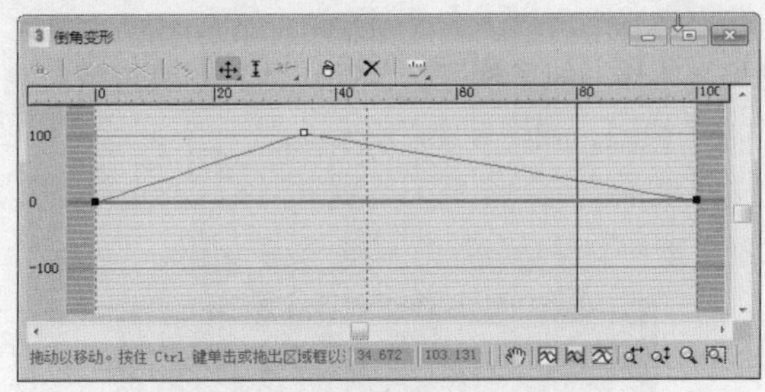

图 5-61

（1）均衡。“均衡”是一个动作按钮，也是一种曲线编辑模式，可以用于对轴和形状应用相同的变形。

（2）显示 x 轴。单击该按钮，将仅显示红色的 x 轴变形曲线。

（3）显示 y 轴。单击该按钮，将仅显示绿色的 y 轴变形曲线。

（4）显示 x、y 轴。单击该按钮，将同时显示 x 轴和 y 轴变形曲线，各条曲线使用各自的颜色。

（5）变换变形曲线。单击该按钮，将在 x 轴和 y 轴之间复制曲线。该按钮在启用“均衡”功能时是禁用的。

（6）移动控制点。单击该按钮，将更改变形的量（垂直移动）和变形的位置（水平移动）。

（7）缩放控制顶点。单击该按钮，将更改变形的量，而不更改位置。

（8）插入角点。单击该按钮后，单击变形曲线上的任意处都可以在该位置插入角点控制点。

（9）删除控制点。单击该按钮，将删除所选的控制点，也可以通过按 Delete 键的方法来删除所选的点。

（10）重置曲线。单击该按钮，将删除所有控制点（但两端的控制点除外），并恢复曲线的默认值。

（11）数值字段。仅当选择了一个控制点时，才能访问这两个字段。第一个字段提供了点的水平位置，第二个字段提供了点的垂直位置（或值）。可以使用键盘编辑这些字段。

（12）平移。单击该按钮，可在视口中拖动，可以向任意方向拖动视口视角。

（13）最大化显示。单击该按钮，将更改视口放大值，使整个变形曲线可见。

（14）水平方向最大化显示。单击该按钮，将更改沿路径长度进行的视口放大值，使得整个路径区域在“倒角变形”对话框中可见。

（15）垂直方向最大化显示。单击该按钮，将更改沿变形值进行的视口放大值，使得整个变形区域在“倒角变形”对话框中显示。

（16）水平缩放。单击该按钮，将更改沿路径长度进行的放大值。

（17）垂直缩放。单击该按钮，将更改沿变形值进行的放大值。

（18）缩放。单击该按钮，将更改沿路径长度和变形值进行的放大值，保持曲线纵横比。

（19）缩放区域。单击该按钮，将在变形栅格中拖动区域。区域会相应地放大，以填充“倒角变形”对话框。

课堂练习——骰子模型的制作

【知识要点】创建切角长方体作为骰子模型，创建球体并对其进行复制作为操作对象，通过使用“ProBoolean”工具来制作骰子模型，如图 5-62 所示。

【素材文件位置】素材文件/贴图。

【参考模型文件所在位置】素材文件/场景/第 5 章/骰子.max。

图 5-62

微课视频

骰子模型的制作

课后习题——文件架模型的制作

【知识要点】使用“长方体”“样条线”“壳”“挤出”和“ProBoolean”工具制作文件架模型，如图 5-63 所示。

【素材文件位置】素材文件/贴图。

【参考模型文件所在位置】素材文件/场景/第 5 章/文件架.max。

图 5-63

微课视频

文件架模型的制作

第 6 章 高级建模

本章介绍

通过前面讲解的建模方式只能够制作一些简单或粗糙的基本模型，要想表现和制作一些更加精细、复杂的模型就要使用高级建模方法。通过本章的学习，读者应掌握多边形建模、网格建模、NURBS 建模和面片建模 4 种常用的高级建模方法。

学习目标

- 熟练掌握使用多边形建模的方法
- 熟练掌握使用网格建模的方法
- 熟练掌握使用 NURBS 建模的方法
- 熟练掌握使用面片建模的方法

技能目标

- 掌握制作办公椅模型的方法和技巧
- 掌握制作盆栽模型的方法和技巧

6.1 多边形建模

“编辑多边形”修改器与“可编辑多边形”工具大部分功能相同，但“可编辑多边形”工具中包含“细分曲面”“细分置换”卷展栏，以及一些具体的设置选项。此外，“编辑多边形”修改器还具有“模型”和“动画”两种操作模式。在“模型”操作模式下，可以使用各种工具进行多边形的编辑；在“动画”操作模式下，可以结合“自动关键点”或“设置关键点”工具对多边形的参数更改设置动画，其中只有用于设置动画的功能可用。下面来学习多边形建模。

6.1.1 课堂案例——办公椅模型的制作

微课视频

办公椅模型的制作

【学习目标】学习多边形建模。

【知识要点】练习用基本的几何体创建基础模型和可渲染的图形，结合使用“编辑样条线”“编辑多边形”“涡轮平滑”“弯曲”等修改器制作出办公椅模型，如图 6-1 所示。

【素材文件位置】素材文件/贴图。

【模型文件所在位置】素材文件/场景/第 6 章/办公椅模型.max。

【参考模型文件所在位置】素材文件/场景/第 6 章/办公椅.max。

图 6-1

（1）单击“+（创建）> ●（几何体）>长方体”按钮，在“前”视口中创建长方体，在“参数”卷展栏中设置合适的参数，如图 6-2 所示。

（2）切换到（修改）命令面板，在堆栈工具中单击（配置修改器集）按钮，在弹出的下拉列表框中选择“配置修改器集”选项，如图 6-3 所示。

（3）在弹出的“配置修改器集”对话框中设置“按钮总数”为 8，在对话框左侧的“修改器”列表框中选择需要替换修改器的选项，在对话框右侧的“修改器”选项组中双击常用的修改器，将会在“修改器”选项组中显示相关按钮，以配置自己常用的修改器集，如图 6-4 所示，单击“确定”按钮。

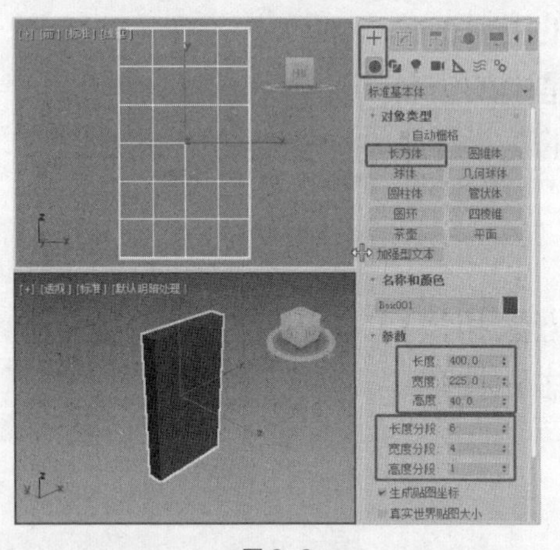

图 6-2

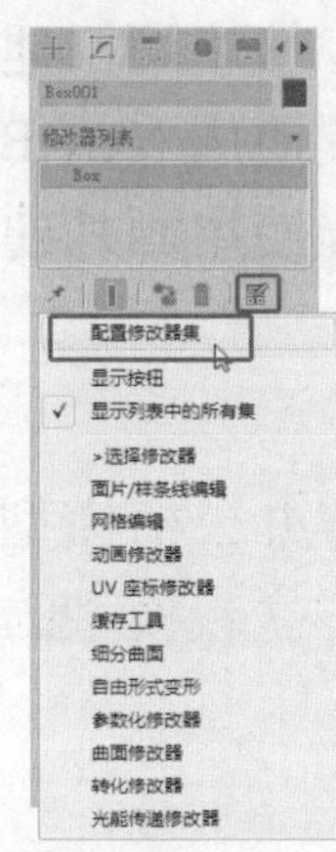

图 6-3

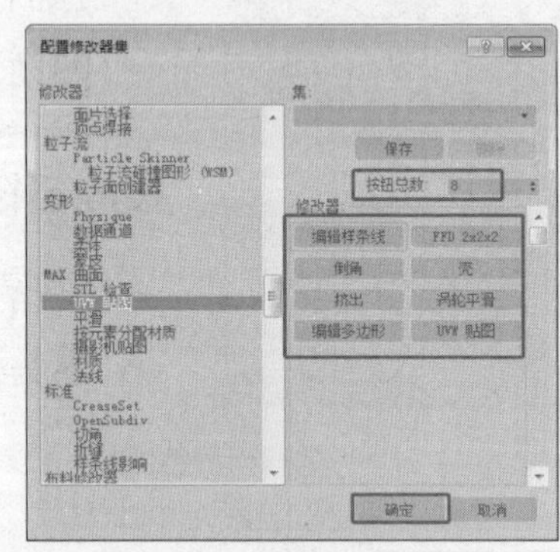

图 6-4

（4）继续单击（配置修改器集）按钮，在弹出的下拉列表框中选择“显示按钮”选项，如图 6-5 所示。

（5）为模型施加“编辑多边形”修改器，将选择集定义为“多边形”，在场景中选择正面的多边形，在“编辑几何体”卷展栏中单击“隐藏未选定对象”按钮，隐藏没有选择的多边形，如图 6-6 所示。

（6）将选择集定义为“顶点”，在场景中框选图 6-7 所示的顶点，在“编辑顶点”卷展栏中单击“挤出”右侧的（设置）按钮，在弹出的助手中设置挤出参数。

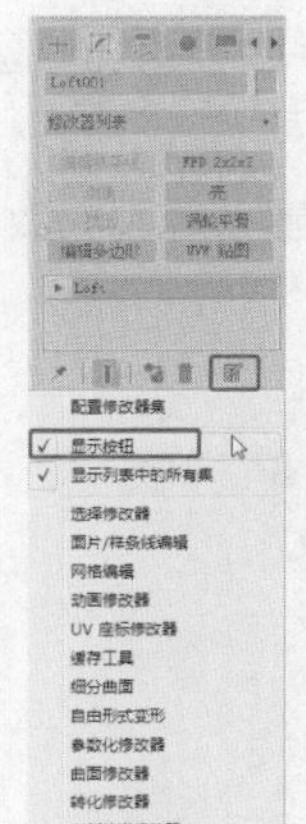

图 6-5

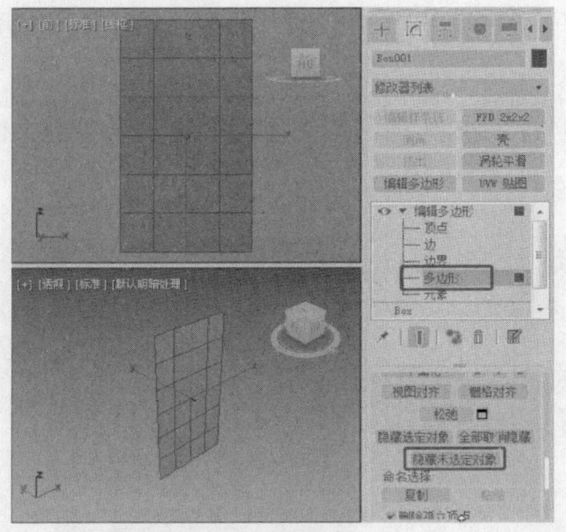

图 6-6

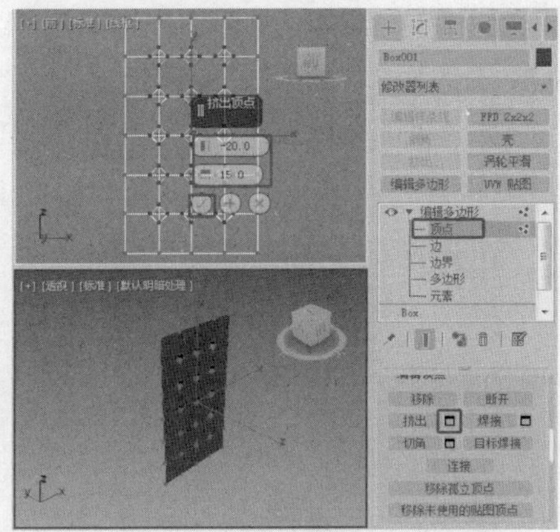

图 6-7

（7）将选择集定义为“边”，在场景中选择图 6-8 所示的边。

（8）在“编辑边”卷展栏中单击“挤出”右侧的■（设置）按钮，在弹出的助手中设置挤出参数，如图 6-9 所示。

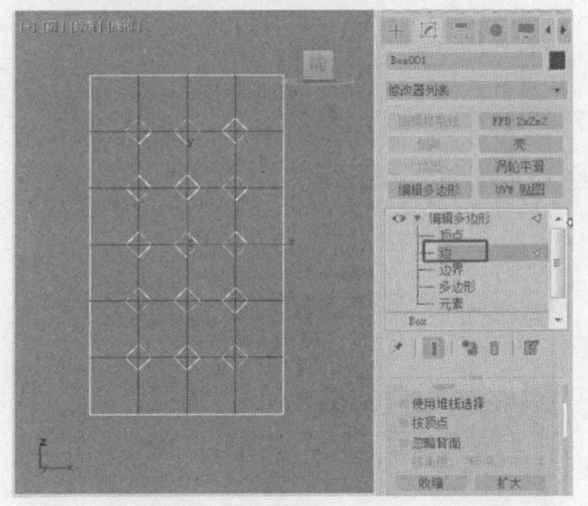

图 6-8

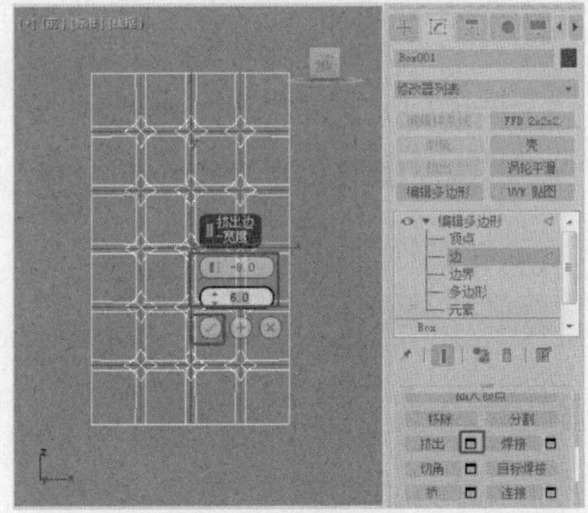

图 6-9

（9）将选择集定义为“多边形”，在“编辑几何体”卷展栏中单击“全部取消隐藏”按钮，将隐藏的多边形全部取消隐藏，如图 6-10 所示。

（10）将选择集定义为“边”，在场景中选择图 6-11 所示的边。

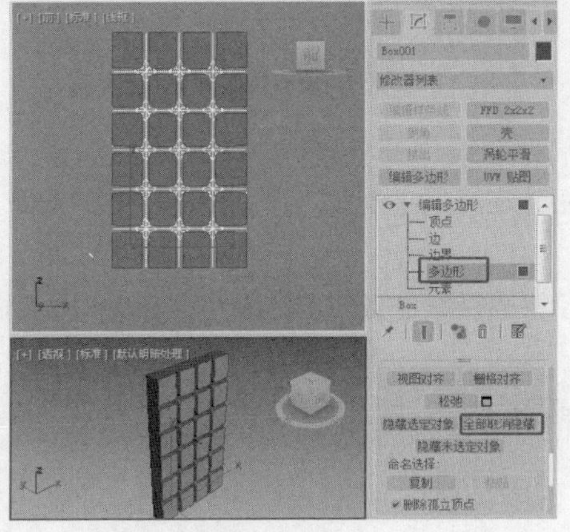

图 6-10

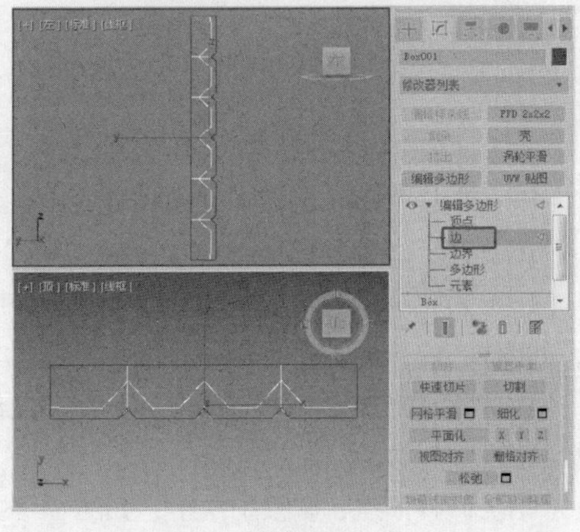

图 6-11

（11）在“编辑边”卷展栏中单击“切角”右侧的■（设置）按钮，在弹出的助手中设置切角量为3、分段为1，如图6-12所示。

（12）关闭选择集，为模型施加“涡轮平滑”修改器，在“涡轮平滑”卷展栏中设置“迭代次数”为2，如图6-13所示。

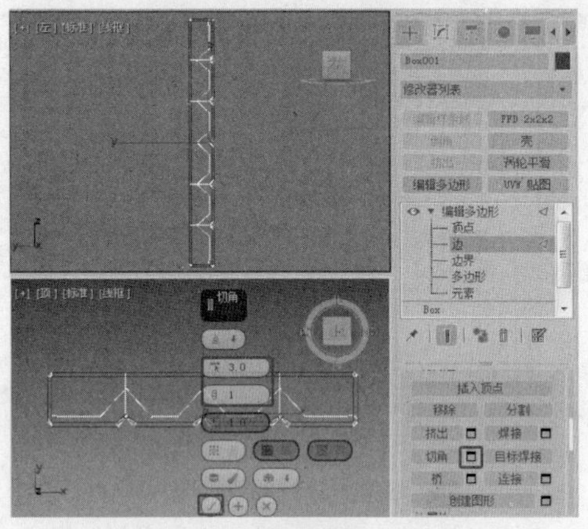

图6-12

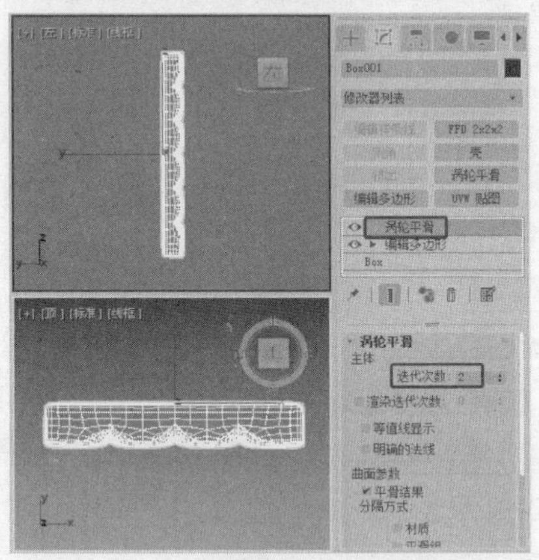

图6-13

（13）为模型施加“弯曲”修改器，在“参数”卷展栏中设置合适的参数，如图6-14所示。

（14）将选择集定义为“Gizmo”，在“左”视口中调整Gizmo，调整弯曲角度的位置，如图6-15所示。

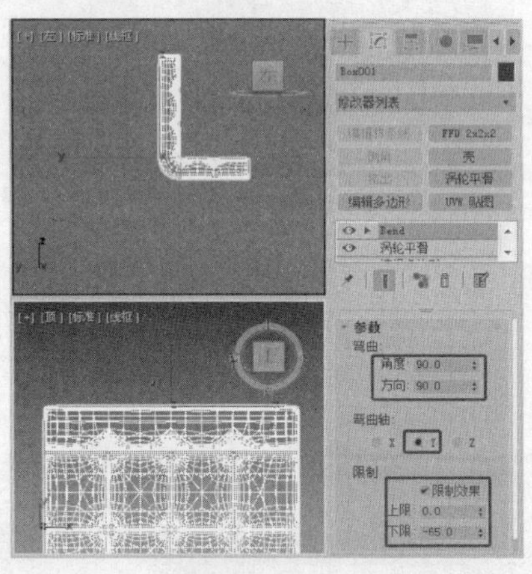

图6-14

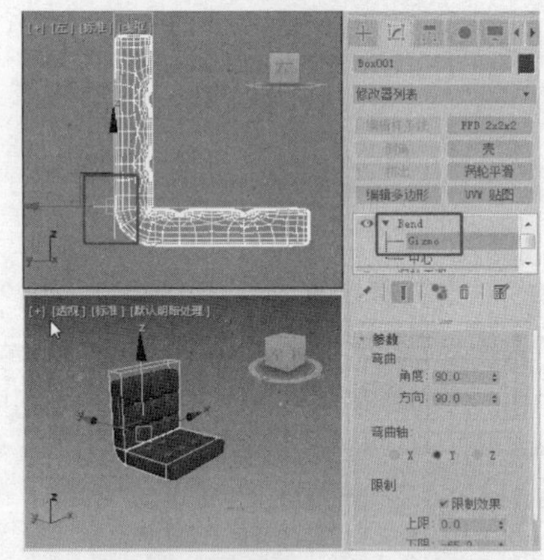

图6-15

（15）单击“+（创建）>（图形）>矩形”按钮，在场景中创建矩形，设置合适的参数，如图6-16所示。

（16）为可渲染的矩形施加“编辑样条线”修改器，将选择集定义为“分段”，在场景中删除分段，如图6-17所示。

（17）将选择集定义为“顶点”，在“几何体”卷展栏中单击“优化”按钮，在可渲染的样条线上添加控制点，如图6-18所示。

（18）调整顶点，调整出扶手，如图6-19所示。

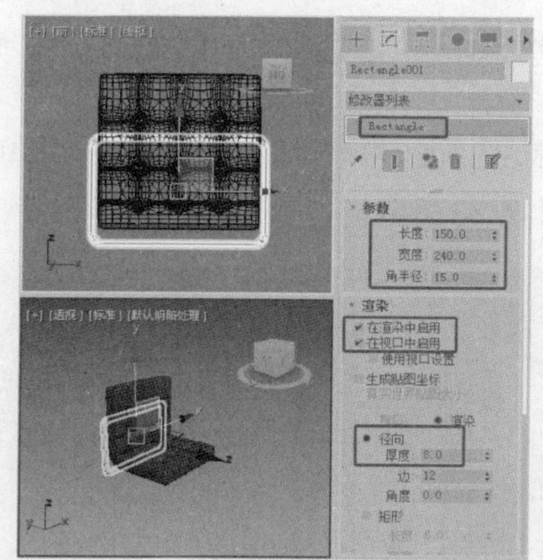

图 6-16

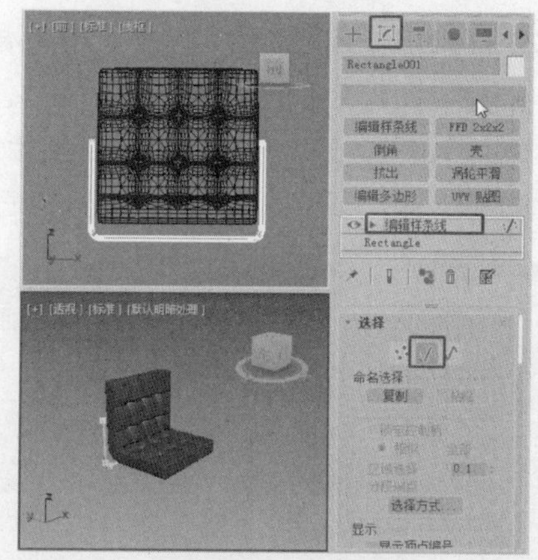

图 6-17

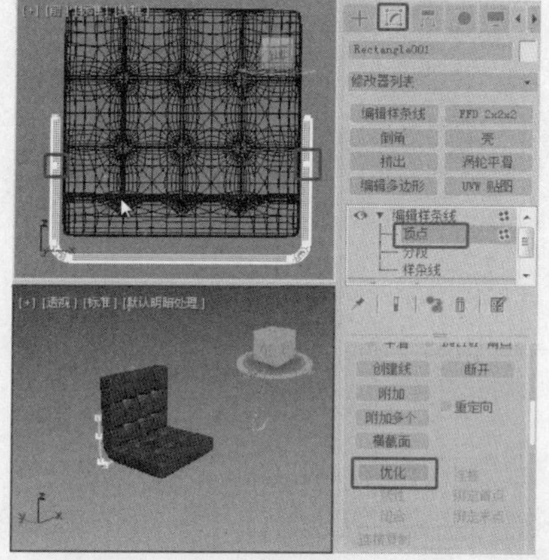

图 6-18

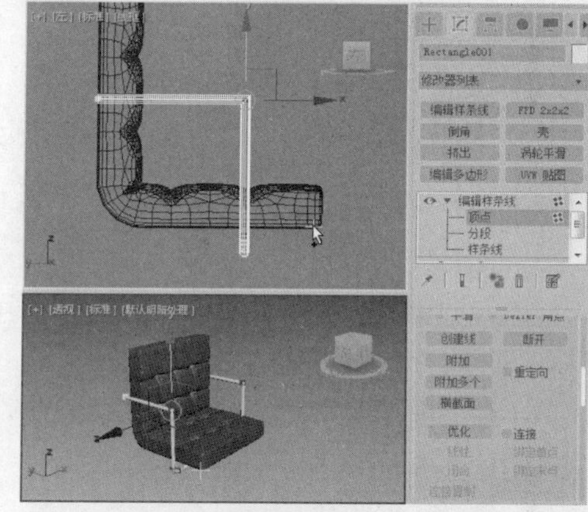

图 6-19

（19）在“几何体”卷展栏中单击“圆角”按钮，调整出扶手顶点的圆角效果，如图 6-20 所示。

（20）单击“+（创建）>（几何体）>扩展基本体>切角圆柱体”按钮，在“前”视口中创建切角圆柱体，并在场景中调整模型的位置，在“参数”卷展栏中设置合适的参数，对模型进行复制，如图 6-21 所示。

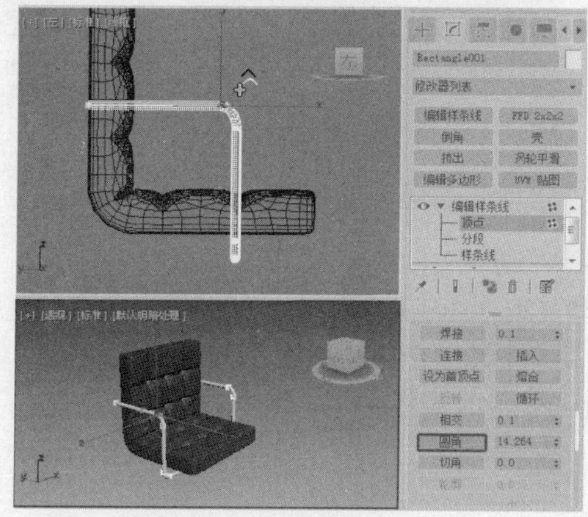

图 6-20

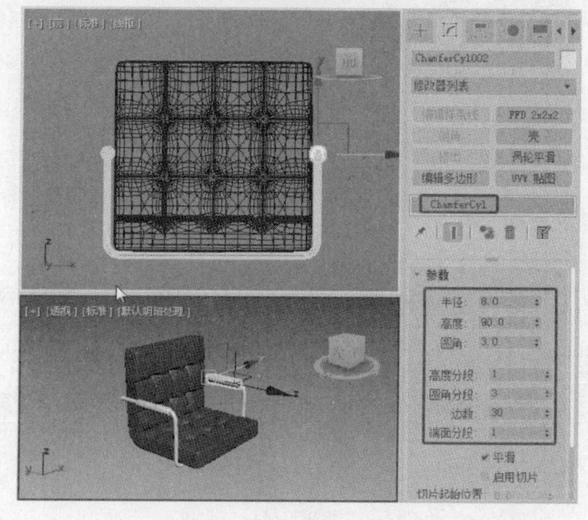

图 6-21

（21）单击“ +（创建）> ●（几何体）>圆柱体”按钮，在“顶”视口中创建圆柱体，在“参数”卷展栏中设置合适的参数，如图 6-22 所示。

（22）单击“ +（创建）> ●（几何体）>扩展基本体>切角圆柱体”按钮，在“顶”视口中创建切角圆柱体，在“参数”卷展栏中设置合适的参数，如图 6-23 所示。

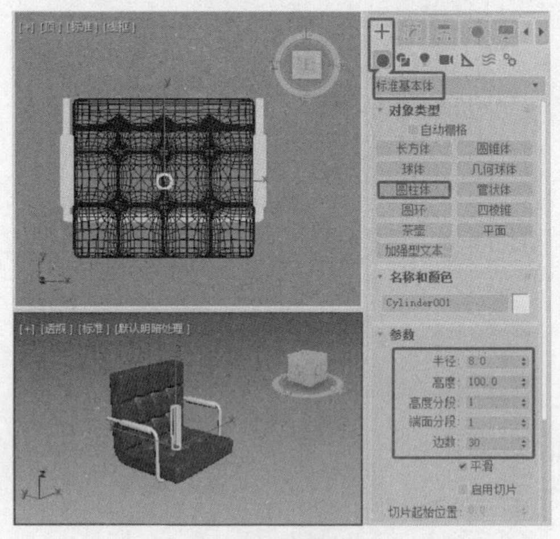
图 6-22

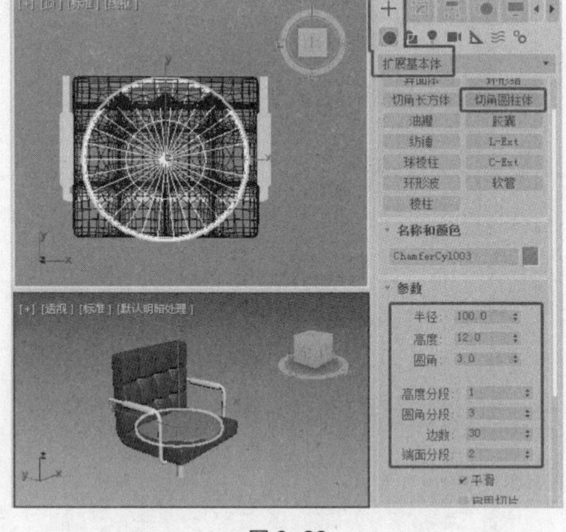
图 6-23

（23）为切角圆柱体施加“编辑多边形”修改器，将选择集定义为“顶点”，在“顶”视口中缩放顶点，如图 6-24 所示。

（24）在“前”视口中向上移动顶点，如图 6-25 所示。

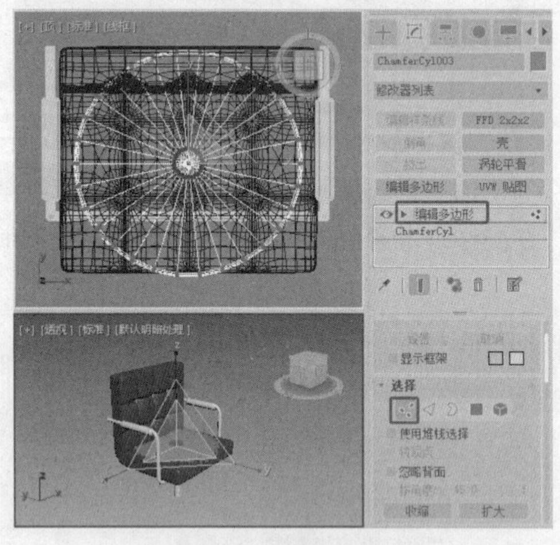
图 6-24

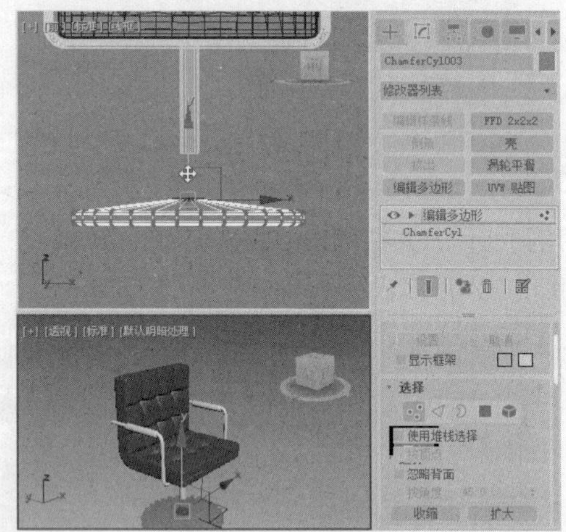
图 6-25

（25）将选择集定义为“多边形”，在场景中选择缩放顶点中的多边形，在“编辑多边形”卷展栏中单击“挤出”右侧的▣（设置）按钮，在弹出的助手中设置合适的参数，如图 6-26 所示。

（26）调整各个模型的位置，这样办公椅模型就制作完成了，如图 6-27 所示。

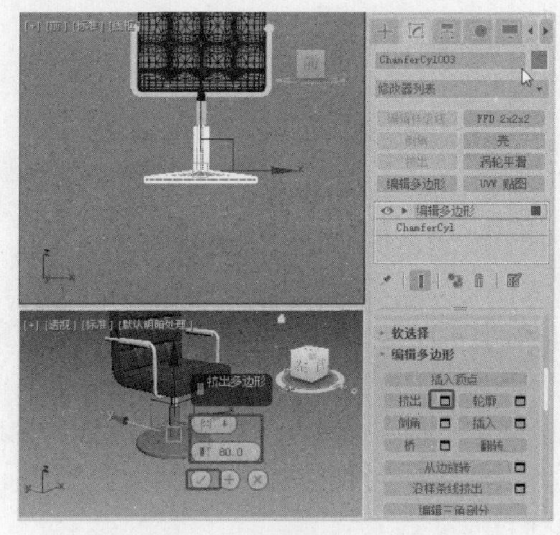

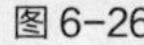
图 6-26

图 6-27

6.1.2 “编辑多边形”修改器

“编辑多边形”对象也是一种网格对象，它在功能和使用上几乎和“编辑网格”是一致的。不同的是，“编辑网格”是由三角形面构成的框架结构，而“编辑多边形”对象既可以是三角网格模型，又可以是四边或其他网格模型，其功能也比“编辑网格”强大。

创建一个三维模型后，确认该物体处于被选状态，切换到（修改）命令面板，在“修改器列表”下拉列表框中选择“编辑多边形”选项即可。也可以在创建模型后，用鼠标右键单击模型，在弹出的快捷菜单中选择“转换为 > 转换为可编辑多边形”命令，将模型转换为“可编辑多边形”模型。

“编辑多边形”修改器与“可编辑多边形”工具大部分功能相同，但卷展栏功能有不同之处，如图 6-28 所示。

（1）“编辑多边形”是一个修改器，具有修改器状态所说明的所有属性，其中包括在堆栈中将“编辑多边形”放到基础对象和其他修改器上方，在堆栈中将修改器移动到不同位置及对同一对象应用多个“编辑多边形”修改器（每个修改器包含不同的建模或动画操作）的功能。

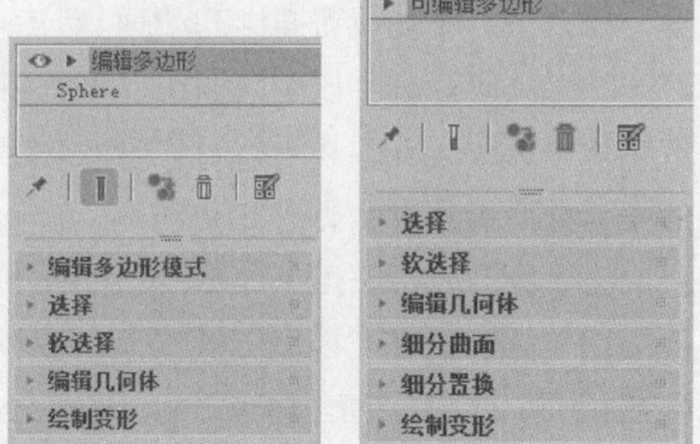

图 6-28

（2）“编辑多边形”有“模型”和“动画”两种不同的操作模式。

（3）“编辑多边形”中不再包括始终启用的“完全交互”功能。

（4）“编辑多边形”提供了两种从堆栈下部获取现有选择的新方法：使用堆栈选择和获取堆栈选择。

（5）“编辑多边形”中缺少“可编辑多边形”的“细分曲面”和“细分置换”卷展栏。

（6）在“动画”操作模式中，通过单击“切片”而不是“切片平面”按钮来开始切片操作。也可以通过单击“切片平面”按钮来移动平面，用以设置切片平面的动画。

6.1.3 “编辑多边形”修改器的参数

1. 子物体层级

“编辑多边形”修改器的子物体层级如图 6-29 所示，详解如下。

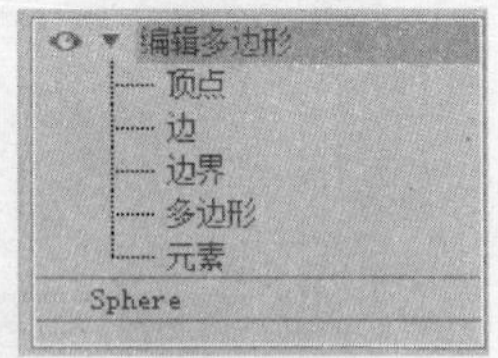

图 6-29

（1）顶点。顶点即位于相应位置的点。它们定义了构成多边形对象的其他子对象的结构。当移动或编辑顶点时，它们形成的几何体也会受到影响。顶点也可以独立存在；这些孤立的顶点可以用来构建其他几何体，但在渲染时，它们是不可见的。当将选择集定义为“顶点”时，可以选择单个或多个顶点，并且使用标准方法来移动它们。

（2）边。边即连接两个顶点的直线，它可以形成多边形的边。边不能由两个以上的多边形共享。另外，两个多边形的法线应相邻。如果不相邻，则应卷起共享顶点的两条边。当将选择集定义为“边”时，可选择一条或多条边，并使用标准方法来变换它们。

（3）边界。边界即网格的线性部分，通常可以描述为孔洞的边缘。它通常是多边形仅位于一面时的边序列。例如，长方体没有边界，但茶壶对象有若干边界：壶盖、壶身、壶嘴和壶把上均有边界。如果创建圆柱体，则删除末端多边形后，相邻的一行边会形成边界。当将选择集定义为“边界”时，可选择一个或多个边界，并使用标准方法来变换它们。

（4）多边形。多边形即通过曲面连接的 3 条或多条边的封闭序列。多边形提供“编辑多边形”对象的可渲染曲面。当将选择集定义为“多边形”时，可选择单个或多个多边形，并使用标准方法来变换它们。

（5）元素。元素即两个或两个以上可组合为一个更大对象的单个网格对象。

2. “编辑多边形模式”卷展栏

“编辑多边形模式”卷展栏是“编辑多边形”修改器中的公共参数卷展栏，无论当前处于何种选择集，都有该卷展栏，如图 6-30 所示。

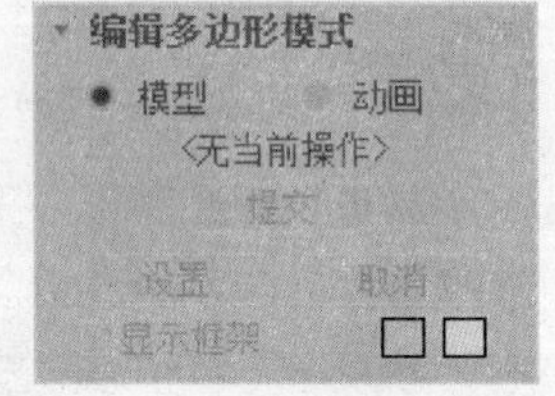

图 6-30

（1）模型。选中该单选按钮，可使用“编辑多边形”功能建模。在“模型”模式下，不能设置操作的动画。

（2）动画。选中该单选按钮，可使用“编辑多边形”功能设置动画。除选中该单选按钮外，必须启用“自动关键点”或使用“设置关键点”才能设置子对象变换和参数更改的动画。

（3）标签。标签用于显示当前存在的任何选项；否则，它显示“<无当前操作>”。

（4）提交。在“模型”模式下，使用小盒接受任何更改并关闭小盒（该按钮与小盒上的“确定”按钮相同）。在“动画”模式下，冻结已设置动画的选择在当前帧的状态，并关闭对话框，会丢失所有现有关键帧。

（5）设置。单击该按钮，将切换当前选项的小盒。

（6）取消。单击该按钮，将取消最近使用的选项。

（7）显示框架。单击该按钮，将在修改或细分之前，切换显示编辑多边形对象的两种颜色线框。框架颜色显示为复选框右侧的色样：第一种颜色表示未选定的子对象，第二种颜色表示选定的子对象。通过单击其色样可以更改颜色。“显示框架”切换只能在子对象层级使用。

3. “选择”卷展栏

“选择”卷展栏是“编辑多边形”修改器中的公共参数卷展栏，无论当前处于何种选择集，都有该卷展栏。该卷展栏是比较实用的，如图 6-31 所示。

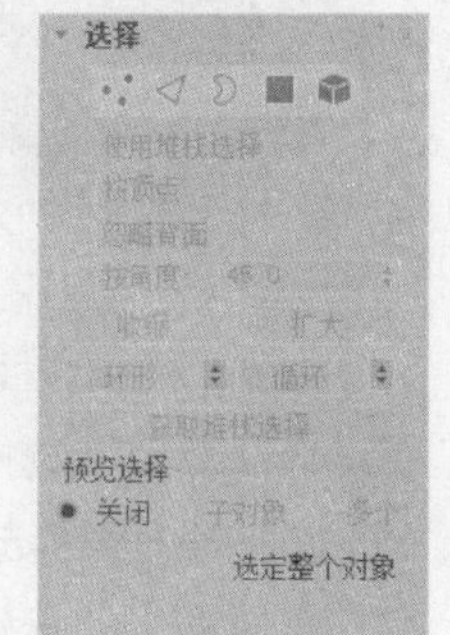

图 6-31

（1）（顶点）。访问“顶点”子对象层级，可从中选择光标下的顶点；区域选择将选择区域中的顶点。

（2）（边）。访问“边”子对象层级，可从中选择光标下的多边形的边，也可框选区域中的多条边。

（3）（边界）。访问“边界”子对象层级，可从中选择构成网格中孔洞边框的一系列边。

（4）（多边形）。访问“多边形”子对象层级，可选择光标下的多边形；区域选择将选中区域中的多个多边形。

（5）（元素）。访问“元素”子对象层级，可以选择对象中所有相邻的多边形；区域选择用于选择多个元素。

（6）使用堆栈选择。选中该复选框时，编辑多边形自动使用在堆栈中向上传递的任何现有子对象选择，并禁止用户手动更改选择。

（7）按顶点。选中该复选框时，只有通过选择所用的顶点，才能选择子对象。单击顶点时，将选择使用该选定顶点的所有子对象。该功能在“顶点”子对象层级上不可用。

（8）忽略背面。选中该复选框后，选择子对象将只影响朝向用户的那些对象。

（9）按角度。选中该复选框时，选择一个多边形会基于复选框右侧的角度设置同时选择相邻多边形。该值可以确定要选择的邻近多边形之间的最大角度。该功能仅在多边形子对象层级可用。

（10）收缩。单击该按钮，将取消选择最外部的子对象，缩小子对象的选择区域。如果不再减少选择区域的面积，则可以取消选择其余的子对象，如图 6-32 所示。

（11）扩大。单击该按钮，将向所有可用方向扩展选择区域，如图 6-33 所示。

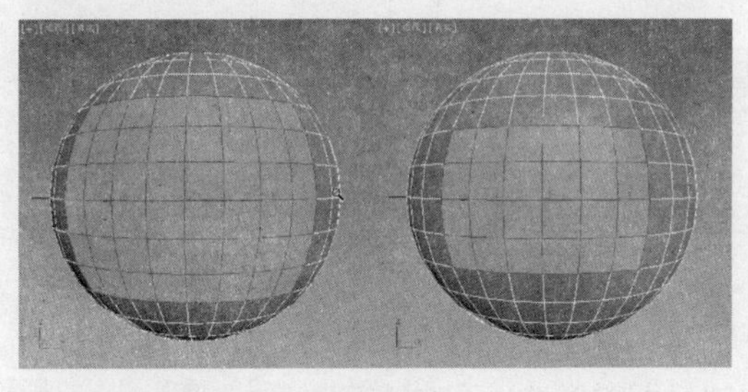
图 6-32

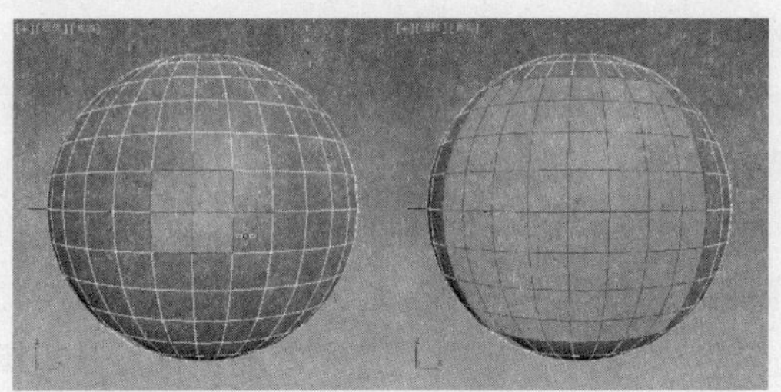
图 6-33

（12）环形。“环形”按钮右侧的微调器允许用户在任意方向将选择移动到相同环上的其他边，即相邻的平行边，如图 6-34 所示。如果选择了“循环”选项，则可以使用该功能选择相邻的循环。循环只适用于边和“边界”子对象层级。

（13）循环。该选项用于在与所选边对齐的同时，尽可能远地扩展边的选定范围。循环选择仅通过四向连接进行传播，如图 6-35 所示。

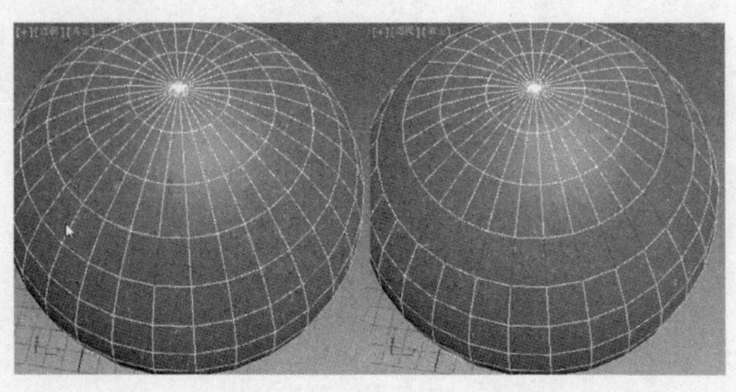
图 6-34

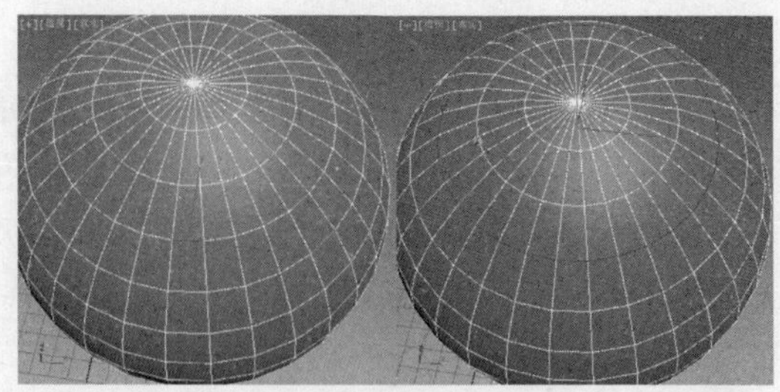
图 6-35

（14）获取堆栈选择。该选项用于在堆栈中向上传递的子对象中选择替换当前选择，并可以使用标准方法修改此选择。

（15）“预览选择”选项组。提交到子对象选择之前，该选项组允许进行预览。根据光标的位置，用户可以在当前子对象层级预览，或者自动切换子对象层级。

① 关闭：预览不可用。

② 子对象：仅在当前子对象层级启用预览，如图 6-36 所示。

③ 多个：可在当前子对象层级启用预览，根据光标的位置，也可在顶点、边和“多边形”子对象层级级别之间自动变换。

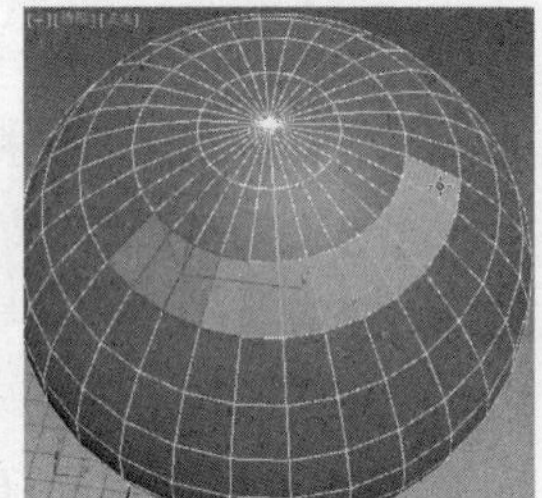
图 6-36

（16）选定整个对象。“选择”卷展栏底部是一个文本框，提供了有关当前选择的信息。如果没有子对象被选中，或者选中了多个子对象，那么该文本框中会给出选择的数目和类型。

4. “软选择”卷展栏

“软选择”卷展栏是“编辑多边形”修改器中的公共参数卷展栏，无论当前处于何种选择集，都有该卷展栏，如图 6-37 所示。

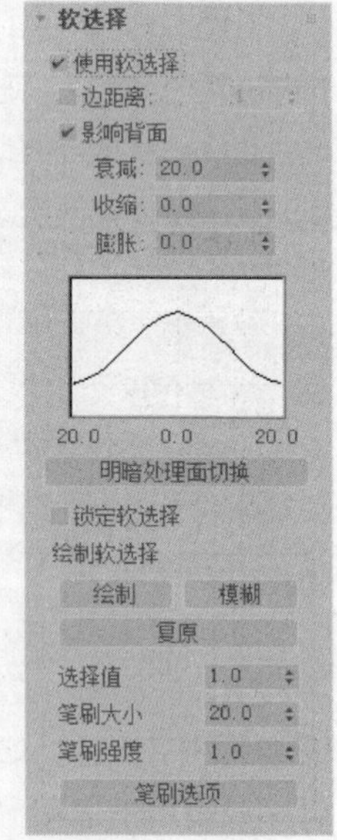

图 6-37

（1）使用软选择。选中该复选框后，3ds Max 会将样条线曲线变形应用到所变换的选择周围的未选定子对象上。要产生效果，必须在变换或修改选择之前选中该复选框。

（2）边距离。选中该复选框后，将软选择限制到指定的面数，该选择在进行选择的区域和软选择的最大范围之间。

（3）影响背面。选中该复选框后，那些法线方向与选定子对象平均法线方向相反的、取消选择的面就会受到软选择的影响。

（4）衰减。该选项用于定义影响区域的距离，它是用当前单位表示的从中心到球体的边的距离。使用越高的衰减设置，可以实现越平缓的斜坡，具体情况取决于几何体比例。

（5）收缩。该选项用于沿着垂直轴提高并降低曲线的顶点，设置区域的相对“突出度”。该选项的数值为负数时，将生成凹陷，而不是点。当将该选项的数值设置为 0 时，收缩将跨越该轴生成平滑变换。

（6）膨胀。该选项用于沿着垂直轴展开和收缩曲线。

（7）明暗处理面切换。单击该按钮，将显示颜色渐变，它与软选择权重相适应。

（8）锁定软选择。选中该复选框后，将禁用标准软选择功能，通过锁定标准软选择的一些调节数值，避免程序选择对其进行更改。

（9）“绘制软选择”选项组。该选项组用于通过鼠标在视口上指定软选择，并通过绘制不同权重的不规则形状来表达想要的选择效果。与标准软选择相比，绘制软选择可以更灵活地控制软选择图形的范围，让用户不再受固定衰减曲线的限制。

① 绘制。单击该按钮，在视口中拖动光标，可在当前对象上绘制软选择。

② 模糊。单击该按钮，将软化现有绘制的软选择的轮廓。

③ 复原。单击该按钮，在视口中拖动光标，可复原当前的软选择。

④ 选择值。该选项用于设置绘制或复原软选择的最大权重，最大值为 1。

⑤ 笔刷大小。该选项用于设置绘制软选择的笔刷大小。

⑥ 笔刷强度。该选项用于设置绘制软选择的笔刷强度，强度越高，达到完全值的速度越快。

⑦ 笔刷选项。通过单击该按钮可弹出绘制笔刷对话框，以自定义笔刷的形状、镜像、压力设置等相关属性。

5. “编辑几何体”卷展栏

“编辑几何体”卷展栏是“编辑多边形”修改器中的公共参数卷展栏，无论当前处于何种选择集，都有该卷展栏。该卷展栏在调整模型时是使用最多的，如图 6-38 所示。

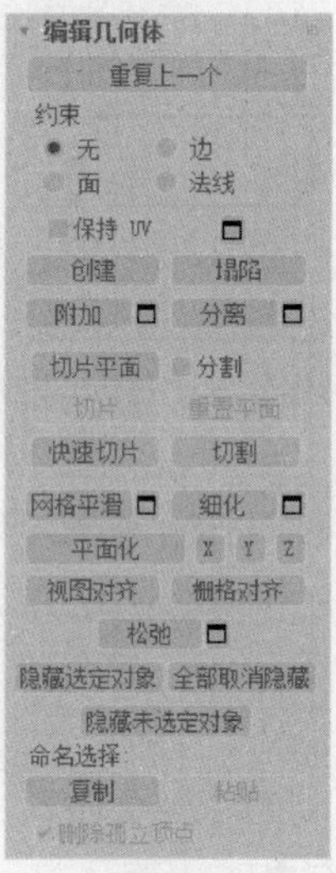

图 6-38

（1）重复上一个。该按钮用于重复最近使用的功能。

（2）“约束”选项组。通过该选项组，可以使用现有的几何体约束子对象的变换。

① 无：没有约束。这是默认设置。

② 边：约束子对象到边界的变换。

③ 面：约束子对象到单个曲面的变换。

④ 法线：约束每个子对象到其法线（或法线平均）的变换。

（3）保持 UV。选中该复选框，可以编辑子对象，而不影响对象的 UV 贴图。

（4）创建。该按钮用于创建新的几何体。

（5）塌陷。通过将其顶点与选择中心的顶点焊接起来，使连续选定子对象的组产生塌陷，如图 6-39 所示。

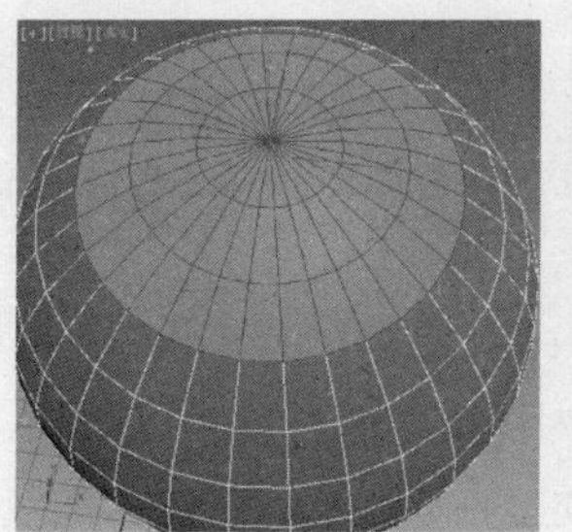
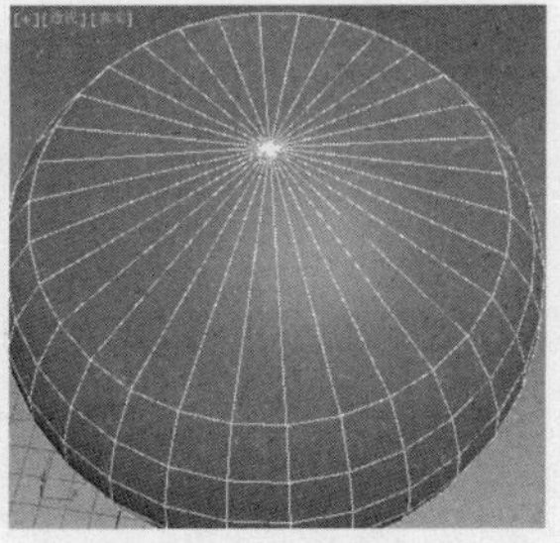
图 6-39

（6）附加。该按钮用于将场景中的其他对象附加到选定的多边形对象中。单击“附加列表”按钮，在弹出的对话框中可以选择一个或多个对象进行附加。

（7）分离。该按钮用于将选定的子对象和附加到子对象的多边形作为单独的对象或元素进行分离。单击□（设置）按钮，在弹出的分离对话框中可设置多个选项。

（8）切片平面。该按钮用于为切片平面创建 Gizmo，可以定位和旋转它，以指定切片位置。

（9）分割。选中该复选框时，通过快速切片和分割操作，可以在划分边的位置处创建两个顶点集。

（10）切片。该按钮用于在切片平面位置处执行切片操作。只有启用切片平面功能时，才能使用该按钮。

（11）重置平面。该按钮用于将切片平面恢复到其默认位置和方向。只有启用切片平面功能时，才能使用该按钮。

（12）快速切片。该按钮用于将对象快速切片，而不操纵 Gizmo。方法：进行选择，并单击"快速切片"按钮，在切片的起点处单击一次，在其终点处单击一次。激活该按钮时，可以继续对选定内容执行切片操作。要停止切片操作，可在视口中单击鼠标右键，或者重新单击"快速切片"按钮将其关闭。

（13）切割。该按钮用于创建一个多边形到另一个多边形的边，或在多边形内创建边。方法：单击起点，并移动光标，再次移动鼠标并单击，以便创建新的连接边。单击鼠标右键，可以退出当前切割操作，开始新的切割，再次单击鼠标右键即退出切割模式。

（14）网格平滑。该按钮用于使用当前设置平滑对象。

（15）细化。该按钮用于根据细化设置细分对象中的所有多边形。单击□（设置）按钮，以便指定平滑的应用方式。

（16）平面化。该按钮用于强制所有选定的子对象成为共面。该平面的法线是选择的平均曲面法线。

（17）X、Y、Z。这 3 个按钮用于平面化选定的所有子对象，并使该平面与对象的局部坐标系中的相应平面对齐。例如，使用的平面是与按钮轴相垂直的平面，因此，单击"X"按钮时，可以使该对象与局部 y 轴和 x 轴对齐。

（18）视图对齐。该按钮用于使对象中的所有顶点与活动视口所在的平面对齐。在子对象层级，此功能只会影响选定顶点或属于选定子对象的那些顶点。

（19）栅格对齐。该按钮用于使选定对象中的所有顶点与活动视口所在的平面对齐。在子对象层级，此功能只会对齐选定的子对象。

（20）松弛。单击该按钮，将使用当前的松弛设置，即将松弛功能应用于当前选择。松弛可以规格化网格空间，方法是朝着邻近对象的平均位置移动每个顶点。单击□（设置）按钮，以便指定松弛功能的应用方式。

（21）隐藏选定对象。该按钮用于隐藏选定的子对象。

（22）全部取消隐藏。该按钮用于将隐藏的子对象恢复为可见。

（23）隐藏未选定对象。该按钮用于隐藏未选定的子对象。

（24）命名选择。该选项用于复制和粘贴对象之间的子对象的命名选择集。

（25）复制。单击该按钮，在弹出的对话框中可以指定要放置在复制缓冲区中的命名选择集。

（26）粘贴。该按钮用于从复制缓冲区中粘贴命名选择。

（27）删除孤立顶点。选中该复选框时，在删除连续子对象的选择时删除孤立顶点；取消选中该复选框时，在删除子对象时会保留所有顶点。默认设置为选中。

6. “绘制变形”卷展栏

“绘制变形”卷展栏是“编辑多边形”修改器中的公共参数卷展栏，无论当前处于何种选择集，都有该卷展栏，如图 6-40 所示。

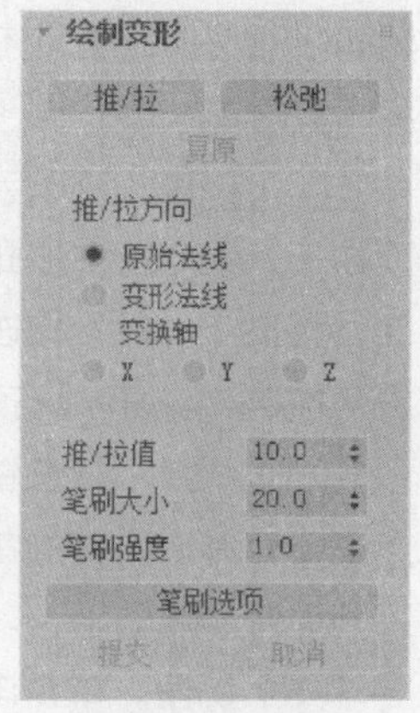

图 6-40

（1）推/拉。该按钮用于将顶点移入对象曲面内（推）或移出曲面外（拉）。推拉的方向和范围由推/拉值所确定。

（2）松弛。该按钮用于将每个顶点移到由它的邻近顶点平均位置所计算出来的位置上，以规格化顶点之间的距离。

（3）复原。通过绘制可以逐渐擦除反转推/拉或松弛的效果。该按钮仅影响从最近的提交操作开始变形的顶点。如果没有顶点可以复原，则“复原”按钮不可用。

（4）“推/拉方向”选项组。该选项组用以指定对顶点的推或拉是根据曲面法线、原始法线或变形法线进行，还是沿着指定轴进行。

① 原始法线：选中该单选按钮后，对顶点的推或拉会使顶点以它变形之前的法线方向进行移动。重复应用绘制变形总是将每个顶点以它最初移动时的相同方向进行移动。

② 变形法线：选中该单选按钮后，对顶点的推或拉会使顶点以它现在的法线（即变形后的法线）方向进行移动。

③ 变换轴（X、Y、Z）：选中该单选按钮后，对顶点的推或拉会使顶点沿着指定的轴进行移动。

（5）推/拉值。该选项用于确定单个推/拉操作应用的方向和最大范围。该值为正值时，将顶点拉出对象曲面，该值为负值时，将顶点推入曲面。

（6）笔刷大小。该选项用于设置圆形笔刷的半径。

（7）笔刷强度。该选项用于设置笔刷应用推/拉值的速率。低强度值应用效果的速率要比高强度值应用效果的速率低。

（8）笔刷选项。单击该按钮，在弹出的“绘制选项”对话框中可以设置各种笔刷相关的参数。

（9）提交。该按钮用于使变形的更改永久化。在使用“提交”按钮后，无法将“复原”应用到更改上。

（10）取消。该按钮用于取消自最初应用绘制变形以来的所有更改，或取消最近的提交操作。

7. “编辑顶点”卷展栏

只有将选择集定义为“顶点”时，才会显示“编辑顶点”卷展栏，如图 6-41 所示。

（1）移除。该按钮用于删除选中的顶点，并接合起使用这些顶点的多边形，如图 6-42 所示。

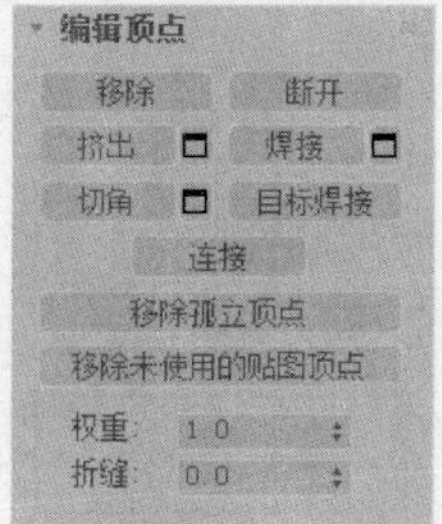

图 6-41

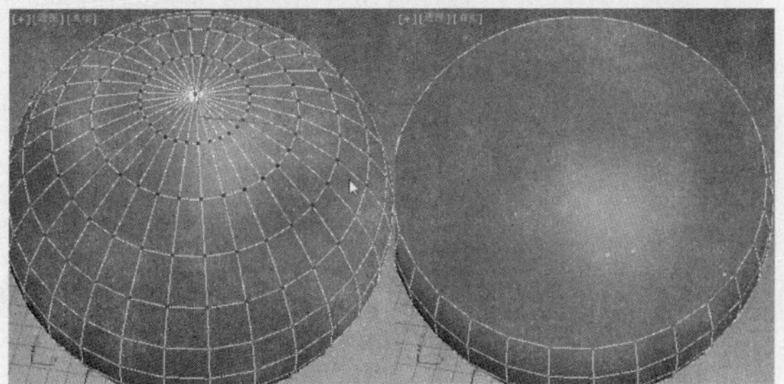

图 6-42

（2）断开。该按钮用于在与选定顶点相连的每个多边形上都创建一个新顶点，这可以使多边形的转角相互分开，使其不再相连于原来的顶点上。如果顶点是孤立的或者只有一个多边形使用，则顶点将不受影响。

（3）挤出。可以手动挤出顶点，方法是在视口中直接操作。单击该按钮，将光标垂直拖动到任何顶点上，就可以挤出此顶点。挤出顶点时，它会沿法线方向移动，并且创建新的多边形，形成挤出的面，将顶点与对象相连。挤出对象的面的数目，与原来使用挤出顶点的多边形数目一样。单击■（设置）按钮，打开挤出顶点助手，以便通过交互式操纵执行挤出操作。

（4）焊接。该按钮用于对焊接助手中指定的公差范围内选定的连续顶点进行合并。所有边都会与产生的单个顶点连接。单击■（设置）按钮，打开焊接顶点助手，以便设定焊接阈值。

（5）切角。单击该按钮，在活动对象中拖动顶点。如果想准确地设置切角，则可先单击■（设置）按钮，再设置切角量值，如图 6-43 所示。如果选定多个顶点，那么它们都会被施加同样的切角。

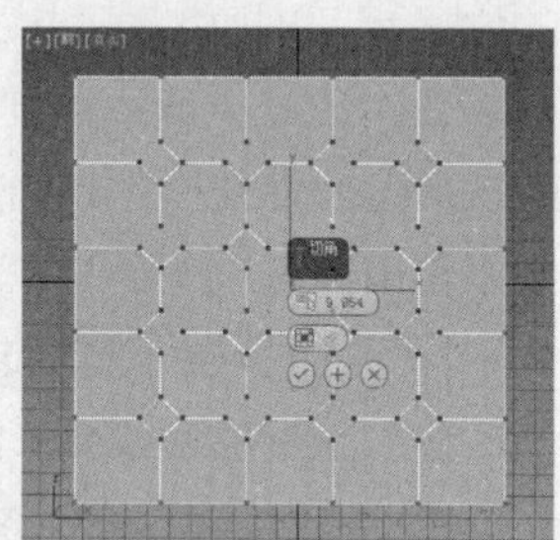
图 6-43

（6）目标焊接。可以选择一个顶点，并将它焊接到相邻目标顶点，如图 6-44 所示。目标焊接只焊接成对的连续顶点，也就是说，顶点有一个边相连。

（7）连接。该按钮用于在选中的顶点对之间创建新的边，如图 6-45 所示。

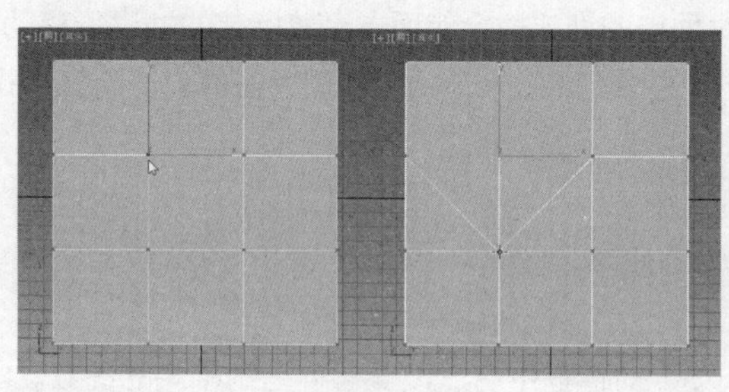
图 6-44

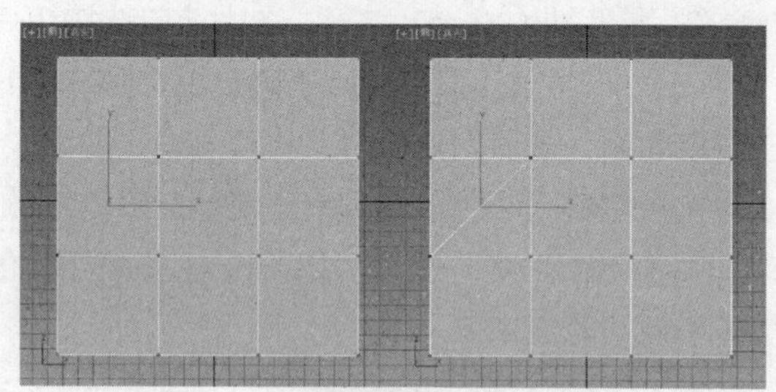
图 6-45

（8）移除孤立顶点。该按钮用于将所有不属于任何多边形的顶点删除。

（9）移除未使用的贴图顶点。某些建模操作会留下未使用的（孤立）贴图顶点，它们会显示在展开的 UVW 编辑器中，但是不能用于贴图。可以通过该按钮来自动删除这些贴图顶点。

8. “编辑边”卷展栏

只有将选择集定义为“边”时，才会显示“编辑边”卷展栏，如图 6-46 所示。

（1）插入顶点。该按钮用于手动细分可视的边。启用“插入顶点”按钮后，单击某边即可在该位置处添加顶点。

（2）移除。该按钮用于删除选定边并组合使用这些边的多边形。

（3）分割。该按钮用于沿着选定边分割网格。对网格中心的单条边使用该按钮时，不会起任何作用。影响边末端的顶点必须是单独的，以便能使用该按钮。例如，因为边界顶点可以一分为二，所以可以在与现有的边界相交的单条边上使用该按钮。另外，因为共享顶点可以进行分割，所以可以在栅格或球体的中心处分割两个相邻的边。

（4）桥。该按钮用于使用多边形的桥连接对象的边。桥只连接边界边，即只连接一侧有多边形的边。创建边循环或剖面时，该按钮特别有用。单击 （设置）按钮，打开跨越边助手，以便通过交互式操纵在边对之间添加多边形，如图 6-47 所示。

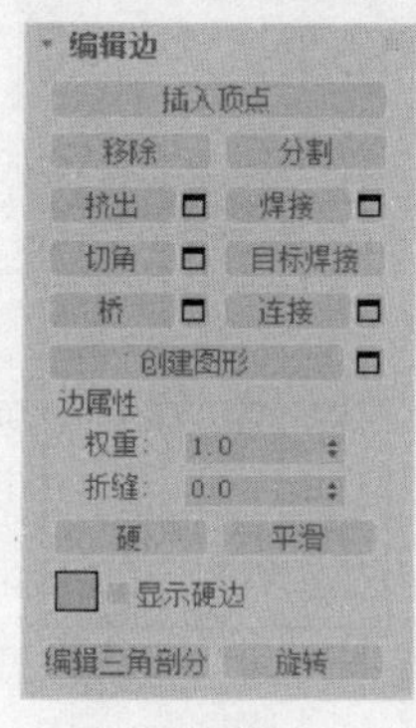

图 6-46

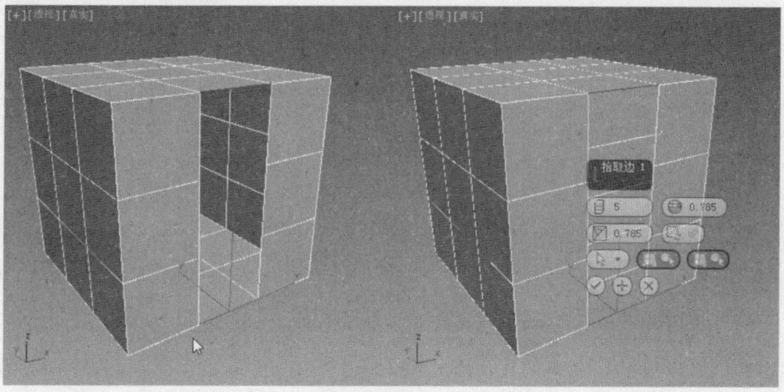

图 6-47

（5）创建图形。该按钮用于选择一条或多条边来创建新的曲线。

（6）编辑三角剖分。该按钮用于通过绘制内边或对角线修改多边形，将其细分为三角形的方式。

（7）旋转。该按钮用于通过单击对角线来修改多边形，将其细分为三角形的方式。激活旋转时，对角线可以在线框和边面视口中显示为虚线。在旋转模式下，单击对角线可更改其位置。要退出旋转模式，可在视口中单击鼠标右键或再次单击“旋转”按钮。

9. “编辑边界”卷展栏

只有将选择集定义为“边界”时，才会显示“编辑边界”卷展栏，如图 6-48 所示。

（1）封口。该按钮用于使用单个多边形封住整个边界环，如图 6-49 所示。

（2）创建图形。该按钮用于选择边界创建新的曲线。

（3）编辑三角剖分。该按钮用于在修改绘制内边或对角线时将多边形细分为三角形的方式。

（4）旋转。该按钮用于通过单击对角线修改将多边形细分为三角形的方式。

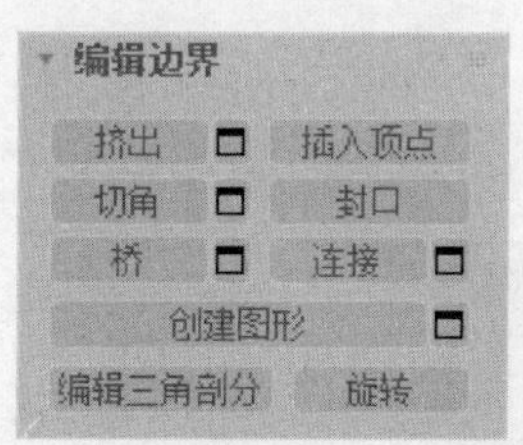

图 6-48

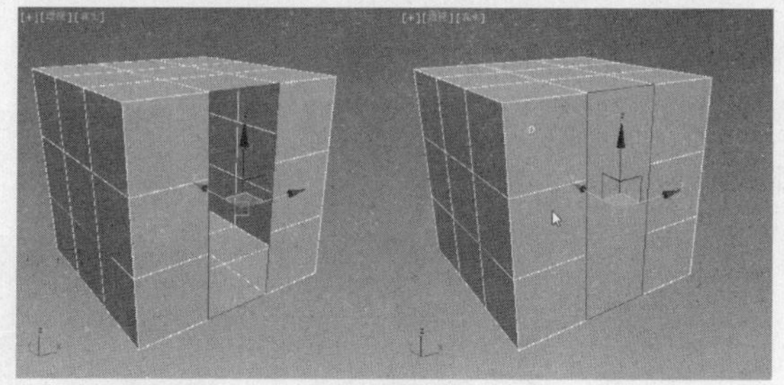

图 6-49

10. “编辑多边形”卷展栏

只有将选择集定义为“多边形”时，才会显示“编辑多边形”卷展栏，如图 6-50 所示。

（1）轮廓。该按钮用于增大或减小每组连续的选定多边形的外边，单击 （设置）按钮，打开多边形施加轮廓助手，以便通过数值设置施加轮廓操作，如图 6-51 所示。

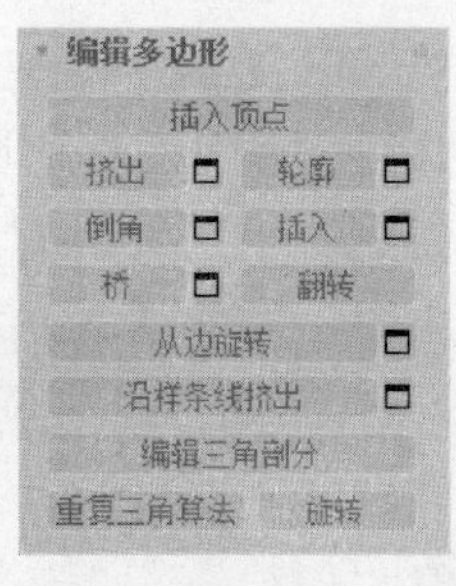

图 6-50

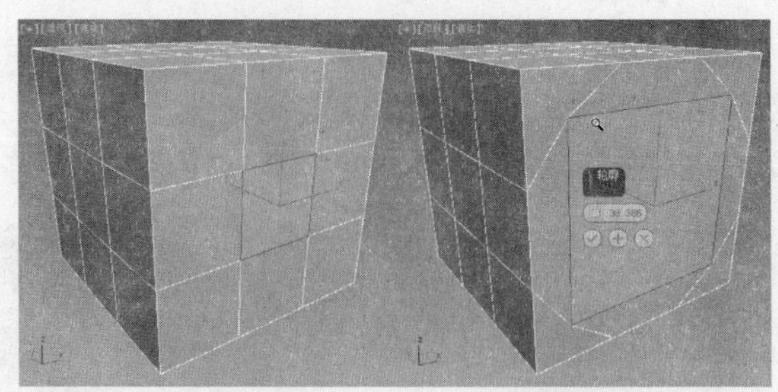

图 6-51

（2）倒角。单击该按钮，可通过直接在视口中操纵来执行手动倒角操作。单击（设置）按钮，打开倒角助手，以便通过交互式操纵执行倒角处理操作，如图 6-52 所示。

（3）插入。该按钮用于执行没有高度的倒角操作，如图 6-53 所示，即在选定多边形的平面内执行该操作。单击“插入”按钮，垂直拖动任意多边形，以便将其插入。单击（设置）按钮，打开插入助手，以便通过交互式操纵插入多边形。

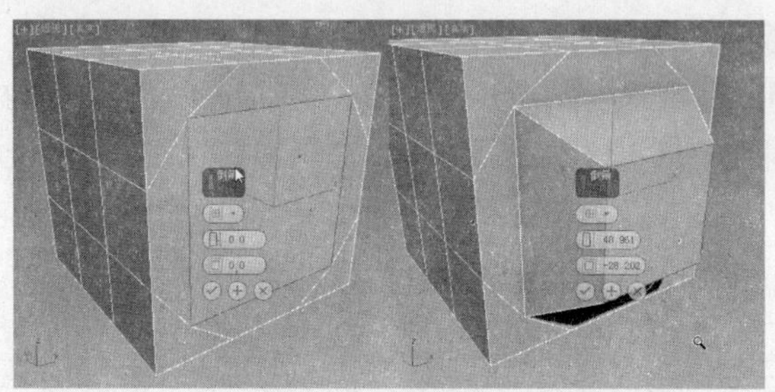

图 6-52

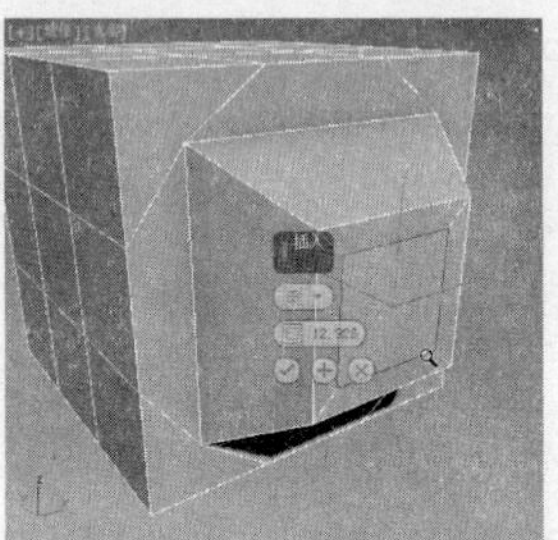

图 6-53

（4）翻转。该按钮用于反转选定多边形的法线方向。

（5）从边旋转。该按钮用于通过在视口中直接操纵执行手动旋转操作。单击（设置）按钮，打开从边旋转助手，以便通过交互式操纵旋转多边形。

（6）沿样条线挤出。该按钮用于沿样条线挤出当前的选定内容。单击（设置）按钮，打开沿样条线挤出助手，以便通过交互式操纵沿样条线挤出。

（7）编辑三角剖分。单击该按钮，可以通过绘制内边修改多边形，将其细分为三角形的方式，如图 6-54 所示。

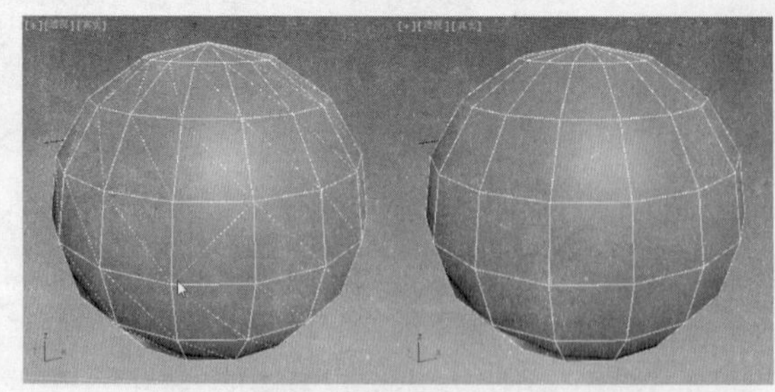

图 6-54

（8）重复三角算法。单击该按钮，允许 3ds Max 对多边形或当前选定的多边形自动执行最佳的三角剖分操作。

（9）旋转。该按钮用于通过单击对角线修改多边形，将其细分为三角形的方式。

11. “多边形：材质 ID”卷展栏和“多边形：平滑组”卷展栏

只有将选择集定义为“多边形”时，才会显示“多边形：材质 ID”和“多边形：平滑组”卷展栏，如图 6-55 所示。

图 6-55

（1）设置 ID。该选项用于向选定的面片分配特殊的材质 ID，以供多维/子对象材质和其他应用使用。

（2）选择 ID。该选项用于选择与相邻 ID 字段中指定的材质 ID 对应的子对象。方法是输入或使用该微调器指定 ID，并单击“选择 ID”按钮。

（3）清除选择。选中该复选框时，选择新 ID 或材质名称，将会取消选择以前选定的所有子对象。

（4）按平滑组选择。单击该按钮，将弹出说明当前平滑组的对话框。

（5）清除全部。单击该按钮，将从选定面片中删除所有的平滑组分配多边形。

（6）自动平滑。该选项用于基于多边形之间的角度设置平滑组。如果任何两个相邻多边形的法线之间的角度小于阈值角度（由该按钮右侧的微调器设置），则它们将会被包含在同一平滑组中。

提 示

“元素”选择集的卷展栏中的相关选项与“多边形”选择集功能相同，这里不再重复介绍，具体选项参考“多边形”选择集即可。

6.2 网格建模

“编辑网格”修改器与“编辑多边形”修改器中各选项和参数基本相同，重复的选项和工具可参考 6.1.2 小节中“编辑多边形”修改器中各选项和工具的应用。

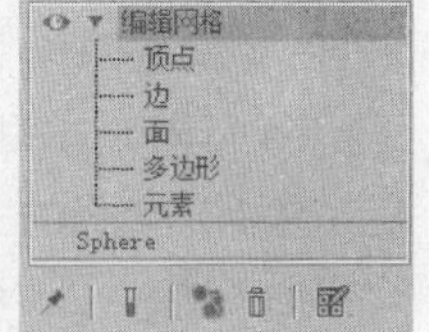

图 6-56

6.2.1 子物体层级

为模型施加“编辑网格”修改器后，在修改器堆栈中可以查看该修改器的子物体层级，如图 6-56 所示。

“编辑网格”子物体层级的具体介绍请参考“编辑多边形”修改器子物体层级，这里不再重复介绍。

6.2.2 公共参数卷展栏

1. “选择”卷展栏

“选择”卷展栏如图 6-57 所示。

（1）忽略可见边。当定义选择集为“多边形”时，该复选框将启用。当该功能处于禁用状态（默认情况）时，单击一个面，无论“平面阈值”微调器的设置如何，选择都不会超出可见边；当该功能处于启用状态时，面选择将忽略可见边，使用“平面阈值”设置作为指导。

（2）平面阈值。该选项用于指定阈值，该值决定了对于“多边形”选择集来说哪些面是共面。

（3）显示法线。选中该复选框时，3ds Max 会在视口中显示法线，法线显示为蓝线。在“边”模式中，“显示法线”复选框不可用。

（4）比例。“显示法线”复选框处于选中状态时，该选项用于指定视口中显示的法线大小。

（5）删除孤立顶点。在该复选框处于选中状态下，删除子对象的连续选择时，3ds Max 将消除所有孤立顶点；在该复选框处于取消选中状态下，删除子对象的连续选择会保留所有的顶点。默认设置为选中。该功能在“顶点”子对象层级上不可用。

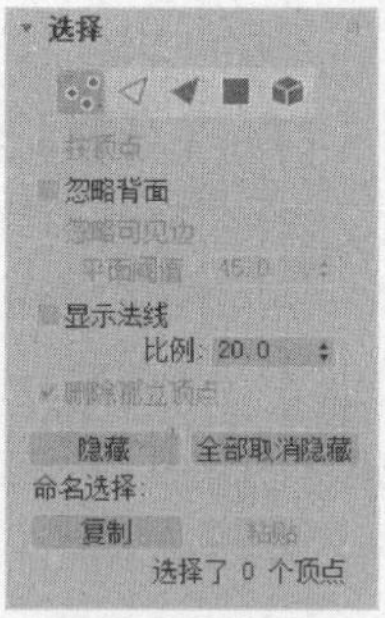

图6-57

（6）隐藏。该按钮用于隐藏任何选定的子对象。边不能被隐藏。

（7）全部取消隐藏。该按钮用于还原任何隐藏对象，使之可见。只有在处于“顶点”子对象层级时才能将隐藏的顶点取消隐藏。

（8）命名选择。该选项组用于在不同对象之间传递命名选择信息。要求这些对象必须是同一类型，而且是相同的子对象级别。例如，两个可编辑网格对象，在其中一个顶点子对象级别先进行选择，再在工具栏中为这个选择集命名，单击“复制”按钮，选择刚创建的名称，进入另一个网格对象的顶点子对象级别，单击“粘贴”按钮，刚才复制的名称会粘贴到当前的顶点子对象级别。

2. “编辑几何体”卷展栏

“编辑几何体”卷展栏如图 6-58 所示。

（1）删除。该按钮用于删除选择的对象。

（2）附加。该按钮用于从名称列表中选择需要合并的对象进行合并，可以一次合并多个对象。

（3）断开。该按钮用于为每一个附加到选定顶点的面创建新的顶点，可以移动面，使之互相远离其曾经在原始顶点连接起来的地方。如果顶点是孤立的或者只有一个面使用，则顶点将不受影响。

（4）改向。该按钮用于将对角面中间的边转向，改为另一种对角方式，从而使三角面的划分方式改变，通常用于处理不正常的扭曲裂痕效果。

（5）挤出。该按钮用于给当前选择集的子对象施加一个厚度，使其凸出或凹入表面，厚度值由其右侧的数值决定。

（6）切角。该按钮用于对选择面进行挤出成形。

（7）法线。选中“组”单选按钮时，选择的面片将沿着面片组平均法线方向挤出。选中“局部”单选按钮时，面片将沿着自身法线方向挤出。

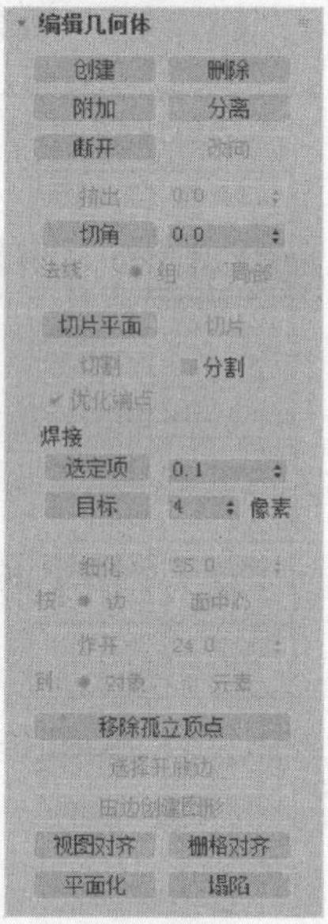

图6-58

（8）切片平面。一个方形化的平面可通过移动或旋转，来改变将要剪切对象的位置。单击该按钮后，“切片”按钮处于关闭状态。

（9）切片。单击该按钮后，可以在切片平面相交的位置创建子对象，否则切片平面将没有切割作用。

（10）切割。单击该按钮，可通过在边上添加点来细分子对象。方法为在需要细分的边上单击，移动光标到下一边，依次单击，完成细分。

（11）分割。选中该复选框后，可以将分段或多边形分割开，就像物体被刀子切开一样。

（12）优化端点。选中该复选框，将在相邻的面之间进行平滑过渡；反之，则在相邻面之间产生生硬的边。

（13）焊接。该选项组用于顶点之间的焊接操作，这种空间焊接技术比较复杂，要求在三维空间内移动和确定顶点之间的位置，有以下两种焊接方法。

① 选定项：焊接在焊接阈值微调器（位于按钮的右侧）中指定的公差范围内的选定顶点。所有线段都会与产生的单个顶点连接。

② 目标：在视口中将选择的点（或点集）拖动到焊接的顶点上（尽量接近），这样会自动进行焊接。

（14）细化。单击该按钮，会根据其下的细分方式对选择表面进行分裂复制处理，产生更多的表面，用于平滑需要。选中“边”单选按钮时，将以选择面的边为依据进行分裂复制。选中“面中心”单选按钮时，将以选择面的中心为依据进行分裂复制。

（15）炸开。单击该按钮，可以将当前选择面爆炸分离（不是产生爆炸效果，只是各自独立），依据两种选项而获得不同的结果。选中“对象”单选按钮时，将所有面爆炸为各自独立的新对象。选中“元素”单选按钮时，将所有面爆炸为各自独立的新元素，但仍属于对象本身，这是进行元素差分的一个途径。

（16）移除孤立顶点：单击该按钮后，将删除所有孤立的顶点，而不管是否选择该点。

（17）选择开放边。该按钮用于选择对象的边缘线。

（18）由边创建图形。在选择一条或更多的边后，单击该按钮将以选择的边界为模板创建新的曲线，也就是把选择的边变成曲线后独立使用。

（19）视图对齐。单击该按钮后，选择的子对象将被放置在同一平面中，且这一平面平行于选择视口。

（20）栅格对齐。单击该按钮后，选择的子对象将被放置在同一平面中，且这一平面平行于视口的栅格平面。

（21）平面化。该按钮用于将所有的选择面强制压成一个平面（不是合成，只是同处于一个平面）。

（22）塌陷。该按钮用于将选择的子对象删除，留下一个顶点或四周的面连接，产生新的表面。这种方法不同于删除面，它是将多余的表面吸收掉。

6.2.3 子物体层级卷展栏

下面将为大家介绍“编辑网格”修改器中的子物体层级的相关卷展栏。

1. 将选择集定义为“顶点”

将选择集定义为“顶点”，显示“曲面属性”卷展栏，如图6-59所示。

（1）权重。该选项用于显示并更改NURBS操作的顶点权重。

（2）“编辑顶点颜色”选项组。使用这些控件，可以分配颜色、照明颜色（着色）和选定顶点的Alpha（透明）值。

① 颜色：单击色样可更改选定顶点的颜色。

② 照明：单击色样可更改选定顶点的照明颜色。通过该选项可以更改顶点的照明而不用更改顶点的颜色。

③ Alpha：用于向选定的顶点分配Alpha值。微调器值是百分比值：0表

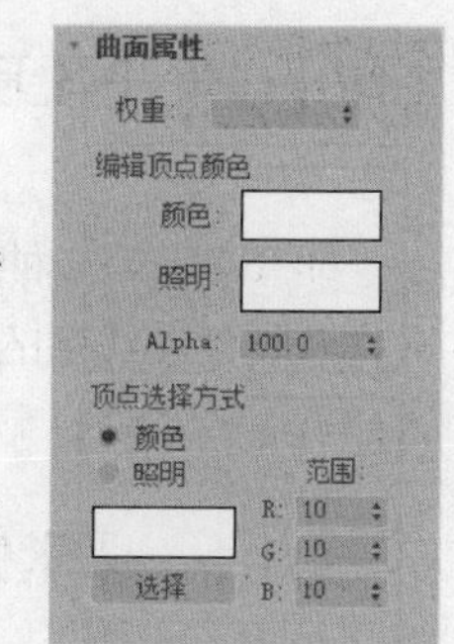

图6-59

示完全透明，100 表示完全不透明。

（3）“顶点选择方式”选项组。其中各选项的功能如下。

① 颜色、照明：这两个单选按钮分别表示按照顶点颜色值选择顶点和按照顶点照明值选择顶点。选中所需的单选按钮并单击“选择”按钮。

② 范围：指定颜色匹配的范围。所有顶点颜色或者照明颜色中 RGB 值必须匹配“顶点选择方式”选项组中“颜色”指定的颜色，或者在一个范围之内，这个范围由显示颜色加上或减去“范围”值决定。默认设置是 10。

③ 选择：选中“颜色”或“照明”单选按钮并设置数值范围后，单击该按钮，可以选择所有满足条件的顶点。

2. 将选择集定义为“边”

将选择集定义为“边”，显示“曲面属性”卷展栏，如图 6-60 所示。

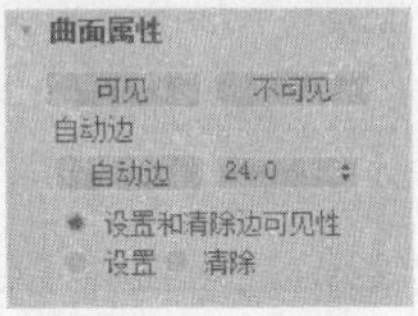

图 6-60

（1）可见。该按钮用于使选中的边可见。

（2）不可见。该按钮用于使选中的边不可见。

（3）自动边。根据共享边的面之间的夹角来确定边的可见性，面之间的角度由该选项右侧的阈值微调器设置。

① 设置和清除边可见性：选中该单选按钮，将根据阈值设定更改所有选定边的可见性。

② 设置：选中该单选按钮，当边超过阈值设定时，使原先可见的边变为不可见，但不清除任何边。

③ 清除：选中该单选按钮，当边小于阈值设定时，使原先不可见的边可见，不让其他任何边可见。

3. 将选择集定义为“面”“多边形”或“元素”

将选择集定义为“面”“多边形”或“元素”时，显示“曲面属性”卷展栏，如图 6-61 所示。

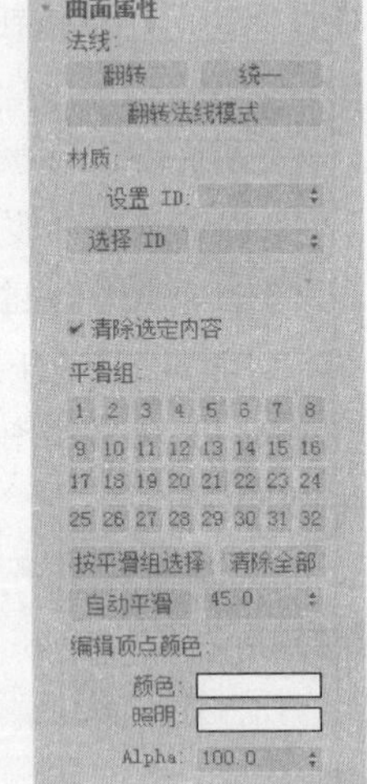

图 6-61

（1）翻转。该按钮用于反转选定面片的曲面法线的方向。

（2）统一。该按钮用于翻转对象的法线，使其指向相同的方向，通常是向外。

（3）翻转法线模式。该按钮用于翻转单击的任何面的法线。要退出该模式，可再次单击该按钮，或者用鼠标右键单击 3ds Max 界面中的任意位置。

6.3 NURBS 建模

NURBS 是一种先进的建模方式，常用来制作非常圆滑且具有复杂表面的物体，如汽车、动物、人物及其他流线型的物体。在 Maya 和 Rhino 等各种三维软件中，都使用了 NURBS 建模技术，其基本原理非常相似。

6.3.1 课堂案例——盆栽模型的制作

【学习目标】学习 NURBS 建模。

【知识要点】创建 NURBS 曲面中的“CV 曲面”，通过调整 CV 曲面的 CV 点来制作叶子形状，结合使用“壳”和“网格平滑”修改器制作叶子模型，使用“编辑多边形”修改器和“ProBoolean”工具制作花盆模型，如图 6-62 所示。

【素材文件位置】素材文件/贴图。

【模型文件所在位置】素材文件/场景/第 6 章/盆栽模型.max。

【参考模型文件所在位置】素材文件/场景/第 6 章/盆栽.max。

微课视频

盆栽模型的制作

图 6-62

（1）单击“+（创建）> ●（几何体）> NURBS 曲面 > CV 曲面”按钮，在场景中创建 CV 曲面，在“创建参数”卷展栏中设置合适的参数，如图 6-63 所示。

（2）切换到（修改）命令面板，将选择集定义为“曲面 CV”，在“顶”视口中调整 CV 点，如图 6-64 所示。

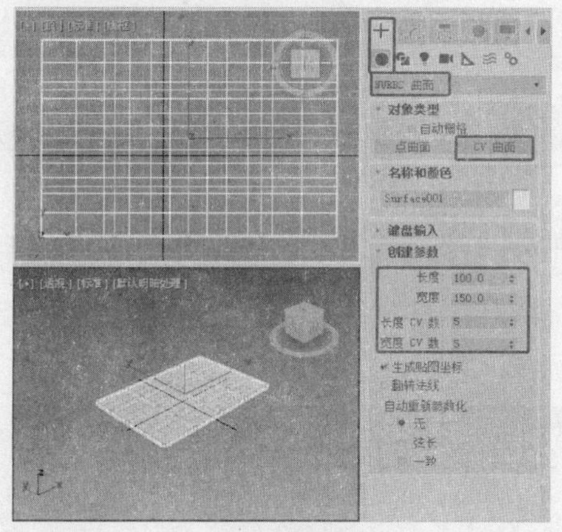

图 6-63

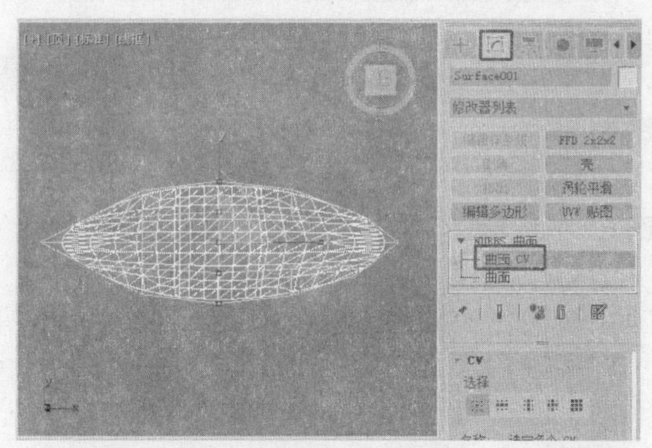

图 6-64

（3）在“左”视口中调整 CV 点，如图 6-65 所示。

（4）继续在“前”视口中调整 CV 点，如图 6-66 所示。

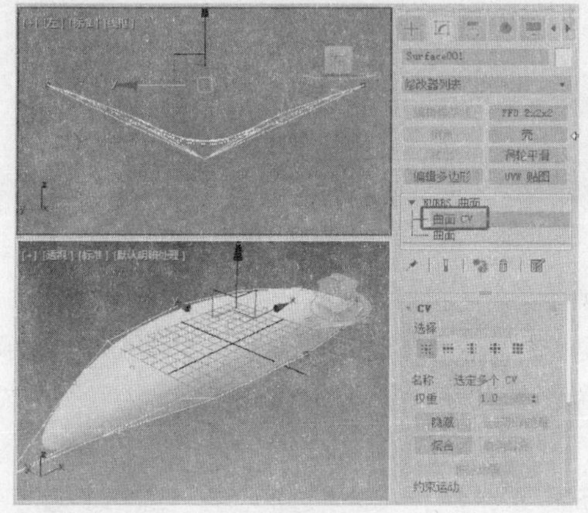

图 6-65

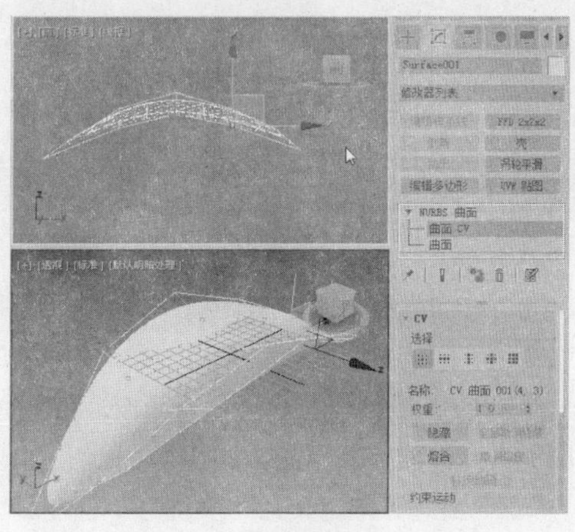

图 6-66

（5）调整好曲面的形状后，为模型施加“壳”修改器，在“参数”卷展栏中设置“外部量”为 1.5，如图 6-67 所示。

（6）为模型施加“网格平滑”修改器，使用默认的参数，如图 6-68 所示。

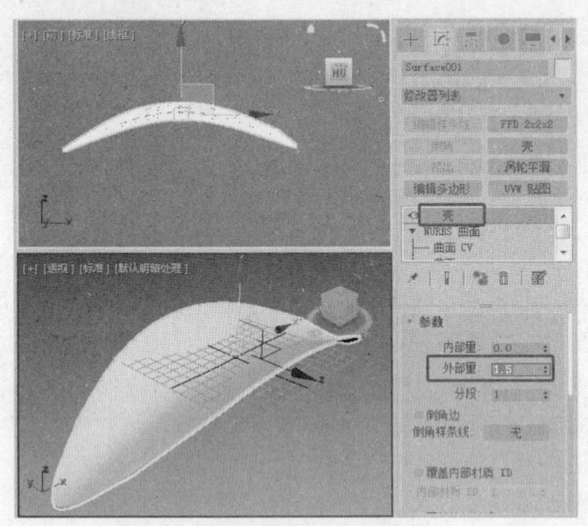

图 6-67

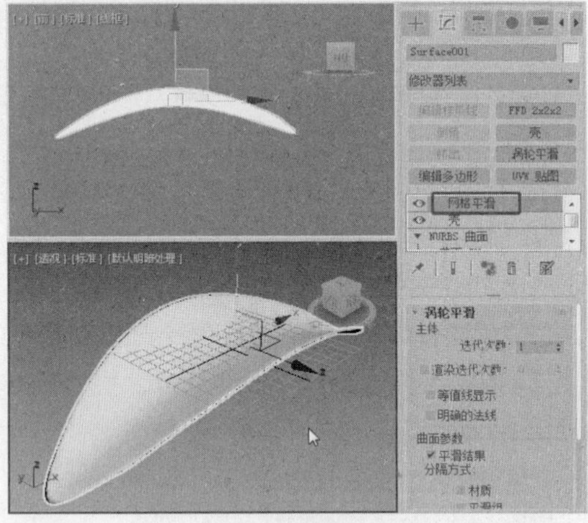

图 6-68

（7）切换到（层次）命令面板，单击“仅影响轴”按钮，在场景中调整轴到叶子的根部，如图 6-69 所示。

（8）调整轴后，关闭“仅影响轴”按钮，在场景中旋转叶子的角度，并对叶子进行复制，如图 6-70 所示。

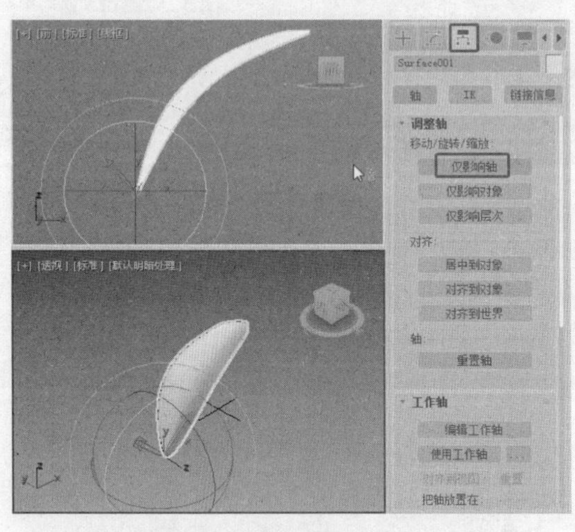

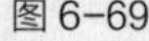

图 6-69

图 6-70

（9）继续复制模型，得到植株效果，如图 6-71 所示。

（10）下面来创建花盆模型。在“顶”视口中创建长方体，设置合适的参数，如图 6-72 所示。

（11）切换到（修改）命令面板，为模型施加“编辑多边形”修改器，将选择集定义为“顶点”，在场景中调整顶点的位置，如图 6-73 所示。

（12）将选择集定义为“多边形”，在场景中选择图 6-74 所示的多边形，在“编辑多边形”卷展栏中单击“挤出”右侧的（设置）按钮，在弹出的助手中设置合适的参数，单击（确定）按钮。

图 6-71

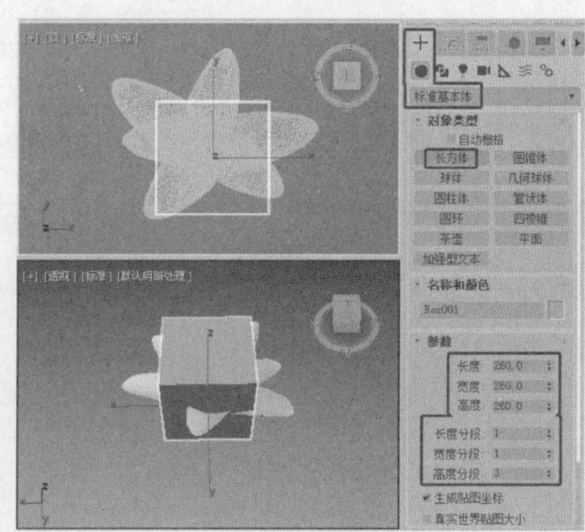
图 6-72

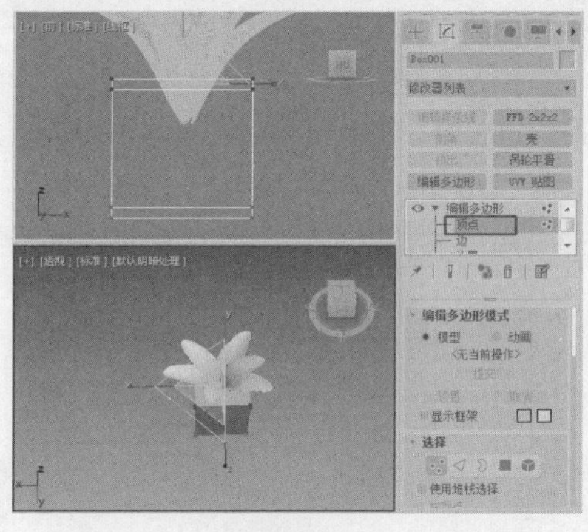
图 6-73

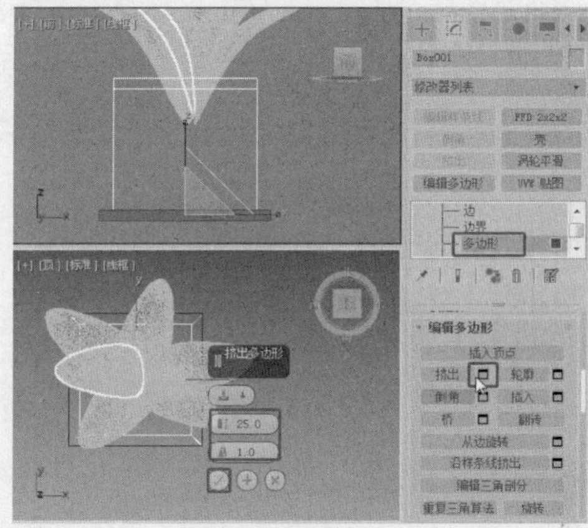
图 6-74

（13）选择图 6-75 所示的多边形，在“编辑多边形”卷展栏中单击“挤出”右侧的▣（设置）按钮，在弹出的助手中设置合适的参数，单击⊘（确定）按钮。

（14）在场景中选择顶部中间的多边形，在“编辑多边形”卷展栏中单击“倒角”右侧的▣（设置）按钮，在弹出的助手中设置合适的参数，单击⊘（确定）按钮，如图 6-76 所示。

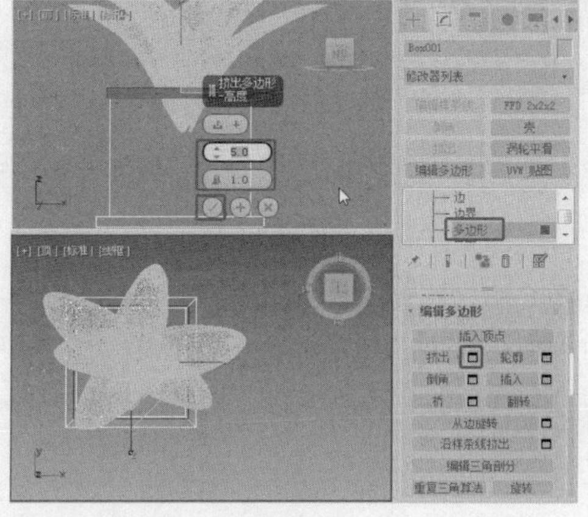
图 6-75

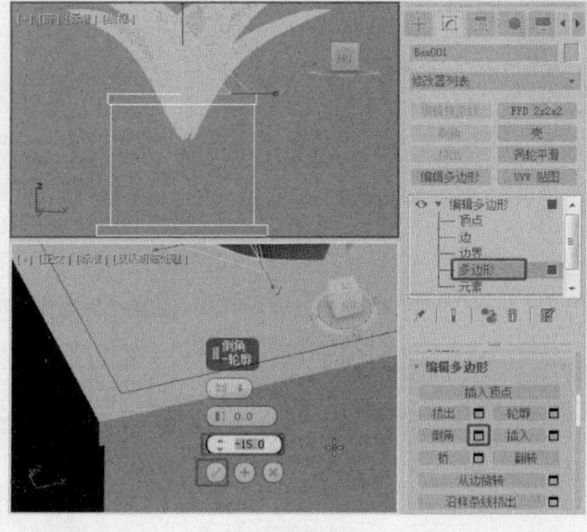
图 6-76

（15）单击“挤出”右侧的■（设置）按钮，在弹出的助手中设置合适的参数，单击⊘（确定）按钮，如图 6-77 所示。

（16）将选择集定义为“边”，在场景中选择图 6-78 所示的边。

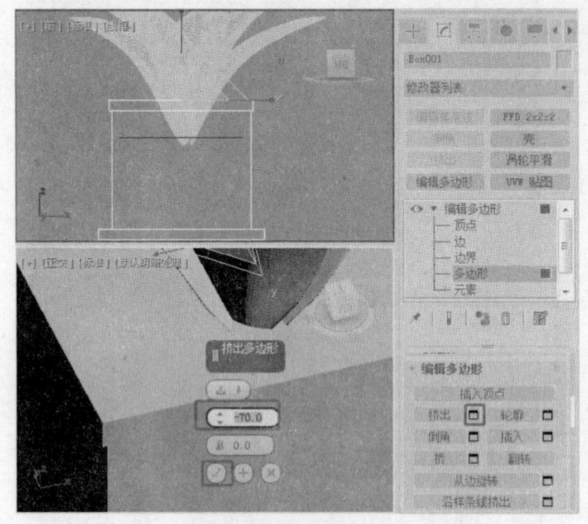
图 6-77

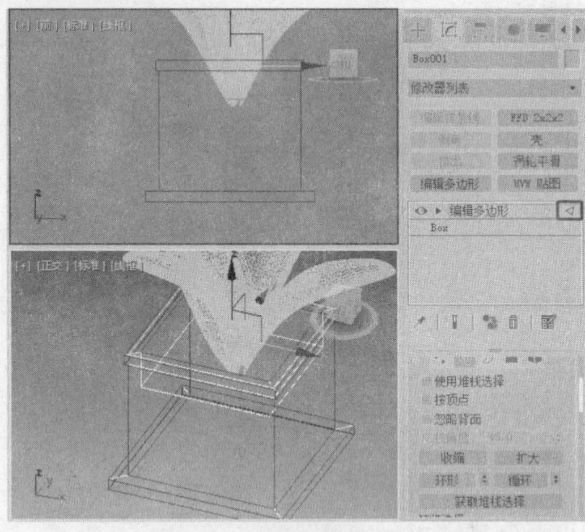
图 6-78

（17）在“编辑边”卷展栏中单击“切角”右侧的■（设置）按钮，在弹出的助手中设置合适的参数，单击⊘（确定）按钮，如图 6-79 所示。

（18）调整切角后，关闭选择集，为模型施加“涡轮平滑”修改器，设置“迭代次数”为 3，如图 6-80 所示。

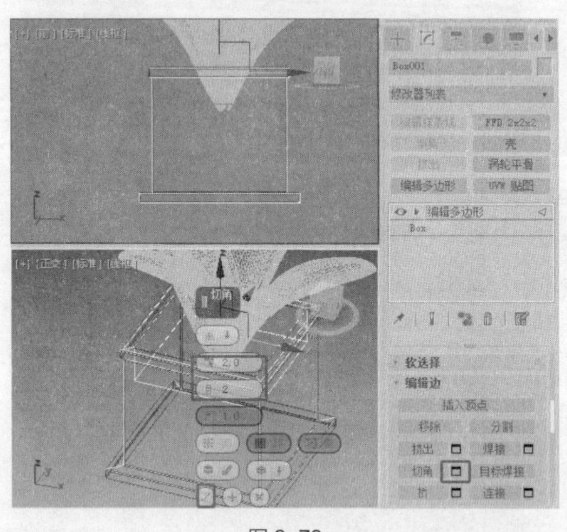
图 6-79

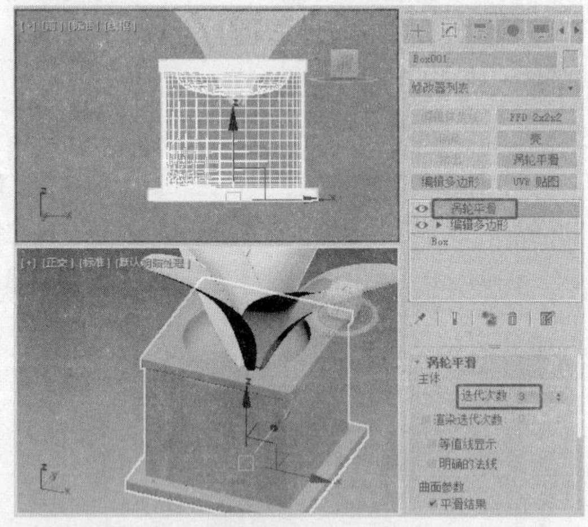
图 6-80

（19）在场景中创建圆柱体，设置合适的参数，如图 6-81 所示。

（20）调整模型到合适的位置，在场景中选择花盆模型，使用“ProBoolean”工具，在“拾取布尔对象”卷展栏中单击“开始拾取”按钮，在场景中拾取圆柱体，布尔出洞，将绿植放在洞中，如图 6-82 所示。

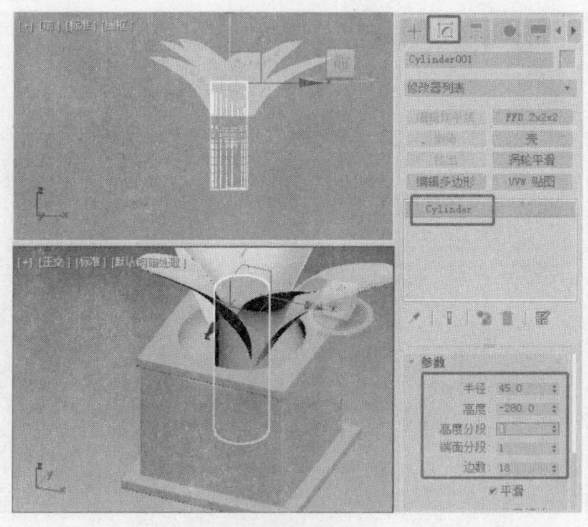

图 6-81

图 6-82

（21）在场景中选择花盆模型，为其施加“FFD 2×2×2”修改器，将选择集定义为“控制点”，在场景中选择底部的控制点，缩放控制点，使其形成上大下小的花盆，如图 6-83 所示。

（22）这样盆栽模型就制作完成了，如图 6-84 所示。

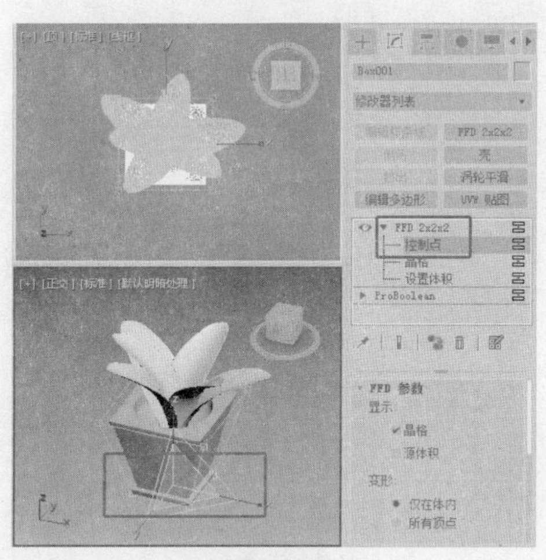

图 6-83

图 6-84

6.3.2 NURBS 曲面

NURBS 的造型系统包括点、曲线和曲面 3 种元素，其中曲线和曲面又分为标准型和 CV（可控）型两种。

NURBS 曲面包括点曲面和 CV 曲面两种，如图 6-85 所示。

（1）点曲面。点曲面显示为绿色的点阵列组成的曲面，这些点都依附在曲面上，对控制点进行移动时，曲面会随之改变形态。

（2）CV 曲面。CV 曲面是具有控制能力的点组成的曲面，这些点不依附在曲面上，对控制点进行移动时，控制点会离开曲面，同时影响曲面的形态。

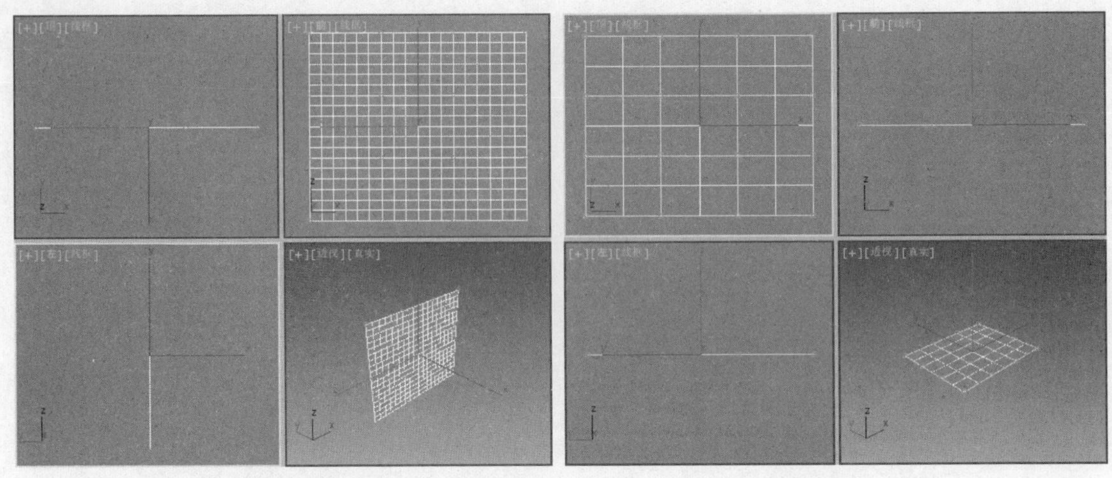

（a）点曲面　　（b）CV 曲面

图 6-85

1. NURBS 曲面的选择

单击“+（创建）>●（几何体）”按钮，在 标准基本体 下拉列表框中选择“NURBS 曲面”选项，如图 6-86 所示，即可进入 NURBS 曲面的创建命令面板，如图 6-87 所示。

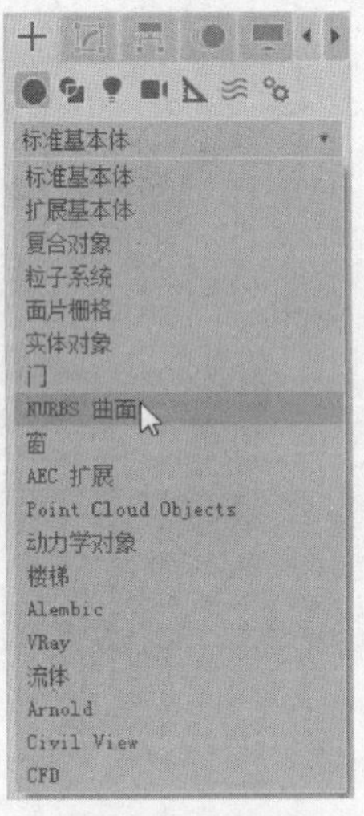

图 6-86

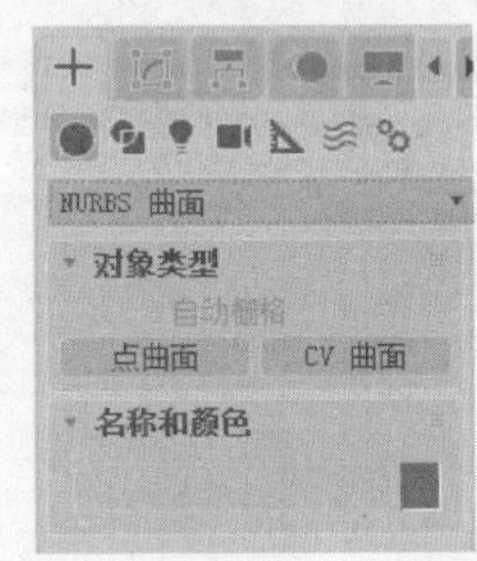

图 6-87

2. NURBS 曲面的创建和修改

NURBS 曲面有“点曲面”和“CV 曲面”两种创建方法，与标准几何体中平面的创建方法相同。

单击“点曲面”按钮，在“顶”视口中创建一个点曲面，单击（修改）按钮，将选择集定义为“点”，如图 6-88 所示，选择曲面上的一个控制点，使用（选择并移动）工具移动节点位置，曲面会改变形态，但这个节点始终依附在曲面上，如图 6-89 所示。

单击“CV 曲面”按钮，在“顶”视口中创建一个可控点曲面，单击（修改）按钮，将选择集定义为“曲面 CV”，如图 6-90 所示，选择曲面上的一个控制点，使用（选择并移动）工具移动节点位置，曲面会改变形态，但节点不依附在曲面上，如图 6-91 所示。

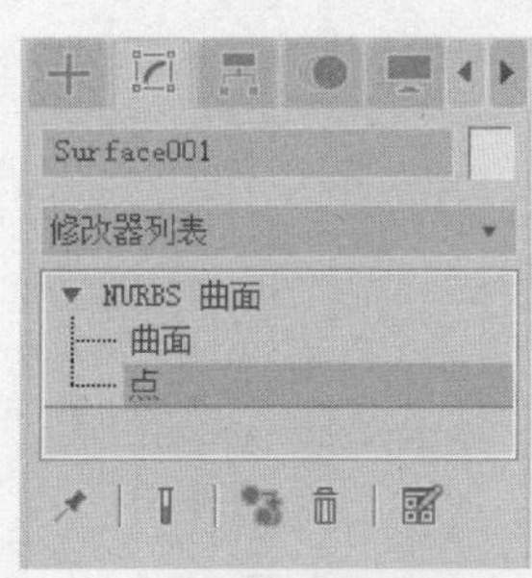

图6-88

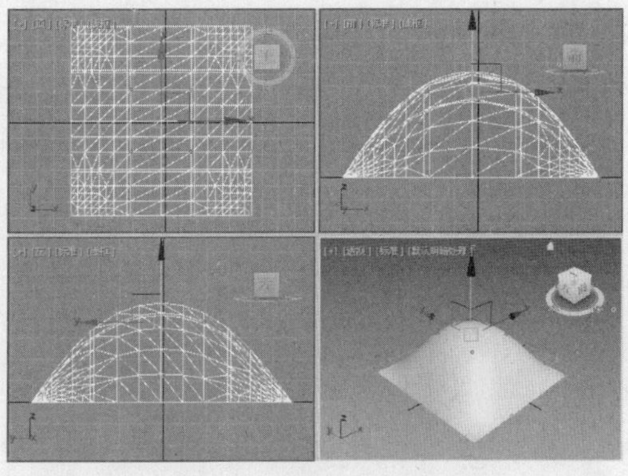

图6-89

图6-90

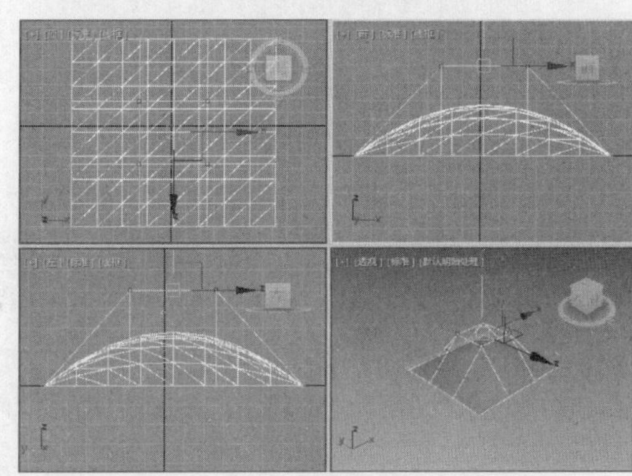

图6-91

6.3.3 NURBS 曲线

NURBS 曲线包括“点曲线”和“CV 曲线”两种，如图 6-92 所示。

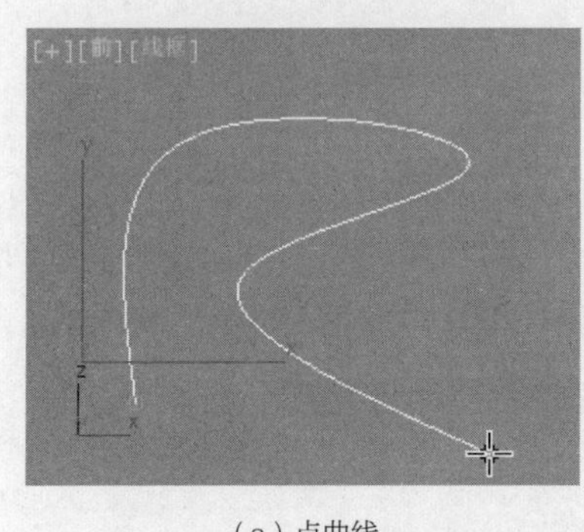

（a）点曲线

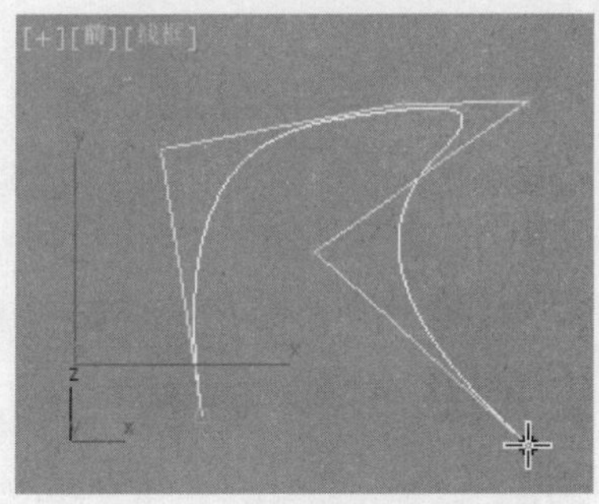

（b）CV 曲线

图6-92

（1）点曲线。点曲线显示为绿色的点弯曲构成的曲线。

（2）CV 曲线。CV 曲线是由可控制点弯曲构成的曲线。

这两种类型的曲线上控制点的性质与前面介绍的 NURBS 曲面上控制点的性质相同。点曲线的控制点都依附在曲线上，CV 曲线的控制点不依附在曲线上，但控制着曲线的形状。

1. NURBS 曲线的选择

单击“+（创建）> ⬜（图形）”按钮，在 样条线 下拉列表框中选择“NURBS 曲线”选项，如图 6-93 所示，即可进入 NURBS 曲线的创建命令面板，如图 6-94 所示。

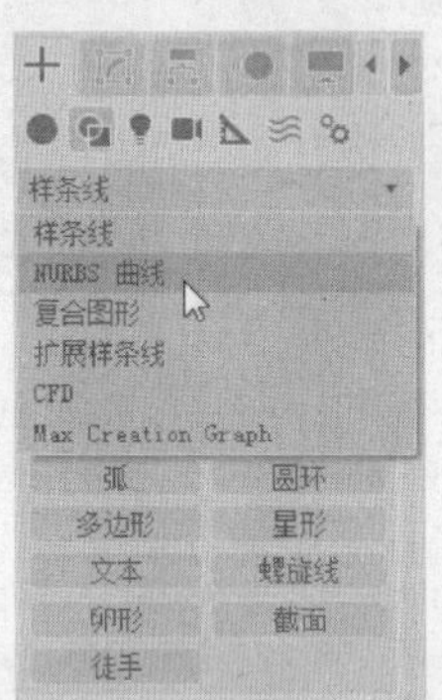

图 6-93

图 6-94

2. NURBS 曲线的创建和修改

NURBS 曲线的创建方法与二维线型的创建方法相同，但 NURBS 曲线可以直接生成圆滑的曲线。两种类型的 NURBS 曲线上的点对曲线形状的影响方式也是不同的。

单击“点曲线”按钮，在“顶”视口中创建一条点曲线，切换到 ⬜（修改）命令面板，将选择集定义为“点”，如图 6-95 所示，选择曲线上的一个控制点，使用 ✥（选择并移动）工具移动控制点的位置，曲线会改变形态，被选择的控制点始终依附在曲线上，如图 6-96 所示。

图 6-95

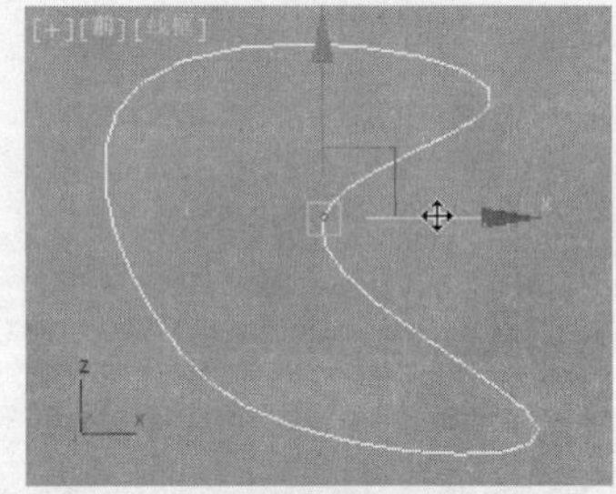

图 6-96

单击“CV 曲线”按钮，在“顶”视口中创建一条控制点曲线，切换到 ⬜（修改）命令面板，将选择集定义为“曲线 CV”，如图 6-97 所示，选择曲线上的一个控制点，使用 ✥（选择并移动）工具移动控制点的位置，曲线会改变形态，选择的控制点不会依附在曲线上，如图 6-98 所示。

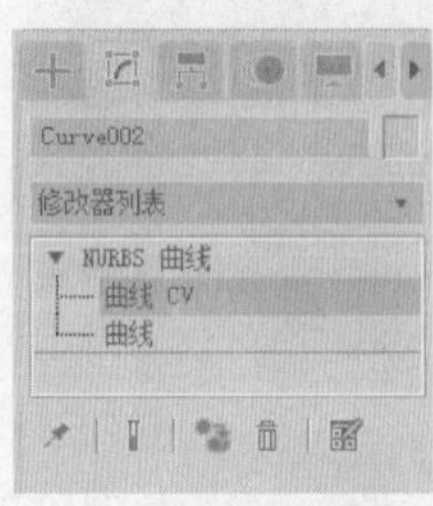

图 6-97

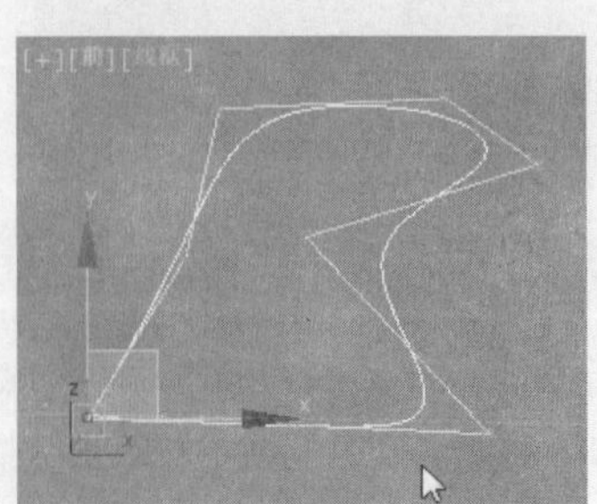

图 6-98

6.3.4 “NURBS”工具面板

NURBS 系统具有自己独立的参数。在视口中创建 NURBS 曲线物体和曲面物体，参数面板中会显示 NURBS 物体的创建参数，设置要创建的 NURBS 物体的基本参数，单击（修改）按钮，在“修改”命令面板中会显示 NURBS 物体的修改参数，如图 6-99 所示。

“常规”卷展栏用来控制曲面在场景中的整体性，下面对该卷展栏的参数进行介绍。

（1）附加。单击该按钮，在视口中单击 NURBS 允许接纳的物体，可以将它结合到当前的 NURBS 造型中，使之成为当前造型的一个次级物体。

（2）附加多个。单击该按钮，将弹出一个名称选择对话框，可以通过名称一次选择多个物体，单击“附加”按钮将所选择的物体合并到 NURBS 造型中。

（3）重新定向。选中该复选框，合并或导入的物体的中心将会重新定位到 NURBS 造型的中心。

（4）导入。单击该按钮，在视口中单击 NURBS 允许接纳的物体，可以将它转化为 NURBS 造型，并将其作为一个导入造型合并到当前 NURBS 造型中。

（5）导入多个。单击该按钮，会弹出一个名称选择对话框，其操作与“附加多个”按钮相似。

（6）“显示”选项组。该选项组用来控制 NURBS 造型在视口中的显示情况。

① 晶格：选中该复选框，将以黄色的线条显示出控制线。

② 曲线：选中该复选框，将显示出曲线。

③ 曲面：选中该复选框，将显示出曲面。

④ 从属对象：选中该复选框，将显示出从属的子物体。

⑤ 曲面修剪：选中该复选框，将显示出被修剪的表面；若取消选中该复选框，则即使表面已被修剪，仍将在视口中显示出整个表面，而不会显示出剪切的结果。

⑥ 变换降级：选中该复选框，NURBS 曲面会降级显示，在视口中显示为黄色的虚线，以提高显示速度；若取消选中该复选框，则曲面不降级显示，始终以实体方式显示。

（7）“曲面显示”选项组。该选项组中的参数只用于显示，不影响建模效果，一般保持系统默认设置即可。

“常规”卷展栏中还包括一个“NURBS”工具面板，其中包含所有 NURBS 操作按钮，NURBS 参数中其他卷展栏的参数在工具面板中都可以找到。单击“常规”卷展栏右侧的（NURBS 创建工具箱）按钮，打开“NURBS”工具面板，如图 6-100 所示。

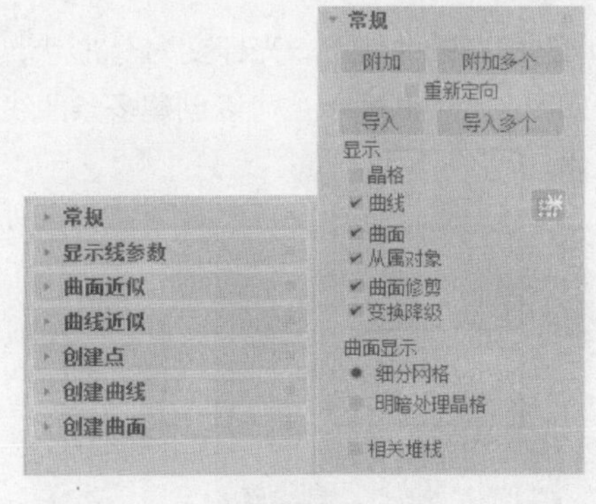

曲面

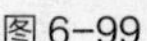

图 6-99

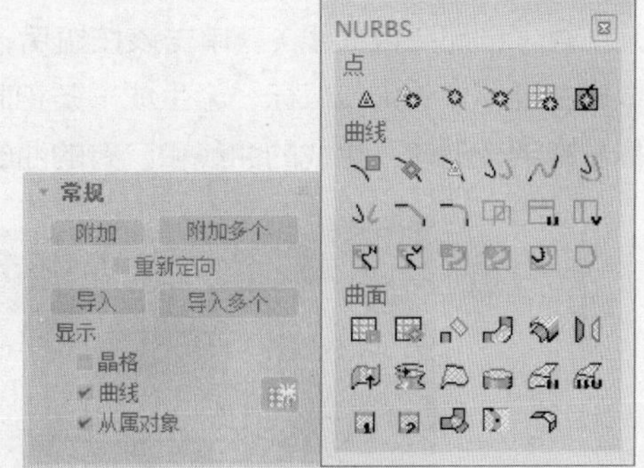

曲线

图 6-100

“NURBS”工具面板中包括 3 组按钮：“点”工具按钮、“曲线”工具按钮和“曲面”工具按钮。进行 NURBS 建模主要使用工具面板中的按钮完成。后面的章节中将对工具面板中常用的按钮进行介绍。

1. NURBS“点”工具

“点”工具中共有 6 种点按钮，用于创建不同性质的点，如图 6-101 所示。

（1）（创建点）。单击该按钮，可以在视口中创建一个独立的曲线点。

（2）（创建偏移点）。单击该按钮，可以在视口中的任意位置创建点物体的一个偏移点。

（3）（创建曲线点）。单击该按钮，可以在视口中的任意位置创建曲线物体的一个附属点。

（4）（创建曲线-曲线点）。单击该按钮，可以在两条相交曲线的交点处创建一个点。

（5）（创建曲面点）。单击该按钮，可以在曲面上创建一个点。

（6）（创建曲面-曲线点）。单击该按钮，可以在曲线平面和曲线的交点位置创建一个点。

2. NURBS“曲线”工具

“曲线”工具中共有 18 种曲线按钮，用来对 NURBS 曲线进行修改编辑，如图 6-102 所示。

图 6-101

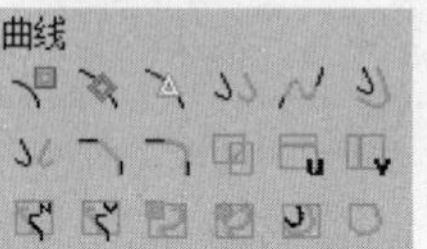

图 6-102

（1）（创建 CV 曲线）。单击该按钮后，光标变为形状，可以在视口中创建可控制点曲线。

（2）（创建点曲线）。单击该按钮后，光标变为形状，可以在视口中创建点曲线。

（3）（创建拟合曲线）。单击该按钮后，光标变为形状，可以在视口中选择已有的节点来创建一条曲线，如图 6-103 所示。

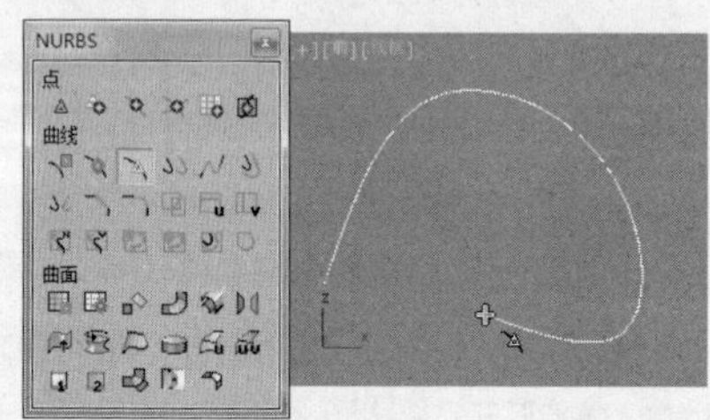

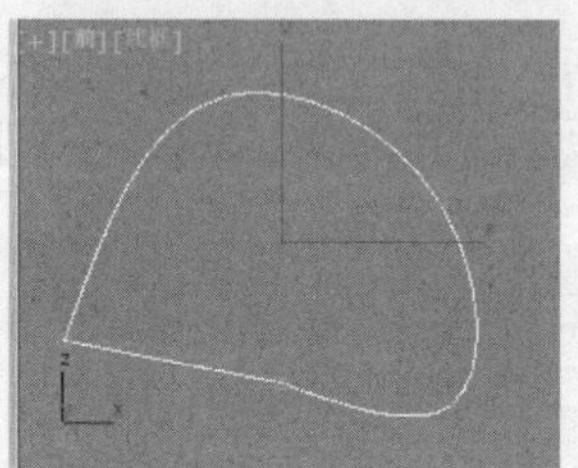
图 6-103

（4）（创建变换曲线）。单击该按钮后，将光标移动到已有的曲线上，光标变为形状，此时按住鼠标左键不放并拖曳鼠标，会生成一条相同的曲线，如图 6-104 所示。可以创建多条曲线，单击鼠标右键结束创建，生成的曲线和已有的曲线是一个整体。

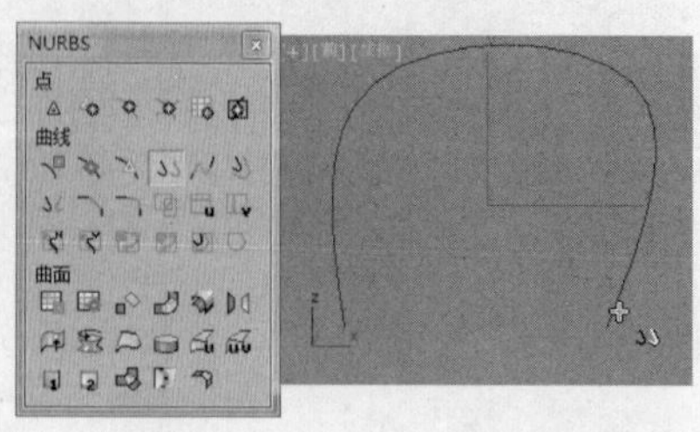

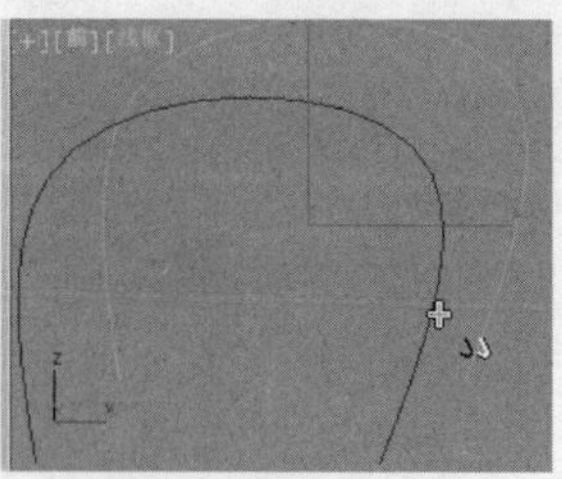
图 6-104

（5）（创建混合曲线）。该按钮用来将两条曲线首尾相连，连接的部分会延伸原来曲线的曲率。

操作时应先单击（创建 CV 曲线）或（创建点曲线）按钮，在视图中创建曲线，再单击（创建混合曲线）按钮，在视口中依次单击创建的曲线即可完成连接，如图 6-105 所示。

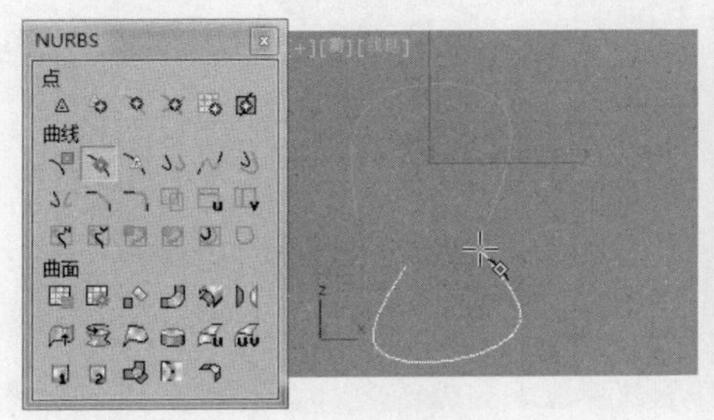

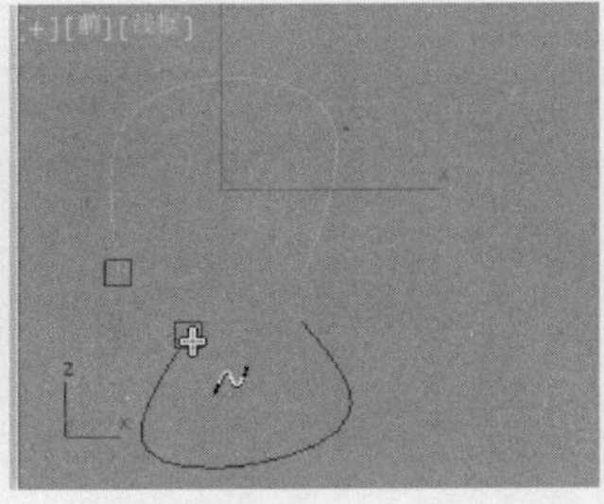
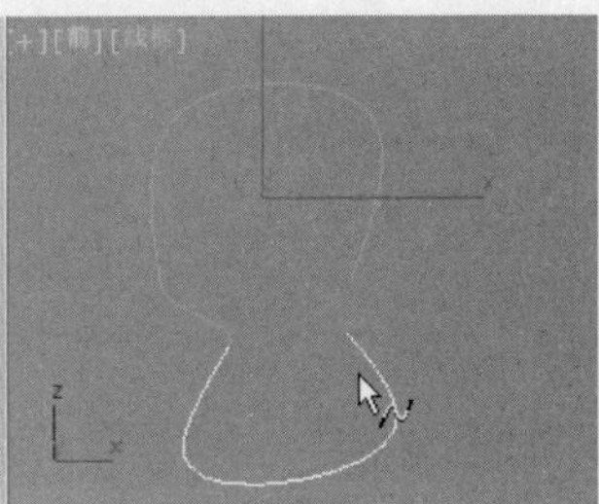

图 6-105

（6）（创建偏离曲线）。该按钮用来在原来曲线的基础上创建出曲率不同的新曲线。

操作时应先单击（创建偏离曲线）按钮，将光标移动到已有的曲线上，光标变为形状，按住鼠标左键不放并拖曳鼠标，即可生成另一条放大或缩小的新曲线，但曲率会有所变化，如图 6-106 所示。

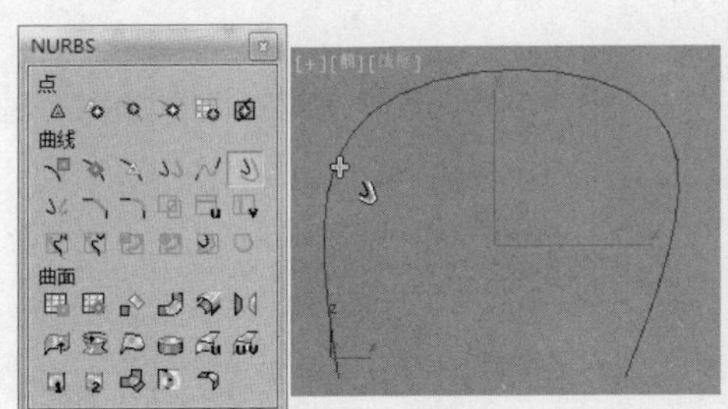

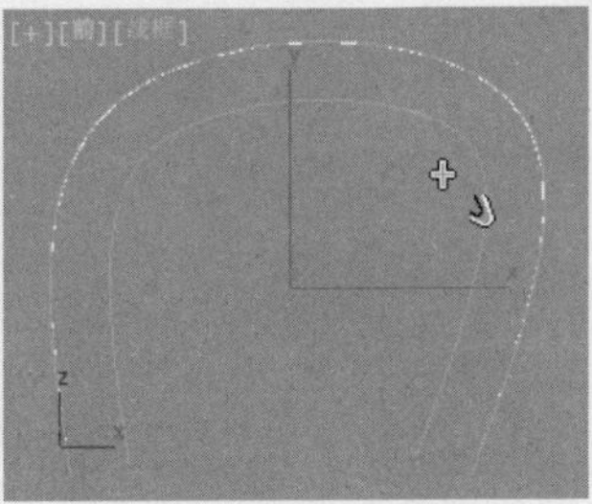
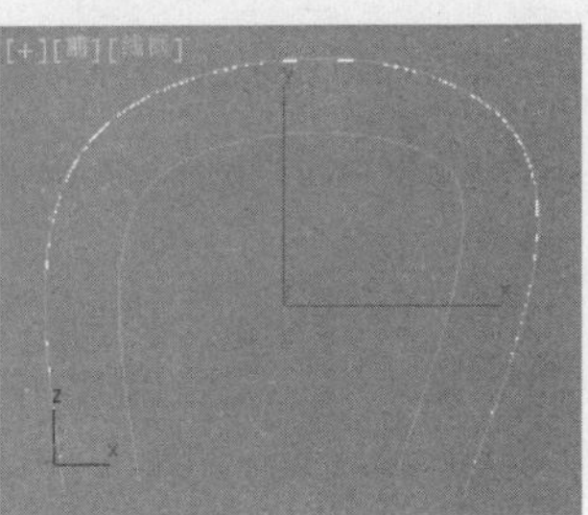

图 6-106

（7）（创建镜像曲线）。该按钮用来创建出与原曲线呈镜像关系的新曲线，类似于工具栏中的“镜像复制”按钮。

操作时应先单击（创建镜像曲线）按钮，将光标移动到已有的曲线上，光标变为形状，按住鼠标左键不放并上下拖曳鼠标，即会产生镜像曲线，再在“镜像曲线”卷展栏中选择镜像轴，可以选择镜像的方向，也可以手动调整偏移参数，如图 6-107 所示。

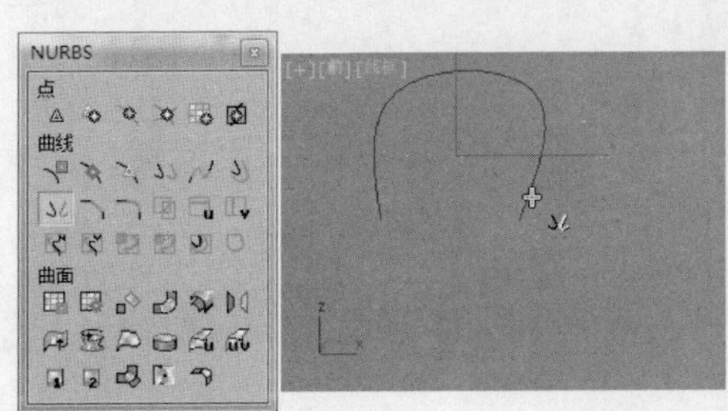

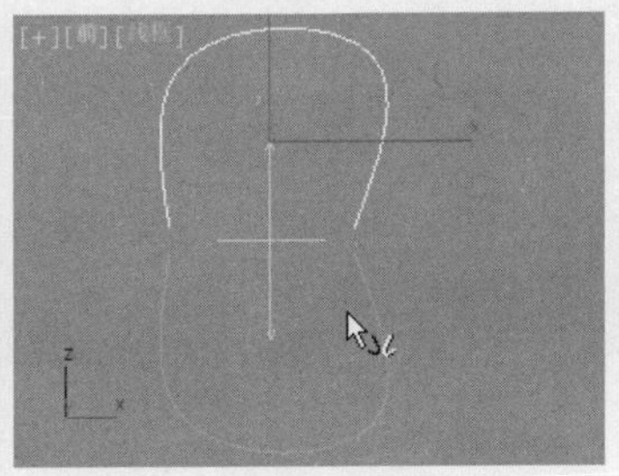
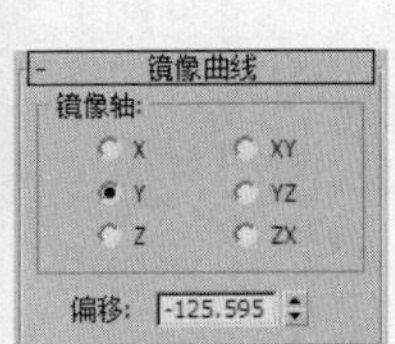

图 6-107

（8）（创建切角曲线）。该按钮用于在两条曲线之间连接一条带直角角度的曲线线段。

操作时应先单击（创建 CV 曲线）或（创建点曲线）按钮，在视口中创建曲线，再单击（创建切角曲线）按钮，将光标移动到曲线上，光标变为形状，依次单击这两条曲线，会生成一条带直角角度的曲线线段，如图 6-108 所示。

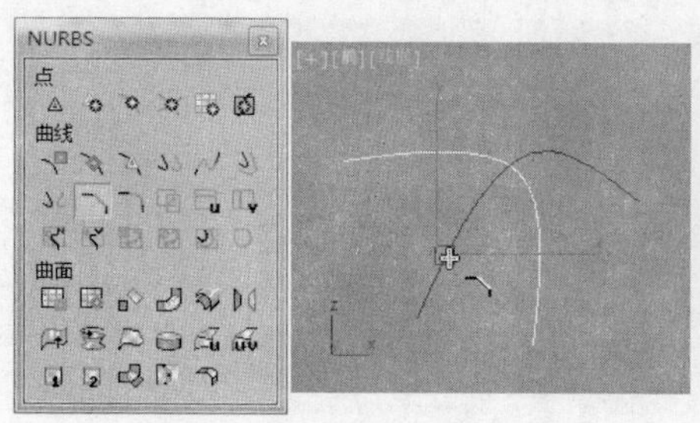
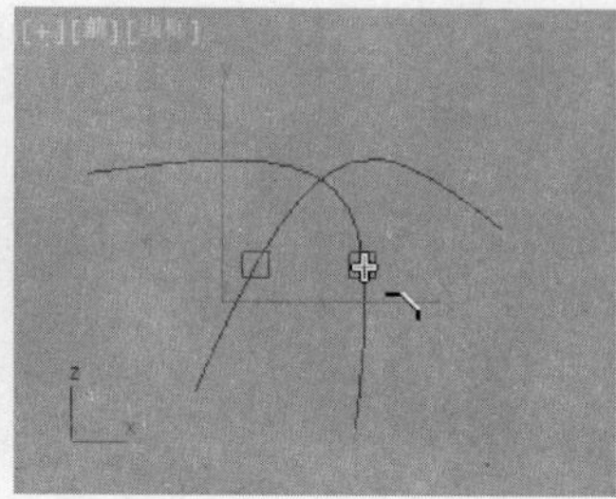
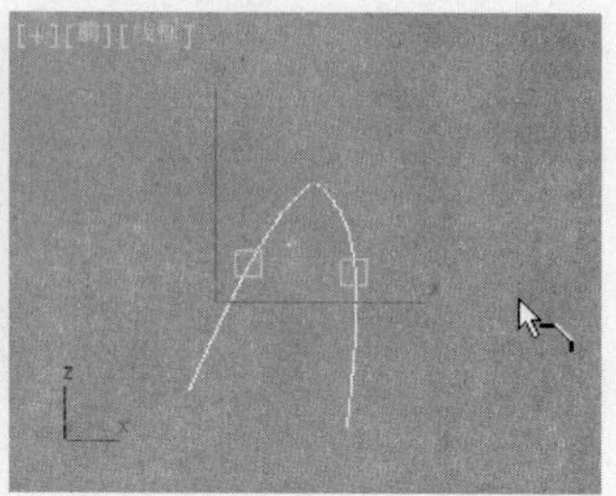

图 6-108

（9）（创建圆角曲线）。该按钮用于在两条曲线之间连接一条带圆角的曲线线段。

（10）（创建曲面-曲面相交曲线）。该按钮用于在两个曲面相交的部分创建出一条曲线。

操作时先在视口中创建两个相交的曲面，使用“附加”工具将两个曲面结合为一个整体，再单击（创建曲面-曲面相交曲线）按钮，在视口中依次单击两个曲面，曲面相交的部分会生成一条曲线，如图 6-109 所示，此时会显示相应的卷展栏，可以设置修剪参数。

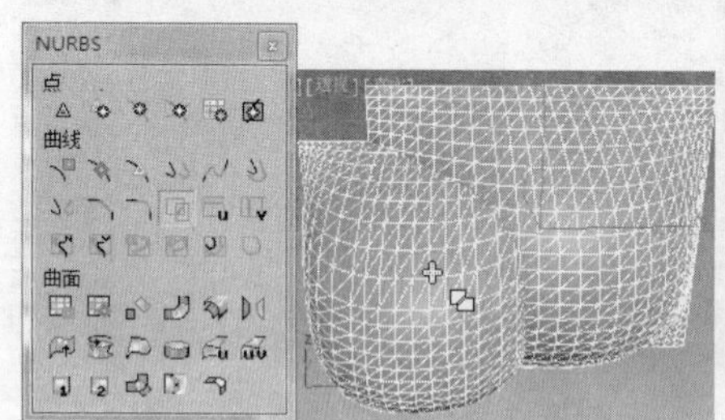
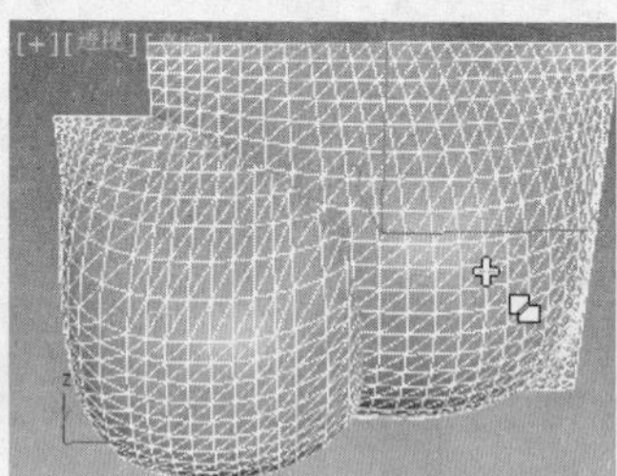
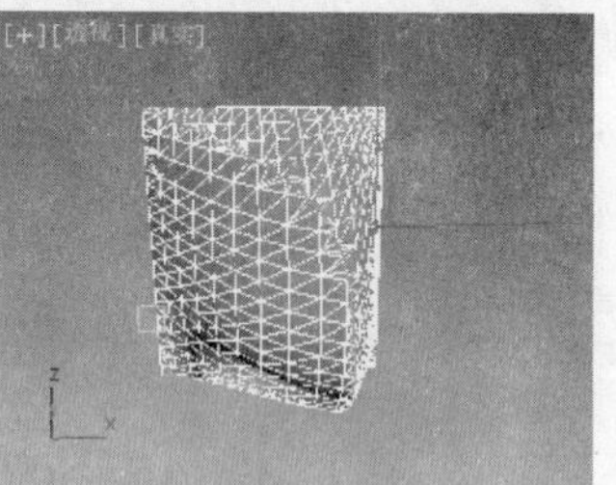

图 6-109

（11）（创建 U 向等参曲线）。该按钮用于在曲面的 U 轴向上创建等参数的曲线线段。

操作时单击（创建 U 向等参曲线）按钮，在视口中的曲面上单击，即可创建出一条 U 轴向的曲线线段，如图 6-110 所示。

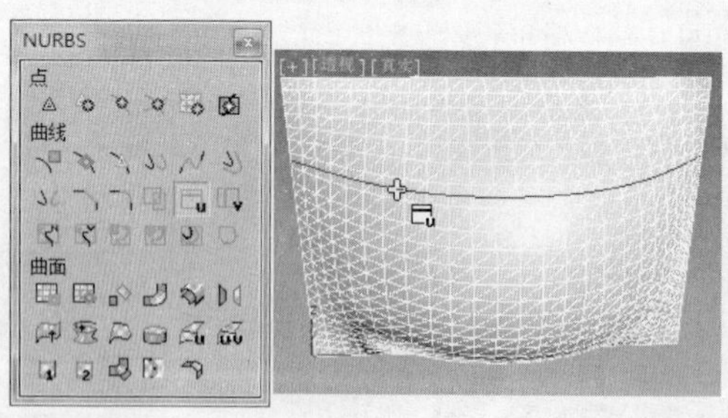
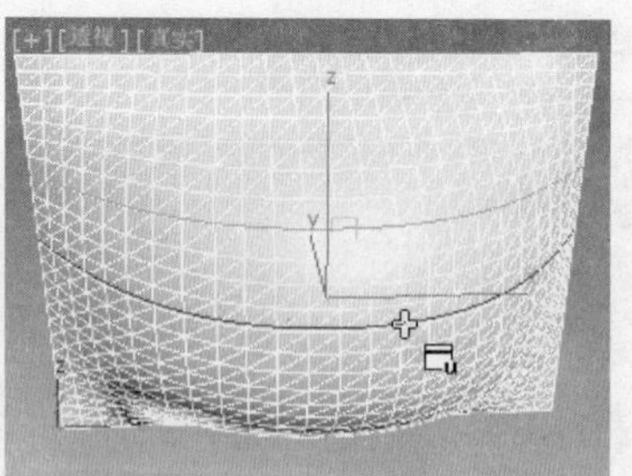

图 6-110

（12）（创建 V 向等参曲线）。该按钮用于在曲面的 V 轴向上创建等参数的曲线线段。其操作方法与（创建 U 向等参曲线）相同，操作效果如图 6-111 所示。

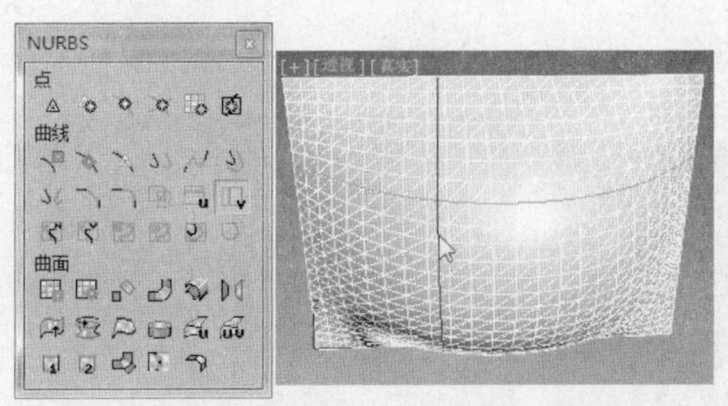
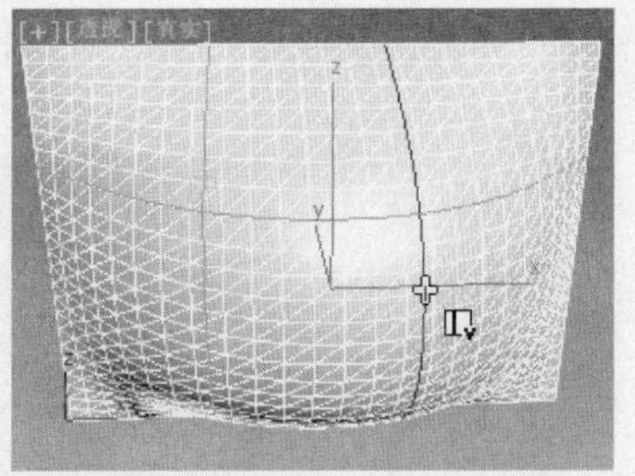

图 6-111

（13）（创建法向投影曲面）。该按钮用于将一条曲线垂直映射到一个曲面上，生成一条新的曲线。

操作时先分别创建一条曲线和一个曲面，使用“附加”工具将它们结合为一个整体，再单击（创建法向投影曲面）按钮，依次单击曲线和曲面，在曲面上会生成一条新的曲线，如图 6-112 所示。

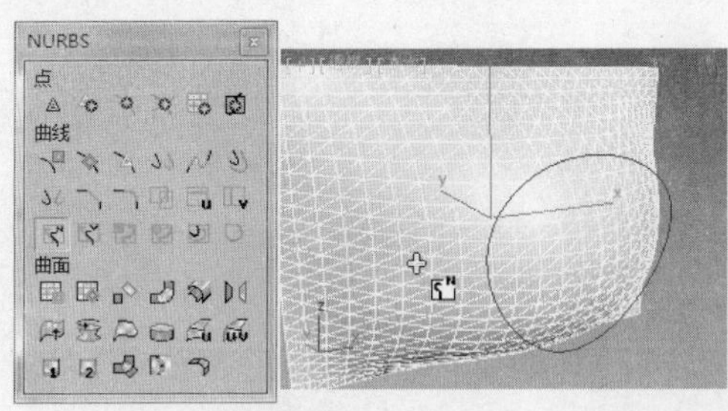
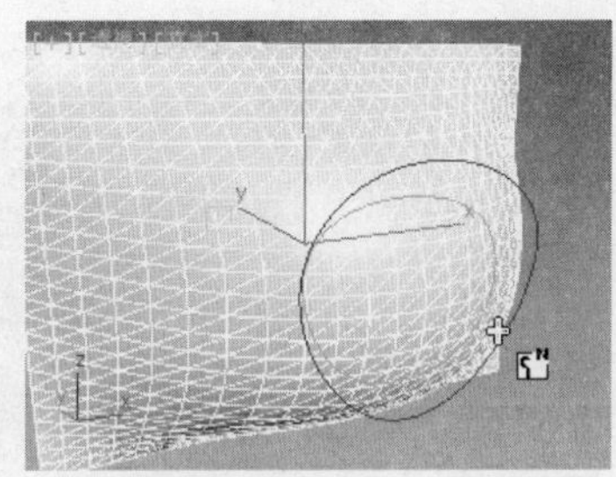

图 6-112

（14）（创建向量投影曲线）。该按钮用于将一条曲线投影到一个曲面上，生成一条新的曲线，投影的方向随视角的变化而改变。其操作方法与（创建法向投影曲面）相同。

（15）（创建曲面上的 CV 曲线）。该按钮用于在曲面上创建可控点曲线。

操作时单击（创建曲面上的 CV 曲线）按钮，将光标移动到曲面上，光标变为形状，即可在曲面上创建一条可控点曲线，如图 6-113 所示。

（16）（创建曲面上的点曲线）。该按钮用于在曲面上创建点曲线。其操作方法与（创建曲面上的 CV 曲线）相同，操作效果如图 6-114 所示。

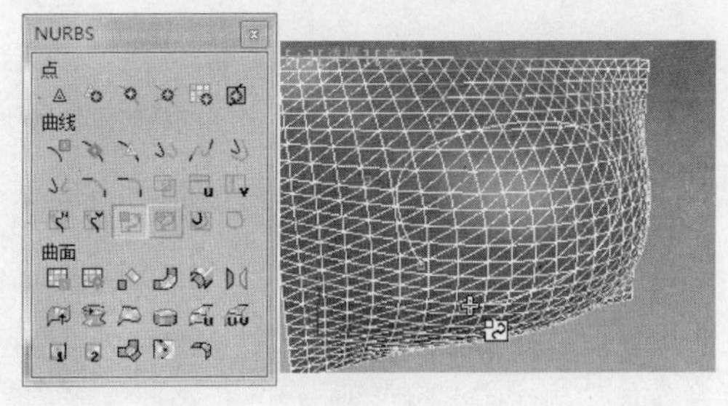

图 6-113

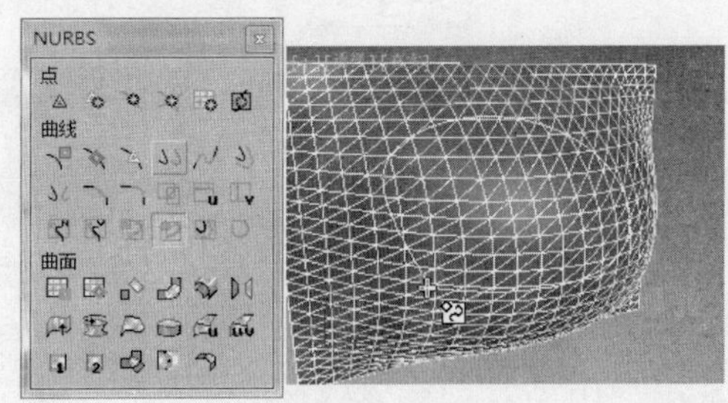

图 6-114

（17）（创建曲面偏移曲线）。该按钮用于将曲面上的一条曲线偏移复制，复制出一条参数相同的新曲线。

操作时单击（创建曲面偏移曲线）按钮，将光标移动到曲线上，光标变为形状，按住鼠标左键不放并拖曳鼠标，会偏移复制出一条新的曲线，如图 6-115 所示。

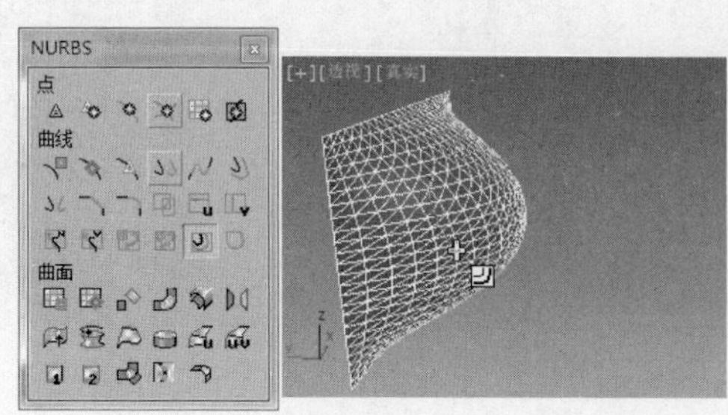

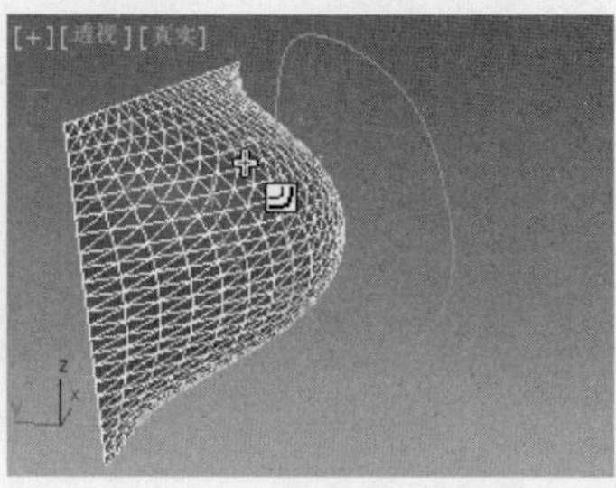

图 6-115

（18）▢（创建曲面边曲线）。该按钮用于以 NURBS 物体的边缘创建出一条曲线。

操作时单击▢（创建曲面边曲线）按钮，将光标移动到 NURBS 物体上，光标变为形状时单击，NURBS 物体边缘即会生成一条新的曲线，如图 6-116 所示。

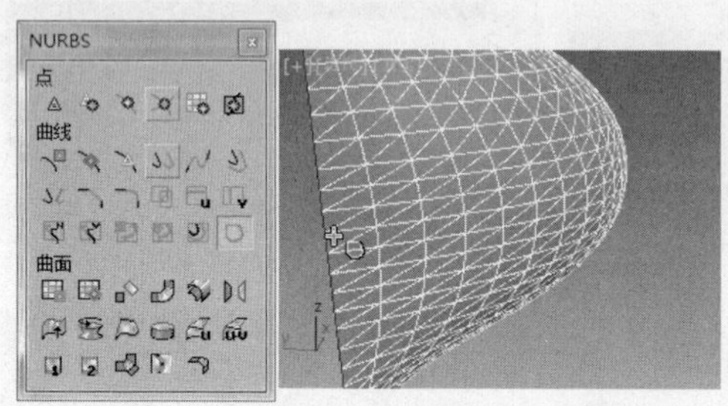

图 6-116

3. NURBS“曲面”工具

NURBS“曲面”工具在 NURBS 建模中经常用到，对曲线、曲面的编辑能力非常强大，共有 17 种按钮，如图 6-117 所示。

图 6-117

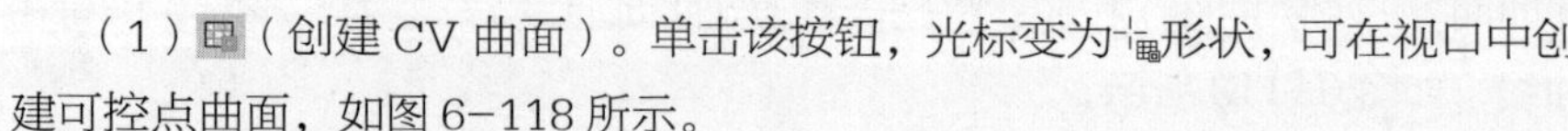

（1）▢（创建 CV 曲面）。单击该按钮，光标变为形状，可在视口中创建可控点曲面，如图 6-118 所示。

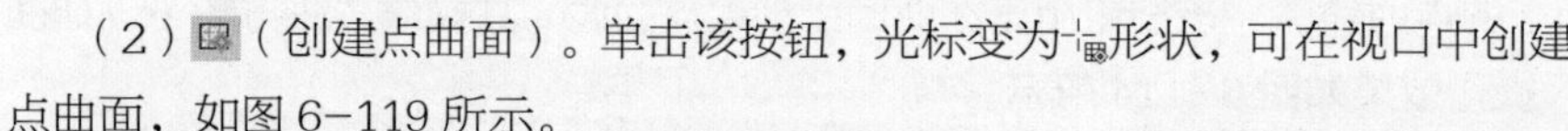

（2）▢（创建点曲面）。单击该按钮，光标变为形状，可在视口中创建点曲面，如图 6-119 所示。

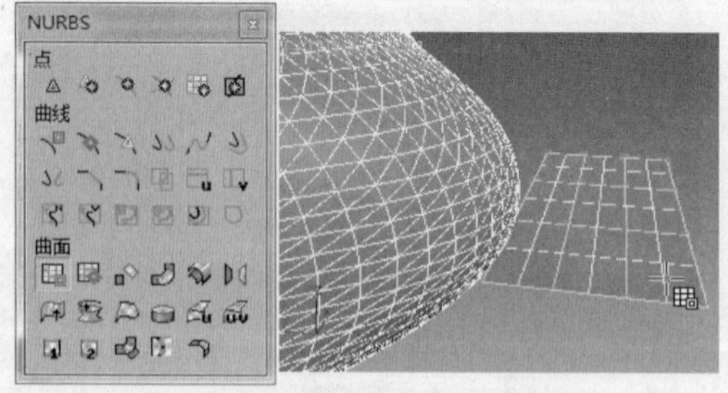

图 6-118

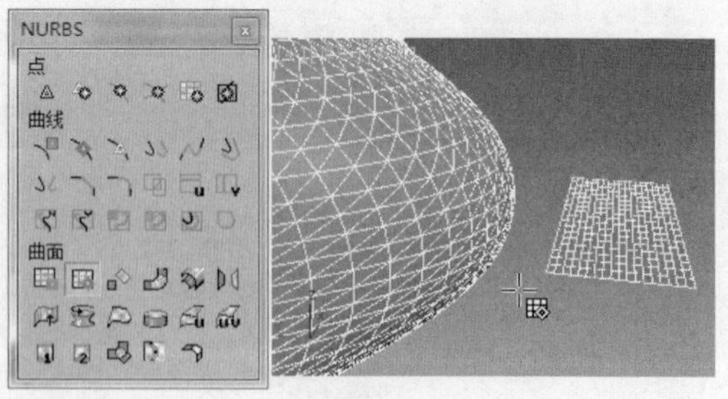

图 6-119

（3）▢（创建变换曲面）。该按钮用于将指定的曲面在同一水平面上复制出一个新的曲面，得到的曲面与原曲面的参数相同。

操作时单击（创建变换曲面）按钮，将光标移动到已有的曲面上，光标变为形状，按住鼠标左键不放并拖曳鼠标，在合适的位置释放鼠标左键，即可创建出一个新的曲面，如图 6-120 所示。

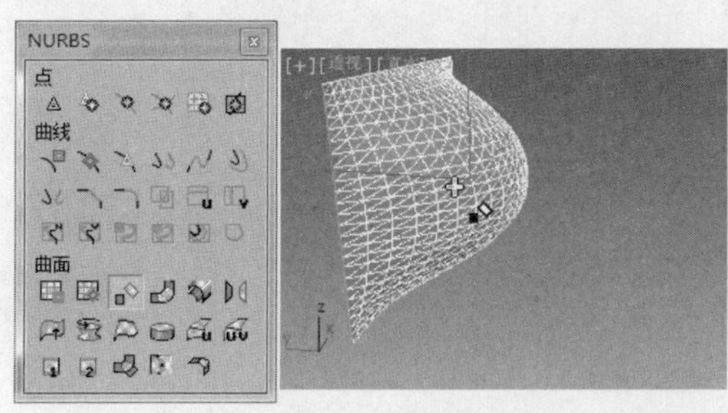

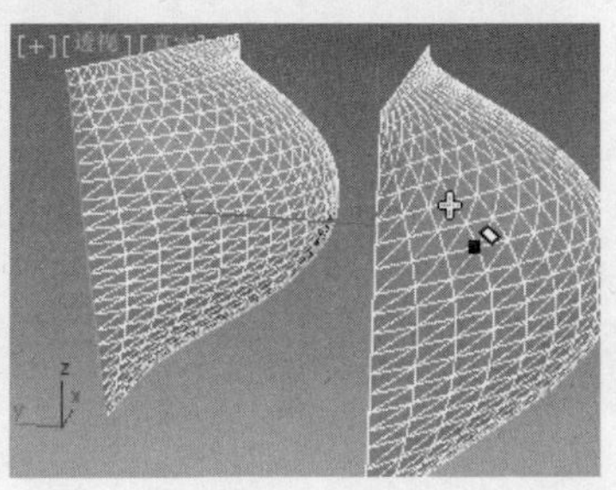

图 6-120

（4）（创建混合曲面）。该按钮用于使两个曲面混合为一个曲面，连接部分延续原来曲面的曲率。

操作时先创建两个曲面，单击（创建混合曲面）按钮，光标变为形状，再依次单击曲面，即可将两个曲面混合为一个曲面，如图 6-121 所示。操作时，光标应该靠近要连接的边，边会变成蓝色。

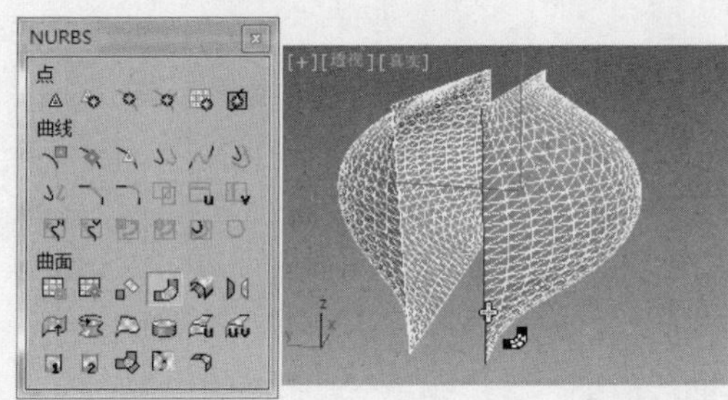

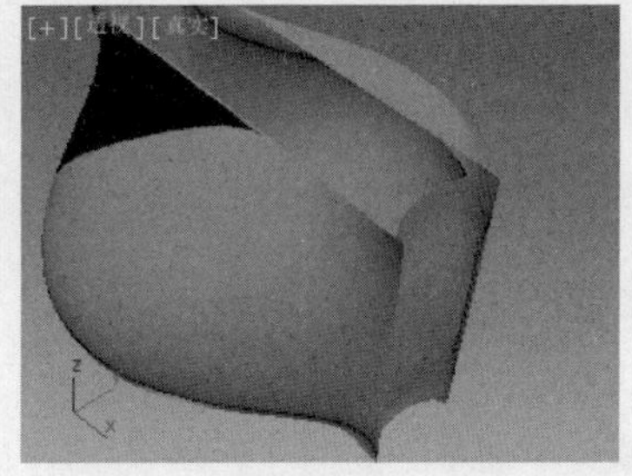

图 6-121

（5）（创建偏移曲面）。该按钮用于在原来曲面的基础上创建出曲率不同的新曲面。

操作时单击（创建偏移曲面）按钮，将光标移动到曲面上，光标变为形状，按住鼠标左键不放并拖曳鼠标即会生成新的曲面，释放鼠标左键完成操作，如图 6-122 所示。

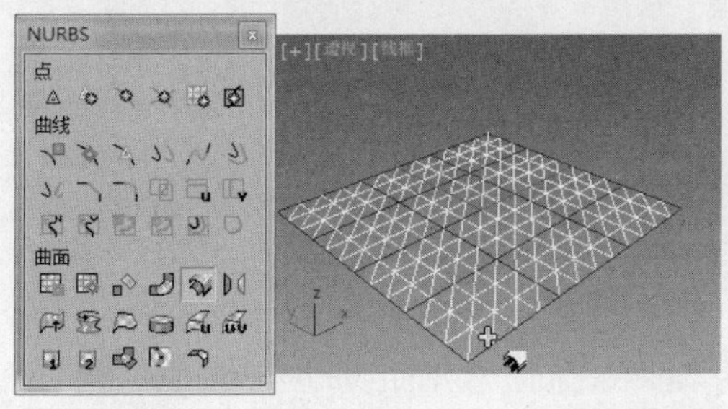

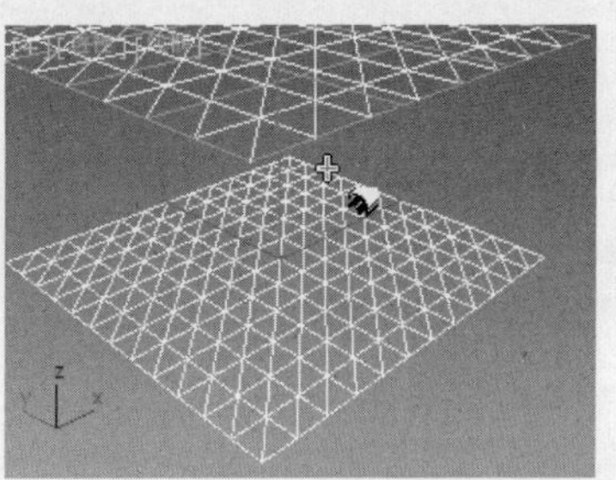

图 6-122

（6）（创建镜像曲面）。该按钮用于创建出与原曲面呈镜像关系的新曲面，与前面介绍的（创建镜像曲线）相似。

操作时单击（创建镜像曲面）按钮，将光标移动到已有的曲面上，光标变为形状，按住鼠标左键不放并上下拖曳鼠标，可以选择镜像的方向，释放鼠标左键结束创建，如图 6-123 所示，在“镜像曲线”卷展栏中设置合适的参数。

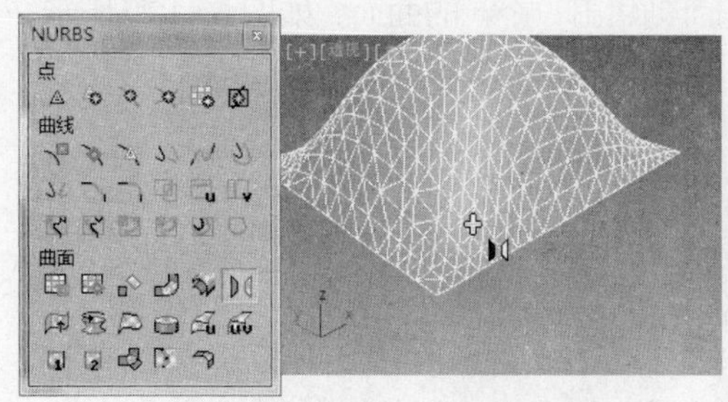

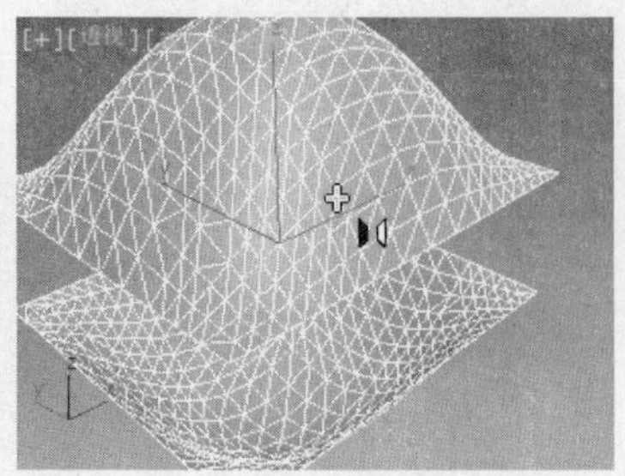
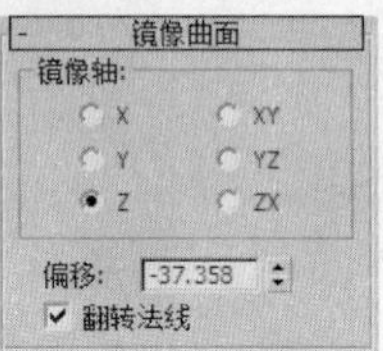

图 6-123

（7）（创建挤出曲面）。该按钮用于将曲线挤压成曲面。

操作时单击（创建挤出曲面）按钮，将光标移动到曲线上，光标变为形状，按住鼠标左键不放并上下拖曳鼠标，曲线被挤压出高度，释放鼠标左键完成操作，如图 6-124 所示。

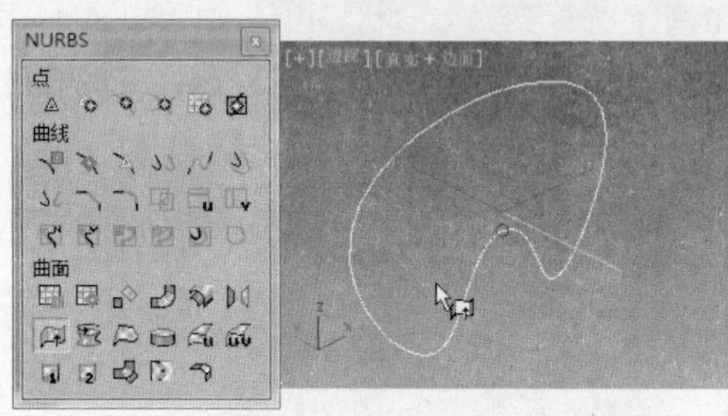

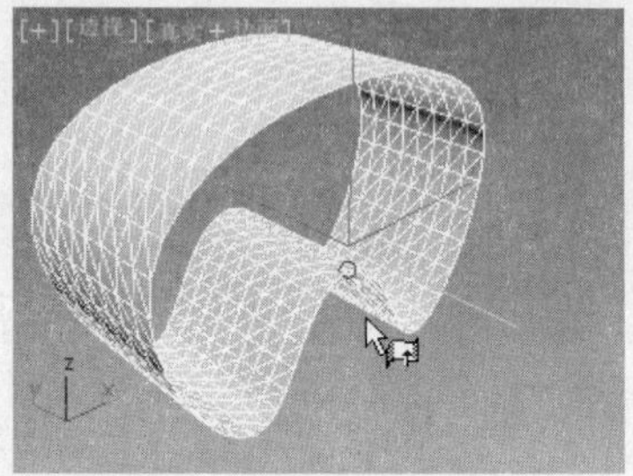
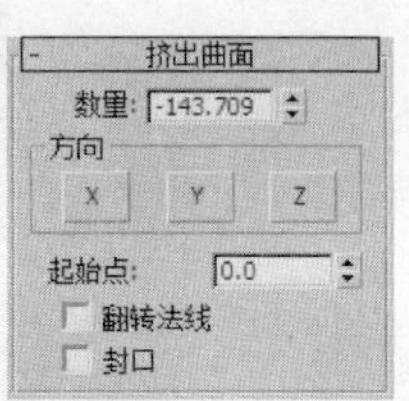

图 6-124

（8）（创建车削曲面）。该按钮用于将曲线沿轴心旋转成一个完整的曲面。

操作时单击（创建车削曲面）按钮，将光标移动到曲线上，光标变为形状时单击，曲线即会发生旋转，如图 6-125 所示。

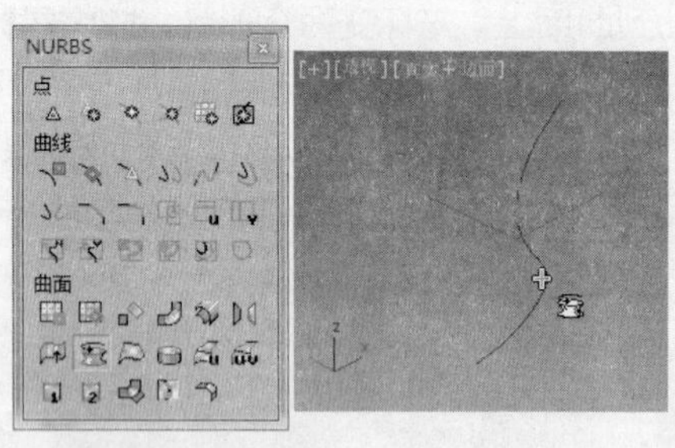

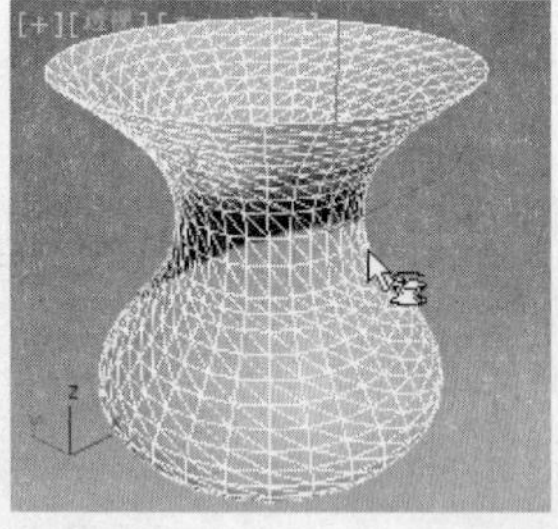
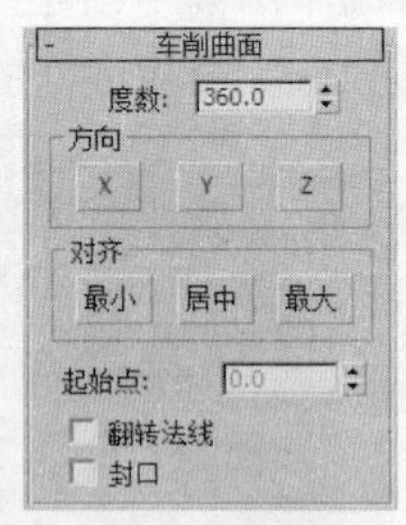

图 6-125

（9）（创建规则曲面）。该按钮用于两条曲线之间，根据曲线的形状创建一个曲面。

操作时先创建两条曲线，单击（创建规则曲面）按钮，光标变为形状，再依次单击曲线，在两条曲线之间生成一个曲面，如图 6-126 所示。

（10）（创建封口曲面）。该按钮用于将一个未封顶的曲面物体加盖封顶。

操作时单击（创建封口曲面）按钮，将光标移动到曲面物体上，光标变为形状，单击曲面物体即可，如图 6-127 所示。

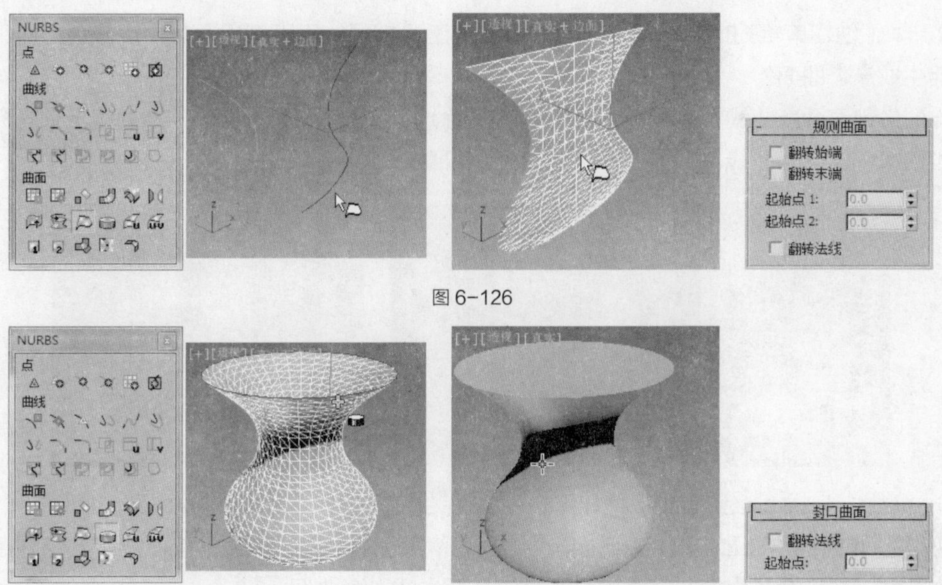

图 6-126

图 6-127

（11）（创建 U 向放样曲面）。该按钮用于将一组曲线作为放样截面，生成一个新的曲面。

操作时先创建一组曲线，单击（创建 U 向放样曲面）按钮，将光标移动到起始曲线上，光标变为形状，再依次单击这组曲线，即可生成一个曲面，如图 6-128 所示。

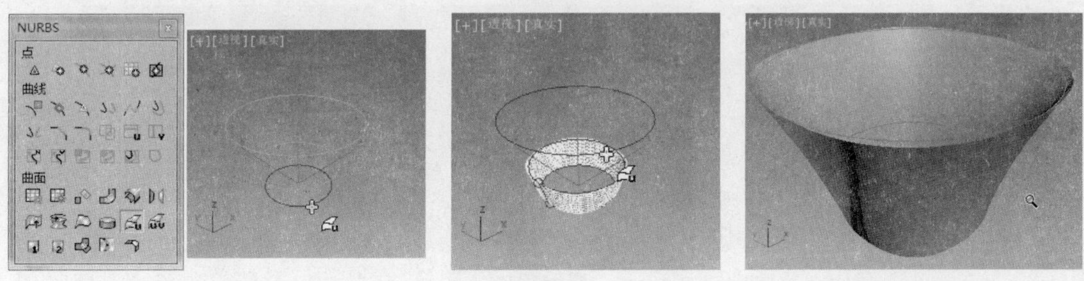

图 6-128

（12）（创建 UV 放样曲面）。该按钮用于将两个方向上的曲线作为放样截面，生成一个新的曲面。

操作时先创建几条不同方向上的曲线，单击（创建 UV 放样曲面）按钮，将光标移动到竖向的第一条曲线上，光标变为形状，再连续单击同方向的曲线，单击鼠标右键，再连续单击横向的曲线，最后单击鼠标右键结束，生成一个新的曲面，如图 6-129 所示。

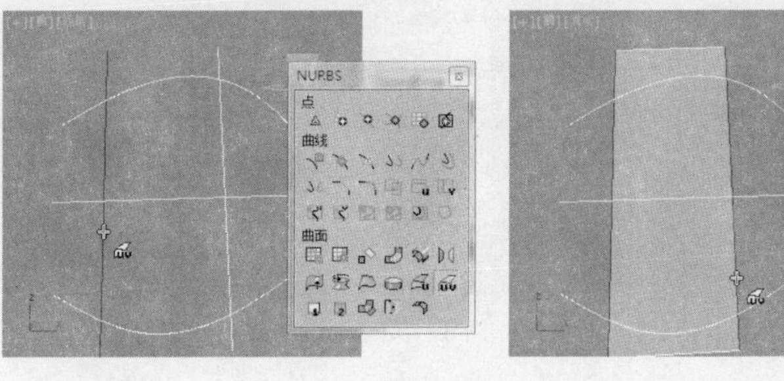

图 6-129

（13）（创建单轨扫描）。该按钮与“放样”工具相同，用于创建两条曲线分别作为路径和截面，从而生成一个曲面。

操作时先创建两条曲线，单击（创建单轨扫描）按钮，将光标移动到一条曲线上，光标变为形状，再依次单击两条曲线，即可生成一个曲面，如图 6-130 所示。

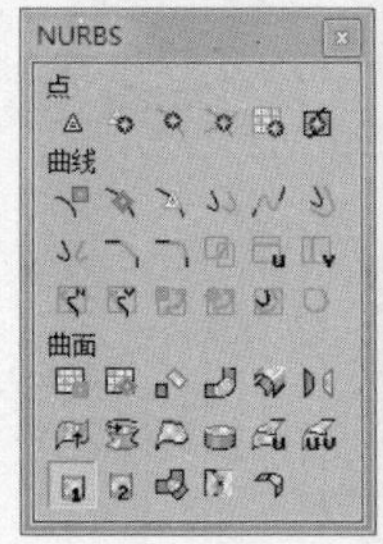

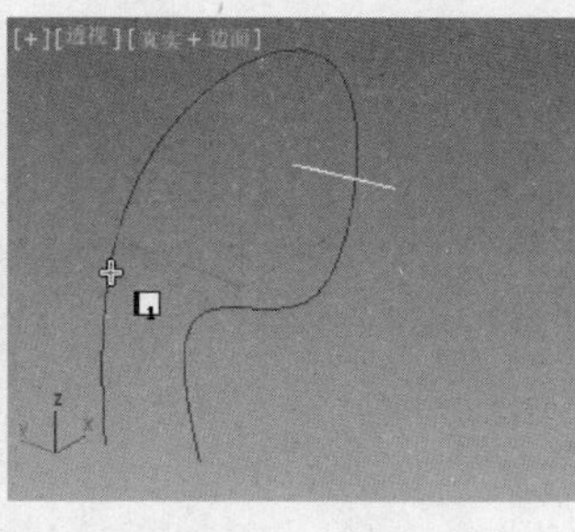

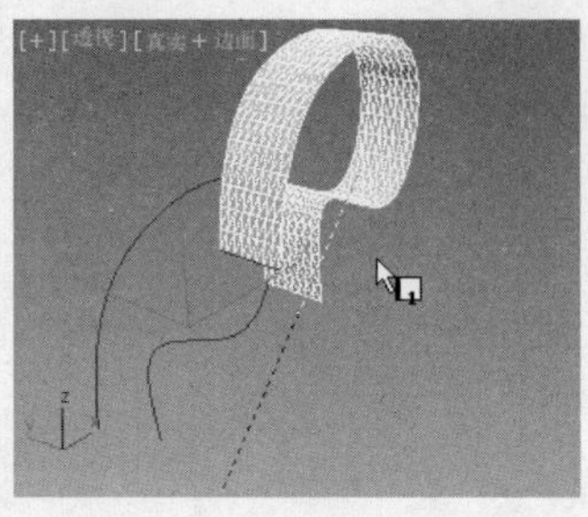

图 6-130

（14）（创建双轨扫描）。该按钮与（创建单轨扫描）按钮的原理相似，但需要 3 条曲线，一条作为截面，另外两条作为曲面两侧的路径，从而生成一个曲面。

操作时先创建 3 条曲线，单击（创建双轨扫描）按钮，将光标移动到右侧的路径上，光标变为形状，在第一个路径（右侧的图形）上单击，再单击第二个路径（左侧的图形），接着单击作为截面（中间下方的图形）的曲线，最后单击鼠标右键结束创建，即可生成曲面，如图 6-131 所示。

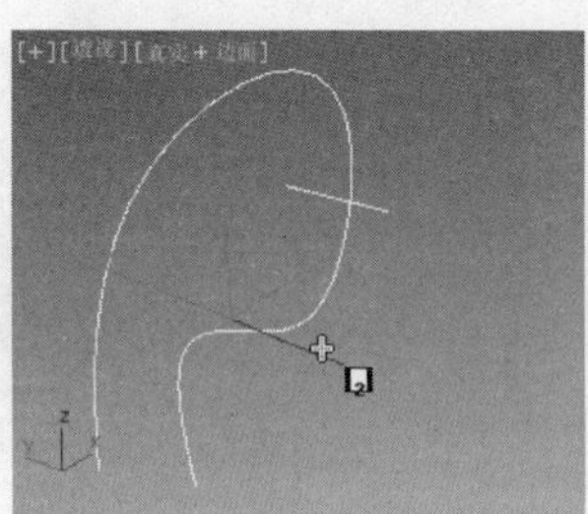

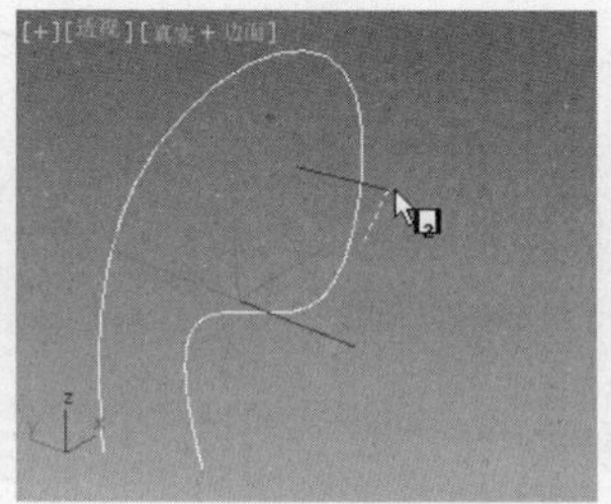

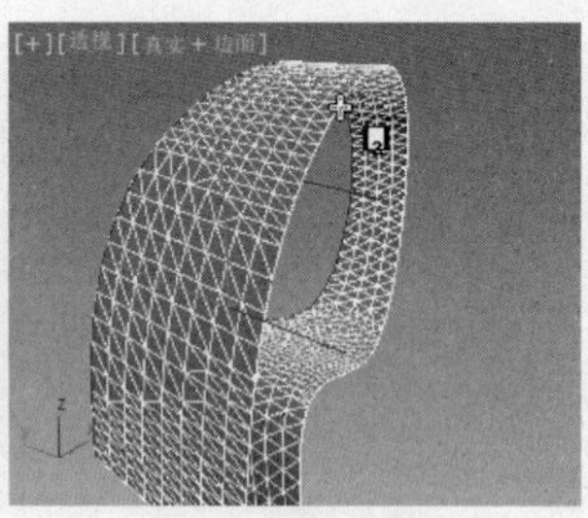

图 6-131

（15）（创建多边混合曲面）。该按钮用来在 3 个以上的曲面间建立平滑的混合曲面。

操作时先创建 3 个曲面，单击（创建混合曲面）按钮将 3 个曲面连接起来，会发现 3 个曲面间有一个空洞，再单击（创建多边混合曲面）按钮，将光标移动到连接的曲面上，光标变为形状，依次单击 3 个连接的曲面，即可生成多重混合曲面，如图 6-132 所示。

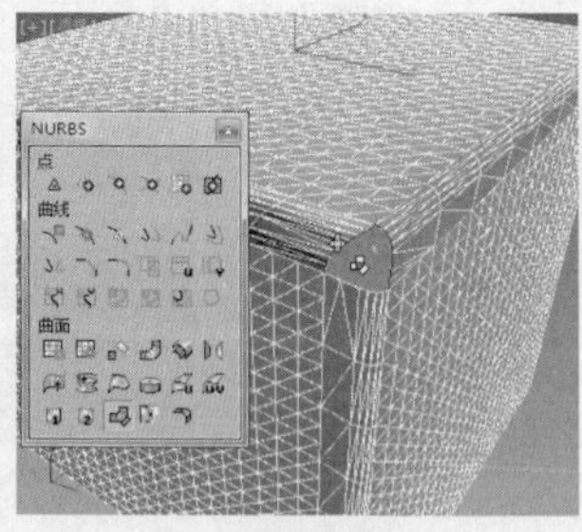

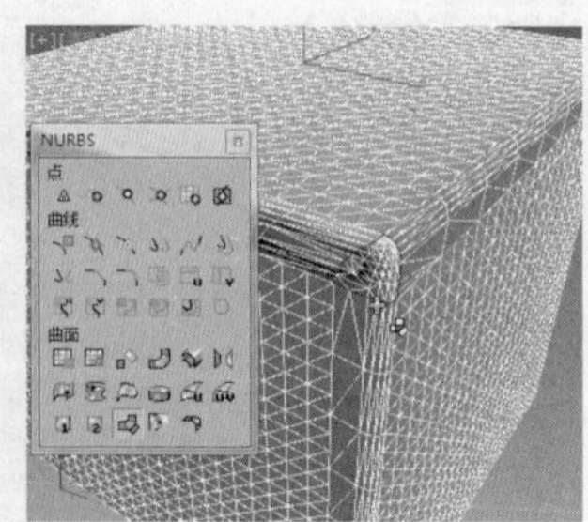

图 6-132

（16）（创建多重曲线修剪曲面）。该按钮用于在依附有曲线的曲面上进行剪切，从而生成新的曲面。

（17）（创建圆角曲面）。该按钮用于在两个相交的曲面之间创建出一个圆滑的曲面。

6.4 面片建模

面片建模是一种表面建模方式，即通过面片栅格制作表面并对其进行任意修改而完成模型的创建工作。在 3ds Max 2019 中创建面片的种类有两种：四边形面片和三角形面片。这两种面片的不同之处是它们的组成单元不同，前者为四边形，后者为三角形。

3ds Max 2019 提供了两种创建面片的途径，在“创建”命令面板的“面片栅格”子面板的“对象类型”卷展栏中选择面片的类型，如图 6–133 所示。选择面片类型后，在场景中创建面片，如图 6–134 所示。

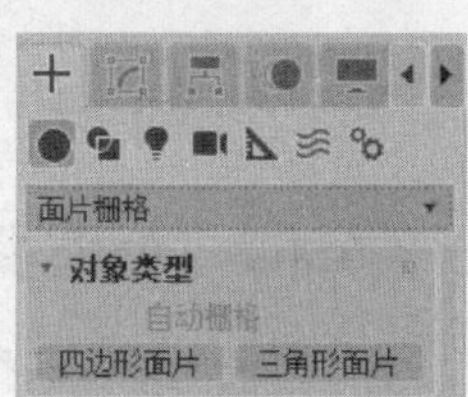

图 6–133

创建面片后切换到（修改）命令面板，在“修改器列表”下拉列表框中选择“编辑面片”选项，如图 6–135 所示，对面片进行修改；或用鼠标右键单击面片，在弹出的快捷菜单中选择“转换为 > 转换为可编辑面片”命令，如图 6–136 所示。

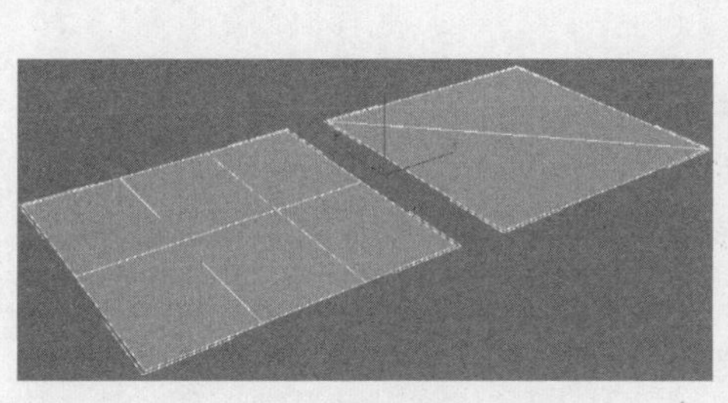
图 6–134

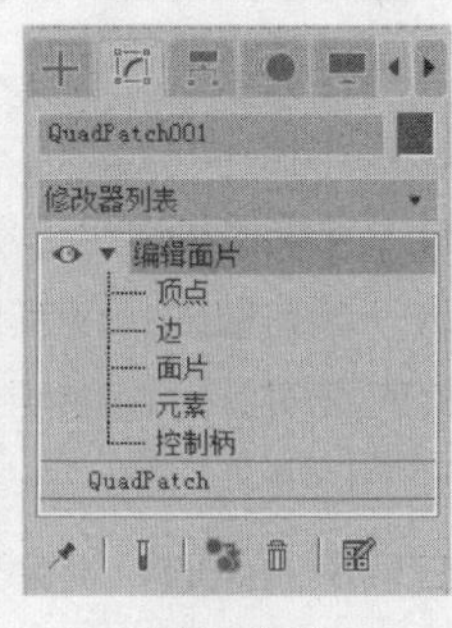

图 6–135

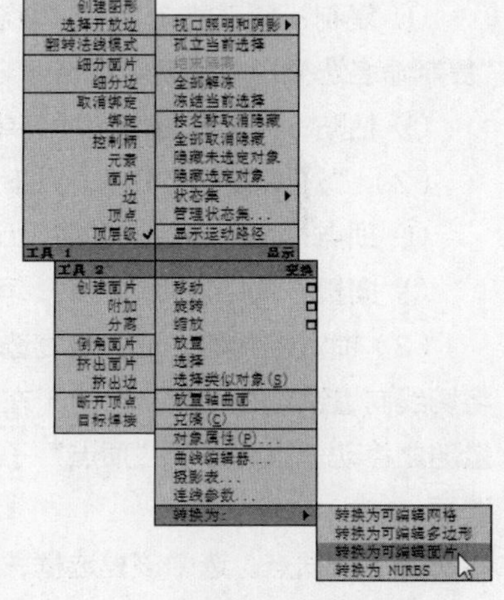

图 6–136

6.4.1 子物体层级

“编辑面片”提供了各种控件，不仅可以将对象作为面片对象进行操作，还可以在“顶点”“边”“面片”“元素”和“控制柄”5 个子对象层级中进行操作，如图 6–137 所示。

（1）顶点。“顶点”子对象层级用于选择面片对象中的顶点控制点及其向量控制柄。向量控制柄显示为围绕选定顶点的小型绿色方框，如图 6–138 所示。

（2）边。“边”子对象层级用于选择面片对象的边界边。

（3）面片。“面片”子对象层级用于选择整个面片。

（4）元素。“元素”子对象层级用于选择和编辑整个元素。元素的面是连续的。

（5）控制柄。“控制柄”子对象层级用于选择与每个顶点关联的向量控制柄。位于该层级时，可以对控制柄进行操纵，而无需对顶点进行处理，如图 6-139 所示。

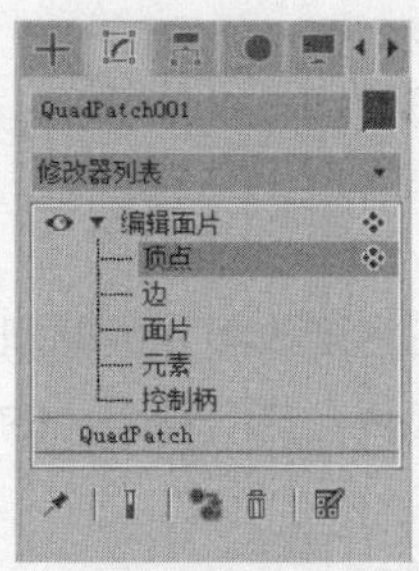

图 6-137

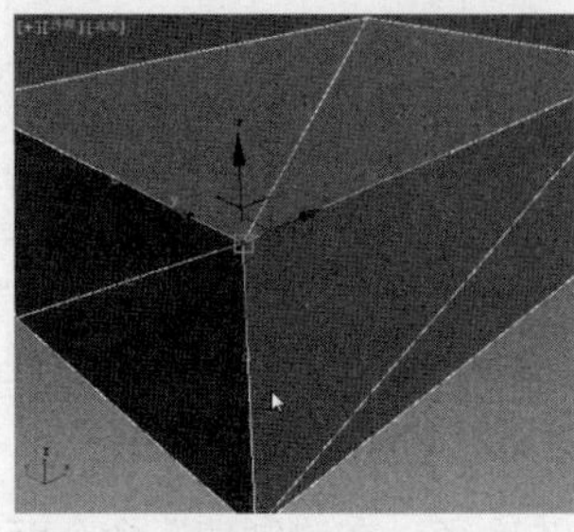
图 6-138

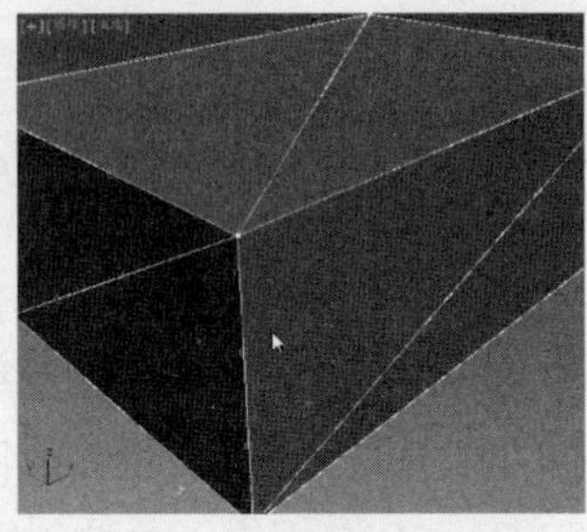
图 6-139

6.4.2 公共参数卷展栏

下面来介绍公共参数卷展栏中各选项的应用。

1.“选择”卷展栏

“选择”卷展栏如图 6-140 所示。

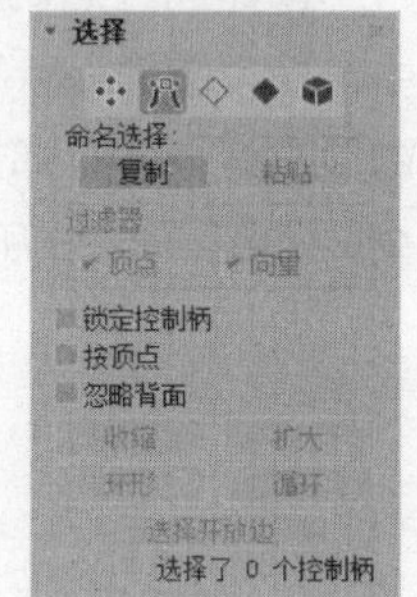

图 6-140

（1）“命名选择”选项组。这些功能可以与命名的子对象选择集结合使用。

① 复制：用于将命名子对象选择置于复制缓冲区。单击该按钮，在弹出的“复制命名选择”对话框中选择命名的子对象选择。

② 粘贴：用于从复制缓冲区中粘贴命名的子对象选择。

（2）“过滤器”选项组。以下两个复选框只能在“顶点”子对象层级使用。

① 顶点：选中该复选框时，可以选择和移动顶点。

② 向量：选中该复选框时，可以选择和移动向量。

（3）锁定控制柄。选中该复选框时，只能影响角点顶点。将切线向量锁定在一起，以便于在移动一个向量时，使其他向量随之移动。只有处于“顶点”子对象层级时，才能使用该复选框。

（4）按顶点。选中该复选框，单击某个顶点时，将会选择使用该顶点的所有控制柄、边或面片，具体情况视当前的子对象层级而定。只有处于“控制柄”“边”和“面片”子对象层级时，才能使用该复选框。

（5）选择开放边。单击该按钮，将选择只由一个面片使用的所有边。只有处于“边”子对象层级时，才可以使用该按钮。

2.“几何体”卷展栏

“几何体”卷展栏如图 6-141 所示。

（1）“细分”选项组。该选项组仅限于在“顶点”“边”“面片”和“元素”子对象层级使用。

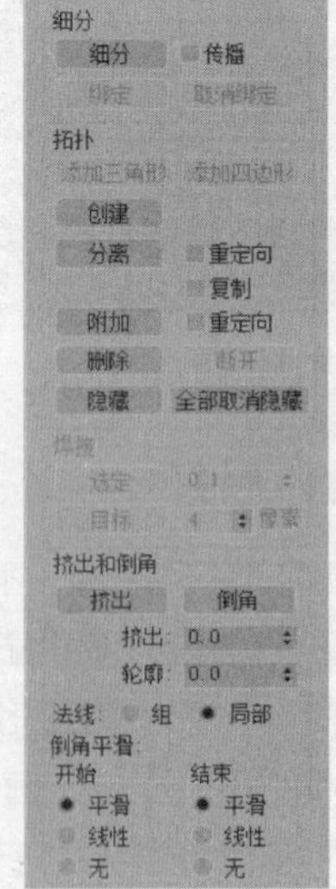

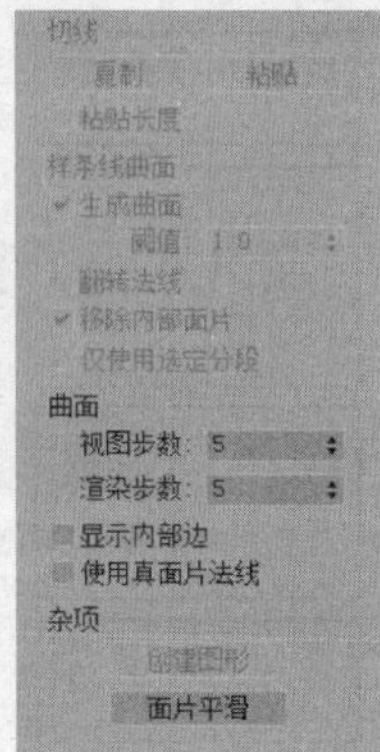

图 6-141

① 细分：用于细分所选子对象。

② 传播：选中该复选框时，将细分伸展到相邻面片。如果沿着所有连续的面片传播细分，则连接面片时，可以防止面片断裂。

③ 绑定：用于在两个顶点数不同的面片之间创建无缝无间距的连接。这两个面片必须属于同一个对象，因此，不需要先选择该顶点。方法：单击“绑定”按钮，拖动一条从基于边的顶点（不是角顶点）到要绑定的边的直线。此时，如果光标在合法的边上，则其会转变成白色的“十”字形状。

④ 取消绑定：用于断开通过“绑定”连接到面片的顶点。方法：选择该顶点，单击“取消绑定”按钮。

（2）“拓扑”选项组。该选项组中各选项的功能如下。

① 添加三角形、添加四边形：仅限于“边”子对象层级使用。用户可以为某个对象的任何开放边添加三角形和四边形。例如，在球体那样的闭合对象上，可以删除一个或者多个现有面片以创建开放边，并添加新面片，如图 6-142 所示。

② 创建：用于在现有的几何体或自由空间中创建三边或四边面片，仅限于“顶点”“面片”和“元素”子对象层级使用。

③ 分离：用于选择当前对象内的一个或多个面片，并使其分离（或复制面片）形成单独的面片对象。

④ 重定向：选中该复选框时，分离的面片或元素复制原对象的创建局部坐标系的位置和方向（当创建源对象时）。

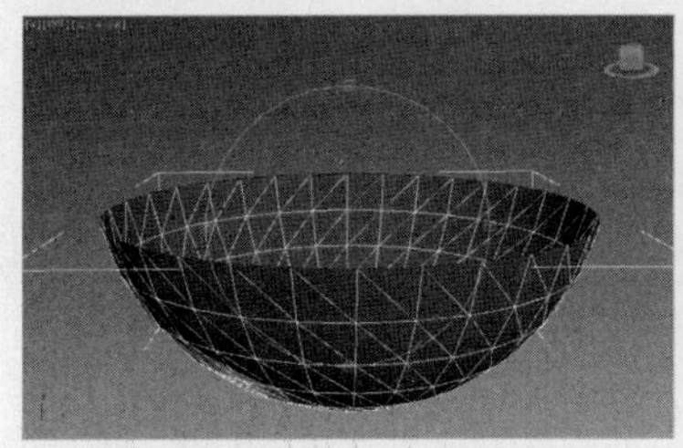
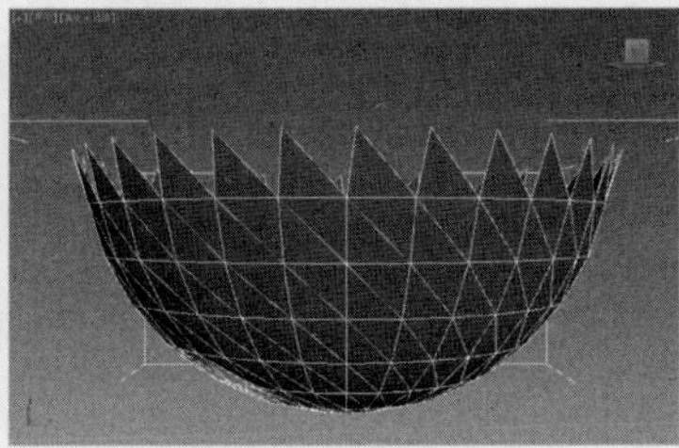
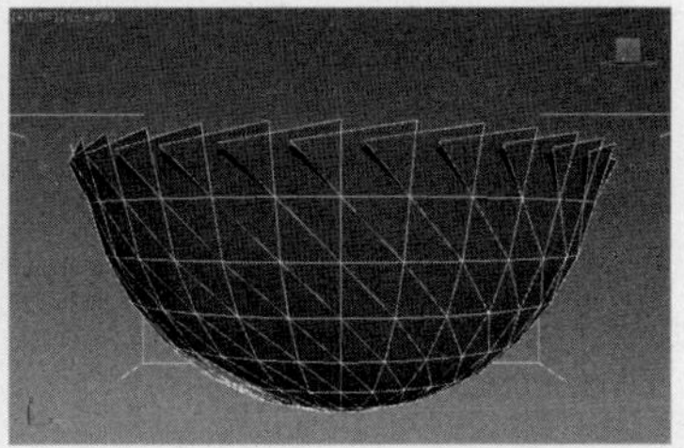

图 6-142

⑤ 复制：选中该复选框时，分离的面片将会复制到新的面片对象中，从而使原来的面片保持完好。

⑥ 附加：用于将对象附加到当前选定的面片对象中。

⑦ 重定向：选中该复选框时，重定向附加元素，使每个面片的创建局部坐标系与选定面片的创建局部坐标系对齐。

⑧ 删除：用于删除所选子对象。删除顶点和边时要谨慎，因为删除顶点和边的同时也删除了共享顶点和边的面片。例如，如果删除球体面片顶部的单个顶点，则会删除顶部的 4 个面片。

⑨ 断开：对于顶点来说，该按钮用于将一个顶点分裂成多个顶点。

⑩ 隐藏：用于隐藏所选子对象。

⑪ 全部取消隐藏：用于还原任何隐藏子对象，使之可见。

（3）“焊接”选项组。该选项组仅限于在“顶点”和“边”子对象层级使用。

① 选定：用于焊接“焊接阈值”微调器指定的公差范围内的选定顶点。方法：选择要在两个不同面片之间焊接的顶点，并将该微调器设置得有足够的距离，并单击“选定”按钮。

② 目标：单击该按钮后，将光标从一个顶点拖动到另外一个顶点，以便将这些顶点焊接在一起。

（4）“挤出和倒角”选项组。该选项组用于对边、面片或元素进行挤出和倒角操作。

① 挤出：单击该按钮，拖动任何边、面片或元素，以便对其进行交互式的挤出操作。进行挤出操作时按住 Shift 键，以便创建新的元素。

② 倒角：单击该按钮，拖动任意一个面片或元素，对其进行交互式的挤出操作，再单击并释放该按钮，重新进行拖动，对挤出元素进行倒角操作。

③ 挤出：使用该微调器，可以向内或向外设置挤出。

④ 轮廓：使用该微调器，可以放大或缩小选定的面片或元素。

⑤ 法线：如果“法线”设置为“局部”，则沿选定元素中的边、面片或单独面片的各个法线进行挤出操作。如果法线设置为“组”，则沿着选定的连续组的平均法线进行挤出操作。

⑥ 倒角平滑：使用这些设置，可以在通过倒角创建的曲面和邻近面片之间设置相交的形状，这些形状是由相交时顶点的控制柄配置决定的。“开始”是指边和倒角面片周围的面片的相交；“结束”是指边和倒角面片或面片的相交。

⑦ 平滑：对顶点控制柄进行设置，使新面片和邻近面片之间的角度相对小一些。

⑧ 线性：对顶点控制柄进行设置，以便创建线性变换。

⑨ 无：不修改顶点控制柄。

（5）“切线”选项组。该选项组用于在同一个对象的控制柄之间，或在应用相同“编辑面片”修改器距离的不同对象上复制方向或有选择地复制长度。其不支持将一个面片对象的控制柄复制到另外一个面片对象中，也不支持在样条线和面片对象之间进行复制。

① 复制：用于将面片控制柄的变换设置复制到复制缓冲区。

② 粘贴：用于将方向信息从复制缓冲区粘贴到顶点控制柄。

③ 粘贴长度：如果选中该复选框，并且使用“复制”功能，则控制柄的长度也将被复制。如果选中该复选框，并且使用“粘贴”功能，则将复制最初复制的控制柄的长度及其方向。

（6）“样条线曲面”选项组。应用“编辑面片”修改器的对象由样条线组成时，该选项组可用。

① 生成曲面：以现有样条线创建面片曲面时可以定义面片边。默认设置为选中。

② 阈值：用于确定焊接样条线对象顶点的总距离。

③ 翻转法线：用于反转面片曲面的朝向。默认设置为取消选中。

④ 移除内部面片：用于移除通常看不见的对象的内部面片。

⑤ 仅使用选定分段：通过“曲面”修改器，仅使用在“编辑样条线”修改器或者可编辑样条线对象中选定的分段创建面片。默认设置为取消选中。

（7）“曲面”选项组。该选项组中各选项的功能如下。

① 视图步数：用于控制面片模型曲面的栅格分辨率，如视口中所述。

② 渲染步数：用于渲染时控制面片模型曲面的栅格分辨率。

③ 显示内部边：用于使面片对象的内部边显示在线框视口内。

④ 使用真面片法线：用于决定 3ds Max 平滑面片之间的边的方式。默认设置为取消选中。

（8）“杂项”选项组。该选项组中各选项的功能如下。

① 创建图形：用于创建基于选定边的样条线，仅限于“边”子对象层级使用。

② 面片平滑：用于在子对象层级调整所选子对象顶点的切线控制柄，以便对面片对象的曲面执

行平滑操作。

3. “曲面属性”卷展栏

“曲面属性”卷展栏如图 6-143 所示。

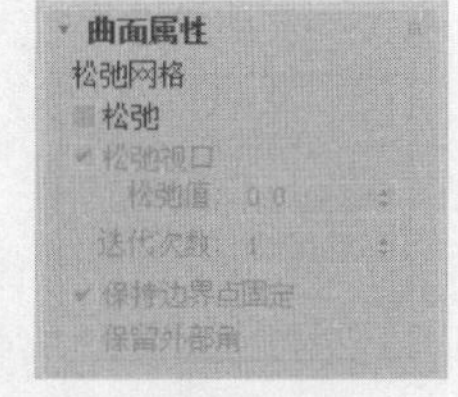

图 6-143

“松弛网格”选项组：从中设置松弛参数，与“松弛”修改器类似。

① 松弛：选中该复选框，显示松弛效果。

② 松弛视口：选中该复选框后，可以在视口中显示松弛效果。

③ 松弛值：用于控制移动每个迭代次数的顶点程度。

④ 迭代次数：用于设置重复此过程的次数。对每次迭代来说，需要重新计算平均位置，重新将“松弛值”应用到每一个顶点上。

⑤ 保持边界点固定：用于控制是否移动打开网格边上的顶点。默认设置为选中。

⑥ 保留外部角：用于设置将顶点的原始位置保持为距对象中心的最远距离。选择子对象层级后，相应的面板和按钮将被激活。这些面板和按钮与前面介绍过的相同，这里不再赘述。

6.4.3 “曲面”修改器

“曲面”修改器基于样条线网络的轮廓生成面片曲面，可以在三面体或四面体的交织样条线分段的任何地方创建面片，如图 6-144 所示。

图 6-144

使用“曲面”工具进行建模所做的大量工作主要是在“可编辑样条线”修改器或“编辑样条线”修改器中创建和编辑样条线。使用样条线和“曲面”修改器建模的一个好处就是易于编辑模型。

课堂练习——礼盒模型的制作

【知识要点】使用“切角长方体”工具，结合使用“编辑多边形”修改器制作盒子模型；使用“四边形面片”和“编辑面片”修改器制作拉花模型，模型效果如图 6-145 所示。

【素材文件位置】素材文件/贴图。

【参考模型文件所在位置】素材文件/场景/第 6 章/礼盒.max。

微课视频

礼盒模型的制作

图 6-145

课后习题——香水模型的制作

【知识要点】使用“球体和线”工具，并结合使用“编辑多边形”“车削”等修改器制作香水模型，如图 6-146 所示。

【素材文件位置】素材文件/贴图。

【参考模型文件所在位置】素材文件/场景/第 6 章/香水.max。

微课视频

香水模型的制作

图 6-146

第 7 章 材质和纹理贴图

本章介绍

优秀的 3ds Max 作品除了模型还需要材质贴图的配合。材质与贴图的应用是三维创作中非常重要的环节，其重要性和难度丝毫不亚于建模。通过本章的学习，读者应掌握“材质编辑器”的参数设定方法、常用材质和贴图的应用方法，以及结合使用“UVW 贴图”的方法。

学习目标

- 熟练掌握“材质编辑器”的使用方法
- 熟练区分材质类型
- 熟练掌握标准材质的编辑方法
- 熟练掌握设置纹理贴图的使用方法
- 熟练掌握反射和折射贴图的使用方法

技能目标

- 掌握制作金属和木纹材质的方法和技巧
- 掌握制作布料材质的方法和技巧

7.1 材质编辑器

真实世界中的物体都有自身的表面特征，如透明的玻璃和不同的金属具有不同的光泽度，石材和木材有不同的颜色和纹理等。

在 3ds Max 中创建好模型后，使用材质编辑器可以准确、逼真地表现物体不同的颜色、光泽和质感特性。图 7-1 所示为在 3ds Max 为模型指定材质后的效果。

图7-1

贴图的主要材质是位图，在实际应用中主要用到下面 6 种位图形式。

（1）BMP 位图格式。它有 Windows 和 OS/2 两种格式，这种文件几乎不压缩，占用磁盘空间较大，它的颜色存储格式有 1 位、4 位、8 位和 24 位，是当今应用比较广泛的一种文件格式。

（2）GIF 格式。Compuserve 提供的 GIF 是一种图形变换格式（Graphics Interchange Format），这是一种经过压缩的格式，它使用 LZW（Lempel-Ziv and Welch）压缩方式。这格式在 Internet 上被广泛应用，其原因主要是 256 种颜色已经较能满足主页图形的需要，且文件较小，适合网络环境下的传输和浏览。

（3）JPEG 格式。JPEG 格式是由联合图像专家组发展出来的标准，可以用不同的压缩比例对这种文件进行压缩，且压缩技术十分先进，对图像质量影响较小，因此可以用较少的磁盘空间得到较好的图像质量。由于它性能优异，所以应用非常广泛，是目前 Internet 上主流的图形格式，但 JPEG 格式是一种有损压缩。

（4）PSD 格式。PSD 是 Photoshop 的专用格式，在该软件所支持的各种格式中，PSD 格式的存取速度比其他格式快很多。由于 Photoshop 越来越广泛地被应用，所以 PSD 格式也逐步流行起来。使用 PSD 格式存档时会将文件压缩，以节省空间，但不会影响图像质量。

（5）TIFF 格式。这是由 Commode Amga 计算机所采用的文件格式，它是 Tag Image File Format 的缩写，有许多绘图或图像处理软件使用 TIFF 格式来进行文件交换。TIFF 格式具有图形格式复杂、存储信息多的特点。3ds Max 中的大量贴图就是 TIFF 格式的。TIFF 最大色深为 32 bit，可采用 LZW 无损压缩方案存储。

（6）PNG 格式。便携式网络图形（Portable Network Graphics，PNG）是一种新兴的网络图形格式，结合了 GIF 和 JPEG 的优点，具有存储形式丰富的特点。PNG 的最大色深为 48 bit，采用无损压缩方案存储。著名的 Macromedia 公司的 Fireworks 的默认格式就是 PNG。

7.2 Slate 材质编辑器

材质编辑器是一个浮动的窗口，用于设置不同类型和属性的材质与贴图效果，并将设置的结果赋予场景中的物体。在工具栏中单击 （材质编辑器）按钮，打开“Slate 材质编辑器”窗口，如图 7-2 所示。

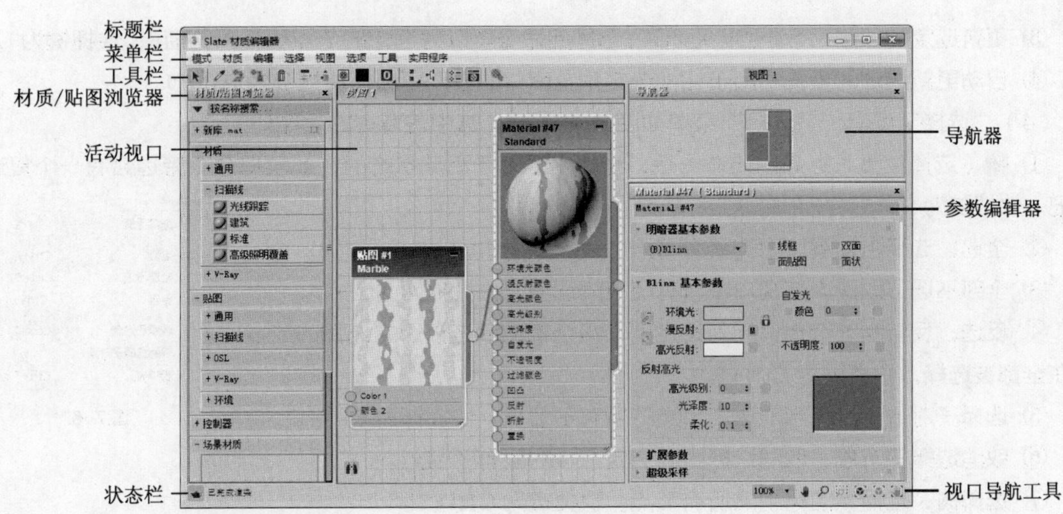

图 7-2

其中，标题栏显示了窗口名称，状态栏显示了当前是否完成了预览窗口的渲染，视口导航工具与“视图”菜单中的各项命令相同。“Slate 材质编辑器”窗口中的其他组成部分如下。

7.2.1 菜单栏

菜单栏位于“Slate 材质编辑器”窗口标题栏的下方，在菜单栏中包含带有创建和管理场景中材质的各种命令的菜单。大部分菜单命令可以从工具栏中找到，下面来介绍各菜单命令。

（1）“模式”菜单。在“模式”菜单中，可以在“精简材质编辑器”和“Slate 材质编辑器”之间进行转换，如图 7-3 所示。

（2）“材质”菜单。“材质”菜单如图 7-4 所示，其中各命令的功能如下。

① （从对象选取）：选择此命令后，3ds Max 会显示一个滴管光标。单击视口中的一个对象，以在当前视口中显示其材质。

② 从选定项获取：用于从场景中选定的对象中获取材质，并显示在活动视口中。

③ 获取所有场景材质：用于在当前视口中显示所有场景材质。

④ （将材质指定给选定对象）：用于将当前材质指定给当前选择中的所有对象。快捷键为 A。

⑤ 导出为 XMSL 文件：用于弹出一个文件对话框，将当前材质导出为 XMSL 文件。

（3）“编辑”菜单。“编辑”菜单如图 7-5 所示，其中各命令的功能如下。

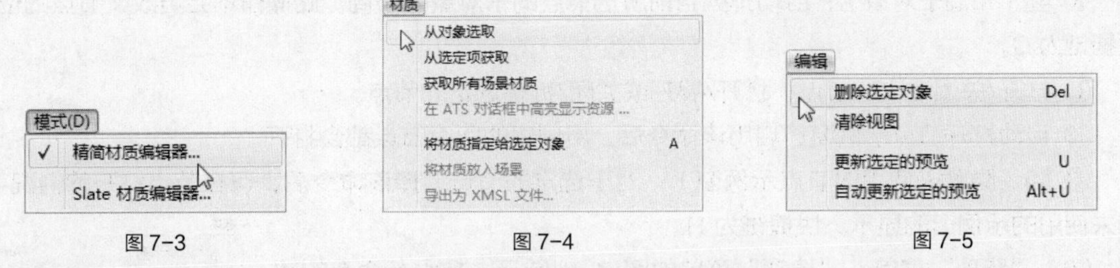

图 7-3　　图 7-4　　图 7-5

① （删除选定对象）：用于在活动视口中删除选定的节点或关联。快捷键为 Delete。

② 清除视图：用于删除活动视口中的全部节点和关联。

③ 更新选定的预览：自动更新关闭时，选择此命令可以为选定的节点更新预览窗口。快捷键为 U。

④ 自动更新选定的预览：用于切换选定预览窗口的自动更新。快捷键为 Alt+U。

（4）“选择”菜单。“选择”菜单如图 7-6 所示，其中各命令的功能如下。

①（选择工具）：启用该命令后，选择工具处于活动状态时，此菜单命令旁边会有一个复选标记。快捷键为 S。

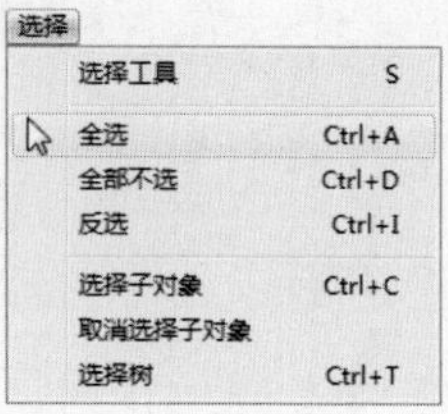

② 全选：选择当前视口中的所有节点。快捷键为 Ctrl+A。

③ 全部不选：取消当前视口中所有节点的选择。快捷键为 Ctrl+D。

④ 反选：反转当前选择，之前选定的节点全都取消选择，未选择的节点现在全都被选择。快捷键为 Ctrl+I。

选择
选择工具 S
全选 Ctrl+A
全部不选 Ctrl+D
反选 Ctrl+I
选择子对象 Ctrl+C
取消选择子对象
选择树 Ctrl+T

图 7-6

⑤ 选择子对象：选择当前选定节点的所有子节点。快捷键为 Ctrl+C。

⑥ 取消选择子对象：取消选择当前选定节点的所有子节点。

⑦ 选择树：选择当前树中的所有节点。快捷键为 Ctrl+T。

（5）“视图”菜单。“视图”菜单如图 7-7 所示，其中各命令的功能如下。

①（平移工具）：启用该命令后，在当前视口中拖动即可平移视口。快捷键为 Ctrl+P。

②（平移至选定项）：将视口平移至当前选择的节点。快捷键为 Alt+P。

③（缩放工具）：启用该命令后，在当前视口中拖动即可缩放视口。快捷键为 Alt+Z。

④（缩放区域工具）：启用该命令后，在视口中拖动一块矩形选区即可放大该区域。快捷键为 Ctrl+W。

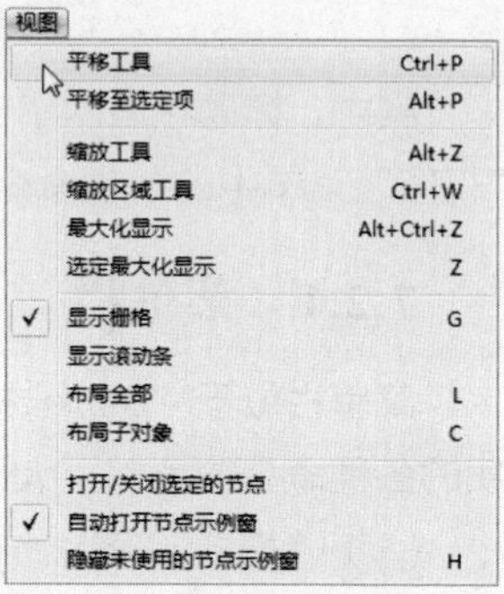

视图
平移工具 Ctrl+P
平移至选定项 Alt+P
缩放工具 Alt+Z
缩放区域工具 Ctrl+W
最大化显示 Alt+Ctrl+Z
选定最大化显示 Z
✓ 显示栅格 G
显示滚动条
布局全部 L
布局子对象 C
打开/关闭选定的节点
✓ 自动打开节点示例窗
隐藏未使用的节点示例窗 H

图 7-7

⑤（最大化显示）：缩放视口，从而让视口中的所有节点都可见且居中显示。快捷键为 Alt+Ctrl+ Z。

⑥（选定最大化显示）：缩放视口，从而让视口中的所有选定节点都可见且居中显示。快捷键为 Z。

⑦ 显示栅格：将一个栅格的显示切换为视口背景。默认设置为选中。快捷键为 G。

⑧ 显示滚动条：根据需要，切换视口右侧和底部滚动条的显示。默认设置为取消选中。

⑨ 布局全部：自动排列视口中所有节点的布局。快捷键为 L。

⑩（布局子对象）：自动排列当前所选节点的子对象的布局。此操作不会更改父节点的位置。快捷键为 C。

⑪ 打开/关闭选定的节点：打开/展开或关闭/折叠选定的节点。

⑫ 自动打开节点示例窗：启用该命令后，新创建的所有节点都会打开。

⑬（隐藏未使用的节点示例窗）：对于选定的节点选择该命令后，可在节点打开的情况下切换未使用的示例窗的显示。快捷键为 H。

（6）“选项”菜单。“选项”菜单如图 7-8 所示，其中各命令的功能如下。

①（移动子对象）：启用该命令后，移动父节点时会移动与之相随

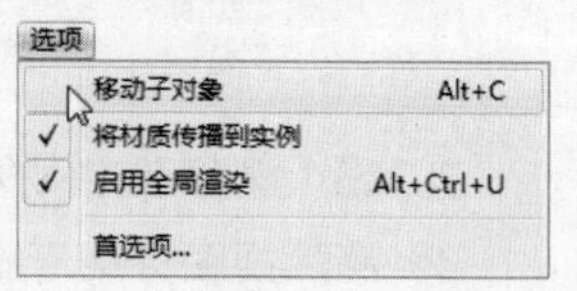

图 7-8

的子节点；禁用此命令后，移动父节点时不会更改子节点的位置。默认设置为取消选中。快捷键为Alt+C。

② 将材质传播到实例：启用该命令后，任何指定的材质将被传播到场景中对象的所有实例，包括导入的 AutoCAD 块或基于 ADT 样式的对象，它们都是 DRF 文件中常见的对象类型。

③ 启用全局渲染：切换预览窗口中位图的渲染。默认设置为选中。快捷键为 Alt+Ctrl+U。

④ 首选项：弹出“选项”对话框，从中设置各材质参数。

（7）“工具”菜单。“工具”菜单如图 7-9 所示，其中各命令的功能如下。

图 7-9

①（材质/贴图浏览器）：切换“材质/贴图浏览器”的显示。默认设置为选中。快捷键为 O。

②（参数编辑器）：切换“参数编辑器”的显示。默认设置为选中。快捷键为 P。

③ 导航器：切换“导航器”的显示。默认设置为选中。快捷键为 N。

（8）“实用程序”菜单。“实用程序”菜单如图 7-10 所示，其中各命令的功能如下。

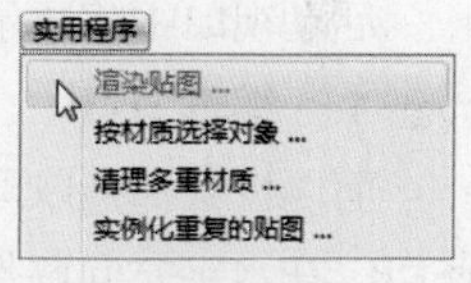

图 7-10

① 渲染贴图：此命令仅对贴图节点显示。选择该命令后，会弹出“渲染贴图”对话框，以便预览渲染贴图（可能是动画贴图）。

②（按材质选择对象）：仅当为场景中使用的材质选择了单个材质节点时启用。使用“按材质选择对象”可以基于“材质编辑器”中的活动材质选择对象。选择此命令后会弹出“选择对象”对话框。

③ 清理多重材质：用于删除场景中未使用的子材质。

④ 实例化重复的贴图：用于合并重复的位图。

7.2.2 工具栏

使用“Slate 材质编辑器”窗口中的工具栏可以快速访问许多功能。该工具栏还包含一个下拉列表框，使用户可以在命名的视口之间进行选择。图 7-11 所示为“Slate 材质编辑器”窗口中的工具栏。

图 7-11

工具栏中各按钮的功能如下（前面介绍过的按钮这里不再重复介绍）。

（1）（在视口中显示明暗处理材质）。该按钮用于在视口中显示设置的贴图。

（2）（在预览中显示背景）。该按钮用于在预览窗口中显示方格背景。

（3）（布局全部-水平）。单击该按钮，将以垂直模式自动布置所有节点。

（4）（布局全部-垂直）。单击该按钮，将以水平模式自动布置所有节点。

（5）（按材质选择）。仅当选定了单个材质节点时才启用该按钮。

7.2.3 材质/贴图浏览器

材质/贴图浏览器中的每个库和组都有一个带有打开/关闭（+/-）图标的标题栏，该图标可用于展开或收缩列表。组可以有子组，子组有自己的标题栏，某些子组可以有更深层的子组。

材质/贴图浏览器如图 7-12 所示，其中各个卷展栏的功能如下。

（1）材质。该卷展栏和“贴图”卷展栏用于设置新的自定义材质和贴图的基础材质和贴图类型。这些类型是“标准”类型，它们可能具有默认值，但实际上是供用户进行自定义的模板。

（2）控制器。该卷展栏提供了一些可控的参数，可以通过调整参数改变贴图效果。

（3）场景材质。该卷展栏列出了用在场景中的材质（有时为贴图）。默认情况下，它始终保持最新，以便显示当前的场景状态。

（4）示例窗。该卷展栏是“精简材质编辑器”使用的示例窗的小版本。

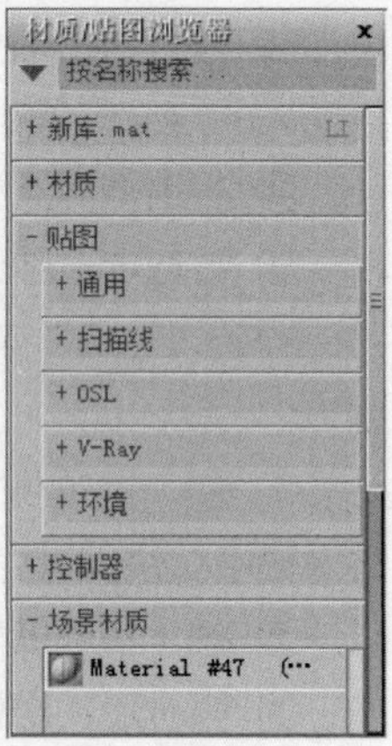

图 7-12

7.2.4 活动视口

活动视口中将显示材质和贴图节点，用户可以在节点之间创建关联。

1．编辑节点

可以折叠节点以隐藏其内容，如图 7-13 所示；也可以展开节点以显示其内容，如图 7-14 所示；还可以在水平方向调整节点大小，缩小或放大显示内容，以易于读取名称，如图 7-15 所示。

图 7-13

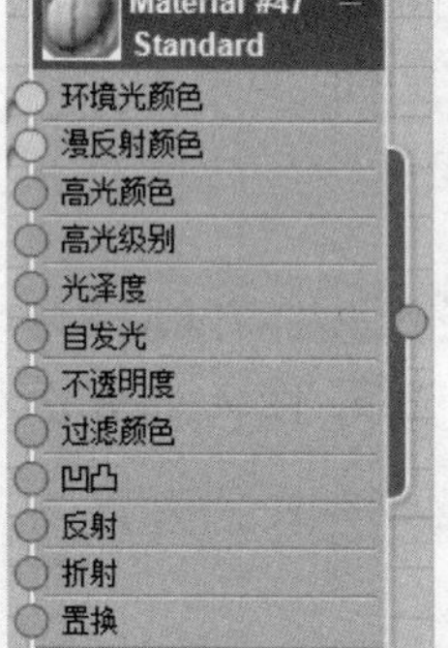

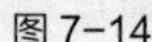
图 7-14

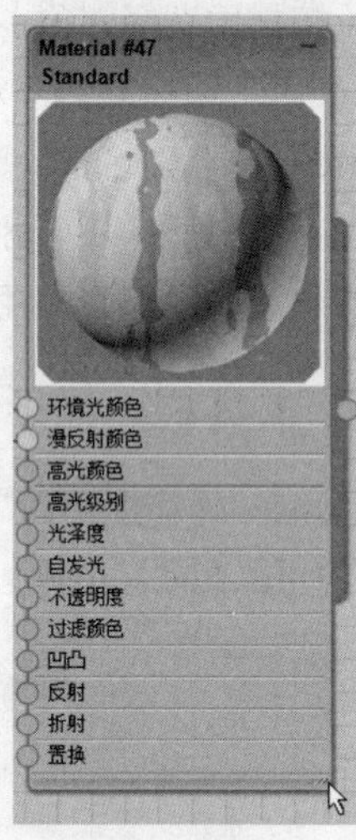

图 7-15

通过双击预览，可以放大节点标题栏中预览效果的大小。要减小预览大小，再次双击预览即可，如图 7-16 所示。

在节点的标题栏中，材质预览的拐角处表明材质是否为热材质。没有三角形时表示场景中没有使用材质，如图 7-17（a）所示；轮廓式白色三角形表示此材质是热材质，换句话说，它已经在场景中实例化，如图 7-17（b）所示；实心白色三角形表示材质不仅是热材质，还已经应用到当前选定的对象上，如图 7-17（c）所示。如果材质没有应用于场景中的任何对象，则称它是冷材质。

2．关联节点

要设置材质组件的贴图，需将一个贴图节点关联到该组件的输入套接字上，即将光标从贴图套接字拖曳到材质套接字上。图 7-18 所示为创建的关联。

若要移除选定项，则可单击工具栏中的（删除选定对象）按钮，或直接按 Delete 键，如图 7-19 所示。

同样，使用（删除选定对象）按钮也可以将创建的关联删除。

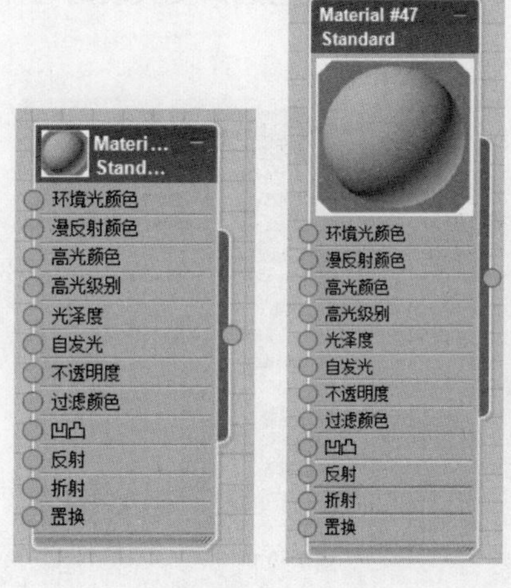

图 7-16

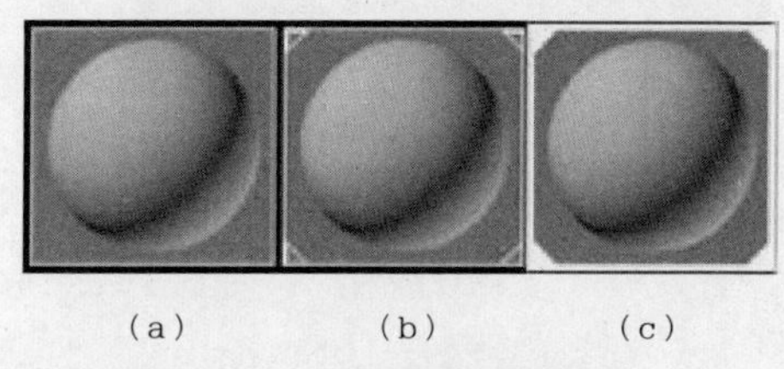

（a）（b）（c）

图 7-17

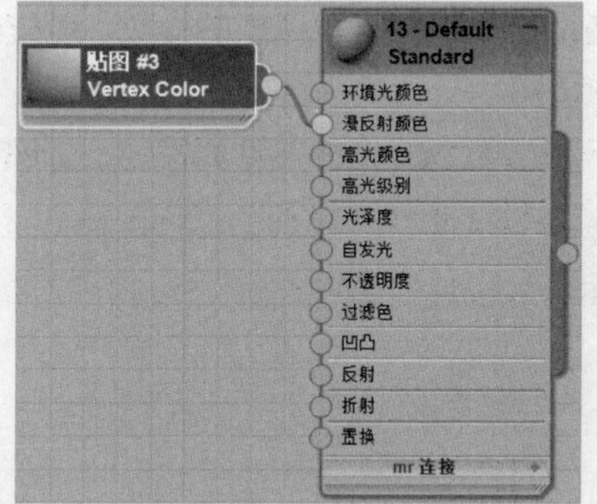

图 7-18

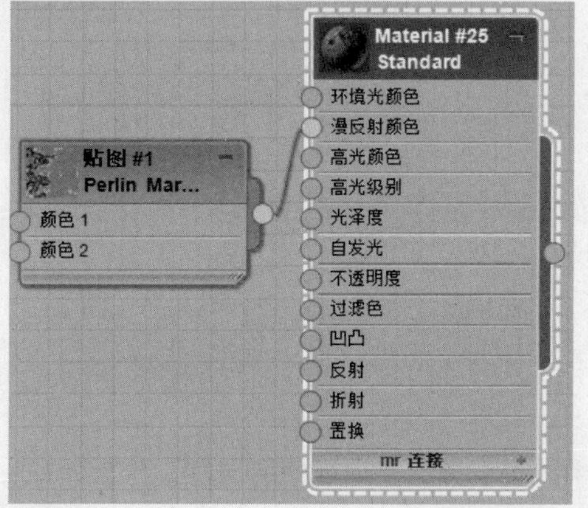

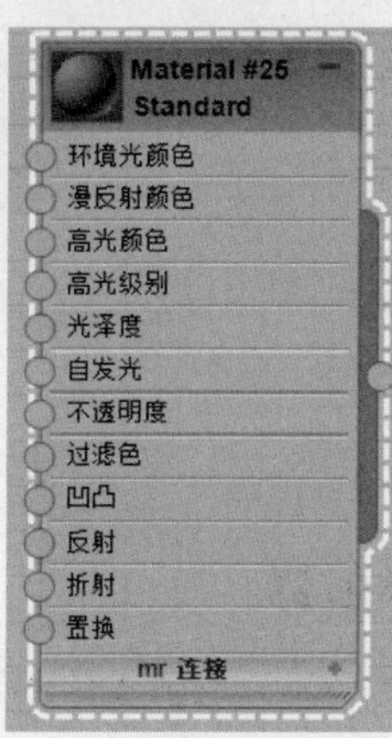

图 7-19

3. 替换关联方法

在视口中拖曳出关联，在视口的空白部分释放新关联，将弹出一个用于创建新节点的菜单，如图 7-20 所示。用户可以从输入套接字向后拖曳，也可以从输出套接字向前拖曳。

如果将关联拖曳到目标节点的标题栏，则将弹出一个菜单，可通过它选择要关联的组件，如图 7-21 所示。

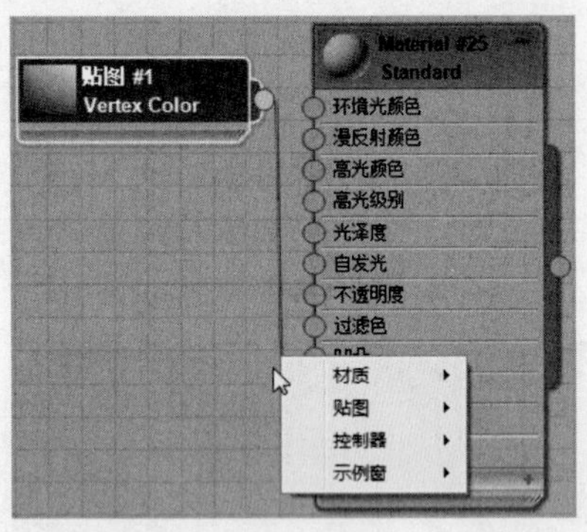

图 7-20

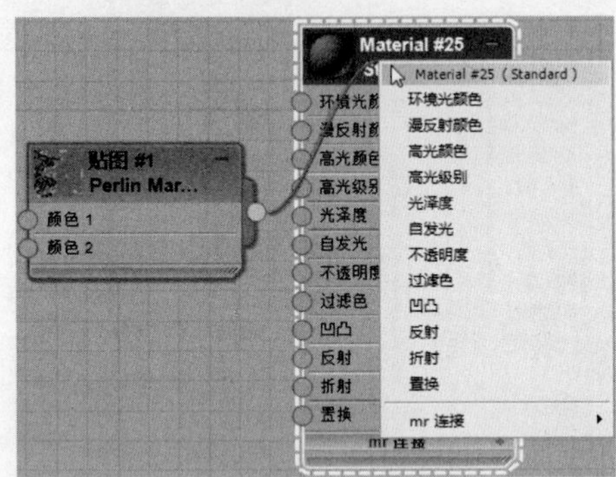

图 7-21

7.2.5 参数编辑器

材质和贴图上有各种可以调整的参数。要查看某个位图或节点的参数，双击此节点，参数即可出现在参数编辑器中。

参数显示在参数编辑器的各卷展栏中，如图 7-22 所示。其中，图 7-22（a）所示为材质节点的控件，图 7-22（b）所示为贴图节点的控件。

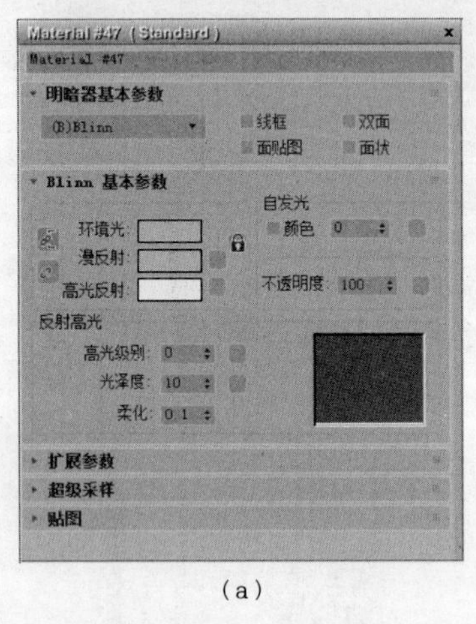

（a）

（b）

图 7-22

7.2.6 导航器

导航器位于“Slate 材质编辑器”窗口中，用于浏览活动视口的控件，与 3ds Max 视口中用于浏览几何体的控件类似。

图 7-23 所示为导航器对应的视口控件。

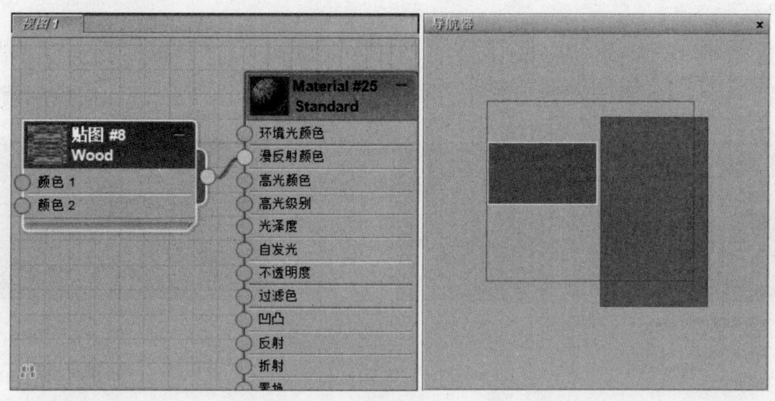

图 7-23

导航器中的红色矩形显示了活动视口的边界。在导航器中拖动矩形可以更改视口的布局。

7.3 精简材质窗口

在材质编辑器中单击 （材质编辑器）按钮，打开精简材质窗口，如图 7-24 所示。通常"Slate 材质编辑器"窗口在设计材质时功能更强大，而精简材质窗口在只需应用已设计好的材质时更方便。

精简材质窗口中的参数与"Slate 材质编辑器"窗口中的参数基本相同。下面主要介绍精简材质窗口的工具栏中各按钮的使用。

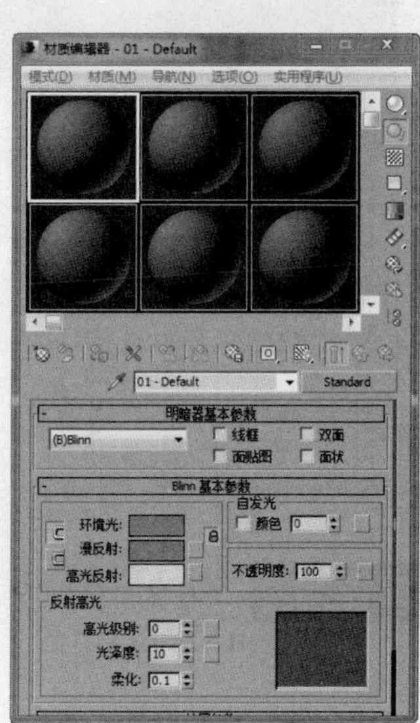

图 7-24

工具栏中各按钮的功能如下。

（1） （将材质放入场景）。单击该按钮，可在编辑材质之后更新场景中的材质。

（2） （生成材质副本）。单击该按钮，可通过复制自身的材质，生成材质副本，冷却当前热示例窗。

（3） （使唯一）。该按钮用于使贴图实例成为唯一的副本。

（4） （放入库）。单击该按钮，可以将选定的材质添加到当前库中。

（5） （材质 ID 通道）。弹出按钮上的按钮将材质标记为 Video Post 效果或渲染效果，还可以存储以 RLA 或 RPF 文件格式保存的渲染图像的目标（以便通道值可以在后期处理应用程序中使用）。材质 ID 值等同于对象的 G 缓冲区值，取值为 1～15，表示将使用此通道 ID 的 Video Post 或将渲染效果应用于该材质。

（6） （显示最终结果）。当该按钮处于启用状态时，示例窗将显示"显示最终结果"；当该按钮处于禁用状态时，示例窗只显示材质的当前层级。

（7） （转到父对象）。单击该按钮，可以在当前材质中向上移动一个层级。

（8） （转到下一个同级项）。单击该按钮，将移动到当前材质中相同层级的下一个贴图或材质。

（9）（采样类型）。使用“采样类型”弹出按钮可以选择要显示在活动示例窗中的几何体，如图 7-25 所示。

（10）（背光）。启用（背光）按钮，将背光添加到活动示例窗中。默认情况下，该按钮处于启用状态。图 7-26（a）所示为启用背光后的效果，图 7-26（b）所示为未启用背光时的效果。

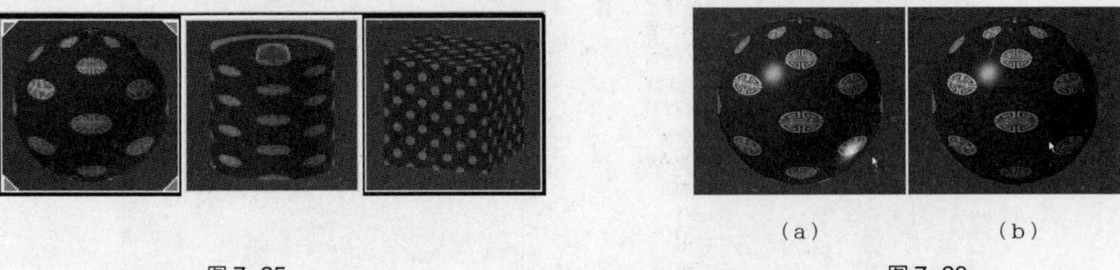

（a）（b）

图 7-25 图 7-26

（11）（采样 UV 平铺）。使用该按钮可以在活动示例窗中调整采样对象上的贴图图案的重复数量，如图 7-27 所示。

（12）（视频颜色检查）。该按钮用于检查示例对象上的材质颜色是否超过安全 NTSC 或 PAL 阈值。图 7-28（a）所示为颜色过分饱和的材质，图 7-28（b）所示为“视频颜色检查”超过视频阈值的黑色区域。

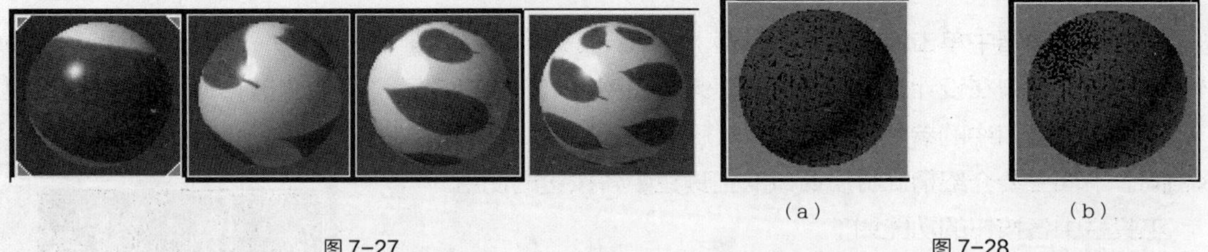

（a）（b）

图 7-27 图 7-28

（13）（生成预览、播放预览、保存预览）。单击“生成预览”按钮，弹出创建材质预览对话框，可创建动画材质的 AVI 文件；单击“播放预览”按钮，可使用 Windows Media Player 播放 AVI 预览文件；单击“保存预览”按钮，可将 AVI 预览以另一名称的 AVI 文件形式保存。

（14）（选项）。单击该按钮，将弹出材质编辑器选项对话框，可以帮助用户控制如何在示例中显示材质和贴图。

7.4 材质类型

在 3ds Max 2019 中，材质的制作占有很重要的位置，它是真实表现三维场景的关键。3ds Max 2019 的材质用于设置场景中物体的反射或光线传输的属性，可以赋予不同物体不同类型的材质或贴图。3ds Max 2019 中包括标准材质、光线追踪材质、建筑材质、虫漆材质、顶/底材质、合成材质和混合材质等。由于篇幅问题，下面只介绍默认的标准材质类型和光线跟踪材质。

7.4.1 标准材质

标准材质是默认的通用材质，在现实生活中，对象的外观取决于它反射光线的情况，在 3ds Max 中，标准材质用来模拟对象表面的反射属性，在不使用贴图的情况下，标准材质为对象提供了单一、均匀的表面颜色效果。

1. 明暗器基本参数

该卷展栏中的参数用于设置材质的明暗效果及渲染形态，如图 7-29 所示。

图 7-29

（1）线框。选中该复选框后，将以网格线框的方式对物体进行渲染，如图 7-30 所示。

（2）双面。选中该复选框后，将对物体的双面进行渲染，如图 7-31 所示。

图 7-30

图 7-31

（3）面贴图。选中该复选框后，可将材质赋予物体的所有面，如图 7-32 所示。

（4）面状。选中该复选框后，物体将以面方式被渲染，如图 7-33 所示。

图 7-32

图 7-33

（5）“Blinn”下拉列表框。该下拉列表框用于选择材质的渲染属性。3ds Max 2019 提供了 8 种渲染属性，如图 7-34 所示。其中，“各向异性”“Blinn”“金属”和“Phong”是比较常用的材质渲染属性。

图 7-34

① 各向异性：多用于椭圆表面的物体，能很好地表现出毛发、玻璃、陶瓷和粗糙金属的效果。

② Blinn：以光滑方式进行表面渲染，易表现冷色、坚硬的材质，是 3ds Max 2019 默认的渲染属性。

③ 金属：专用金属材质，可表现出金属的强烈反光效果。

④ 多层：具有两组高光控制选项，能产生更复杂、有趣的高光效果，适合制作抛光的表面和特殊效果等，如缎纹、丝绸和光芒四射的油漆等效果。

⑤ Oren-Nayar-Blinn：这是 Blinn 渲染属性的变种，但它看起来更柔和，适用于表面较为粗糙的物体，如织物和地毯等效果。

⑥ Phong：以光滑方式进行表面渲染，易表现暖色柔和的材质。

⑦ Strauss：其属性与“金属”相似，多用于表现金属，如有光泽的油漆和光亮的金属等效果。

⑧ 半透明明暗器：专用于设置半透明材质，多用于表现光线穿过半透明物体，如窗帘、投影屏幕或者蚀刻了图案的玻璃的效果。

2. 基本参数面板

基本参数面板中的参数不是一直不变的，而是随着渲染属性的改变而改变，但大部分参数是相同的。这里以常用的“Blinn”和“各向异性”为例来介绍参数面板中的参数。

（1）“Blinn 基本参数”卷展栏。其中显示的是 3ds Max 2019 默认的基本参数，如图 7-35 所示。

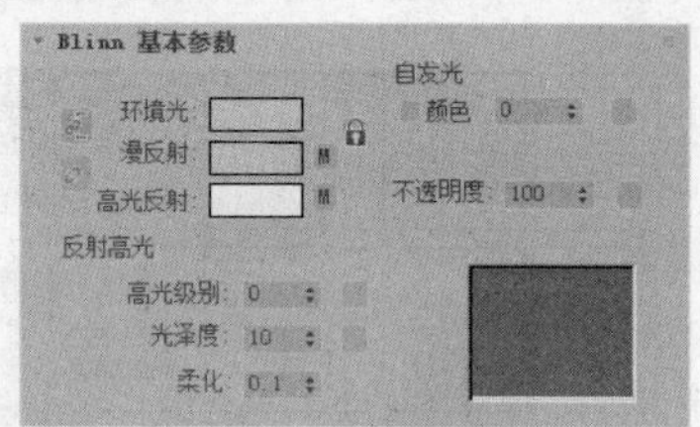

图 7-35

① 环境光：用于设置物体表面阴影区域的颜色。

② 漫反射：用于设置物体表面漫反射区域的颜色。

③ 高光反射：用于设置物体表面高光区域的颜色。

单击这 3 个参数右侧的颜色框，会弹出“颜色选择器：环境光颜色”对话框，如图 7-36 所示，设置好合适的颜色后单击“确定”按钮即可。若单击“重置”按钮，则设置的颜色将回到初始位置。该对话框右侧用于设置颜色的红、绿、蓝值，可以通过数值来设置颜色。

④ 自发光：使材质具有自身发光的效果，可用于制作灯和电视机屏幕的光源物体。可以在数值框中输入数值，此时“漫反射”将作为自发光色，如图 7-37 所示。也可以选中“颜色”复选框，使数值框变为颜色框，单击颜色框可以选择自发光的颜色，如图 7-38 所示。

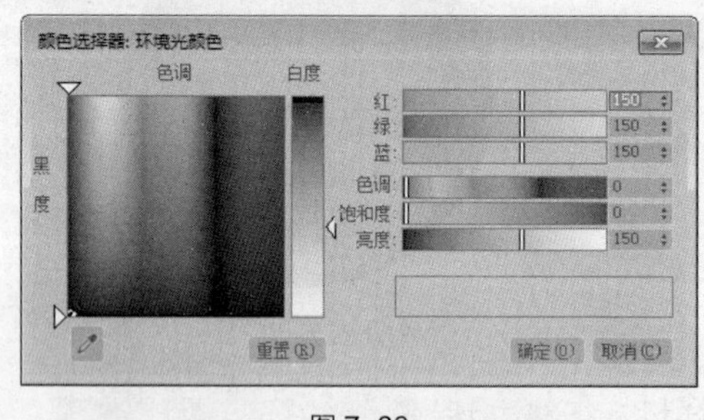

图 7-36

图 7-37

图 7-38

⑤ 不透明度：用于设置材质的不透明百分比值，默认值为“100”，表示完全不透明；值为“0”时，表示完全透明。

⑥“反射高光”选项组：用于设置材质的反光强度和反光度。

- 高光级别：用于设置高光亮度。值越大，高光亮度就越大。
- 光泽度：用于设置高光区域的大小。值越大，高光区域越小。
- 柔化：具有柔化高光的效果，取值为 0~1.0。

（2）“各向异性基本参数”卷展栏。在“Blinn”下拉列表框中选择“各向异性”选项，基本参数面板中的参数发生变化，如图 7-39 所示。

① 漫反射级别：用于控制材质的“环境光”颜色的亮度，改变参数值不会影响高光。其取值为 0 ~ 400，默认值为 100。

② 各向异性：用于控制高光的形状。

③ 方向：用于设置高光的方向。

（3）“贴图”卷展栏。贴图是制作材质的关键环节，3ds Max 2019 在标准材质的“贴图”卷展栏中提供了多种贴图通道，如图 7-40 所示。每种贴图通道都有其独特之处，通过贴图通道进行材质的赋予和编辑，能使模型具有真实的效果。

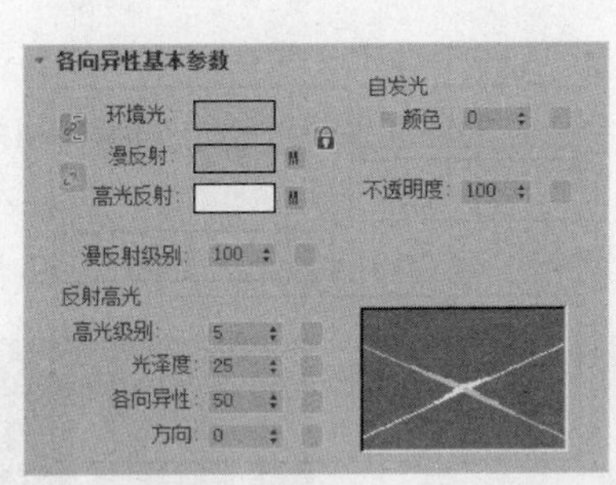

图 7-39

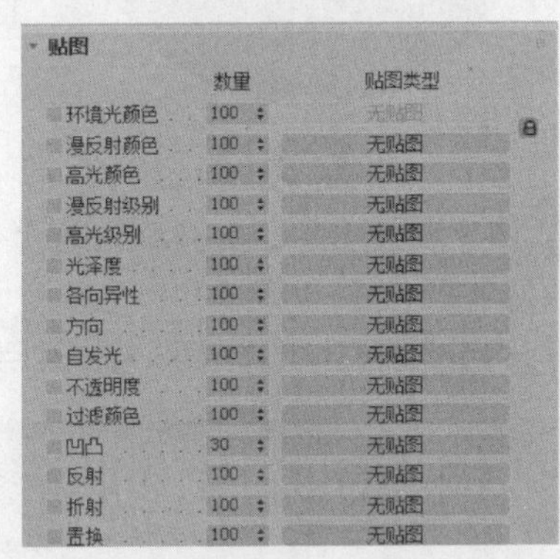

图 7-40

在“贴图”卷展栏中有部分贴图通道与前面基本参数面板中的参数对应。在基本参数面板中可以看到有些参数的右侧有一个按钮，这和贴图通道中的“无贴图”按钮的作用相同，单击后都会弹出“材质/贴图浏览器”对话框，如图 7-41 所示。在“材质/贴图浏览器”对话框中可以选择贴图类型。下面先对部分贴图通道进行介绍。

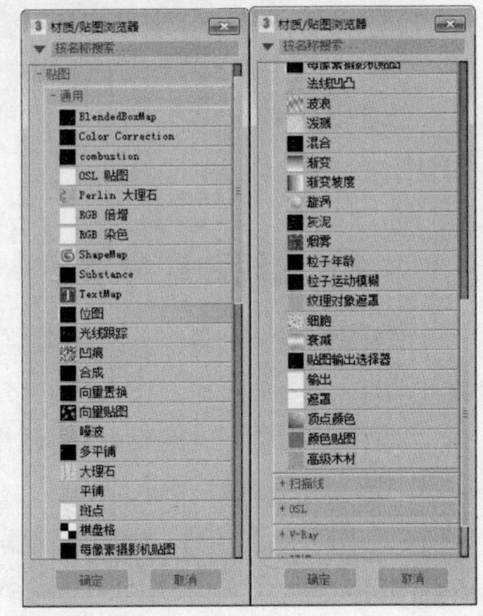

图 7-41

① 环境光颜色：将贴图应用于材质的阴影区，默认状态下，该通道被禁用。

② 漫反射颜色：用于表现材质的纹理效果，是最常用的一种贴图，如图 7-42 所示。

③ 高光颜色：将材质应用于材质的高光区。

④ 高光级别：与高光区贴图相似，但强度取决于高光强度的设置。

⑤ 光泽度：将贴图应用于物体的高光区域，用于控制物体高光区域贴图的光泽度。

⑥ 自发光：将贴图以一种自发光的形式应用于物体表面，颜色浅的部分会产生发光效果。

⑦ 不透明度：根据贴图的明暗部分在物体表面上产生透明的效果，颜色深的地方透明，颜色浅的地方不透明。

⑧ 过滤颜色：根据贴图图像像素的深浅程度产生透明的颜色效果。

⑨ 凹凸：根据贴图的颜色产生凹凸的效果，颜色深的区域产生凹下效果，颜色浅的区域产生凸起效果，如图 7-43 所示。

图 7-42

图 7-43

⑩ 反射：用于表现材质的反射效果，是一个建模中重要的材质编辑参数，如图 7-44 所示，金属和玻璃都有反射效果。

⑪ 折射：用于表现材质的折射效果，常用于表现水和玻璃的折射效果，如图 7-45 所示。

图 7-44

图 7-45

7.4.2 光线跟踪材质

光线跟踪是一种高级的材质类型。当光线在场景中移动时，通过跟踪对象来计算材质颜色，这些光线可以穿过透明对象，在光亮的材质上反射，得到逼真的效果。

光线跟踪材质产生的反射和折射效果要比光线追踪贴图更逼真，但渲染速度会变得更慢。

1. 选择光线跟踪材质

在工具栏中单击（材质编辑器）按钮，打开精简材质窗口，单击“Standard”按钮，弹出“材质/贴图浏览器”对话框，如图 7-46 所示。双击“光线跟踪”选项，“光线跟踪基本参数”卷展栏中会显示光线跟踪材质的参数，如图 7-47 所示。

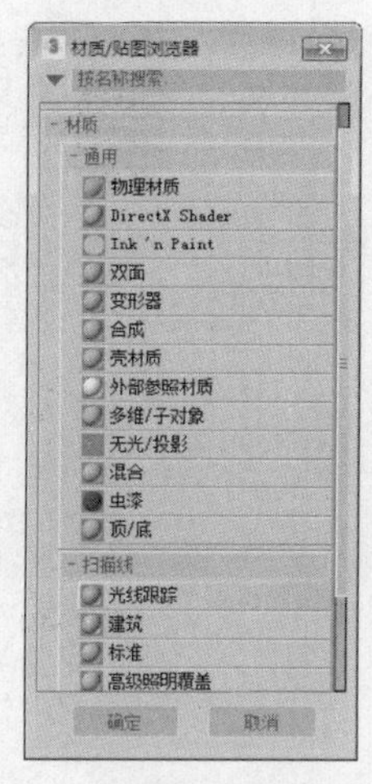

图 7-46

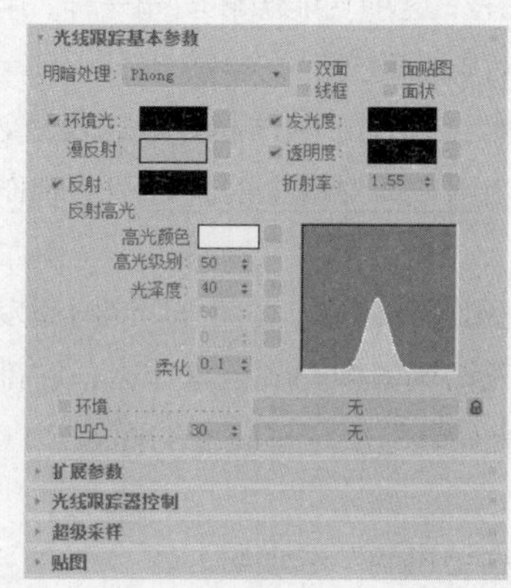

图 7-47

2. 光线跟踪材质的基本参数

（1）“明暗处理”下拉列表框。在“明暗处理”下拉列表框中会发现光线跟踪材质只有 5 种明暗方式，分别是“Phong”“Blinn”“金属”“Oren-Nayar-Blinn”和“各向异性”，如图 7-48 所示，这 5 种方式的属性和用法与标准材质中的相同。

明暗处理：Phong
Phong
Blinn
金属
Oren-Nayar-Blinn
各向异性

图 7-48

（2）环境光。与标准材质不同，此处的阴影色将决定光线跟踪材质吸收环境光的多少。

（3）漫反射。该选项用于决定物体高光反射的颜色。

（4）发光度。该选项用于依据自身颜色来规定发光的颜色，与标准材质中的自发光相似。

（5）透明度。该选项用于设置“光线跟踪”材质通过颜色过滤表现出的颜色。黑色为完全不透明，白色为完全透明。

（6）折射率。该选项用于决定材质折射率的强度。准确调节该数值能真实反映物体对光线折射的不同折射率。值为 1 时，是空气的折射率；值为 1.5 时，是玻璃的折射率；值小于 1 时，对象沿着它的边界进行折射。

（7）“反射高光”选项组。该选项组用于设置物体反射区的颜色和范围。

① 高光颜色：用于设置高光反射的颜色。

② 高光级别：用于设置反射光区域的范围。

③ 光泽度：用于决定发光强度，取值为 0~200。

④ 柔化：用于对反光区域进行柔化处理。

（8）环境。选中该复选框，将使用场景中设置的环境贴图；取消选中该复选框，将为场景中的物体指定一个虚拟的环境贴图，这会忽略掉在“环境和效果”对话框中设置的环境贴图。

（9）凹凸。该复选框用于设置材质的凹凸贴图，与标准类型材质中“贴图”卷展栏中的“凹凸”贴图相同。

3. 光线跟踪材质的扩展参数

“扩展参数”卷展栏中的参数用于对光线跟踪材质类型的特殊效果进行设置，如图 7-49 所示。

（1）“特殊效果”选项组。

① 附加光：这项功能像环境光一样，用于模拟从一个对象放射到另一个对象上的光。

② 半透明：可用于制作薄对象的表面效果，有阴影投在薄对象的表面；当用在厚对象上时，可用于制作类似于蜡烛或有雾的玻璃效果。

③ 荧光和荧光偏移：“荧光”使材质发出类似黑色灯光下的荧光颜色，无论场景中的颜色是什么，它都将引起材质被白光照亮；而“荧光偏移”决定了亮度的程度，1.0 表示最亮，0 表示不起作用。

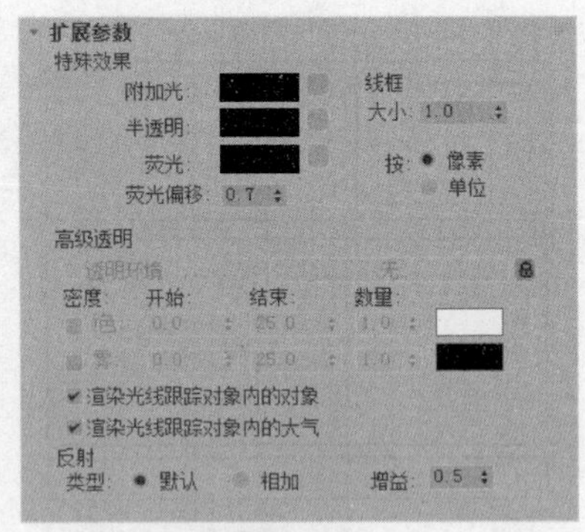

图 7-49

（2）“高级透明”选项组。

密度和颜色：可以使用颜色密度制作彩色玻璃效果，其颜色的程度取决于对象的厚度和“数量”参数的设置，“开始”参数用于设置颜色开始的位置，“结束”参数用于设置颜色达到最大值的距离。

（3）“反射”选项组。该选项组用于决定反射时漫反射颜色的发光效果。

① 默认：选中该单选按钮时，反射被分层，把反射放在当前漫反射颜色的顶端。

② 相加：选中该单选按钮时，给漫反射颜色添加反射颜色。

③ 增益：用于控制反射的亮度，取值为 0~1。

7.5 纹理贴图

对于纹理较为复杂的材质，用户一般会采用贴图来实现。贴图能在不增加物体复杂程度的基础上增加物体的细节，提高材质的真实性。

7.5.1 课堂案例——金属和木纹材质的设置

【学习目标】学习使用光线跟踪材质和位图贴图。

【知识要点】使用多维/子对象和光线跟踪材质，设置明暗器基本参数，通过为“反射”“漫反射”指定贴图来表现黑色塑料、布料和木纹材质，如图 7-50 所示。

【素材文件位置】素材文件/贴图。

【模型文件所在位置】素材文件/场景/第 7 章/木马模型.max。

【参考模型文件所在位置】素材文件/场景/第 7 章/木马.max。

微课视频

金属和木纹材质的设置

（1）运行 3ds Max 2019，打开随书附带素材中“素材文件/场景/第 7 章/木马.max”场景文件，它是没有设置材质的场景文件。

（2）在场景中选择木马模型，将选择集定义为“元素”，在场景中选择图 7-51 所示的元素，在“多边形：材质 ID”卷展栏中设置“设置 ID”为 1。

（3）选择图 7-52 所示的元素，设置“设置 ID”为 2，如图 7-52 所示。

（4）选择图 7-53 所示的元素，设置“设置 ID”为 3，如图 7-53 所示。

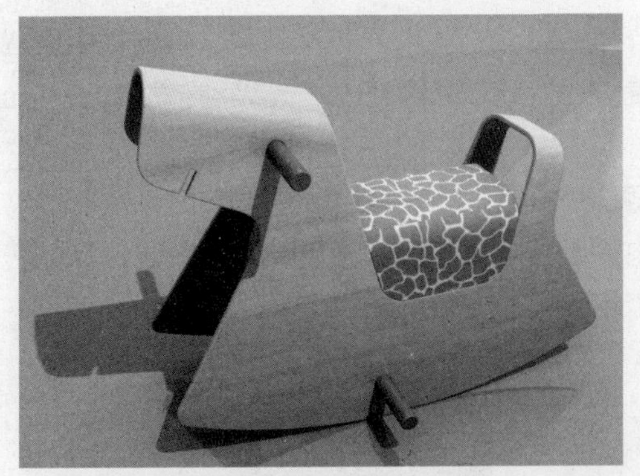
图 7-50

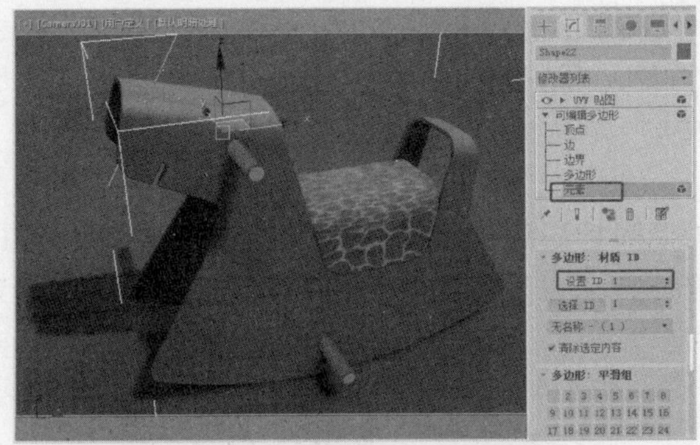
图 7-51

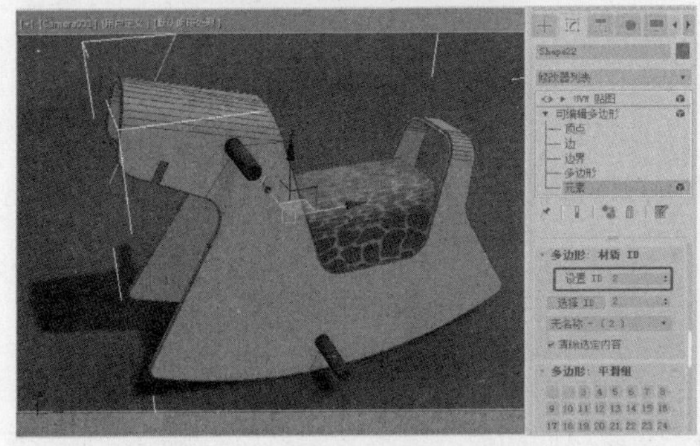
图 7-52

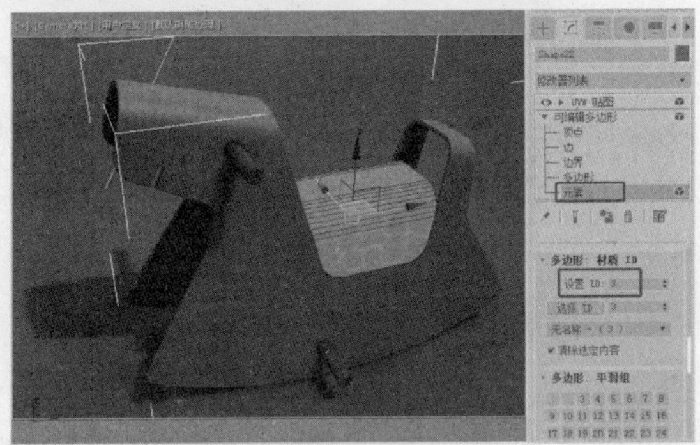
图 7-53

（5）打开材质编辑器，打开精简材质窗口，选择一个新的材质样本球。

单击名称右侧的“Standard”按钮，在弹出的“材质/贴图浏览器”对话框中选择“多维/子对象”选项，单击“确定”按钮，如图 7-54 所示。弹出“替换材质”对话框，从中选择“将旧材质保存为自材质”选项，单击“确定”按钮。

（6）转换为多维/子对象材质后可以发现 1 号材质为标准材质，在“多维/子对象基本参数”卷展栏中单击“设置数量”按钮，在弹出的“设置材质数量”对话框中设置“材质数量”为 3，单击“确定”按钮，如图 7-55 所示。

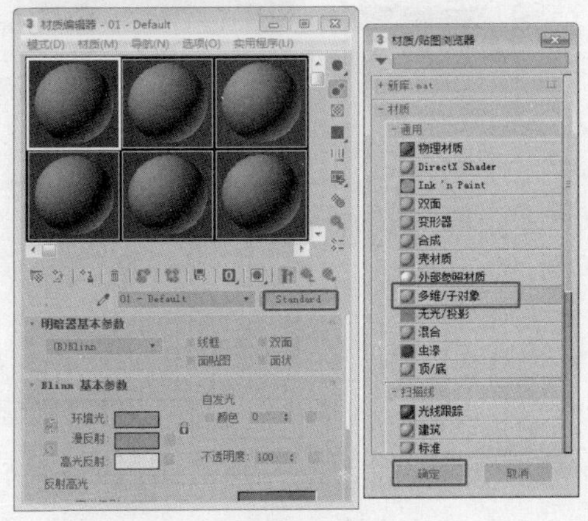
图 7-54

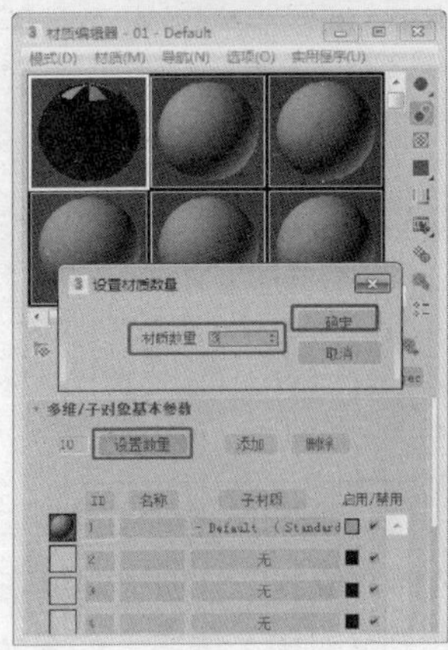
图 7-55

（7）单击1号材质后的材质按钮，打开1号材质设置面板，在“Blinn基本参数”卷展栏中设置“环境光”和“漫反射”的红、绿、蓝均为74，设置“反射高光”选项组中的“高光级别”为20，“光泽度”为4，如图7-56所示。

（8）在“贴图”卷展栏中单击“反射”右侧的“无贴图”按钮，在弹出的“材质/贴图浏览器”对话框中选择“光线跟踪”选项，单击“确定”按钮，打开贴图层级面板，使用默认的参数，单击（转到父对象）按钮，返回到1号材质设置面板，设置“反射”的数量为5，如图7-57所示。

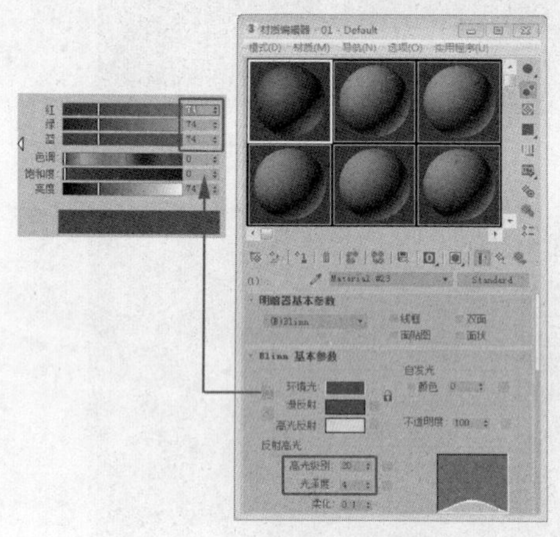

图7-56

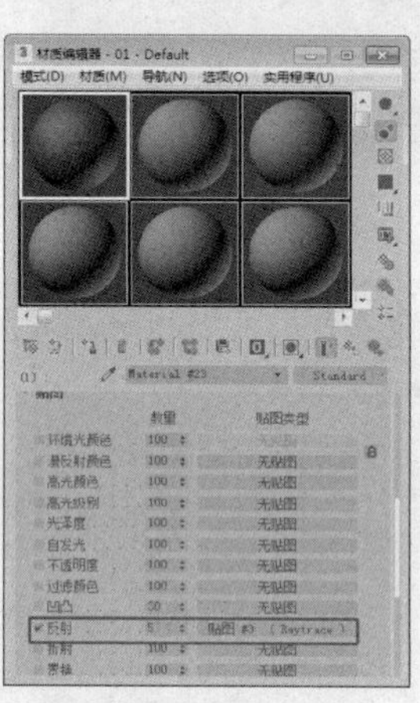

图7-57

（9）单击（转到父对象）按钮，返回到多维/子对象材质面板，单击2号材质右侧的“无”按钮，在弹出的“材质/贴图浏览器”对话框中选择“光线跟踪”选项，单击“确定”按钮，如图7-58所示。

（10）打开2号材质设置面板，在“光线跟踪基本参数”卷展栏中设置“反射”的红、绿、蓝均为15，设置“高光级别”和“光泽度”分别为50、40，如图7-59所示。

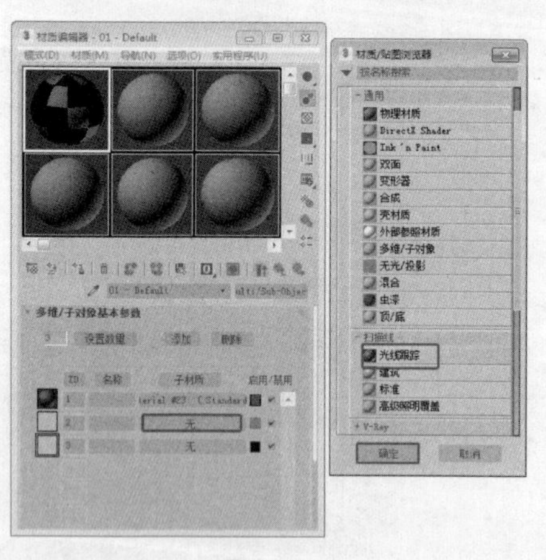

图7-58

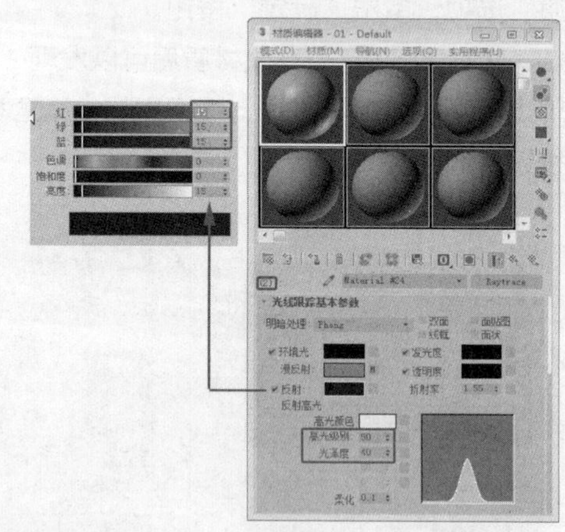

图7-59

（11）在“贴图”卷展栏中单击“漫反射”右侧的“无”按钮，在弹出的“材质/贴图浏览器”对话框中选择“位图”选项，继续在弹出的对话框中选择贴图“107.JPG”文件，打开贴图文件后，单击（转到父对象）按钮，如图7-60所示。

（12）继续单击（转到父对象）按钮，返回到多维/子对象材质面板，单击 3 号材质右侧的“无”按钮，在弹出的“材质/贴图浏览器”对话框中选择“标准”选项，单击“确定”按钮，如图 7-61 所示。

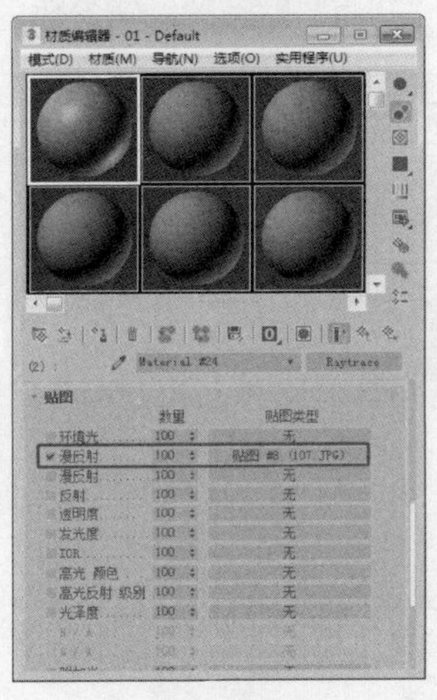

图 7-60

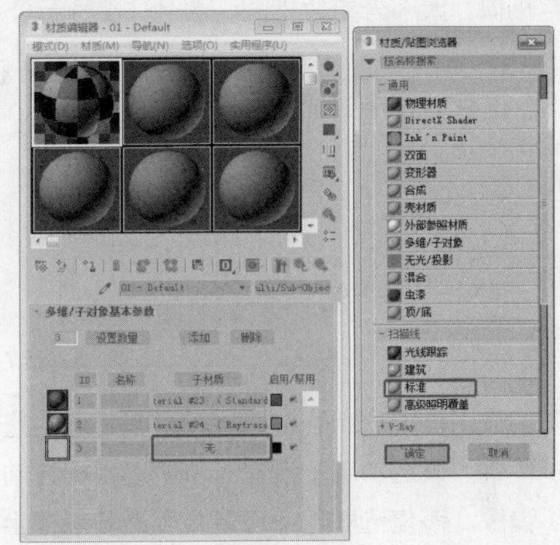

图 7-61

（13）在 3 号材质设置面板的“反射高光”选项组中设置“高光级别”为 6，“光泽度”为 0，如图 7-62 所示。

（14）在“贴图”卷展栏中单击“漫反射”右侧的“无贴图”按钮，在弹出的“材质/贴图浏览器”对话框中选择“位图”选项，继续在弹出的对话框中选择贴图“22123.jpg”文件，打开贴图文件后，单击（转到父对象）按钮，如图 7-63 所示。

继续单击（转到父对象）按钮，返回到多维/子对象材质面板，单击（将材质指定给选定对象）按钮，材质设置完成。

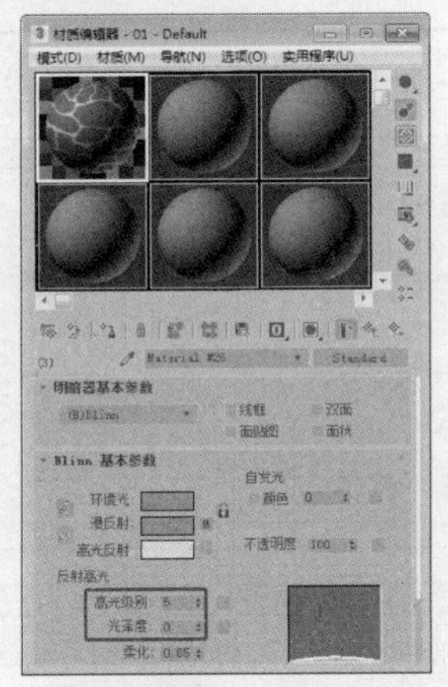

图 7-62

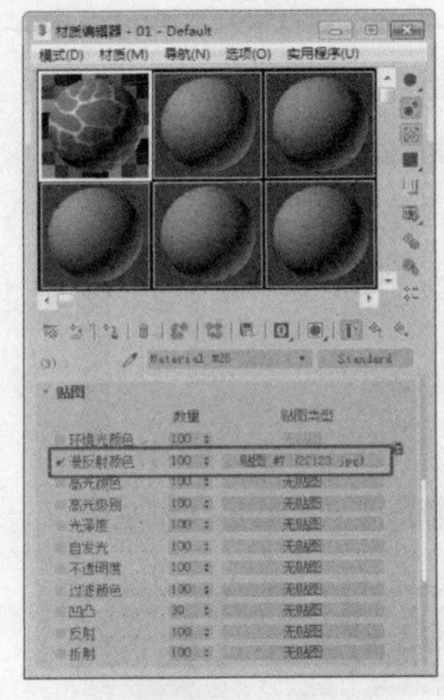

图 7-63

7.5.2　贴图坐标

贴图在空间中是有方向的，当为对象指定一个二维贴图材质时，对象必须使用贴图坐标。贴图坐标指明了贴图投射到材质上的方向，以及是否被重复平铺或镜像等，它使用 UVW 坐标轴的方式来指明对象的方向。

在贴图通道中选择纹理贴图后，材质编辑器会进入纹理贴图的编辑参数，二维贴图与三维贴图的参数非常相似，大部分参数相同。图 7-64 所示分别为“位图”和“凹痕”贴图的编辑参数。

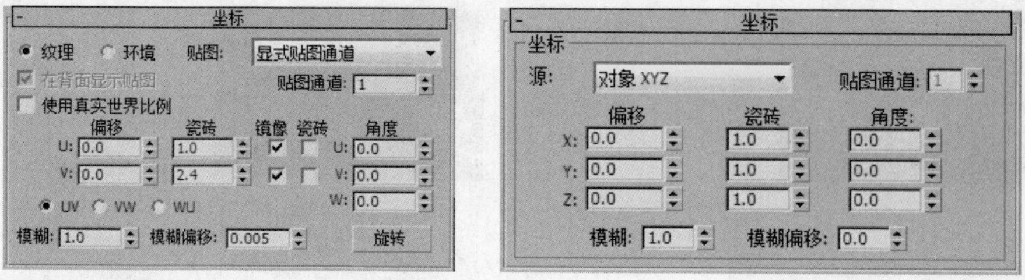
坐标
纹理 环境 贴图: 显式贴图通道
在背面显示贴图
贴图通道: 1
使用真实世界比例
偏移 瓷砖 镜像 瓷砖 角度
U: 0.0 1.0 U: 0.0
V: 0.0 2.4 V: 0.0
UV VW WU W: 0.0
模糊: 1.0 模糊偏移: 0.005 旋转
坐标
源: 对象 XYZ 贴图通道: 1
偏移 瓷砖 角度:
X: 0.0 1.0 0.0
Y: 0.0 1.0 0.0
Z: 0.0 1.0 0.0
模糊: 1.0 模糊偏移: 0.0

图 7-64

（1）偏移。该选项用于在选择的坐标平面中移动贴图的位置。

（2）瓷砖。该选项用于设置沿着所选坐标方向贴图被平铺的次数。

（3）镜像。该复选框用于设置是否沿着所选坐标轴镜像贴图。

（4）瓷砖。该复选框被激活时表示禁用贴图平铺。

（5）角度。该选项用于设置贴图沿着各坐标轴方向旋转的角度。

（6）UV / VW / WU。这 3 个单选按钮用于选择 2D 贴图的坐标平面，默认为 UV 平面，VW 和 WU 平面都与对象表面垂直。

（7）模糊。该选项用于根据贴图与视口的距离来模糊贴图。

（8）模糊偏移。该选项用于对贴图增加模糊效果，但是它与距离视口远近没有关系。

（9）旋转。单击该按钮，弹出“旋转贴图”对话框，可以对贴图的旋转进行控制。

通过贴图坐标参数的修改，可以使贴图在形态上发生改变，如表 7-1 所示。

表 7-1

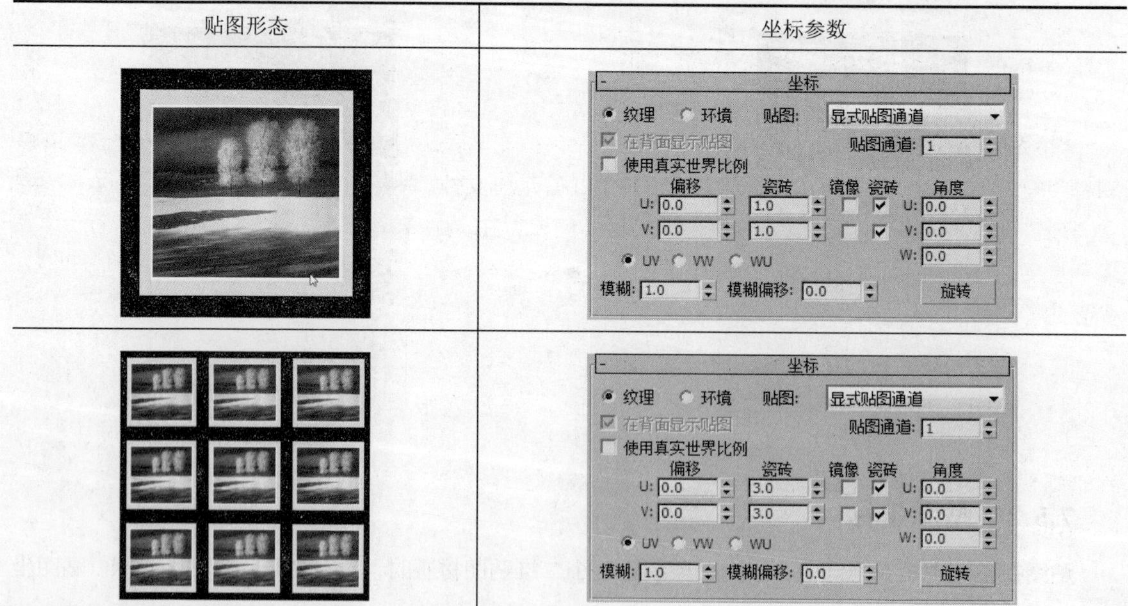

贴图形态	坐标参数
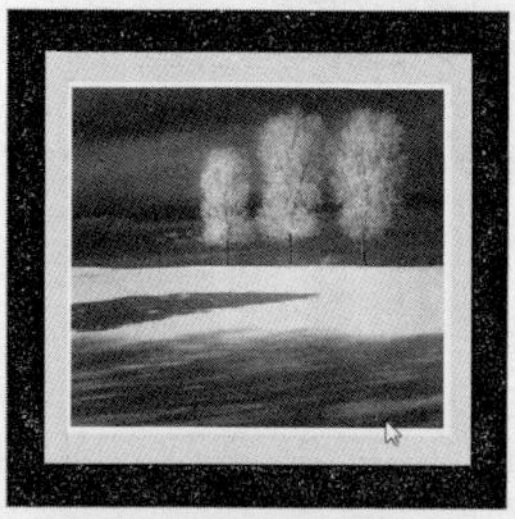	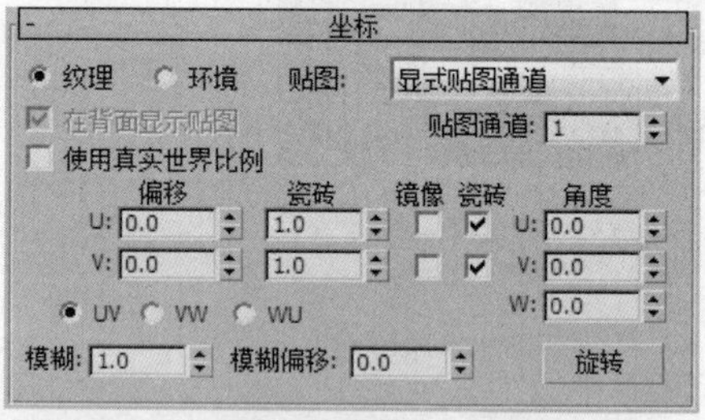坐标 纹理 环境 贴图: 显式贴图通道 在背面显示贴图 贴图通道: 1 使用真实世界比例 偏移 瓷砖 镜像 瓷砖 角度 U: 0.0 1.0 U: 0.0 V: 0.0 1.0 V: 0.0 UV VW WU W: 0.0 模糊: 1.0 模糊偏移: 0.0 旋转
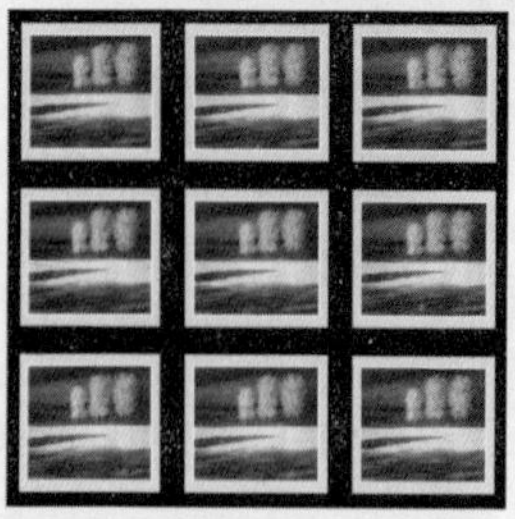	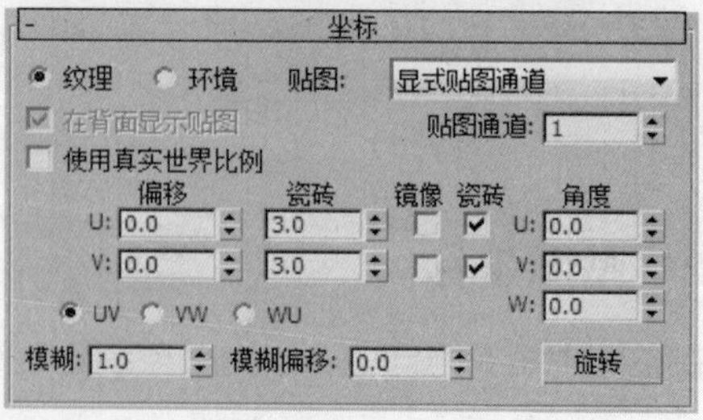坐标 纹理 环境 贴图: 显式贴图通道 在背面显示贴图 贴图通道: 1 使用真实世界比例 偏移 瓷砖 镜像 瓷砖 角度 U: 0.0 3.0 U: 0.0 V: 0.0 3.0 V: 0.0 UV VW WU W: 0.0 模糊: 1.0 模糊偏移: 0.0 旋转

续表

贴图形态	坐标参数
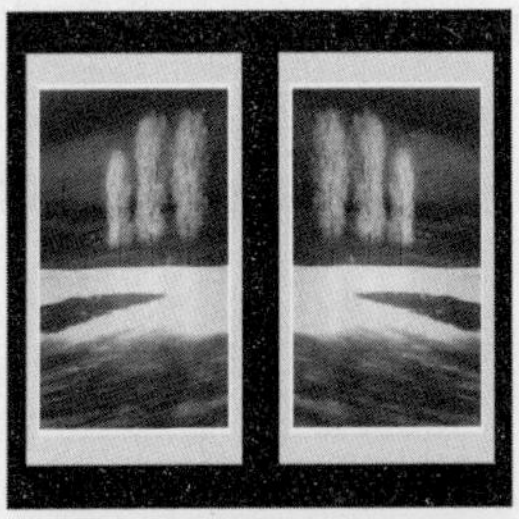	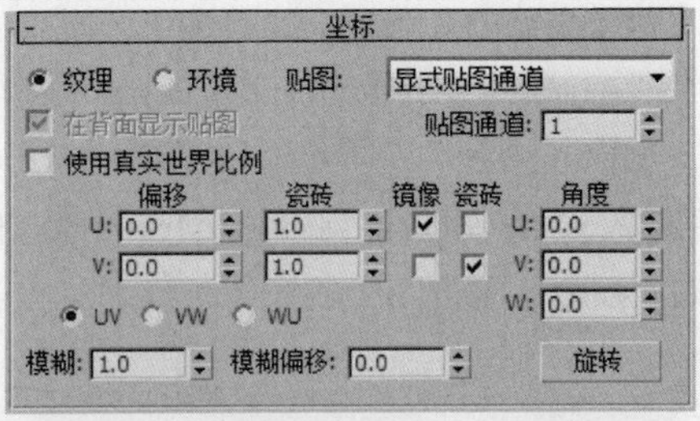
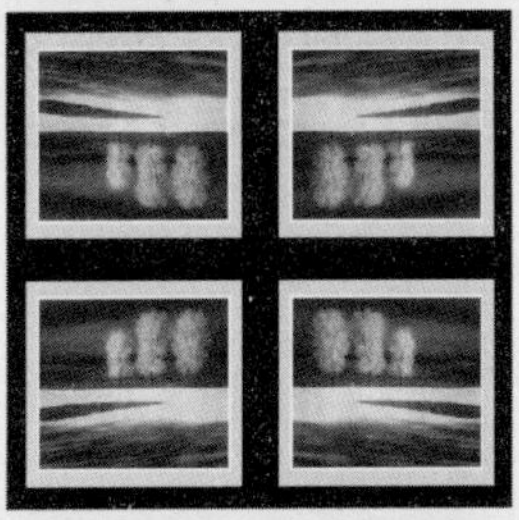	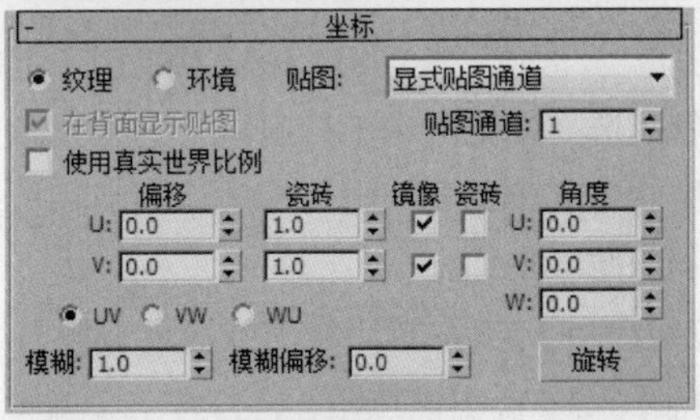
	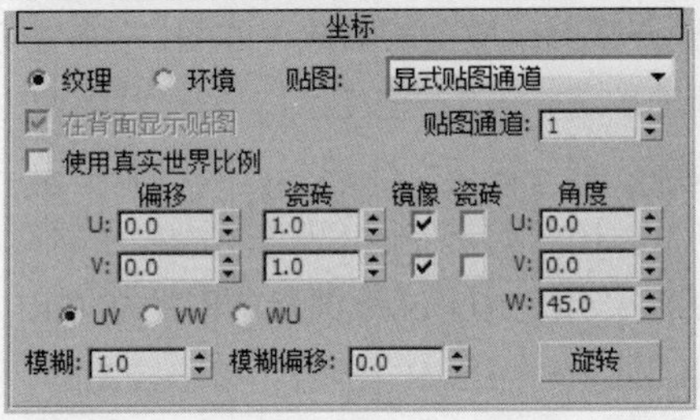

7.5.3 二维贴图

二维贴图是指将二维的图像贴在物体表面或使用环境贴图为场景创建背景图像。二维贴图都属于程序贴图。程序贴图是由计算机生成的贴图图像效果。

1. “位图”贴图

“位图”贴图是最简单、最常用的二维贴图。它会在物体表面形成一个平面的图案。位图支持 JPG、TIF、TGA、BMP 的静帧图像及 AVI、FLC、FLI 等动画文件。

单击（材质编辑器）按钮，打开精简材质窗口，在“贴图”卷展栏中单击“漫反射颜色”右侧的“无贴图”按钮，在弹出的“材质/贴图浏览器”对话框中选择“位图”选项，弹出“选择位图图像文件”对话框，从中查找贴图，打开“位图参数”卷展栏，如图 7-65 所示。

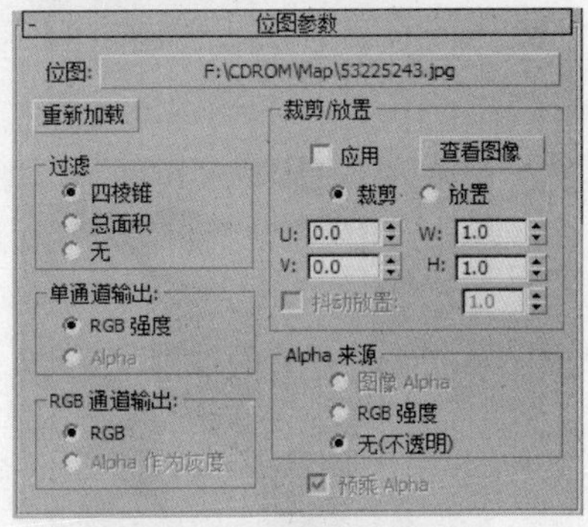

图 7-65

（1）位图。该按钮用于设定一个位图，选择的位图文件名称将出现在按钮上面。需要改变位图文件时也可单击该按钮重新选择。

（2）重新加载。单击该按钮，将重新载入所选的位图文件。

（3）“过滤”选项组。该选项组用于选择对位图应用反走样的计算方法。有“四棱锥”“总面积”和“无”可以选择。其中，“总面积”要求更多的内存，但是会达到更好的效果。

（4）“单通道输出”选项组。若选中“RGB 强度”单选按钮，则位图贴图的 RGB 通道将是彩色的；若选中“Alpha”单选按钮，则 Alpha 作为灰度选项基于 Alpha 通道显示灰度级色调。

（5）“Alpha 来源”选项组。该选项组用于控制输出 Alpha 通道组中的 Alpha 通道的来源。

① 图像 Alpha：以位图自带的 Alpha 通道作为来源。

② RGB 强度：将位图中的颜色转换为灰度色调值，并将它们用于透明度。黑色为透明，白色为不透明。

③ 无（不透明）：不使用不透明度。

（6）“裁剪/放置”选项组。该选项组用于裁剪或放置图像的尺寸。裁剪就是选择图像的一部分区域，它不会改变图像的缩放。放置是在保持图像完整的同时进行缩放。裁剪和放置只对贴图有效，并不会影响图像本身。

① 应用：用于启用/禁用裁剪或放置设置。

② 查看图像：单击该按钮，将打开一个虚拟缓冲器窗口，用于显示和编辑要裁剪或放置的图像，如图 7-66 所示。

③ 裁剪：选中该单选按钮时，表示对图像进行裁剪操作。

④ 放置：选中该单选按钮时，表示对图像进行放置操作。

⑤ U/V：用于调节图像的坐标位置。

⑥ W/H：用于调节图像或裁剪区的宽度和高度。

⑦ 抖动放置：当选中“放置”单选按钮时，该复选框用于使用一个随机值来设定放置图像的位置，在虚拟缓冲器窗口中设置的值将被忽略。

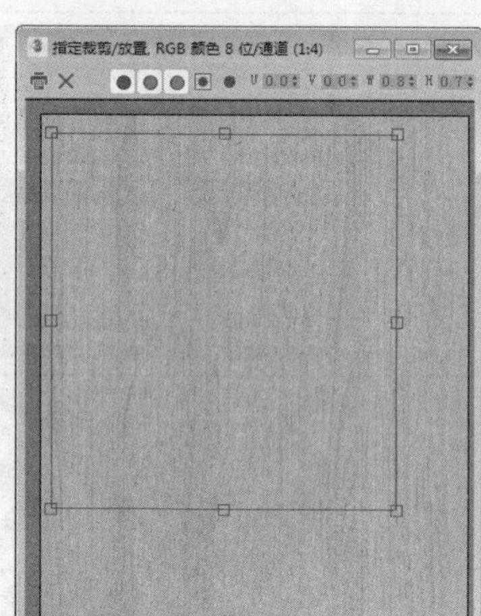

图 7-66

2. “棋盘格”贴图

该贴图是一种程序贴图，可以生成两种颜色的方格图像，如果使用了重复平铺，则与棋盘相似，如图 7-67 所示。

打开材质编辑器，在“漫反射颜色”贴图通道中选择“棋盘格”选项，打开“棋盘格参数”卷展栏，如图 7-68 所示。

图 7-67

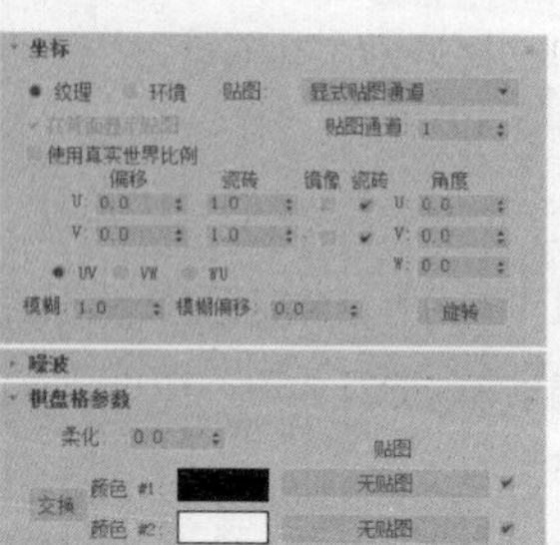

图 7-68

“棋盘格”卷展栏中的参数非常简单，可以自定义颜色和贴图。

（1）柔化。该选项用于模糊、柔和方格之间的边界。

（2）交换。该按钮用于交换两种方格的颜色。使用后面的色样可以为方格设置颜色，还可以单击“无贴图”按钮来为每个方格指定贴图。

3. “渐变”贴图

这种类型的贴图可以混合3种颜色以形成渐变效果，如图7-69所示。

打开材质编辑器，在“漫反射颜色”贴图通道中选择“渐变”选项，打开“渐变参数”卷展栏，如图7-70所示。

图7-69

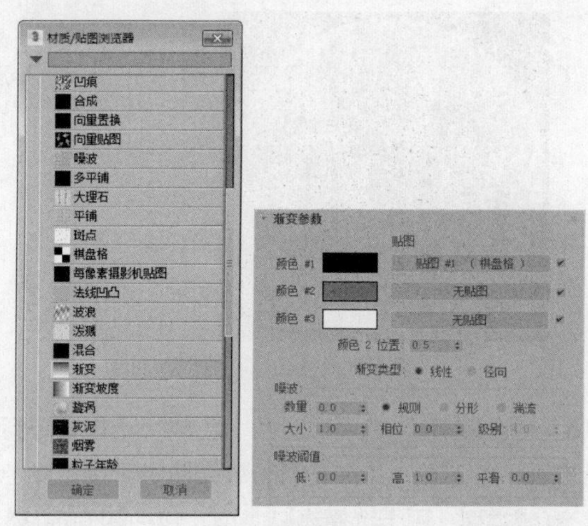

图7-70

（1）颜色#1~颜色#3。这3个选项用于设置渐变所需的3种颜色，也可以为它们指定一个贴图。颜色#2用于设置两种颜色之间的过渡色。

（2）颜色2位置。该选项用于设定颜色2（中间颜色）的位置，取值为0~1.0。当值为0时，颜色2取代颜色3；当值为1时，颜色2取代颜色1。

（3）渐变类型。该选项组用于设定渐变是线性方式还是径向方式。

（4）噪波。该选项组用于应用噪波效果。

① 数量：当值大于0时，给渐变添加一个噪波效果，有规则、分形和湍流3种类型可以选择。

② 大小：用于调整噪波的效果。

③ 相位：用于控制设置动画时噪波变化的速度。

④ 级别：用于设定噪波函数应用的次数。

（5）噪波阈值。该选项组用于在高与低中设置噪波函数值的界限，“平滑”参数使噪波变化更光滑，值为“0”时表示没有使用光滑。

7.5.4 三维贴图

三维贴图属于三维程序贴图，它是由数学算法生成的，在三维空间中使用最频繁。当投影共线时，它们紧贴对象并且不会像二维贴图那样发生褶皱，而是均匀地覆盖一个表面。如果对象被切掉一部分，则贴图会沿着剪切的边对齐。

下面就来介绍几种常用的三维贴图。

1. “衰减”贴图

“衰减”贴图用于表现颜色的衰减效果。它定义了一个灰度值，是以被赋予材质的对象表面的法线角度为起点渐变的。“衰减”贴图通常用于“不透明度”贴图通道，以对对象的不透明度进行控制，如图 7-71 所示。

选择“衰减”贴图后，材质编辑器中会打开“衰减参数”卷展栏，如图 7-72 所示。

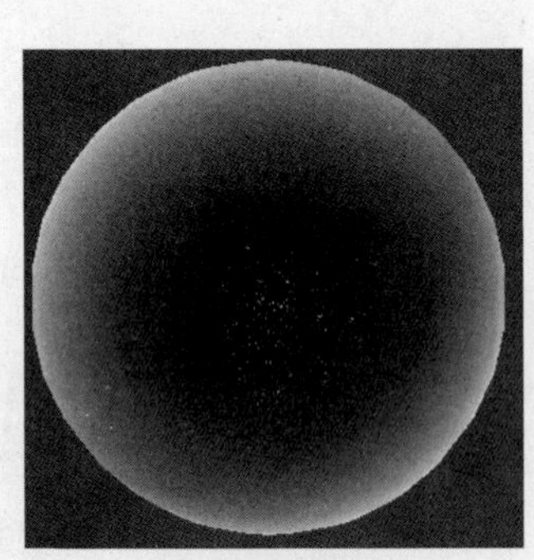

图 7-71

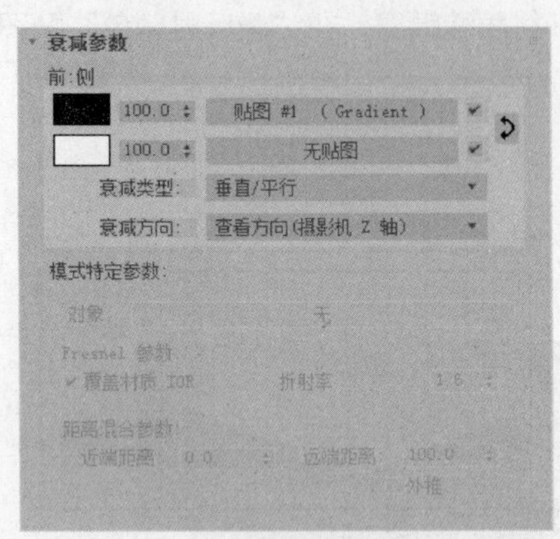

图 7-72

（1）“衰减参数”卷展栏。两个色样用于设置进行衰减的两种颜色，当选择不同的衰减类型时，其代表的意思也不同。在其右侧的数值框中可设定颜色的强度，还可以为每种颜色指定纹理贴图。

① 衰减类型：用于选择衰减类型，包括朝向/背离、垂直/平行、Fresnel（基于折射率）、阴影/灯光和距离混合，如图 7-73 所示。

② 衰减方向：用于选择衰减的方向，包括查看方向（摄影机 Z 轴）、摄影机 X/Y 轴、对象、局部 X/Y/Z 轴和世界 X/Y/Z 轴等，如图 7-74 所示。

（2）“混合曲线”卷展栏。该卷展栏用于精确地控制衰减所产生的渐变，如图 7-75 所示。

在混合曲线控制器中可以为渐变曲线增加控制点和移动控制点等，与其他曲线控制器的操作方法相同。

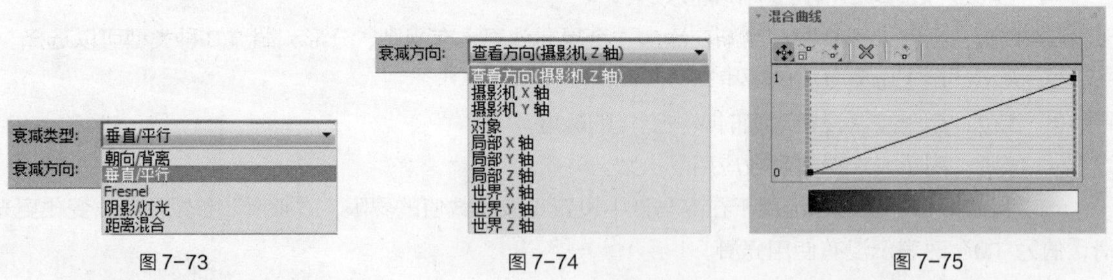

图 7-73　　图 7-74　　图 7-75

2. “噪波”贴图

“噪波”贴图用于使物体表面产生起伏而不规则的噪波效果，在建模中经常会在“凹凸”贴图通道中使用，如图 7-76 所示。

选择“噪波”贴图后，材质编辑器中会打开“噪波参数”卷展栏，如图 7-77 所示。

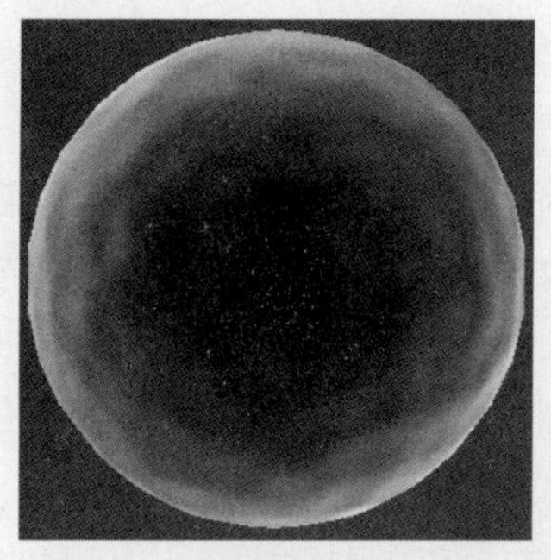

图 7-76

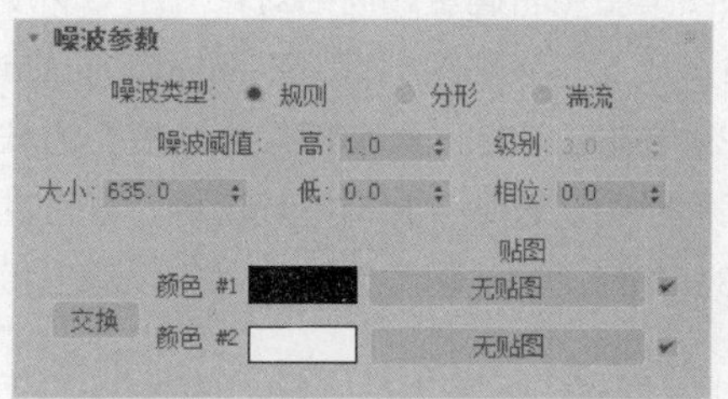

图 7-77

（1）噪波类型。噪波类型分为规则、分形和湍流 3 种，其效果如图 7-78 所示。

（2）噪波阈值。该选项通过高/低值来控制两种颜色的限制。

（3）大小。该选项用于控制噪波的大小。

（4）级别。该选项用于控制分形运算时迭代的次数，数值越大，噪波越复杂。

（5）颜色#1/颜色#2。这两个选项分别用于设置噪波的两种颜色，也可以指定为两个纹理贴图。

在其他纹理贴图的参数卷展栏中都会有噪波的参数。可见，噪波是一种非常重要的贴图类型。

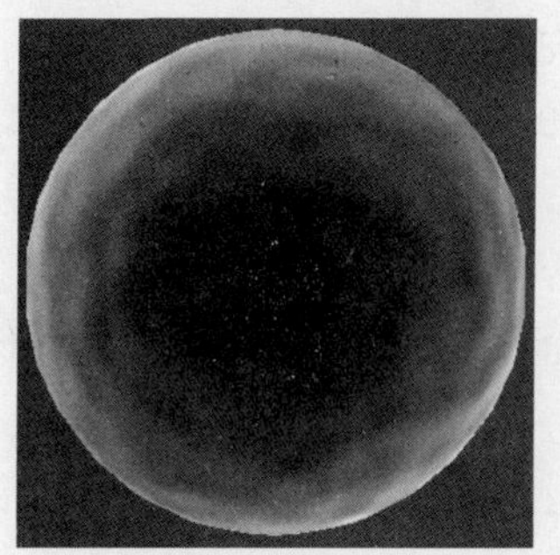

（a）规则

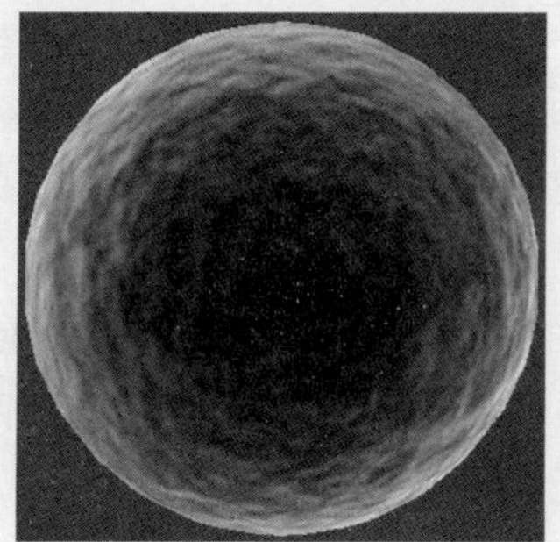

（b）分形

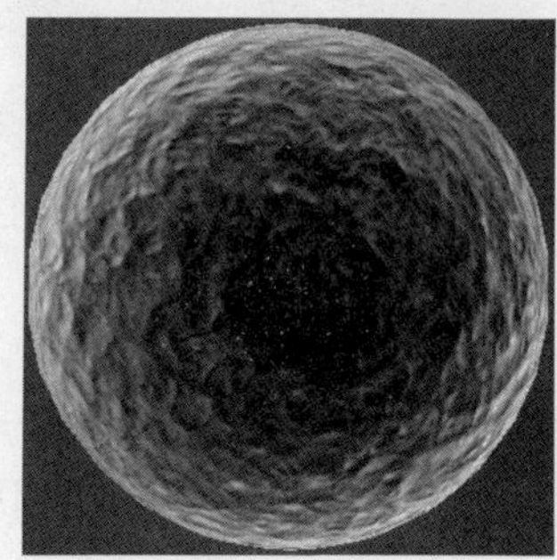

（c）湍流

图 7-78

7.5.5 UVW 贴图

要想对纹理贴图的坐标进行编辑，还有一种更快捷、直观的方法——使用 UVW 贴图。该方法可以为贴图坐标的设定带来更多的灵活性。

在建模中会经常遇到这样的问题：将同一种材质赋予不同的物体时，要根据物体的不同形态调整材质的贴图坐标。由于材质球数量有限，不可能按照物体的数量分别编辑材质，此时就要使用 UVW 贴图对物体的贴图坐标进行编辑。

“UVW 贴图”属于修改命令的一种，在“修改列表”下拉列表框中就可以选择使用。先在视口中创建一个物体，赋予物体材质贴图，再在修改命令面板中选择“UVW 贴图”选项，其参数如图 7-79 所示。

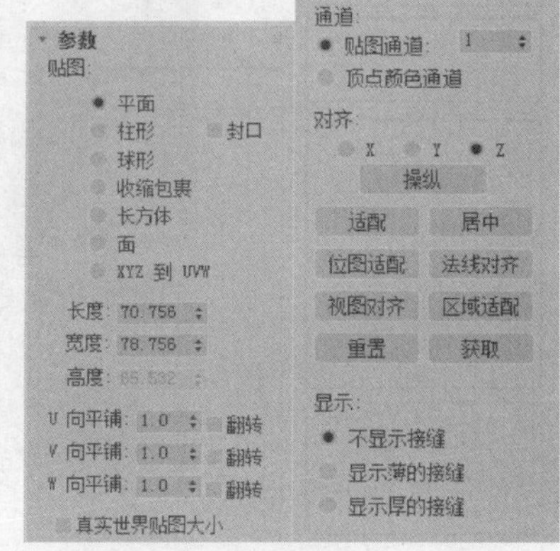

图 7-79

1. “贴图”选项组

贴图类型用于确定如何给对象应用 UVW 坐标。

（1）平面。该贴图类型以平面投影方式向对象上贴图。它适用于平面的表面，如纸和墙等。

（2）柱形。该贴图类型使用圆柱投影方式向对象上贴图，如螺丝钉、钢笔、电话筒和药瓶等都适用于圆柱贴图。选中“封口”复选框，圆柱的顶面和底面放置的是平面贴图投影。

（3）球形。该贴图类型围绕对象以球形投影方式贴图，会产生接缝。在接缝处，贴图的边汇合在一起。

（4）收缩包裹。该贴图类型像球形贴图一样，它使用球形方式向对象投影贴图，但是收缩包裹将贴图的所有角拉到一个点，消除了接缝，只产生一个奇异点。

（5）长方体。该贴图类型以 6 个面的方式向对象投影。每个面是一个“平面”贴图。面法线决定了不规则表面上贴图的偏移。

（6）面。该贴图类型为对象的每一个面应用一个平面贴图。其贴图效果与几何体面的多少有很大关系。

（7）XYZ 到 UVW。该类贴图设计用于三维贴图，可以使三维贴图“粘贴”在对象的表面上。其作用是使纹理和表面相配合，表面拉长，贴图也会随之拉长。

（8）长度、宽度、高度。这 3 个选项分别用于指定代表贴图坐标的 Gizmo 物体的尺寸。

（9）U/V/W 向平铺。这 3 个选项分别用于设置 3 个方向上贴图的重复次数。

（10）翻转。该复选框用于对贴图方向进行前后翻转。

2. “通道”选项组

系统为每个物体提供了 99 个贴图通道，默认使用通道 1。使用该选项组，可将贴图发送到任意一个通道中。通过通道，用户可以为一个表面设置多个不同的贴图。

（1）贴图通道。该单选按钮用于设置使用的贴图通道。

（2）顶点颜色通道。该单选按钮用于指定点使用的通道。

单击修改命令堆栈中“UVW 贴图”左侧的⊞按钮，可以选择“UVW 贴图”的子层级对象，如图 7-80 所示。

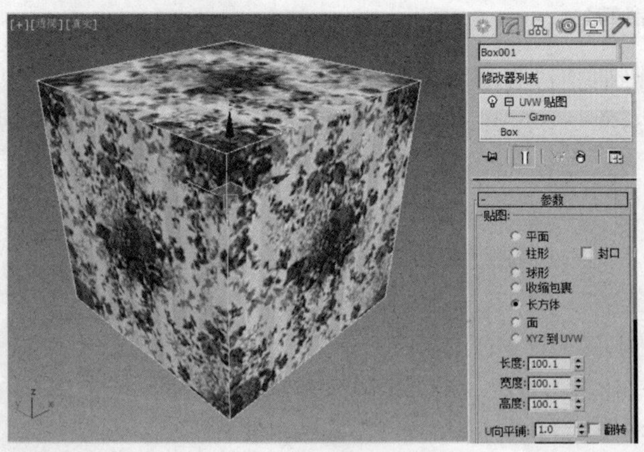

图 7-80

将选择集定义为“Gizmo”时，可以在视口中对贴图坐标进行调节，将纹理贴图接缝处的贴图坐标对齐，此时，物体上会显示黄色的套框。

使用“移动”“旋转”和“缩放”工具都可以对贴图坐标进行调整，套框也会随之改变，如图 7-81 所示。

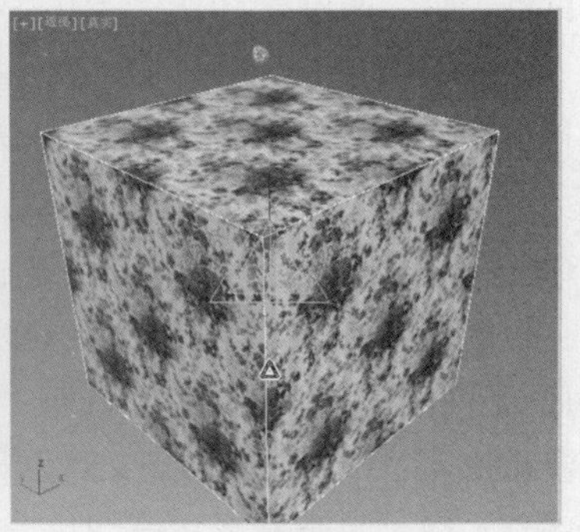

图 7-81

7.5.6 课堂案例——绒布材质的设置

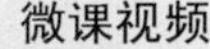

绒布材质的设置

【学习目标】学习使用衰减贴图。

【知识要点】使用衰减贴图和位图模拟绒布材质，如图 7-82 所示。

【素材文件位置】素材文件/贴图。

【模型文件所在位置】素材文件/场景/第 7 章/绒布沙发模型.max。

【参考模型文件所在位置】素材文件/场景/第 7 章/绒布沙发.max。

（1）运行 3ds Max 2019，打开素材中的“素材文件/场景/第 7 章/绒布沙发.max”场景文件，该场景中沙发模型和靠枕模型都没有设置材质。

（2）在场景中选择沙发坐垫和靠背模型，打开材质编辑器，打开精简材质窗口，选择一个新的材质样本球。

在“贴图”卷展栏中单击“漫反射颜色”右侧的“无贴图”按钮，为其指定“衰减”贴图，如图 7-83 所示。

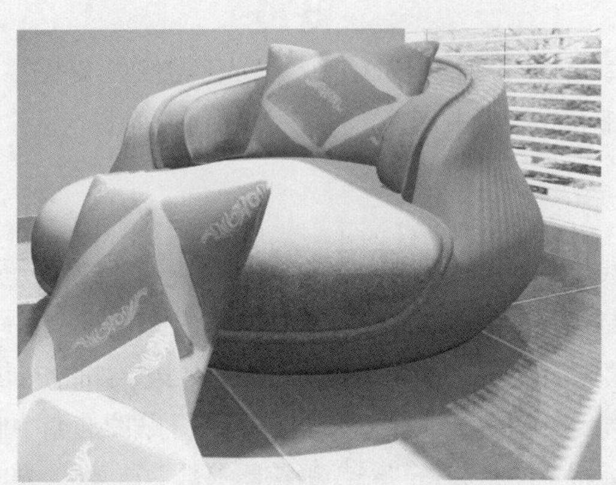

图 7-82

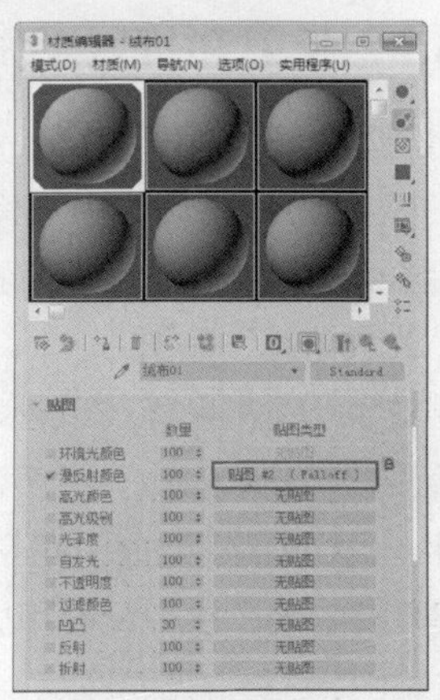

图 7-83

进入贴图层级，在“衰减参数”卷展栏中单击第一个色样右侧的“无贴图”按钮，在弹出的“材质/贴图浏览器”对话框中选择“位图”选项，选择合适的位置文件，打开贴图层级面板，使用默认参数即可，单击（转到父对象）按钮，回到衰减材质设置面板，在“衰减”卷展栏中将第二个色样的红、绿、蓝设置为166、216、138，如图7-84所示。

（3）单击（转到父对象）按钮，转到主材质设置面板，单击（将材质指定给选定对象）按钮，将设置好的沙发材质指定给场景中的沙发坐垫和靠背模型。

（4）在场景中选择靠垫模型，打开材质编辑器，选择一个新的材质样本球。在“贴图”卷展栏中单击“漫反射颜色”右侧的“无贴图”按钮，为其指定“衰减”贴图，如图7-85所示。

进入贴图层级，在“衰减参数”卷展栏中单击第一个色样右侧的“无贴图”按钮，在弹出的“材质/贴图浏览器”对话框中选择“位图”选项，选择合适的位置文件，打开贴图层级面板，使用默认参数即可，单击（转到父对象）按钮，回到衰减材质设置面板，在“衰减”卷展栏中将第二个色样的红、绿、蓝设置为166、216、138，如图7-86所示。

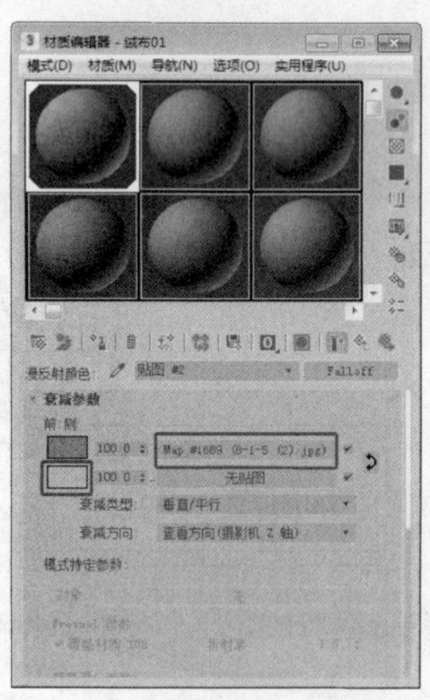

图7-84

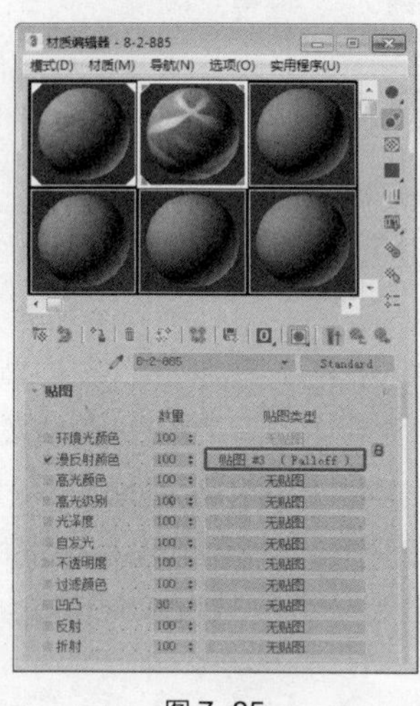

图7-85

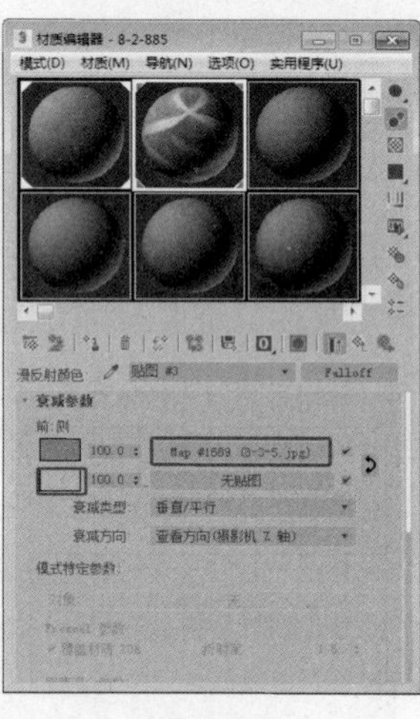

图7-86

至此，绒布材质就设置完成了。

7.5.7 反射和折射贴图

这种类型的贴图用于处理反射和折射效果，包括“平面镜”贴图、“光线追踪”贴图、“反射/折射”贴图和“薄壁折射”贴图等。每种贴图都有其明确的用途。

下面介绍两种常用的反射和折射贴图。

1. “光线追踪”贴图

通过这种类型的贴图可以创建出很好的光线反射和折射效果，其原理与“光线跟踪”材质相似，渲染速度要比“光线跟踪”材质快，但相对于其他材质贴图来说，速度还是比较慢的。

使用“光线追踪”贴图，可以比较准确地模拟出真实世界中的反射和折射效果，如图7-87所示。

在建模中，为了模拟反射和折射效果，通常会在“反射”贴图通道或“折射”贴图通道中使用“光线追踪”贴图。选择“光线追踪”贴图后，材质编辑器中会打开“光线跟踪器参数”卷展栏，如图7-88所示。

图7-87

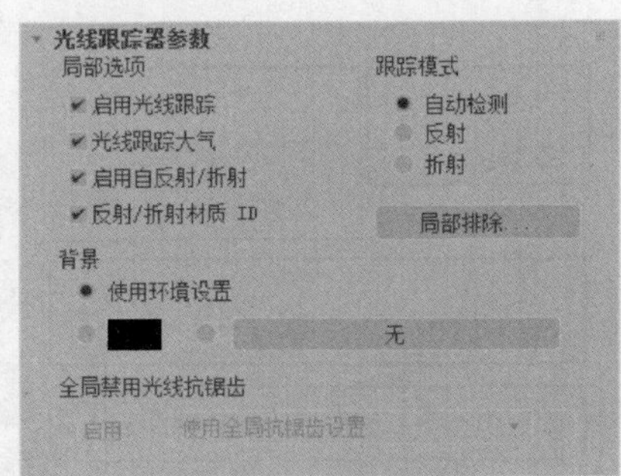

图7-88

（1）“局部选项”选项组

① 启用光线跟踪：用于打开或关闭光线追踪。

② 光线跟踪大气：用于设置是否打开大气的光线追踪效果。

③ 启用自反射/折射：用于设置是否打开对象自身反射和折射。

④ 反射/折射材质 ID：用于设置反射/折射效果是否被指定到材质 ID 上。

（2）“跟踪模式”选项组

① 自动检测：如果贴图指定到材质的反射贴图通道，则光线追踪器将反射光线；如果贴图指定到材质的折射贴图通道，则光线追踪器将折射光线；如果贴图指定到材质的其他贴图通道，则需要手动选择是反射光线还是折射光线。

② 反射：从对象的表面投射反射光线。

③ 折射：从对象的表面向里投射折射光线。

（3）“背景”选项组

使用环境设置：选中该单选按钮时，在当前场景中考虑环境的设置。也可以使用其下面的色样和贴图按钮来设置一种颜色或一个贴图以替代环境设置。

2. “反射/折射”贴图

通过这种类型的贴图能够创建出在对象上反射和折射另一个对象影子的效果。它从对象的每个轴产生渲染图像，就像立方体一个表面上的图像，并把这些被称为立方体贴图的渲染图像投影到对象上，如图 7-89 所示。

在建模中，要创建反射效果，可以在“反射”贴图通道中选择“反射/折射”贴图；要创建折射效果，可以在“折射”贴图通道中选择“反射/折射”贴图。

选择“反射/折射”贴图后，材质编辑器中会打开“反射/折射参数”卷展栏，如图 7-90 所示。

（1）“来源”选项组。该选项组用于选择立方体贴图的来源。

① 自动：用于自动生成从 6 个对象轴渲染的图像。

② 从文件：用于从 6 个文件中载入渲染的图像，这将激活“从文件”选项组中的按钮，可以使用它们载入相应方向的渲染图像。

③ 大小：用于设置“反射/折射”贴图的尺寸，默认值为 100。

④ 使用环境贴图：该复选框未被选中时，在渲染“反射/折射”贴图时将忽略背景贴图。

图 7-89

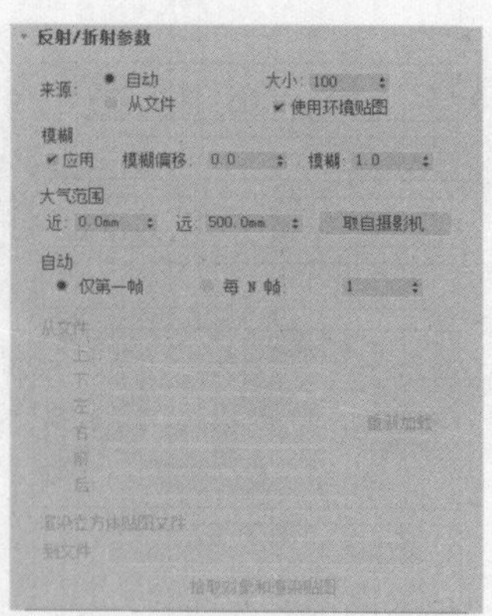

图 7-90

（2）“模糊”选项组。该选项组用于对“反射/折射”贴图应用模糊效果。

① 模糊偏移：用于模糊整个贴图效果。

② 模糊：用来基于距离对象的远近来模糊贴图。

（3）“大气范围”选项组。如果场景中包括环境雾，则为了正确地渲染出雾效果，必须在“近”和“远”数值框中设定距对象的近范围和远范围，还可以通过单击“取自摄影机”按钮来使用一个摄影机中设定的远近大气范围。

（4）“自动”选项组。只有在“来源”选项组中选中“自动”单选按钮时，“自动”选项组才处于可用状态。

① 仅第一帧：用于使渲染器自动生成在第一帧的“反射/折射”贴图。

② 每 N 帧：用于使渲染器每隔几帧自动渲染“反射/折射”贴图。

课堂练习——金属材质的设置

【知识要点】设置明暗器类型为“金属”，并设置“反射”的贴图，制作出金属材质的效果，如图 7-91 所示。

【素材文件位置】素材文件/贴图。

【模型文件所在位置】素材文件/场景/第 7 章/金属材质的设置模型.max。

【参考模型文件所在位置】素材文件/场景/第 7 章/金属材质的设置.max。

图 7-91

微课视频

金属材质的设置

课后习题——瓷器材质的设置

【知识要点】瓷器材质的设置比较简单，需要有很高的高光及光泽度，还要有一定的反射效果，如图 7-92 所示。

【素材文件位置】素材文件/贴图。

【模型文件所在位置】素材文件/场景/第 7 章/瓷器材质的设置模型.max。

【参考模型文件所在位置】素材文件/场景/第 7 章/瓷器材质的设置.max。

图 7-92

微课视频

瓷器材质的设置

第 8 章 灯光和摄影机及环境特效的使用

本章介绍

本章将介绍 3ds Max 2019 的灯光系统，并重点讲解标准灯光的使用方法和参数设置，以及对灯光特效的设置方法。通过本章的学习，读者应掌握标准灯光的使用方法，能够根据场景的实际情况进行灯光设置。

学习目标

- 熟练掌握标准灯光的创建方法
- 熟练掌握标准灯光的参数设置方法
- 熟练掌握天光的特效设置方法
- 熟练掌握灯光的特效设置方法
- 熟练掌握摄影机的使用及特效的设置方法

技能目标

- 掌握进行室内场景布光的方法和技巧
- 掌握制作全局光照明效果的方法和技巧
- 掌握制作体积光效果的方法和技巧

8.1 灯光的使用和特效

微课视频

室内场景布光

灯光的重要作用是配合场景营造气氛，所以应该和所照射的物体一起渲染来体现效果。如果将暖色的光照射在冷色调的场景中，就会让人感到不太舒服。

8.1.1 课堂案例——室内场景布光

【学习目标】了解灯光各参数的用途，学会场景布光的基本方法。

【知识要点】在场景中设置泛光灯、聚光灯，完成室内场景布光，完成的效果如图 8-1 所示。

【素材文件位置】素材文件/贴图。

【模型文件所在位置】素材文件/场景/第 8 章/场景布光模型.max。

【参考模型文件所在位置】素材文件/场景/第 8 章/场景布光.max。

图 8-1

（1）在菜单栏中选择“文件>打开”命令，打开室内场景文件，如图 8-2 所示。

（2）场景中没有创建任何灯光，下面将为打开的场景创建灯光。单击“（创建）>（灯光）>标准>目标聚光灯”按钮，在“前”视图中创建目标聚光灯，在命令面板的卷展栏中为灯光设置合适的参数，设置灯光的颜色为深灰色，如图 8-3 所示。

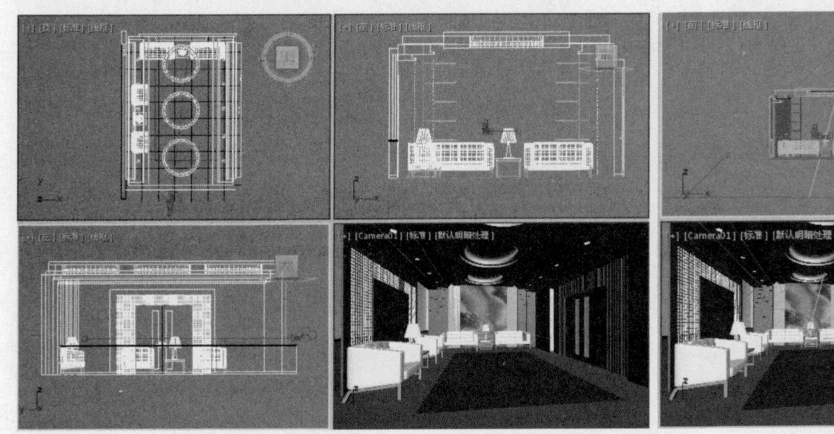

图 8-2　　图 8-3

（3）在场景中选择目标聚光灯，对目标聚光灯进行移动复制，复制时使用“实例”复制，如图 8-4 所示。

（4）实例复制灯光后，在“常规参数”卷展栏中单击“排除”按钮，在弹出的“排除/包含”对话框中选择排除的对象，将其指定到右侧的排除列表中（该对象为顶模型），如图 8-5 所示。

（5）单击“（创建）>（灯光）>标准>泛光灯”按钮，在“顶”视图中创建并实例复制泛光灯，设置合适的灯光参数，如图 8-6 所示。这种泛光灯和第一次创建的目标聚光灯属于基础照明，布光方式属于等阵布光。这种布光方式的优点在于整体照明属于环境光，没有死角；其缺点在于灯光太多，渲染会相对慢一些。

（6）单击“（创建）>（灯光）>标准>泛光灯”按钮，在场景中台灯的位置单击以创建泛光灯，实例复制灯光到另外一个台灯的位置，设置合适的参数，并设置灯光的颜色为暖色，如图 8-7 所示。

（7）继续在场景中图 8-8 所示的位置创建泛光灯，设置合适的参数作为照亮顶部的灯光。

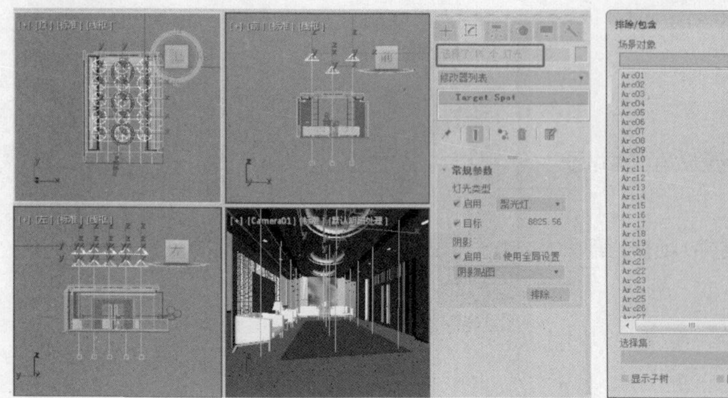

图 8-4

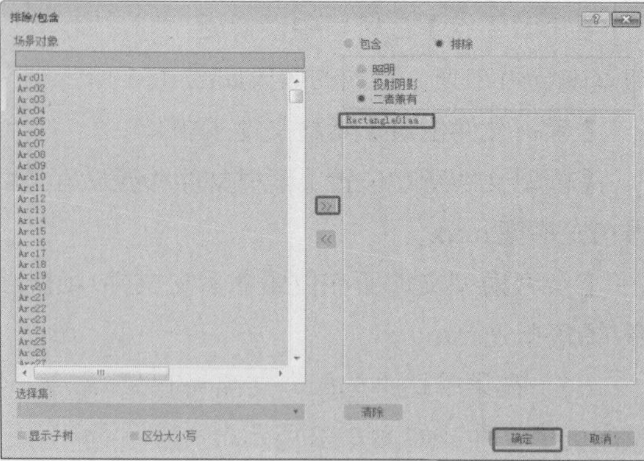

图 8-5

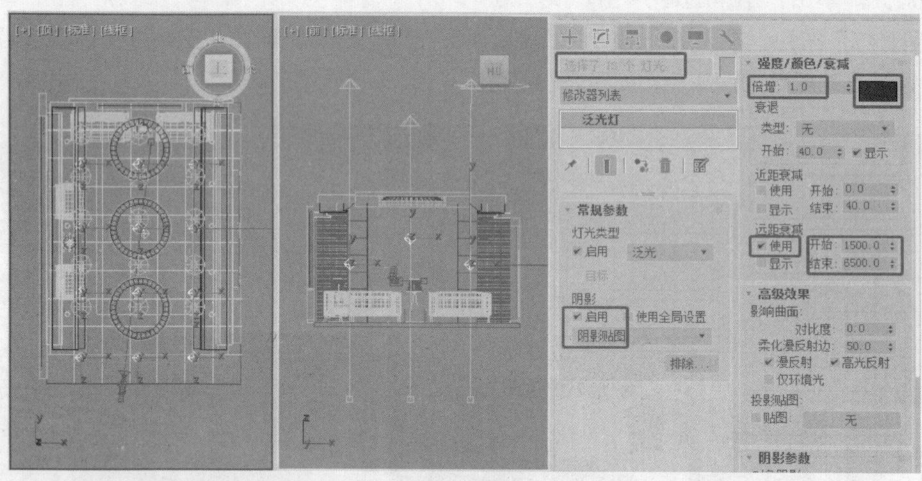

图 8-6

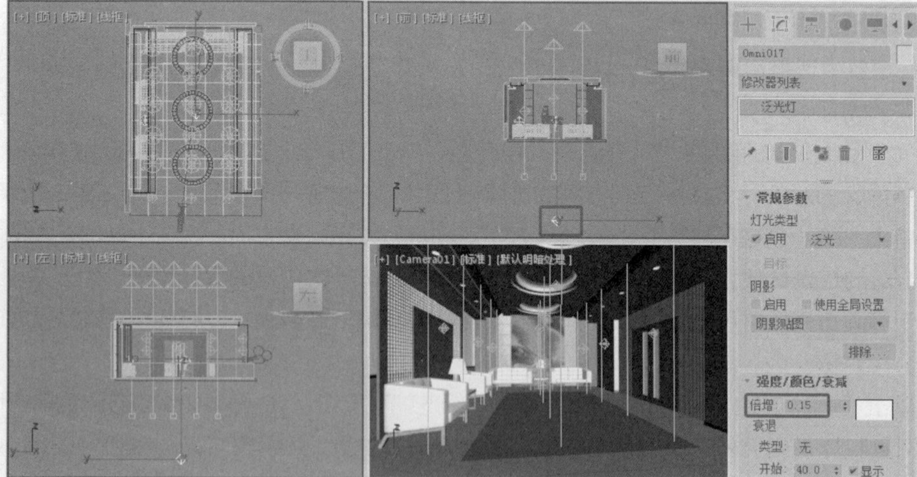

图 8-7

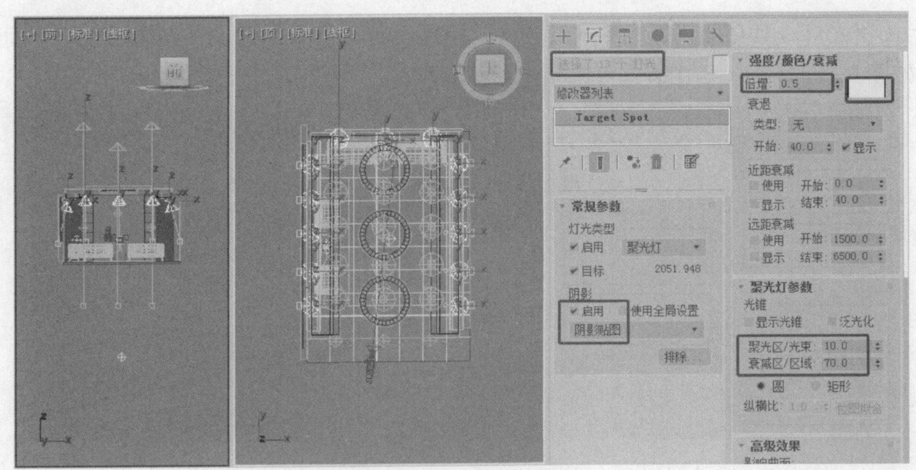

图 8-8

（8）渲染场景，得到图 8-1 所示的效果。

8.1.2　标准灯光

3ds Max 2019 中的灯光可分为标准和光度学两种类型。标准灯光是 3ds Max 2019 的传统灯光。系统提供了 6 种标准灯光，分别是目标聚光灯、自由聚光灯、目标平行光、自由平行光、泛光、天光，如图 8-9 所示。

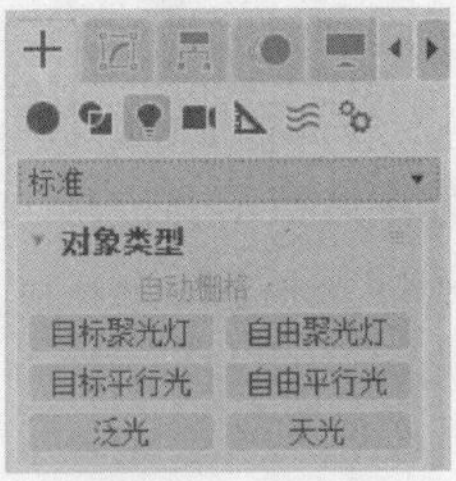

标准
对象类型
自动栅格
目标聚光灯 自由聚光灯
目标平行光 自由平行光
泛光 天光

图 8-9

1. 标准灯光的创建

标准灯光的创建比较简单，直接在视图中拖曳、单击即可完成。

目标聚光灯和目标平行光的创建方法相同，在“创建”命令面板中单击“创建”按钮后，在视图中按住鼠标左键不放并进行拖曳，在合适的位置释放鼠标左键即可完成创建。在创建过程中，移动光标可以改变目标点的位置。创建完成后，还可以单独选择光源和目标点，使用“移动”和“旋转”工具改变位置和角度。

其他类型的标准灯光只需单击“创建”按钮后，在视图中单击即可完成创建。

2. 6 种标准灯光

（1）目标聚光灯和自由聚光灯。聚光灯是一种有方向的光源，类似于舞台上的强光灯。它可以准确控制光束的大小、焦点、角度，是建模中经常使用的光源，如图 8-10 所示。

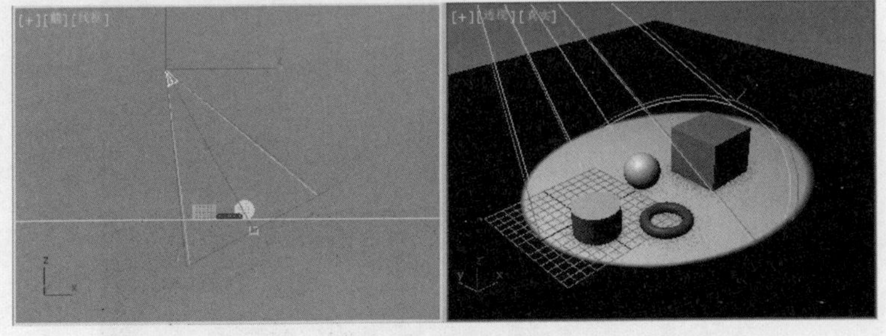
图 8-10

① 目标聚光灯：可以向移动目标点投射光，具有照射焦点和方向性，如图 8-11 所示。

② 自由聚光灯：其功能和目标聚光灯一样，只是没有定位的目标点，光是沿着一个固定的方向照射的，如图 8-12 所示。自由聚光灯常用于动画制作。

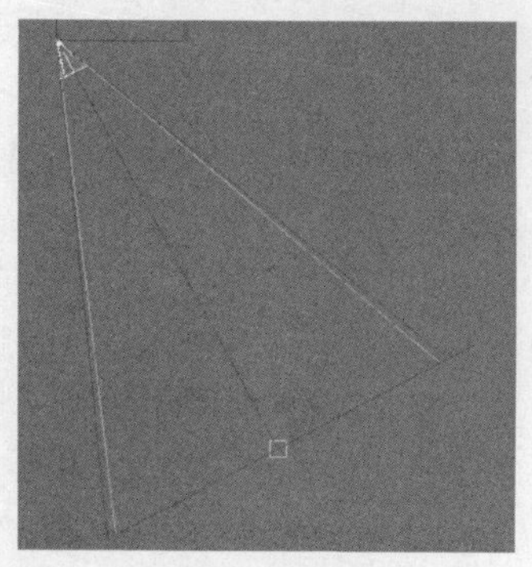
图 8-11

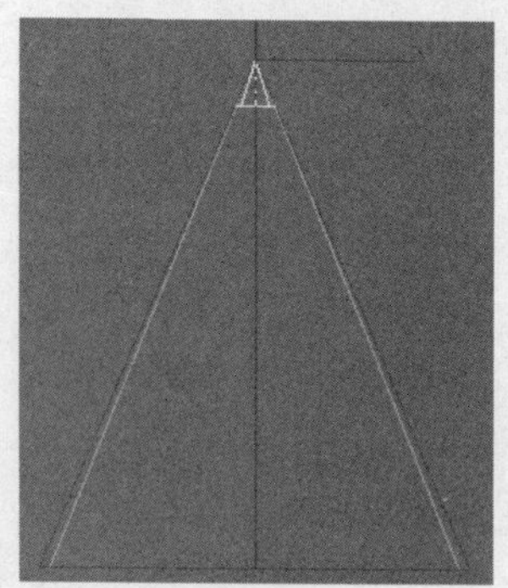
图 8-12

（2）目标平行光和自由平行光。平行光可以在一个方向上发射平行的光源，与物体之间没有距离的限制，主要用于模拟太阳光。用户可以调整光的颜色、角度和位置的参数。

目标平行光和自由平行光没有太大的区别，当需要光线沿路径移动时，应该使用目标平行光；当光源位置不固定时，应该使用自由平行光。目标平行光的灯光形态如图 8-13（a）所示，自由平行光的灯光形态如图 8-13（b）所示。

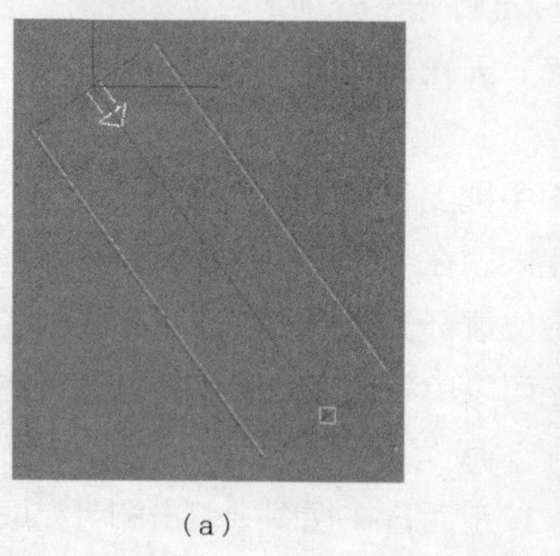
（a）

（b）

图 8-13

（3）泛光。泛光灯是一种点光源，向各个方向发射光线，能照亮所有面向它的对象，如图 8-14 所示。通常，泛光灯用于模拟点光源或作为辅助光在场景中添加充足的光照效果。

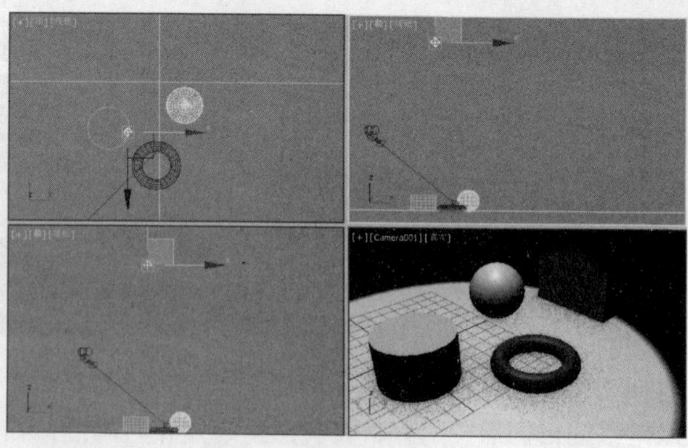
图 8-14

（4）天光。天光能够创建出一种全局光照效果，配合光能传递渲染功能，可以创建出非常自然、柔和的渲染效果。天光没有明确的方向，就好像一个覆盖整个场景的、很大的半球发出的光，能从各个角度照射场景中的物体，如图 8–15 所示。

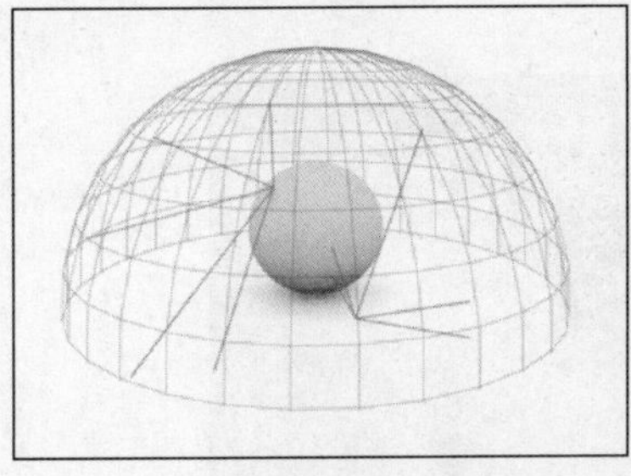

图 8–15

8.1.3 标准灯光的参数

标准灯光的参数大部分是相同或相似的，只有天光具有自身的修改参数，但比较简单。下面就以目标聚光灯的参数为例，介绍标准灯光的参数。

在“创建”命令面板中单击“（创建）>（灯光）>标准>目标聚光灯”按钮，在视图中创建一盏目标聚光灯，单击（修改）按钮，切换到“修改”命令面板，“修改”命令面板中会显示目标聚光灯的修改参数，如图 8–16 所示。

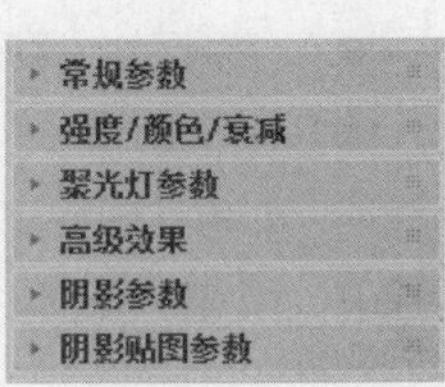

图 8–16

1. “常规参数”卷展栏

该卷展栏是所有类型的灯光共有的，用于设定灯光的开启和关闭、灯光的阴影、包含或排除对象及灯光阴影的类型等，如图 8–17 所示。

（1）“灯光类型”选项组。

① 启用：选中该复选框时，灯光被打开；取消选中该复选框时，灯光被关闭。被关闭的灯光的图标在场景中用黑色表示。

② 灯光类型下拉列表框：使用该下拉列表框可以改变当前选择灯光的类型，包括“聚光灯”“平行光”和“泛光”3 种类型。改变灯光类型后，灯光所特有的参数也将随之改变。

③ 目标：选中该复选框时，表示为灯光设定目标。灯光及其目标之间的距离显示在复选框的右侧。对于自由光，可以自行设定该值；而对于目标光，可通过移动灯光、灯光的目标物体或取消选中该复选框来改变值的大小。

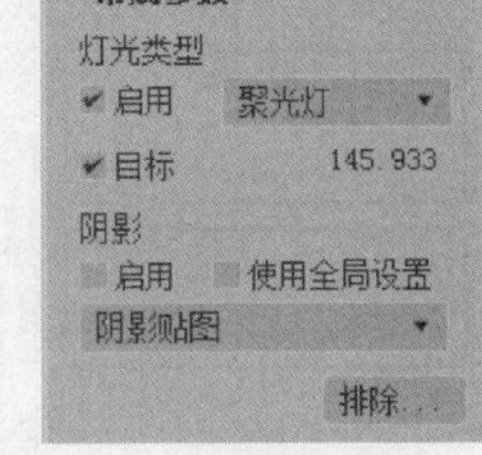

图 8–17

（2）“阴影”选项组。

① 启用：用于开启和关闭灯光产生的阴影。在渲染时，可以决定是否对阴影进行渲染。

② 使用全局设置：该复选框用于指定阴影是使用局部参数还是全局参数。选中该复选框时，其他有关阴影设置的值将采用场景中默认的全局统一的参数设置，如果修改了其中一个使用该设置的灯光，则场景中所有使用该设置的灯光都会随之改变。

③ 阴影类型下拉列表框：在 3ds Max 2019 中产生的阴影类型有 4 种，分别是高级光线跟踪、区域阴影、阴影贴图和光线跟踪阴影，如果用户安装了 V–Ray 插件，则在该下拉列表框中会出现 VRay

阴影，如图 8-18 所示。

- 阴影贴图：选择该选项，将产生一个假的阴影，它从灯光的角度计算产生阴影对象的投影，并将它投影到后面的对象上。其优点是渲染速度较快，阴影的边界较柔和；缺点是阴影不真实，不能反映透明效果，如图 8-19 所示。

图 8-18

图 8-19

- 高级光线跟踪：这是光线跟踪阴影的改进，拥有更多详细的参数可以调整。
- 区域阴影：用于模拟面积光或体积光所产生的阴影，是模拟真实光照效果的必备功能。

④ 排除：该按钮用于设置灯光是否照射某个对象，或者是否使某个对象产生阴影。单击该按钮，会弹出“排除/包含”对话框，如图 8-20 所示。

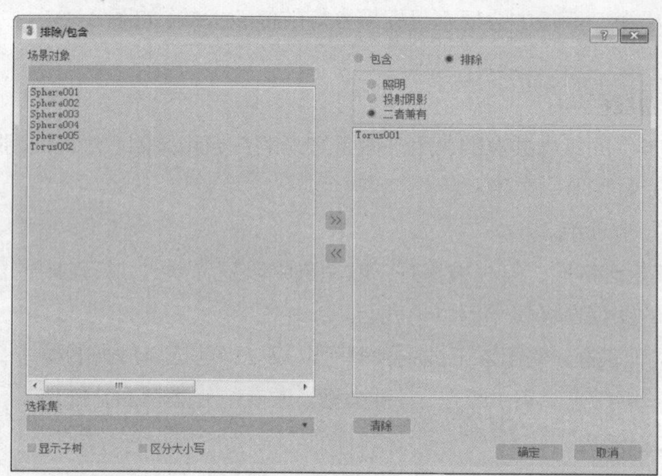

图 8-20

在“排除/包含”对话框左侧窗格中选择要排除的物体后，单击>>按钮即可；如果要撤销对物体的排除，则在右侧窗格中选择物体，单击<<按钮即可。

2. “强度/颜色/衰减”卷展栏

该卷展栏用于设定灯光的强弱、颜色及灯光的衰减参数，如图 8-21 所示。

图 8-21

（1）倍增。该选项类似于灯的调光器。倍增器的值小于“1”时减小光的亮度，大于“1”时增加光的亮度。当倍增器为负值时，可以从场景中减去亮度。

（2）颜色选择器。该选项用于设置灯光的颜色。

（3）“衰退”选项组。该选项组用于设置灯光的衰减方法。

① 类型：用于设置灯光的衰减类型，共包括“无”“倒数”和“平方反比”3 种衰减类型。其默认为“无”，不会产生衰减；选择“倒数”选项时，将使光从光源处开始线性衰减，距离越远，光的强度越弱；选择“平方反比”选项时，将按照离光源距离的平方比倒数进行衰减，这种类型最接近真实世界的光照特性。

② 开始：用于设置距离光源多远开始进行衰减。

③ 显示：选中该复选框，将在视图中显示衰减开始的位置，它在光锥中用绿色圆弧来表示。

（4）“近距衰减”选项组。该选项组用于设定灯光亮度开始减弱的距离，如图 8-22 所示。

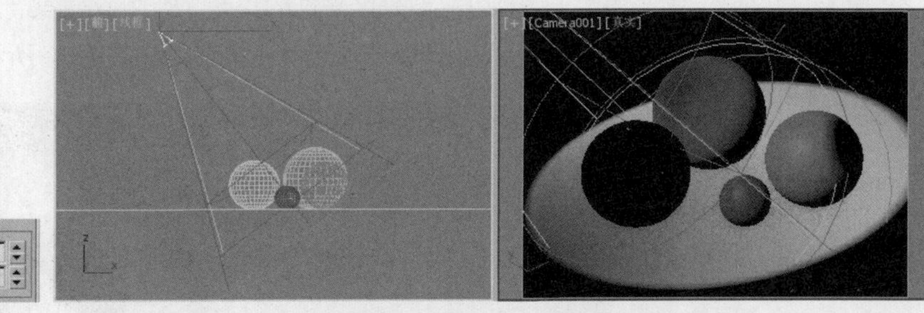

图 8-22

① 开始、结束：“开始”用于设定灯光从亮度为 0 开始逐渐显示的位置，在光源到“开始”之间，灯光的亮度为 0。从“开始”到“结束”，灯光亮度逐渐增强到设定的亮度。在“结束”以外，灯光保持设定的亮度和颜色。

② 使用：用于开启或关闭衰减效果。

③ 显示：用于在场景视图中显示衰减范围。灯光及参数的设定改变后，衰减范围的形状也会随之改变。

（5）“远距衰减”选项组。该选项组用于设定灯光亮度减弱为 0 的距离，如图 8-23 所示。

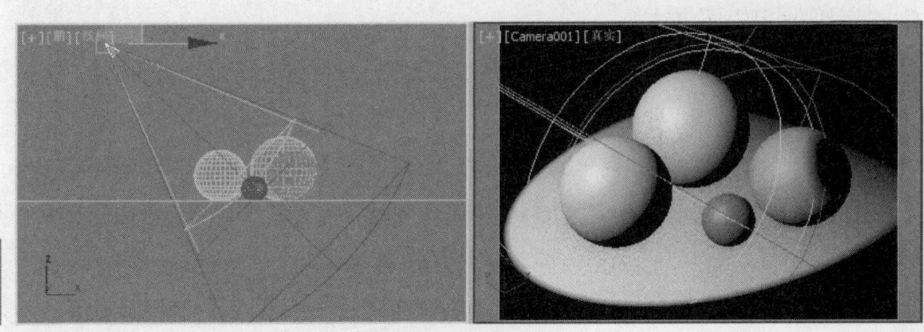

图 8-23

开始、结束：“开始”用于设定灯光开始从亮度为初始设定值逐渐减弱的位置，在光源到“开始”之间，灯光的亮度设定为初始亮度和颜色。从“开始”到“结束”，灯光亮度逐渐减弱到 0。在“结束”以外，灯光亮度为 0。

3. “聚光灯参数”卷展栏

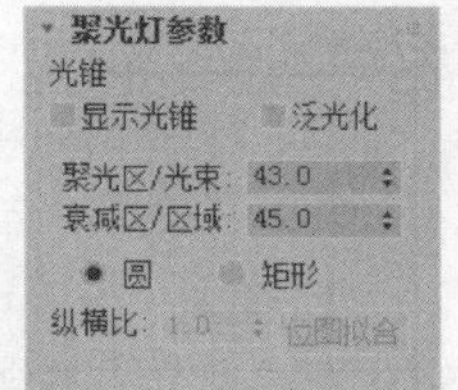

图 8-24

该卷展栏用于控制聚光灯的“聚光区/光束”和“衰减区/区域”等，是聚光灯特有的参数卷展栏，如图 8-24 所示。

“光锥”选项组用于对聚光灯照明的锥形区域进行设定。

（1）显示光锥。该复选框用于控制是否显示灯光的范围框。选中该复选框后，即使聚光灯未被选择，也会显示灯光的范围框。

（2）泛光化。选中该复选框后，聚光灯能作为泛光灯使用，但阴影和阴影贴图仍然被限制在聚光灯范围内。

（3）聚光区/光束。该选项用于调整灯光聚光区光锥的角度。它是以角度为测量单位的，默认值是 43，光锥以亮蓝色的锥线显示。

（4）衰减区/区域。该选项用于调整灯光散光区光锥的角度，默认值是 45。

“聚光区/光束”和“衰减区/区域”用于调整灯光的内外衰减，如图 8-25 所示。

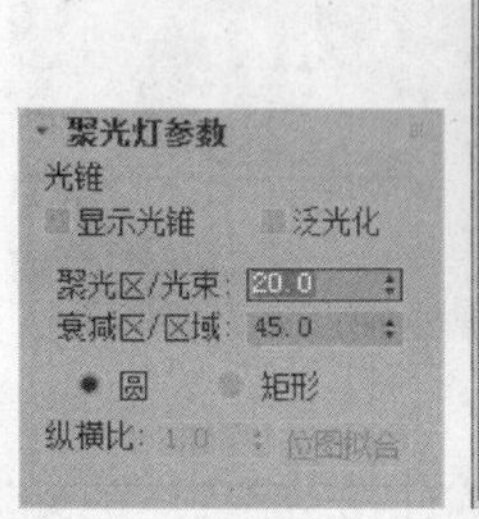

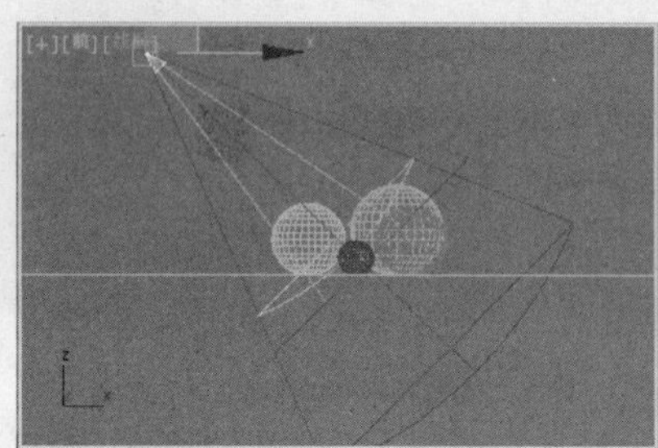

图 8-25

（5）“圆”和“矩形”单选按钮。这两个单选按钮用于决定聚光区和散光区是圆形还是矩形，默认为圆形，当用户要模拟光从窗户中照射进来的场景时，可以将其设置为矩形的照射区域。

（6）“纵横比”选项和“位图拟合”按钮。当设定为矩形照射区域时，使用“纵横比”选项来调整方形照射区域的长宽比，或者使用“位图拟合”按钮为照射区域指定一个位图，使灯光的照射区域同位图的长宽比相匹配。

4. “高级效果”卷展栏

该卷展栏用于控制灯光影响表面区域的方式，并提供了对投影灯光的调整和设置，如图 8-26 所示。

（1）“影响曲面”选项组。该选项组用于设置灯光在场景中的工作方式。

① 对比度：用于调整最亮区域和最暗区域的对比度，取值为 0~100。默认值为 0，是正常的对比度。

② 柔化漫反射边：取值为 0~100，数值越小，边界越柔和。默认值为 50。

③ 漫反射：用于控制打开或关闭灯光的漫反射效果。

④ 高光反射：用于控制打开或关闭灯光的高光部分。

⑤ 仅环境光：用于控制打开或关闭对象表面的环境光部分。当选中该复选框时，灯光照明只对环境光产生效果，而“漫反射”“高光反射”“对比度”和“柔化漫反射边”都将不能使用。

（2）“投影贴图”选项组。该选项组用于将图像投射在物体表面，可用于模拟投影仪和放映机等效果，如图 8-27 所示。

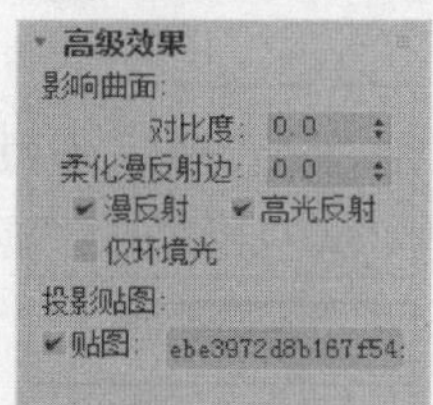

图 8-26

图 8-27

① 贴图：用于开启或关闭所选图像的投影。

② 无：位于“贴图”复选框右侧。单击该按钮，将弹出“材质/贴图浏览器”对话框，用于指定进行投影的贴图。若指定贴图，则“无”按钮将显示贴图文件的名称。

5. “阴影参数”卷展栏

该卷展栏用于选择阴影方式，设置阴影的效果，如图 8-28 所示。

（1）“对象阴影”选项组。该选项组用于调整阴影的颜色和密度，以及增加阴影贴图等，是“阴影参数”卷展栏中主要的参数选项组。

① 颜色：用于设定阴影的颜色，默认为黑色。

② 密度：通过调整投射阴影的百分比来调整阴影的密度，从而使它变黑或者变亮。其取值为 -1.0～1.0，当该值等于 0 时，不产生阴影；当该值等于 1 时，产生最深颜色的阴影；当该值为负值时，产生阴影的颜色与设置的阴影颜色相反。

③ 贴图：用于将物体产生的阴影变成所选择的图像，如图 8-29 所示。

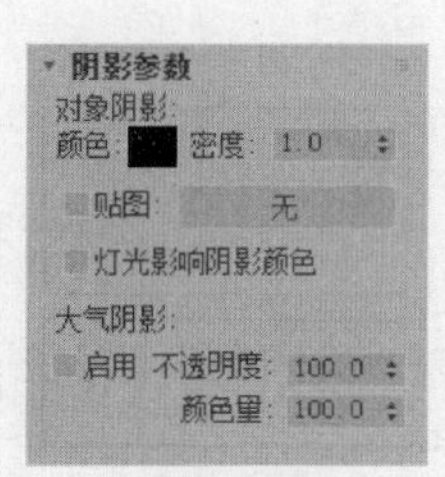

图 8-28

图 8-29

④ 灯光影响阴影颜色：选中该复选框，灯光的颜色将会影响阴影的颜色，阴影的颜色为灯光的颜色与阴影的颜色相混合后的颜色。

（2）“大气阴影”选项组。该选项组用于控制大气效果是否产生阴影，一般大气效果是不产生阴影的。

① 启用：用于开启或关闭大气阴影。

② 不透明度：用于调整大气阴影的透明度。当该参数为 0 时，大气效果没有阴影；当该参数为 100 时，产生全部的阴影。

③ 颜色量：用于调整大气阴影颜色和阴影颜色的混合度。当采用大气阴影时，在某些区域产生

的阴影是由阴影本身颜色与大气阴影颜色混合生成的。当该参数为 100 时，阴影的颜色完全饱和。

6. “阴影贴图参数”卷展栏

设置阴影类型为“阴影贴图”后，将打开“阴影贴图参数”卷展栏，如图 8-30 所示。这些参数用于控制灯光投射阴影的质量。

（1）偏移。该数值框用于调整物体与产生的阴影图像之间的距离。数值越大，阴影与物体之间的距离就越大。如图 8-31 所示，左图为将“偏移”值设置为 1 后的效果，右图为将“偏移”值设置为 10 后的效果；右图看上去物体好像悬浮在空中，实际上是影子与物体之间有距离。

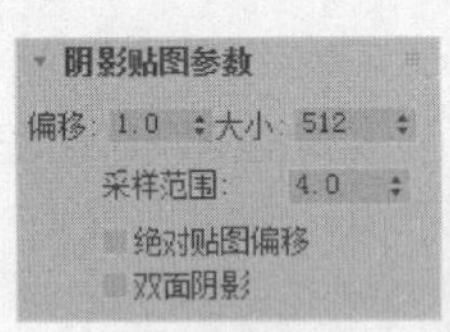

图 8-30

图 8-31

（2）大小。该选项用于控制阴影贴图的大小，值越大，阴影的质量越高，但会占用更多内存。

（3）采样范围。该选项用于控制阴影的模糊程度。数值越小，阴影越清晰；数值越大，阴影越柔和；取值为 0~20，推荐使用 2~5，默认值是 4。

（4）绝对贴图偏移。选中该复选框，将为场景中的所有对象设置偏移范围。取消选中该复选框，将只在场景中相对于对象偏移。

（5）双面阴影。选中该复选框，将在计算阴影的同时考虑背面阴影，此时对象内部并不被外部灯光照亮。取消选中该复选框，将忽略背面阴影，外部灯光也可照亮对象内部。

8.1.4 课堂案例——全局光照明效果的制作

【学习目标】掌握天光的特性。

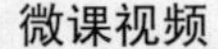
微课视频

全局光照明效果的制作

【知识要点】在场景中设置天光、泛光灯，并结合“高级照明”中的“光跟踪器”完成全局光照明效果的制作，如图 8-32 所示。

【素材文件位置】素材文件/贴图。

【模型文件所在位置】素材文件/场景/第 8 章/全局照明模型.max。

【参考模型文件所在位置】素材文件/场景/第 8 章/全局照明.max。

（1）在菜单栏中选择“文件>打开”命令，打开素材中的“素材文件/场景/第 8 章/全局照明.max”文件，如图 8-33 所示。

（2）单击“（创建）>（灯光）>标准>泛光灯”按钮，在场景中调整灯光的位置，切换到（修改）命令面板，在参数卷展栏中设置合适的灯光参数，设置灯光颜色为蓝色，如图 8-34 所示。

（3）继续创建泛光灯，设置合适的灯光参数，设置灯光的颜色为暖色，如图 8-35 所示。

（4）单击“（创建）>（灯光）>标准>天光”按钮，在场景中单击以创建天光，天光的位置不影响照明效果，如图 8-36 所示。

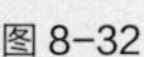

图 8-32

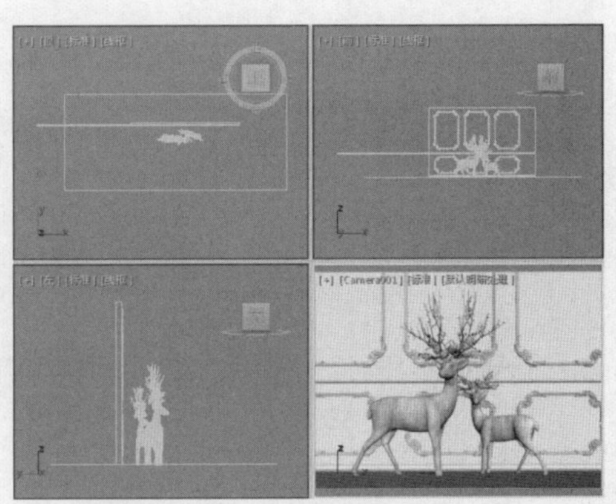

图 8-33

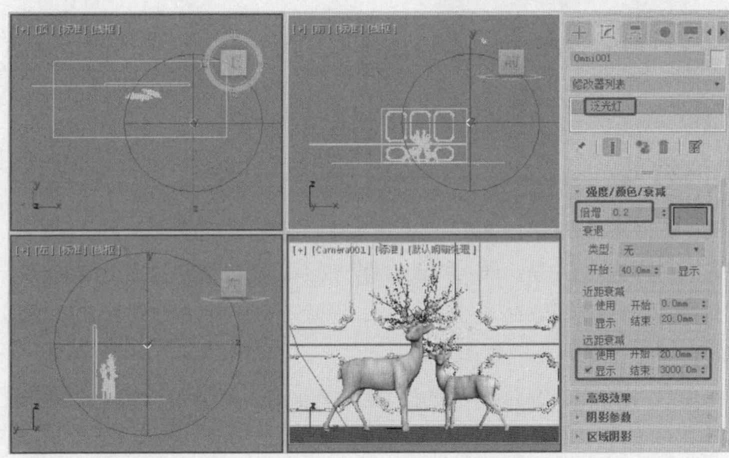

图 8-34

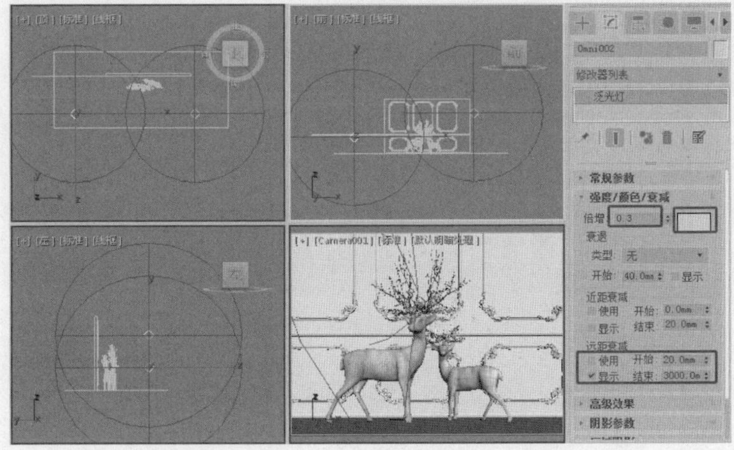

图 8-35

（5）在工具栏中单击 （渲染设置）按钮，打开“渲染设置：扫描线渲染器”窗口，选择“高级照明”选项卡，在“选择高级照明”卷展栏中设置高级照明为“光跟踪器”，如图 8-37 所示。

（6）渲染场景，得到图 8-32 所示的效果。

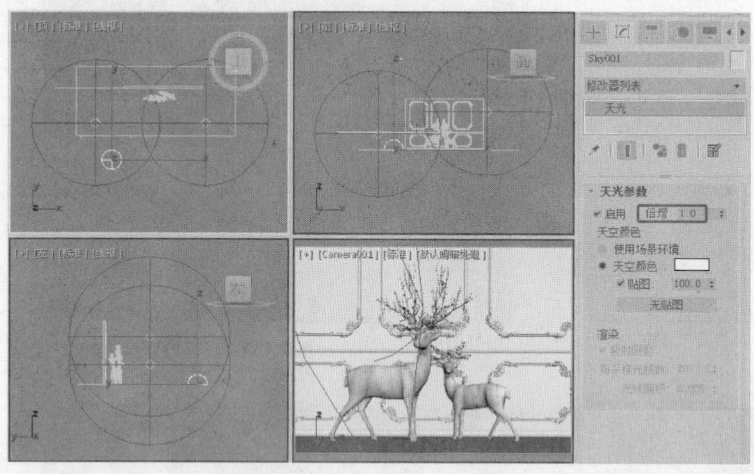

图 8-36

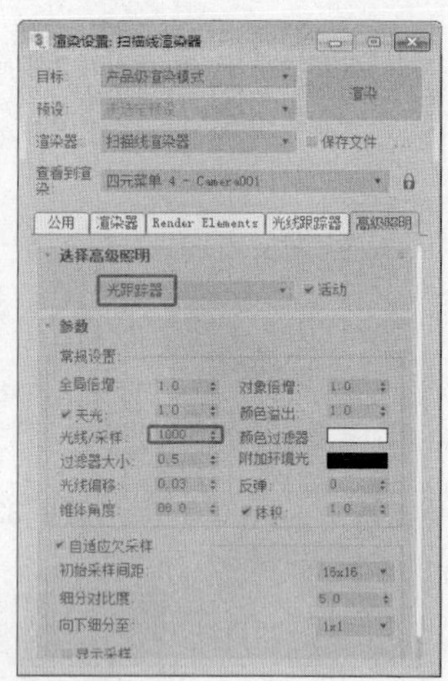

图 8-37

8.1.5 天光的特效

天光在标准灯光中是比较特殊的一种灯光，主要用于模拟自然光线，能表现全局光照的效果。在真实世界中，由于空气中存在灰尘等介质，即使在阳光照不到的地方也不会觉得暗，也能够看到物体。但在 3ds Max 2019 中，光线就好像在真空中一样，光照不到的地方是黑暗的，所以，在创建灯光时，一定要让光照射在物体上。

天光可以不考虑位置和角度，在视图中的任意位置创建，都会有自然光的效果。下面先来介绍天光的参数。

单击“+（创建）>💡（灯光）>标准>天光”按钮，在任意视图中单击即可创建天光。其“天光参数”卷展栏中会显示出天光的参数，如图 8-38 所示。

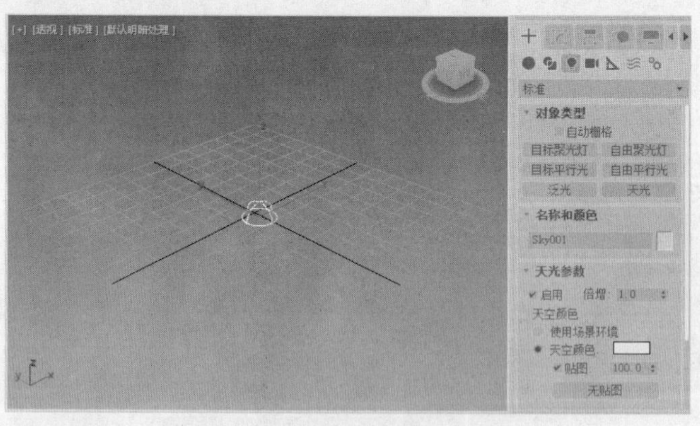

图 8-38

（1）启用。该复选框用于打开或关闭天光。选中该复选框，将在阴影和渲染计算的过程中利用天光来照亮场景。

（2）倍增。该选项用于通过设置倍增的数值来调整灯光的强度。

1. “天空颜色”选项组

（1）使用场景环境。选中该单选按钮，将利用“环境和效果”对话框中的环境设置来设定灯光的颜色。只有当“光线跟踪”处于激活状态时，该设置才有效。

（2）天空颜色。选中该单选按钮，可通过单击色样来弹出“颜色选择器”对话框，并从中选择天光的颜色。一般使用天光，保持默认的颜色即可。

（3）贴图。可利用贴图来影响天光的颜色，左侧的复选框用于控制是否激活贴图，右侧的微调器用于设置使用贴图的百分比，数值小于 100%时，贴图颜色将与天空颜色混合，“无贴图”按钮用于指定一个贴图。只有当“光线跟踪”处于激活状态时，贴图才有效。

2. “渲染”选项组

（1）投射阴影。选中该复选框时，天光可以投射阴影，默认是取消选中的。

（2）每采样光线数。该选项用来设置用于计算照射到场景中给定点上的天光的光线数量，默认值为 20。

（3）光线偏移。该选项用来设置对象可以在场景中给定点上投射阴影的最小距离。

使用天光时一定要注意，天光必须配合高级灯光使用才能起作用，否则，即使创建了天光，也不会有自然光的效果。下面先来介绍如何使用天光表现全局光照效果，操作步骤如下。

（1）单击“（创建）>（几何体）>茶壶”按钮，在“顶”视图中创建一个茶壶。单击“（创建）>（灯光）>标准>天光”按钮，在视图中创建一盏天光。在工具栏中单击（渲染产品）按钮，渲染效果如图 8-39 所示。可以看出，渲染后的效果并不是真正的天光效果。

（2）在工具栏中单击（渲染设置）按钮，打开“渲染设置：默认扫描线渲染器”窗口，如图 8-40 所示。

（3）选择“高级照明”选项卡，在“选择高级照明”卷展栏的下拉列表框中选择“光跟踪器”选项，设置相关参数，如图 8-41 所示。

（4）单击“渲染”按钮，对视图中的茶壶再次进行渲染，得到天光的效果如图 8-42 所示。

图 8-39

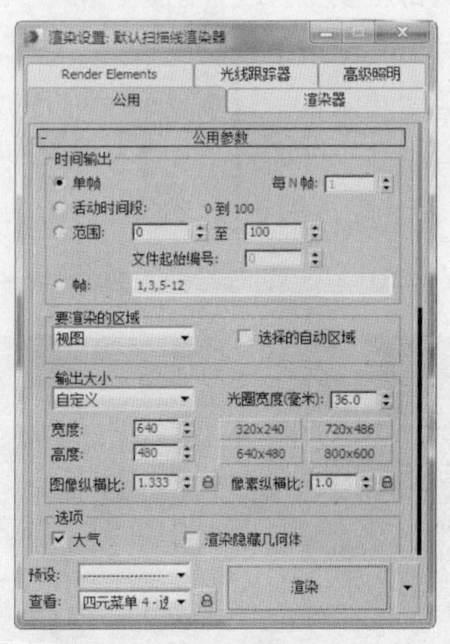

图 8-40

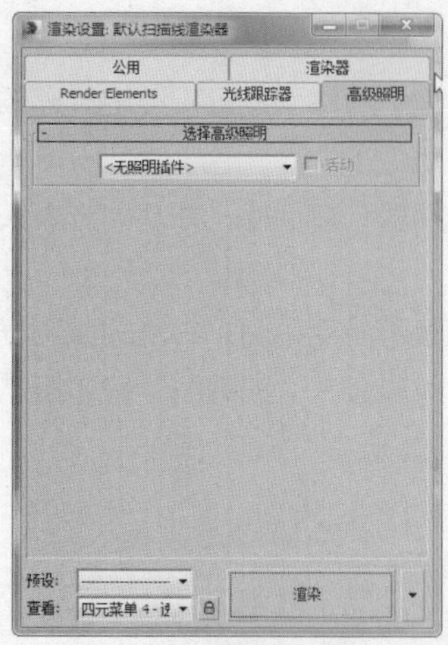

（a）“高级照明”选项卡

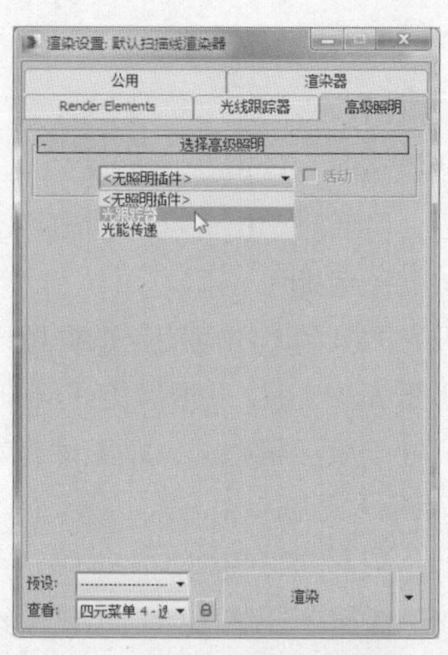

（b）选择“光跟踪器”选项

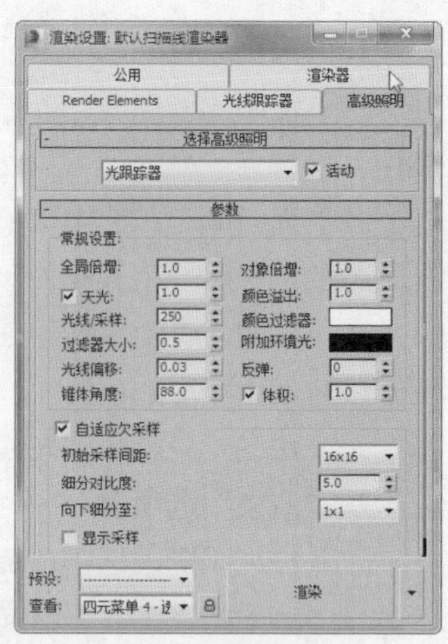

（c）设置相关参数

图 8-41

图 8-42

8.1.6 课堂案例——体积光效果的制作

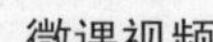

体积光效果的制作

【学习目标】了解灯光特效的基本知识。

【知识要点】在场景中创建目标聚光灯，为其设置体积光效果，如图 8-43 所示。

【素材文件位置】素材文件/贴图。

【模型文件所在位置】素材文件/场景/第 8 章/舞台光效模型.max。

【参考模型文件所在位置】素材文件/场景/第 8 章/舞台光效.max。

（1）在菜单栏中选择“文件>打开”命令，打开素材中的“素材文件/场景/第 8 章/舞台光效.max”文件效果，如图 8-44 所示。

图 8-43

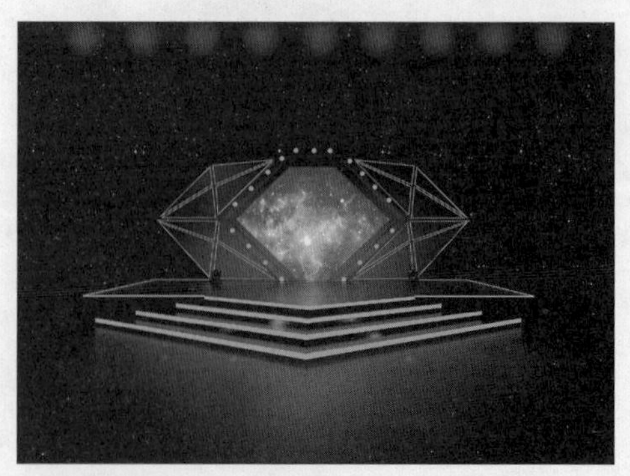

图 8-44

（2）图 8-45 所示的场景中有基础照明，下面将会为场景中的射灯创建目标聚光灯，为聚光灯设置体积光光效，并调整合适的参数和位置。

（3）单击“+（创建）>（灯光）>标准>目标聚光灯”按钮，在“顶”视图中第一道轨道灯的位置创建目标聚光灯，如图 8-46 所示。

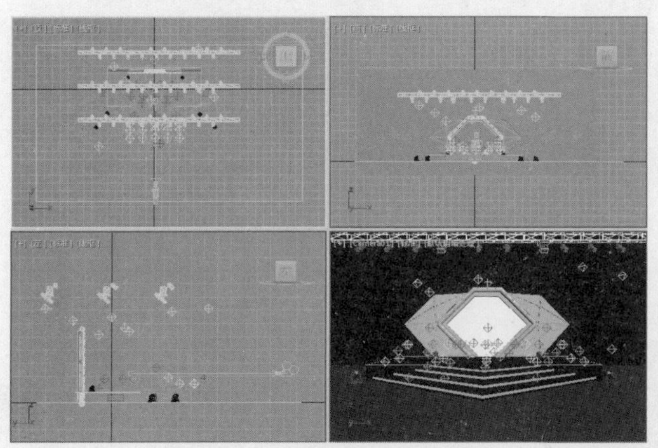

图 8-45

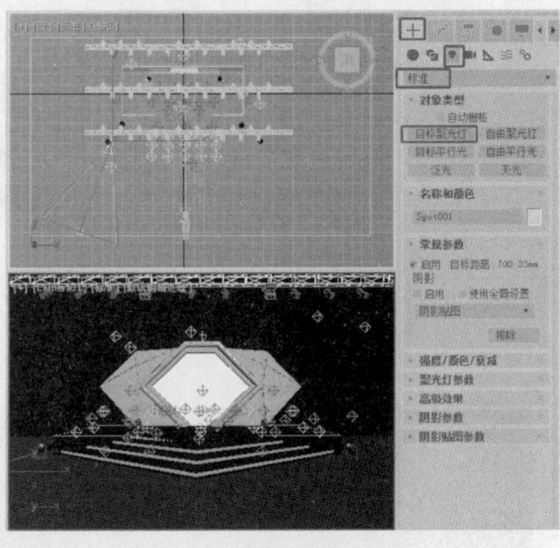

图 8-46

（4）在场景中调整灯光的照射角度和位置，并对灯光进行“实例”复制，设置合适的参数，如图 8-47 和图 8-48 所示。

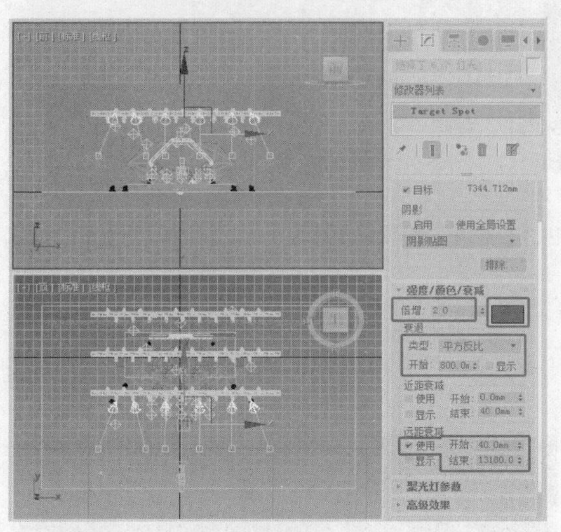

图 8-47

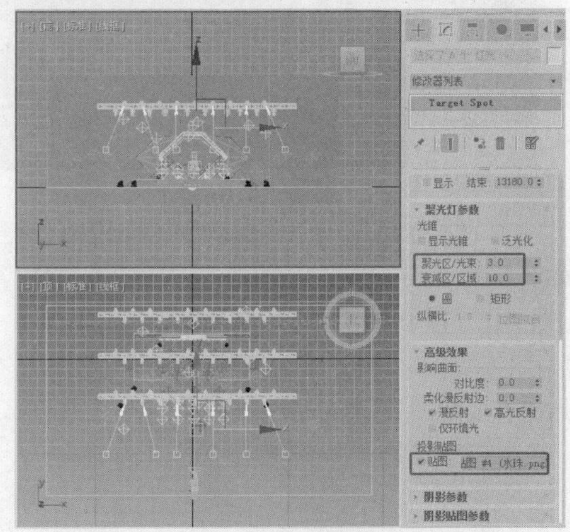

图 8-48

（5）在“大气和效果”卷展栏中单击“添加”按钮，在弹出的“添加大气或效果”对话框中选择“体积光”选项，单击“确定”按钮，添加体积光，如图 8-49 所示。

（6）单击“设置”按钮，弹出“环境和效果”对话框，从中单击“拾取灯光”按钮，在场景中拾取实例复制出到目标聚光灯，如图 8-50 所示。

（7）渲染当前场景，得到图 8-51 所示的效果。

（8）选择第一排射灯，以“复制”类型复制灯光，并修改复制灯光的颜色，如图 8-52 所示。

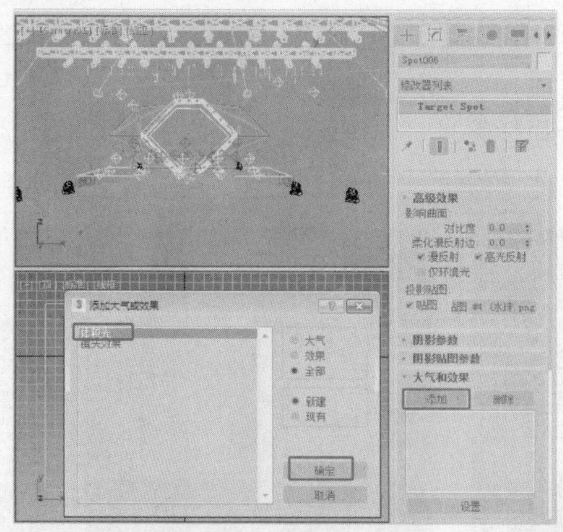
图 8-49

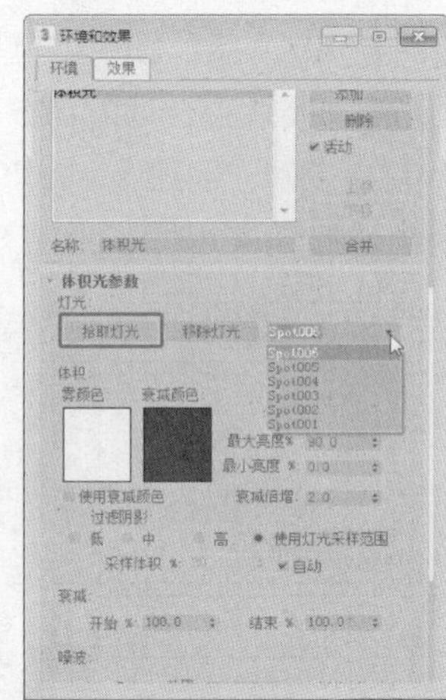
图 8-50

图 8-51

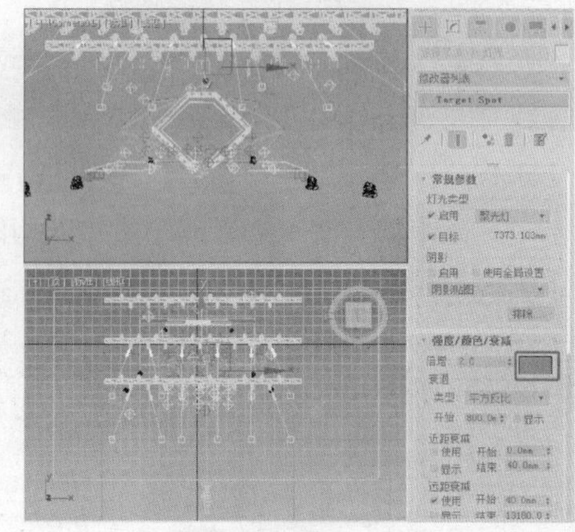
图 8-52

（9）继续复制灯光，将其复制到地面照射舞台的射灯位置，使其照射舞台，可以修改灯光的参数，如图 8-53 所示。

（10）按 8 键，弹出“环境和效果”对话框，从中选择添加到“体积光”，在“体积光参数”卷展栏中单击“拾取灯光”按钮，在场景中拾取所有的目标聚光灯，再次对场景进行渲染，得到最终的效果，如图 8-54 所示。

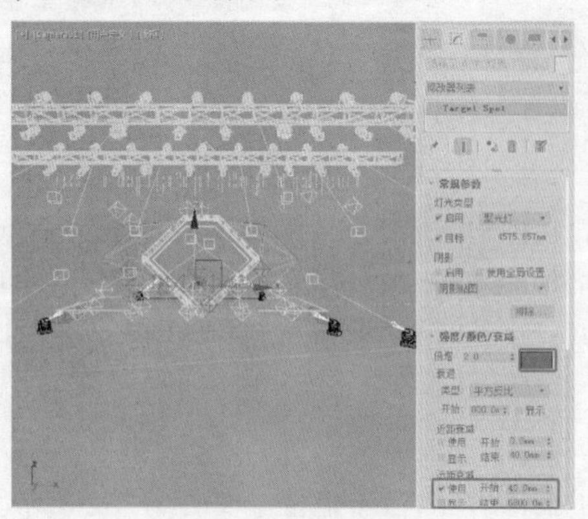
图 8-53

图 8-54

8.1.7 灯光的特效

标准灯光参数中的“大气和效果”卷展栏用于制作灯光特效，如图 8-55 所示。

（1）添加。该按钮用于添加特效。单击该按钮，弹出“添加大气或效果”对话框，可以从中选择“体积光”和“镜头效果”，如图 8-56 所示。

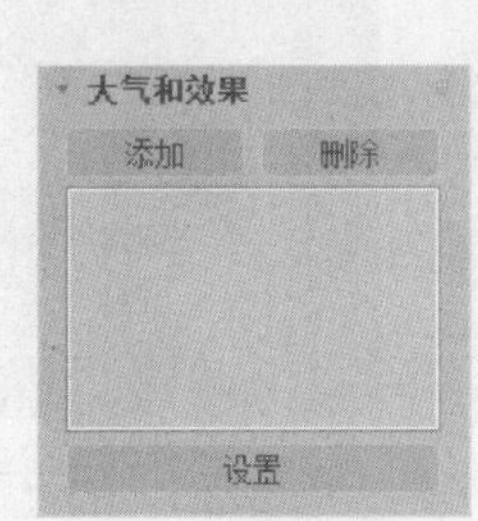

图 8-55

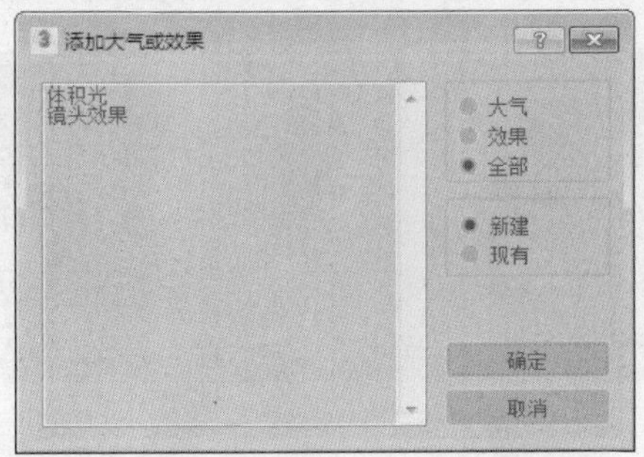

图 8-56

（2）删除。该按钮用于删除列表框中所选定的大气效果。

（3）设置。该按钮用于对列表框中选定的大气或环境效果进行参数设定。

8.2 摄影机的使用及特效

摄影机是制作三维场景不可缺少的重要工具，就像场景中不能没有灯光一样。3ds Max 2019 中的摄影机与现实生活中使用的摄影机十分相似，可以自由调整摄影机的视角和位置，还可以利用摄影机的移动制作浏览动画。系统还提供了景深和运动模糊等特殊效果的制作功能。

8.2.1 摄影机的创建

3ds Max 2019 中提供了 3 种摄影机，即物理摄影机、目标摄影机和自由摄影机。下面对这 3 种摄影机进行介绍。

1. 3 种摄影机

（1）物理摄影机。物理摄影机将场景的帧设置与曝光控制和其他效果集成在一起，是用于基于物理的真实照片级渲染的最佳摄影机类型。物理摄影机功能的支持级别取决于所使用的渲染器。

物理摄影机的创建方法：单击“+（创建）> ■（摄影机）> 标准 >目标”按钮，在视图中按住鼠标左键不放并拖曳鼠标，在合适的位置释放鼠标左键即可完成创建，如图 8-57 所示。

（2）目标摄影机。目标摄影机会查看在创建该摄影机时所放置的目标图标周围的区域。它比自由摄影机更容易定向，因为只需将目标点定位在所需位置的中心即可。

目标摄影机的创建方法与目标聚光灯相同，单击“+（创建）> ■（摄影机）> 标准 >目标”按钮，在视图中按住鼠标左键不放并拖曳鼠标，在合适的位置释放鼠标左键即可完成创建，如图 8-58 所示。

（3）自由摄影机。自由摄影机在摄影机指向的方向查看区域。与目标摄影机不同，它有两个用于目标和摄影机的独立图标，自由摄影机由单个图标表示，目的是更轻松地设置动画。自由摄影机可以绑定在运动目标上，随目标在运动轨迹上一起运动，还可以进行跟随和倾斜。自由摄影机适用于处理游走拍摄和基于路径的动画。

自由摄影机的创建方法与自由聚光灯相同，单击“+（创建）> ■（摄影机）> 标准 >自由”按钮，直接在视图中单击即可完成创建，如图 8-59 所示，在创建时应该选择合适的视图。

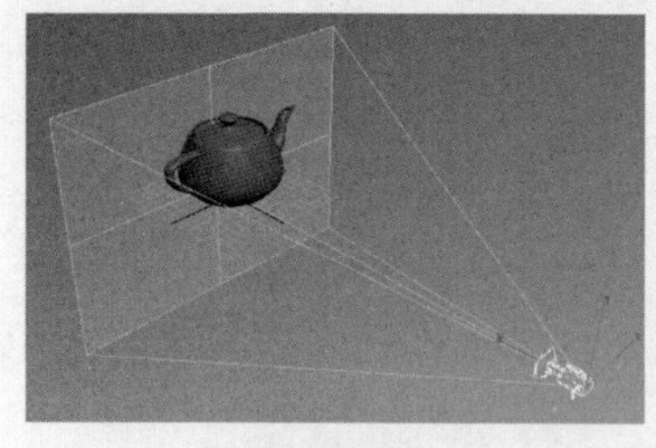
图 8-57

图 8-58

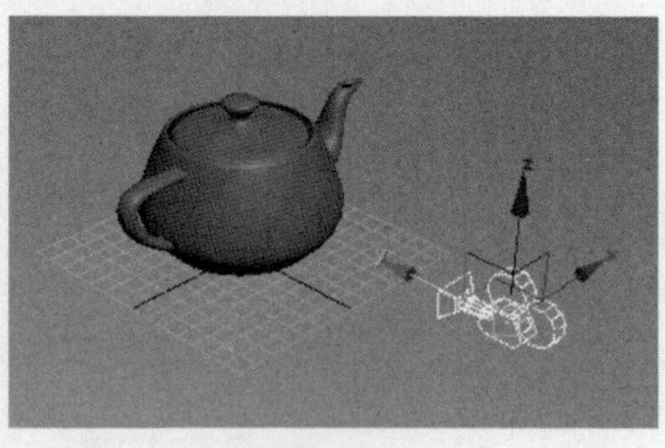
图 8-59

2. 视图控制工具

创建摄影机后，在任意一个视图中按 C 键，即可将该视图转换为当前摄影机视图，此时，视图控制区的视图控制工具也会转换为摄影机视图控制工具，如图 8-60 所示。这些视图控制工具是专用于摄影机视图的，如果激活其他视图，则控制工具会转换为标准工具。

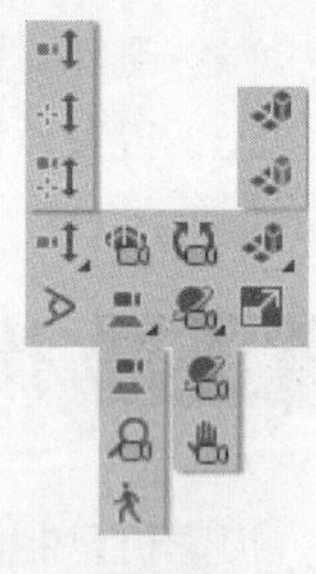
图 8-60

（1）■（推拉摄影机）：用于将摄影机移向或移离其目标。如果移过目标，则摄影机将翻转 180° 并移离其目标。

（2）■（推拉目标）：用于将目标移向和移离摄影机。

（3）■（推拉摄影机 + 目标）：同时将目标和摄影机移向和移离摄影机。

（4）■（透视）：移动摄影机使其靠近目标点，同时改变摄影机的透视效果，从而实现镜头长度的变化。

（5）■（侧滚摄影机）：用于使目标摄影机围绕其视线旋转目标摄影机，可以使自由摄影机围绕其局部 z 轴旋转自由摄影机。

（6）■（所有视图最大化显示）：将所有可见对象在所有视口中居中显示。

（7）■（所有视图最大化显示选定对象）：将选定对象或对象集在所有视口中居中显示。

（8）■（视野）：调整视口中可见的场景数量和透视张角量。更改视野与更改摄影机上的镜头的效果相似。视野越大，看到越多的场景，而透视会扭曲，这与使用广角镜头相似；视野越小，看到的场景就越少，而透视会展平，这与使用长焦镜头类似。摄影机的位置不发生改变。

（9）■（平移摄影机）：用于沿着平行于视口平面的方向移动摄影机。

（10）■（2D 平移缩放模式）：在 2D 平移缩放模式下，可以平移或缩放视口，而无须更改渲染帧。

（11）■（穿行）：使用“穿行”工具可通过按下包括箭头方向键在内的一组快捷键，在视口中移动。在进入穿行导航模式之后，指针将变为中空圆环，并在按下某个方向键（前、后、左或右）时显示方向箭头。这一特性可用于“透视”和“摄影机”视口。

（12）■（环游摄影机）：用于使目标摄影机围绕其目标旋转。自由摄影机使用不可见的目标，其设置为在摄影机“参数”卷展栏中指定的目标距离。

（13）（摇移摄影机）：用于使目标围绕其目标摄影机旋转。对于自由摄影机，将围绕局部轴旋转摄影机。

（14）（最大化视口切换）：用于在任何活动视口的正常大小和全屏大小之间切换。

8.2.2 目标摄影机和自由摄影机的参数

目标摄影机和自由摄影机的参数相同，摄影机创建后就被指定了默认的参数，但是在实际工作中经常需要改变这些参数。

1. “参数”卷展栏

摄影机的“参数”卷展栏如图 8-61 所示。

（1）镜头。该选项用于以毫米为单位设置摄影机的焦距。使用“镜头”微调器来指定焦距值，而不是指定“备用镜头”选项组中预设的“备用”值。

（2）视野。该选项用于设定摄影机的视野角度。系统的默认值为 45°，是摄影机视锥的水平角，接近人眼的聚焦角度。按钮中还有其他的隐藏按钮：垂直和对角，用于控制视野角度值的显示方式。

（3）正交投影。选中该复选框后，摄影机会以正面投影的角度面对物体进行拍摄。

（4）“备用镜头”选项组。该选项组中提供了 9 种常用镜头供用户快速选择，只要单击它们，就可以选择要使用的镜头。

（5）类型。该选项用于自由转换摄影机的类型，可将目标摄影机转换成自由摄影机，也可将自由摄影机转换成目标摄影机。

① 显示圆锥体：选中该复选框，即使取消了这个摄影机的选定，在视口中也能够显示摄影机视野的锥形区域。

② 显示地平线：选中该复选框，在“摄影机”视口中会显示一条黑色的线来表示地平线，它只在“摄影机”视口中显示。

（6）“环境范围”选项组。该选项组用于设置大气效果的影响范围。近距范围和远距范围：确定在“环境”面板中设置大气效果的近距范围和远距范围限制。两个限制之间的对象将在远距值和近距值之间消失。

（7）“剪切平面”选项组。剪切平面是平行于摄影机镜头的矩形平面，以红色带交叉的矩形表示。它用于设置 3ds Max 2019 中渲染对象的范围，在范围外的对象不会被渲染。

① 手动剪切：选中该复选框，将使用其下的数值控制水平面的剪切；取消选中该复选框，距离摄影机 3 个单位内的对象将不被渲染和显示。

② 近/远距剪切：分别用于设置近距离剪切平面和远距离剪切平面到摄影机的距离。

（8）“多过程效果”选项组。该选项组用于对同一帧进行多次渲染。这样可以准确地渲染景深和运动模糊效果。

① 启用：选中该复选框，将激活多过程渲染效果和“预览”按钮。

② 预览：单击该按钮，将在“摄影机”视口中预览多过程效果。

③ 景深效果下拉列表框：有景深（mental ray/iray）、景深和运动模糊 3 种选择，默认使用景深效果。

④ 渲染每过程效果：如果选中该复选框，则每边都渲染，如实现辉光等特殊效果。其适用于景

深和运动模糊效果。

（9）目标距离。该选项用于指定摄影机到目标点的距离。可以通过改变其值，使目标点靠近或远离摄影机。

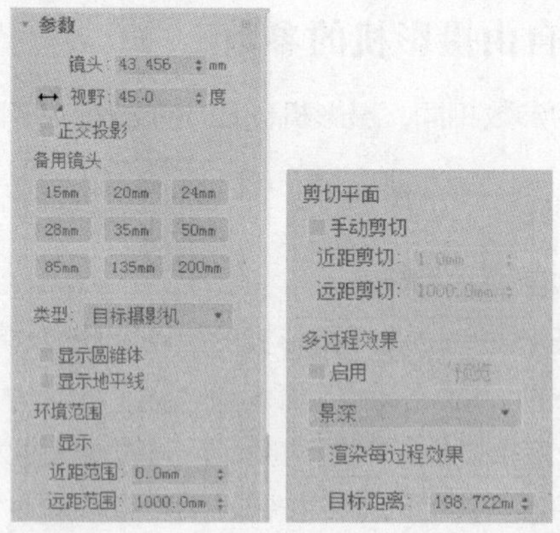

图 8-61

2. “景深参数”卷展栏

该卷展栏中的参数用于调整摄影机镜头的景深效果。景深是摄影机中一个非常有用的工具，可以在渲染时突出某个物体。“景深参数”卷展栏如图 8-62 所示。

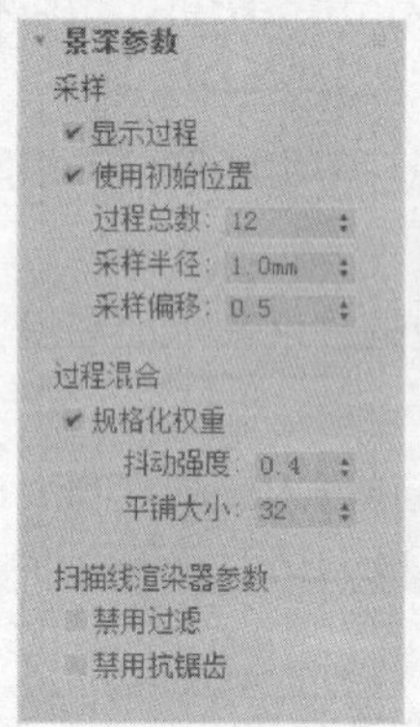

图 8-62

（1）“采样”选项组。该选项组用于设置图像的最后质量。

① 显示过程：选中该复选框，渲染帧窗口中将显示多个渲染通道；取消选中该复选框，该帧窗口中只显示最终结果。此控件对于在摄影机视口中预览景深无效。默认设置为选中。

② 使用初始位置：选中该复选框，多次渲染中的第一次渲染将从摄影机的当前位置开始。

③ 过程总数：用于设置多次渲染的总次数。数值越大，渲染次数越多，渲染时间就越长，最后得到的图像质量就越高。其默认值为 12。

④ 采样半径：用于设置摄影机从原始半径移动的距离。每次渲染时稍微移动摄影机，就可以获得景深的效果。数值越大，摄影机移动距离越大，创建的景深就越明显。

⑤ 采样偏移：用于决定如何在每次渲染中移动摄影机。该数值越小，摄影机偏离原始点的距离就越小；该数值越大，摄影机偏离原始点的距离就越大。其默认值为 0.5。

（2）“过程混合”选项组。当渲染多次摄影机效果时，渲染器将轻微抖动每次的渲染结果，以便混合每次的渲染。

① 规格化权重：选中该复选框，每次混合都使用规格化的权重，景深效果比较平滑。

② 抖动强度：抖动是通过混合不同颜色和像素来模拟颜色或者混合图像的方法。该选项用于调整抖动的强度。

③ 平铺大小：用于设置每次渲染中抖动图案的大小，它是一个百分比值，默认值为 32。

（3）“扫描线渲染器参数”选项组。该选项组中的参数用于取消多次渲染的过滤和反走样，从而加快渲染的时间。

① 禁用过滤：选中该复选框，将取消多次渲染时的过滤。

② 禁用抗锯齿：选中该复选框，将取消多次渲染时的反走样。

8.2.3 物理摄影机的参数

物理摄影机是用于基于物理的真实照片级渲染的最佳摄影机类型。

1. “基本”卷展栏

物理摄影机的“基本”卷展栏如图 8-63 所示。

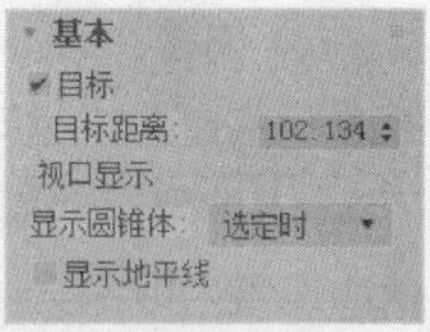

基本
目标
目标距离：102.134
视口显示
显示圆锥体：选定时
显示地平线

图 8-63

（1）目标。选中该复选框后，摄影机包括目标对象，并与目标摄影机的行为相似，即用户可以通过移动目标设置摄影机的目标。取消选中该复选框后，摄影机的行为与自由摄影机相似，即用户可以通过变换摄影机对象本身设置摄影机的目标。其默认设置为选中。

（2）目标距离。该选项用于设置目标与焦平面之间的距离。目标距离会影响聚焦、景深等。

（3）显示圆锥体。该选项用于设置显示摄影机圆锥体为“选定时”（默认设置）、“始终”或“从不”。

（4）显示地平线。选中该复选框后，地平线在摄影机视口中显示为水平线（假设摄影机帧包括地平线）。默认设置为取消选中。

2. “物理摄影机”卷展栏

“物理摄影机”卷展栏用于设置摄影机的主要物理属性，如图 8-64 所示。

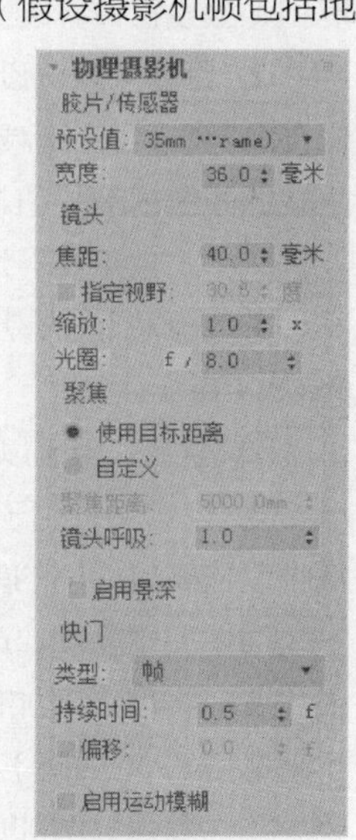

图 8-64

（1）预设值。该选项用于选择胶片模型或电荷耦合传感器。选项包括 35mm（全画幅）胶片（默认设置），以及多种行业标准传感器设置。每个设置都有其默认宽度值。“自定义”选项用于选择任意宽度。

（2）宽度。该选项用于手动调整帧的宽度。

（3）焦距。该选项用于设置镜头的焦距。其默认值为 40。

（4）指定视野。选中该复选框时，可以设置新的视野（FOV）值（以度为单位）。默认的视野值取决于所选的胶片/传感器预设值。其默认设置为取消选中。

（5）缩放。该选项用于在不更改摄影机位置的情况下缩放镜头。

（6）光圈。该选项用于将光圈设置为光圈数或“F 制光圈”。此值将影响曝光和景深。光圈数越低，光圈越大，景深就越窄。

（7）聚焦。焦平面在视口中显示为透明矩形，以“摄影机”视口的尺寸为边界。

① 使用目标距离：用于使用“目标距离”作为焦距，是默认设置。

② 自定义：用于使用不同于“目标距离”的焦距。

③ 聚焦距离：选中“自定义”单选按钮后，允许用户设置焦距。

④ 镜头呼吸：通过将镜头向焦距方向移动或远离焦距方向来调整视野。镜头呼吸值为 0.0，表示禁用此效果。其默认值为 1.0。

⑤ 启用景深：选中该复选框后，摄影机在不等于焦距的距离上生成模糊效果。景深效果的强度基于光圈设置。其默认设置为取消选中。

（8）“快门”选项组。

① 类型：用于选择测量快门速度使用的单位，默认设置为帧，通常用于计算机图形；秒或分秒，通常用于静态摄影；度，通常用于电影摄影。

② 持续时间：用于根据所选的单位类型设置快门速度。该值可能影响曝光、景深和运动模糊。

③ 偏移：选中该复选框后，指定相对于每帧的开始时间的快门打开时间。更改此值会影响运动模糊。默认的“偏移”值为 0.0。其默认设置为取消选中。

④ 启用运动模糊：选中该复选框后，摄影机可以生成运动模糊效果。其默认设置为取消选中。

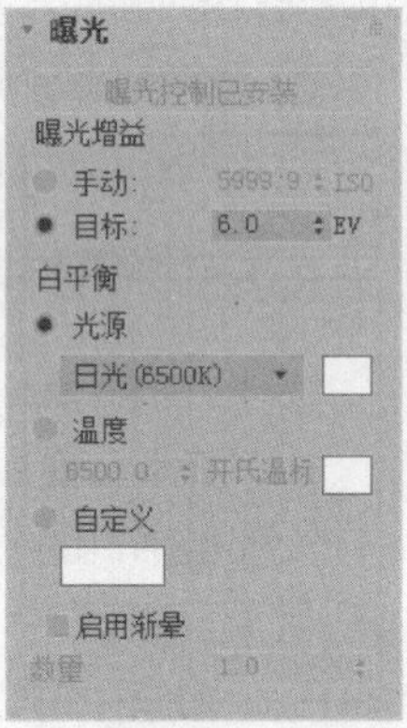

图 8-65

3.“曝光”卷展栏

“曝光”卷展栏用于设置摄影机曝光，如图 8-65 所示。

（1）安装曝光控制。单击该按钮，将使物理摄影机曝光控制处于活动状态。如果物理摄影机曝光控制已处于活动状态，则会禁用此按钮，其标签将显示“曝光控制已安装”。

（2）“曝光增益”选项组。

① 手动：用于通过 ISO 值设置曝光增益。当该单选按钮处于选中状态时，可通过此值、快门速度和光圈设置计算曝光时间。该数值越高，曝光时间越长。

② 目标（默认设置）：用于设置与 3 个摄影曝光值的组合相对应的单个曝光值。每次增加或降低 EV 值，会分别减少或增加有效的曝光，如快门速度值中所做的更改表示的一样。因此，值越高，生成的图像越暗；值越低，生成的图像越亮。其默认值为 6.0。

（3）“白平衡”选项组。该选项组用于调整色彩平衡。

① 光源：默认设置，用于按照标准光源设置色彩平衡。其默认设置为“日光(6500K)”。

② 温度：用于以色温的形式设置色彩平衡，以开尔文度表示。

③ 自定义：用于设置任意色彩平衡。单击色样以打开颜色选择器，可以从中设置希望使用的颜色。

（4）启用渐晕：选中该复选框时，渲染模拟出现在胶片平面边缘的变暗效果。要在物理上更加精确地模拟渐晕，可使用“散景(景深)”卷展栏中的“光学渐晕（CAT 眼睛）”控制。

（5）数量：增加此数量可以增加渐晕效果。其默认值为 1.0。

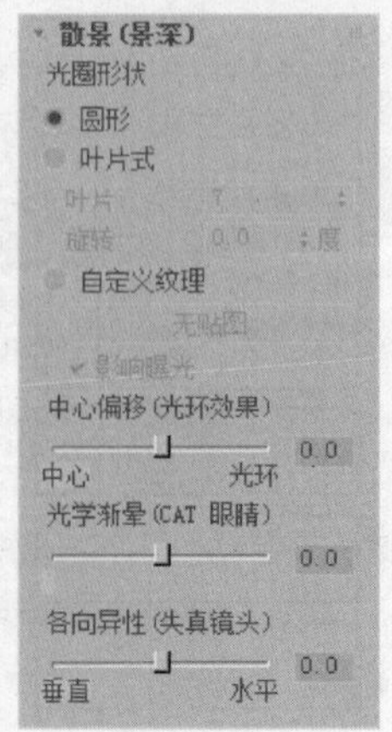

图 8-66

4.“散景(景深)”卷展栏

“散景（景深）”卷展栏中的参数用于设置景深的散景效果，如图 8-66

所示。

（1）“光圈形状”选项组。

① 圆形：默认设置，散景效果基于圆形光圈，如图 8-67 所示。

② 叶片式：散景效果使用带有边的光圈。使用“叶片”值可以设置每个模糊圈的边数，如图 8-68 所示。使用“旋转”值可以设置每个模糊圈旋转的角度。

图 8-67

图 8-68

③ 自定义纹理：使用贴图来以图案替换每种模糊圈。（如果贴图为填充黑色背景的白色圈，则等效于标准模糊圈。）

④ 影响曝光：选中该复选框后，自定义纹理将影响场景的曝光。根据纹理的透明度，这样可以允许相比标准的圆形光圈通过更多或更少的灯光（同样的，如果贴图为填充黑色背景的白色圈，则允许进入的灯光量与圆形光圈相同）。取消选中该复选框后，纹理允许的通光量始终与通过圆形光圈的灯光量相同。其默认设置为选中。

（2）“中心偏移（光环效果）”选项组。该选项组用于使光圈透明度向中心（负值）或边（正值）偏移。正值会增加焦外区域的模糊量，而负值会减小模糊量。

中心偏移设置的场景中尤其明显显示散景效果。

（3）“光学渐晕（CAT 眼睛）”选项组。该选项组用于通过模拟“猫眼”效果使帧呈现渐晕效果（部分广角镜头可以达到这种效果）。

（4）“各向异性（失真镜头）”选项组。该选项组用于通过垂直（负值）或水平（正值）拉伸光圈模拟失真镜头。

5.“透视控制”卷展栏

“透视控制”卷展栏中的参数用于调整“摄影机”视口的透视，如图 8-69 所示。

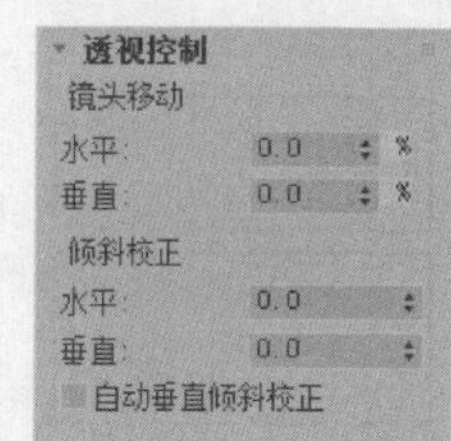

图 8-69

（1）“镜头移动”选项组。该选项组中参数的设置用于沿水平或垂直方向移动“摄影机”视口，而不旋转或倾斜摄影机。在 x 轴和 y 轴，它们将以百分比形式表示膜/帧宽度（不考虑图像纵横比）。

（2）“倾斜校正”选项组。该选项组中参数的设置用于沿水平或垂直方向倾斜摄影机。用户可以使用它们来更正透视，特别是在摄影机已向上或向下倾斜的场景中。

6.“镜头扭曲”卷展栏

“镜头扭曲”卷展栏中的参数用于向渲染添加扭曲效果，如图 8-70 所示。

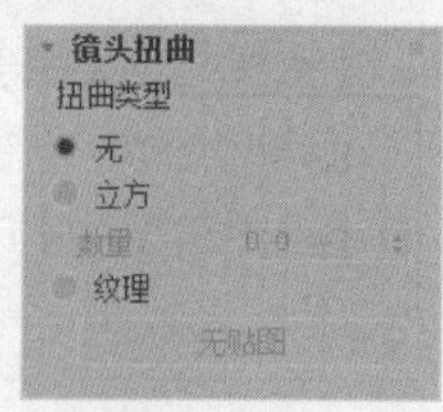

图 8-70

“扭曲类型”选项组中的选项如下。

（1）无：默认设置，表示不应用扭曲。

（2）立方：数量不为 0 时，将扭曲图像；正值会产生枕形扭曲；负值会产生筒体扭曲。

（3）纹理：用于基于纹理贴图扭曲图像。单击“无贴图”按钮，将弹出“材质/贴图浏览器”对话框，并指定贴图。

7.“其他”卷展栏

“其他”卷展栏中的参数用于设置剪切平面和环境范围，如图 8-71 所示。

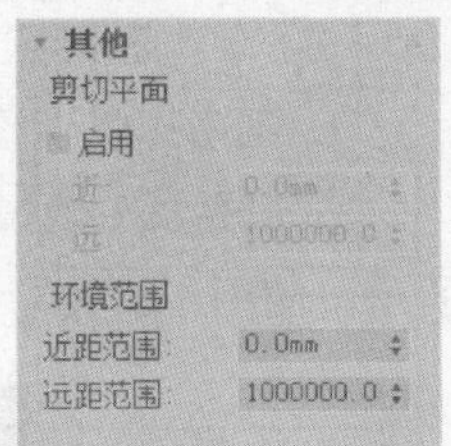

图 8-71

（1）“剪切平面”选项组。

① 启用：选中该复选框后，可启用此功能。在视口中，剪切平面在摄影机锥形光线内显示为红色的栅格。

② 近/远：用于设置近距或远距平面，采用场景单位。对于摄影机，比近距剪切平面近或比远距剪切平面远的对象是不可视的。

（2）“环境范围”选项组。

近距范围/远距范围：用于确定在“环境”面板中设置大气效果的近距范围或远距范围。两个范围之间的对象将在远距值和近距值之间消失。这些值采用场景单位。默认情况下，它们将覆盖场景的范围。

课堂练习——太阳光照效果的制作

【知识要点】创建目标聚光灯，并为灯光指定体积光，通过设置参数完成太阳光照效果的制作，如图 8-72 所示。

图 8-72

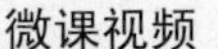

太阳光照效果的制作

【素材文件位置】素材文件/贴图。

【模型文件所在位置】素材文件/场景/第 8 章/太阳光照效果模型.max。

【参考模型文件所在位置】素材文件/场景/第 8 章/太阳光照效果.max。

课后习题——静物灯光效果的制作

【知识要点】通过 VRay 灯光的创建和使用，对 VRay 渲染器和 VRay 灯光有初步的理解，完成的效果如图 8-73 所示。

图 8-73

微课视频

静物灯光效果的制作

【素材文件位置】素材文件/贴图。

【模型文件所在位置】素材文件/场景/第 8 章/静物的灯光效果模型.max。

【参考模型文件所在位置】素材文件/场景/第 8 章/静物的灯光效果.max。

第 9 章 渲染与特效

本章介绍

渲染是指依据场景指定的材质、使用的灯光，以及对背景与大气等环境的设置，将在场景中创建的几何体实体化显示出来，也就是将三维的场景转化为二维的图像，更形象地说，就是为创建的三维场景拍摄照片或录制动画。通过本章的学习，读者应掌握对场景及模型进行渲染的方法和技巧，并可以融会贯通，制作出具有想象力的场景效果。

学习目标

- 熟练掌握渲染输出的设置方法
- 熟练掌握渲染参数的设置方法
- 熟练掌握渲染特效和环境特效的设置方法
- 全面了解渲染的相关知识

技能目标

- 掌握制作壁炉火堆效果的方法和技巧
- 能够运用所学知识发挥想象，设置并渲染出理想的场景效果

9.1 渲染输出

渲染场景可以将场景中物体的形态、受光照效果、材质的质感及环境特效完美地表现出来。所以，在渲染前进行渲染输出的参数设置是必要的。

渲染的主命令位于主工具栏右侧和渲染帧窗口中。通过单击相应的工具栏中的按钮可以快速执行这些命令，调用这些命令的另一种方法是使用默认的“渲染”菜单，该菜单包含与渲染相关的其他命令。

在工具栏中单击 （渲染产品）按钮，即可对当前的场景进行渲染，这是 3ds Max 2019 提供的

一种产品快速渲染工具，按住该按钮不放，在弹出的按钮中可以选择使用（渲染迭代）和（ActiveShade）工具。3ds Max 2019 还提供了（渲染帧窗口）工具。下面分别对这几种渲染工具进行介绍。

（1）（渲染设置）。使用该工具可以基于 3D 场景创建 2D 图像或动画，从而可以使用所设置的灯光、所应用的材质及环境设置（如背景和大气）为场景的几何体着色。

（2）（渲染帧窗口）。使用该工具可以显示渲染输出。

（3）（渲染产品）。在主工具栏的“渲染”弹出按钮中，可以通过选择“渲染产品”选项，使用当前产品级渲染设置渲染场景，而无需弹出“渲染设置：扫描线渲染器”对话框。

（4）（渲染迭代）。在主工具栏的“渲染”弹出按钮中，可通过选择“渲染迭代”选项，在迭代模式下渲染场景，而无需弹出“渲染设置：扫描线渲染器”对话框。

（5）ActiveShade。可从“渲染”弹出按钮中启用“ActiveShade”工具，以在浮动窗口中创建 ActiveShade渲染。

9.2 渲染参数设置

在工具栏中单击（渲染设置）按钮，会弹出“渲染设置：扫描线渲染器”对话框，如图 9-1 所示。

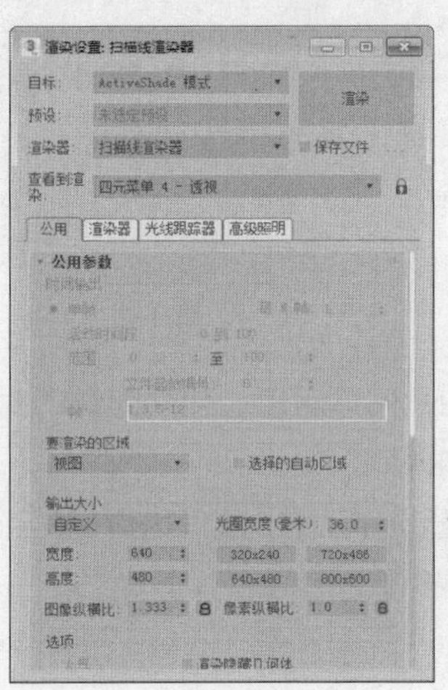

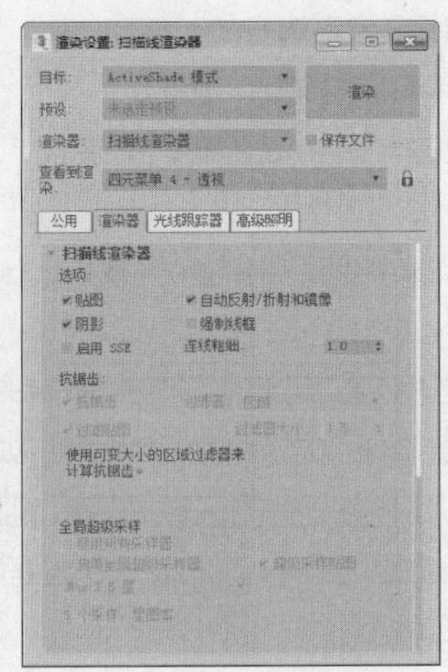

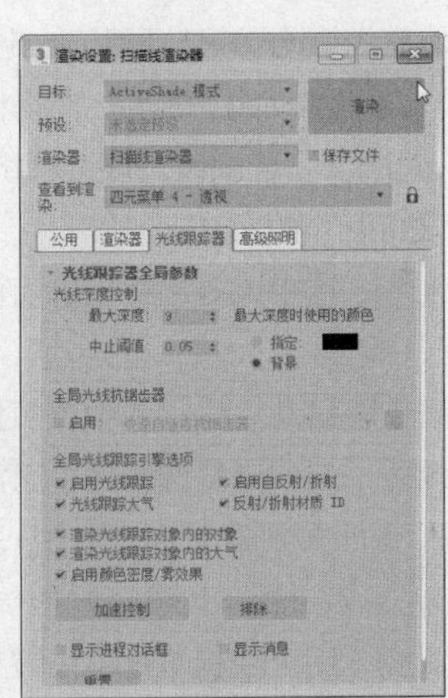

图 9-1

1. “公用参数”卷展栏

该卷展栏中的参数是所有渲染器共有的参数，如图 9-2 所示。

（1）“时间输出”选项组。该选项组用于设置渲染的时间。

① 单帧：仅渲染当前帧。

② 每 N 帧：使渲染器按设定的间隔渲染帧。

③ 活动时间段：渲染轨迹栏中指定的帧的当前范围。

④ 范围：指定渲染两个数字（包括这两个数）之间的所有帧。

⑤ 帧：指定渲染一些不连续的帧，帧与帧之间用逗号隔开。

（2）“输出大小”选项组。该选项组用于控制最后渲染图像的大小和比例，该选项组中的参数是渲染输出时比较常用的参数。

① 自定义：可以在该下拉列表框中直接选择预先设置的工业标准，也可以直接指定图像的宽度和高度，这些设置将影响渲染图像的纵横比。

② 宽度/高度：以像素为单位指定图像的宽度和高度，从而设置输出图像的分辨率。如果锁定了“图像纵横比”选项，那么其中一个数值的改变将影响另外一个数值。最大宽度和高度为 32 768 像素 × 32 768 像素。

③ 预设的分辨率按钮：单击其中任何一个按钮，将把渲染图像的尺寸改变成按钮指定的大小。

④ 图像纵横比：该选项用于决定渲染图像的长宽比。可以通过设置图像的高度和宽度自动决定长宽比，也可以通过设置图像的长宽比和高度或者宽度中的一个数值自动决定另外一个数值，还可以锁定图像的长宽比。长宽比不同，得到的图像也不同。

⑤ 像素纵横比：该选项用于决定图像像素本身的长宽比。如果锁定了“像素纵横比”选项，那么将不能够改变该数值。

（3）“选项”选项组。该选项组包含 9 个复选框，用来激活或者不激活不同的渲染选项。

① 大气：选中该复选框后，可渲染任何应用的大气效果，如体积光、雾等。

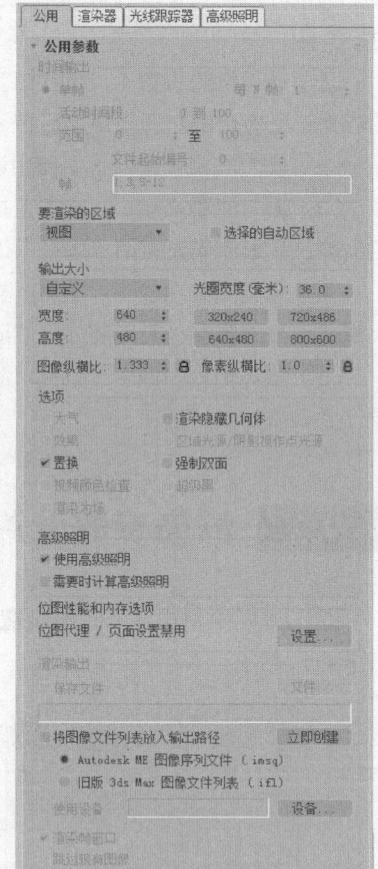

图 9-2

② 渲染隐藏几何体：选中该复选框后，可渲染场景中所有的几何体对象，包括隐藏的对象。

③ 效果：选中该复选框后，可渲染任何应用的渲染效果，如模糊。

④ 区域光源/阴影视作点光源：用于将所有的区域光源或阴影当作从点对象发出的进行渲染，这样可以加速渲染过程。设置了光能传递的场景不会被这一复选框影响。

⑤ 置换：用于控制是否渲染置换贴图。

⑥ 强制双面：选中该复选框后，将强制渲染场景中所有面的背面。这对法线有问题的模型非常有用。

⑦ 视频颜色检查：用于扫描渲染图像，寻找视频颜色之外的颜色。

⑧ 超级黑：如果要合成渲染的图像，则该复选框非常有用。选中该复选框，将使背景图像变成纯黑色。

⑨ 渲染为场：选中该复选框，将使 3ds Max 2019 渲染到视频场，而不是视频帧。在为视频渲染图像时，经常需要使用这个复选框。

（4）“高级照明”选项组。该选项组用于设置渲染时使用的高级光照属性。

① 使用高级照明：选中该复选框后，渲染时将使用光追踪器或光能传递。

② 需要时计算高级照明：选中该复选框后，3ds Max 2019 将根据需要计算光能传递。

（5）“渲染输出”选项组。该选项组用于设置渲染输出文件的位置。

①“保存文件”和“文件”：选中“保存文件”复选框，渲染的图像将被保存在硬盘中；“文件”按钮用来指定保存文件的位置。

② 使用设备：只有当选择了支持的视频设备时，该复选框才可用。选中该复选框后，可以直接渲染到视频设备上，而不生成静态图像。

③ 渲染帧窗口：用于在渲染帧窗口中显示渲染的图像。

④ 跳过现有图像：用于使 3ds Max 2019 不渲染保存文件中已经存在的帧。

2. “指定渲染器”卷展栏

该卷展栏中显示了“产品级”“材质编辑器”“ActiveShade”及当前使用的渲染器，如图 9-3 所示。单击 ... （选择渲染器）按钮，在弹出的“选择渲染器”对话框中可以改变当前的渲染器设置，如图 9-4 所示，一般情况下采用默认扫描线渲染器即可。

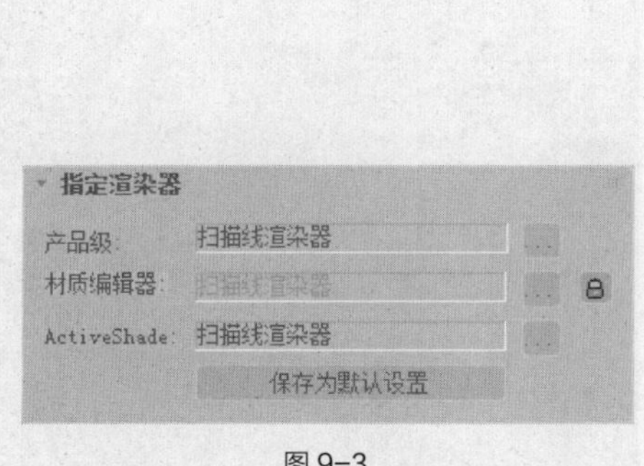

图 9-3

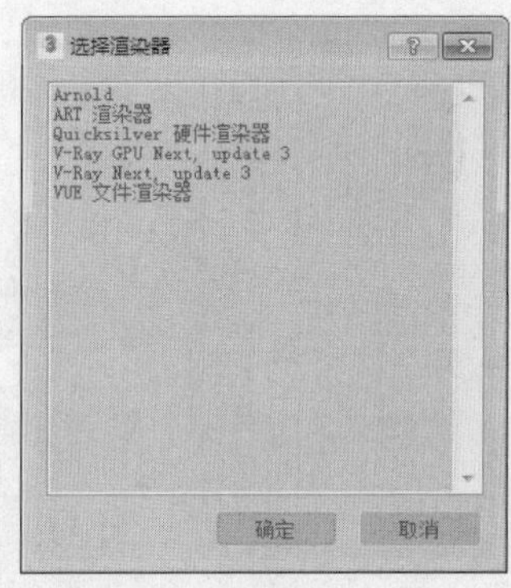

图 9-4

9.3 渲染特效和环境特效

3ds Max 2019 提供的渲染特效是在渲染中为场景添加最终产品级的特殊效果，第 8 章中介绍的景深特效就属于渲染特效。此外，还有模糊、运动模糊和镜头等特效。

环境特效与渲染特效相似，前面介绍的体积光效果就属于环境特效，如设置背景图、大气效果、烟雾效果和火焰效果等都属于环境特效。

9.3.1 课堂案例——壁炉火堆效果的制作

【学习目标】了解环境特效的制作方法。

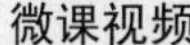
微课视频

壁炉火堆效果的制作

【知识要点】通过大气效果中的火焰特效和“辅助对象”中的“球体 Gizmo”，配合泛光灯完成壁炉火堆效果的制作，如图 9-5 所示。

【素材文件位置】素材文件/贴图。

【模型文件所在位置】素材文件/场景/第 9 章/篝火模型.max。

（1）在菜单栏中选择“文件>打开”命令，打开素材中的“素材文件/场景/第 9 章/篝火.max”文件，如图 9-6 所示。

（2）渲染场景，得到图 9-7 所示的效果，在此场景的基础上为火堆创建火的效果。

图 9-5

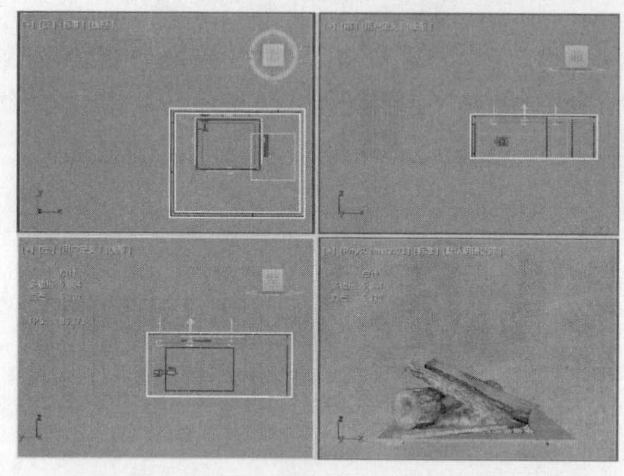

图 9-6

图 9-7

（3）单击“+（创建）>（辅助对象）”按钮，在弹出的下拉列表框中选择“大气装置”选项，在“对象类型”卷展栏中单击“球体 Gizmo”按钮，在场景中拖动创建球体 Gizmo，如图 9-8 所示。

（4）切换到（修改）命令面板，在“大气和效果”卷展栏中单击“添加”按钮，在弹出的“添加大气”对话框中选择“火效果”选项，单击“确定”按钮，如图 9-9 所示。

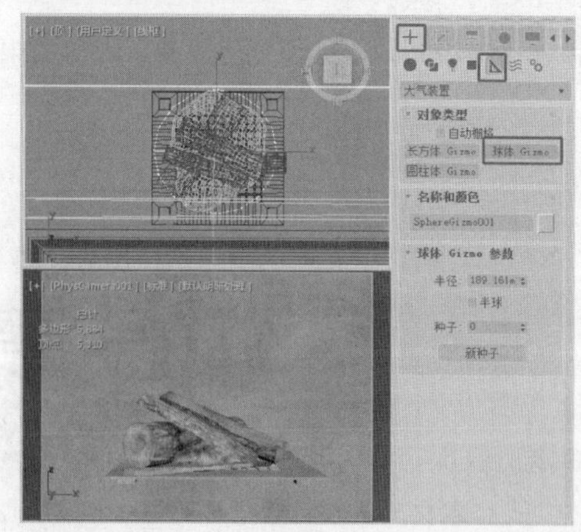

图 9-8

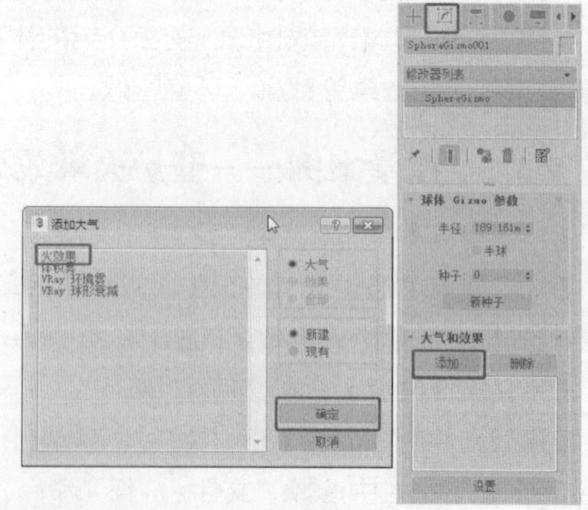

图 9-9

（5）渲染当前场景，可以看到图 9-10 所示的效果，在渲染场景效果之前应先确定大气 Gizmo 中火堆的位置。

（6）在场景中选择球体 Gizmo，在“球体 Gizmo 参数”卷展栏中选中“半球”复选框，在场景中缩放模型，如图 9-11 所示。

图 9-10

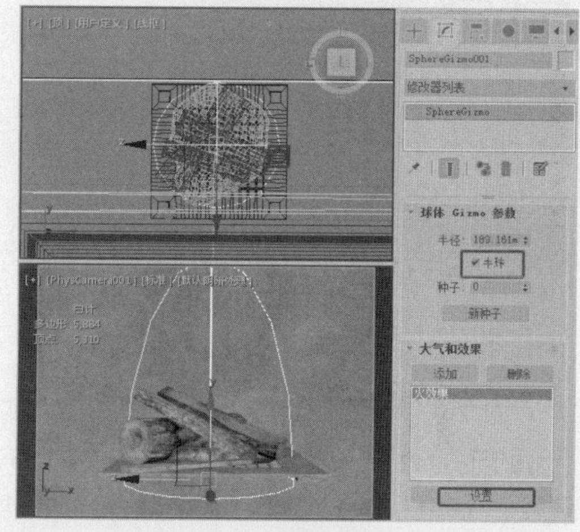
图 9-11

（7）在“大气和效果”卷展栏中选择“火效果”选项，单击“设置”按钮，弹出“环境和效果”对话框，从中设置火效果的参数，如图 9-12 所示。

（8）渲染场景，得到图 9-13 所示的效果。

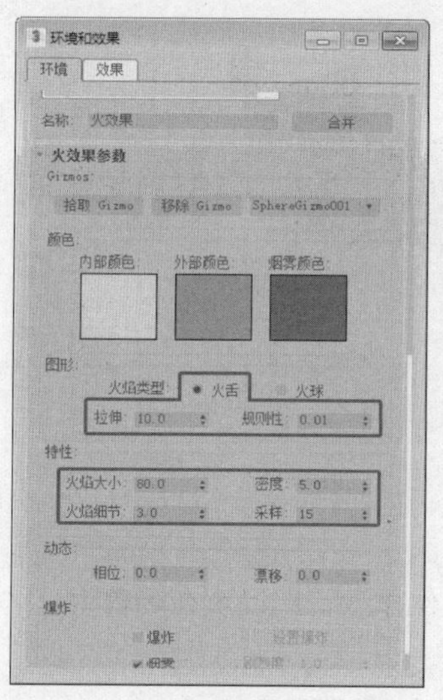

图 9-12

图 9-13

（9）在图 9-14 所示的位置创建泛光灯，在“常规参数”卷展栏中选中“阴影”选项组中的“启用”复选框，设置阴影类型为“阴影贴图”，设置合适的参数。

（10）渲染场景，得到图 9-15 所示的效果，这样火效果就制作完成了。对于该案例的效果，编者在 Photoshop 中调整了亮度和对比度，所以会与制作的效果稍有一些差距。

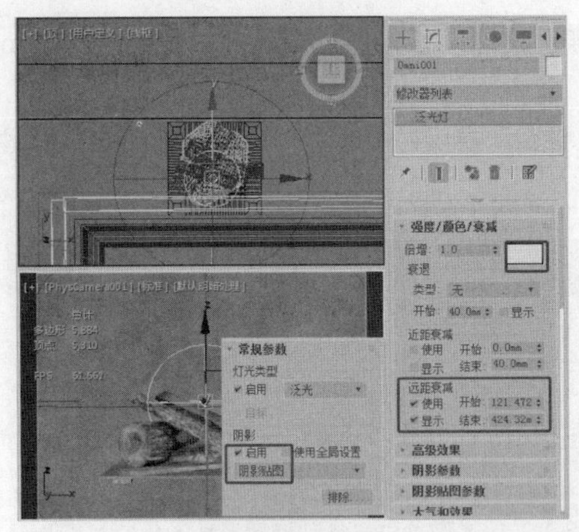

图 9-14

图 9-15

9.3.2 环境特效

由于真实性和一些特殊效果的制作要求，有些三维作品通常需要添加环境设置。在菜单栏中选择“渲染 > 环境”命令（或按 8 键），弹出“环境和效果”对话框，如图 9-16 所示。“环境和效果”对话框的功能十分强大，能够用于创建各种增加场景真实感的气氛效果，如在场景中增加标准雾、体雾和体积光等效果，如图 9-17 所示。

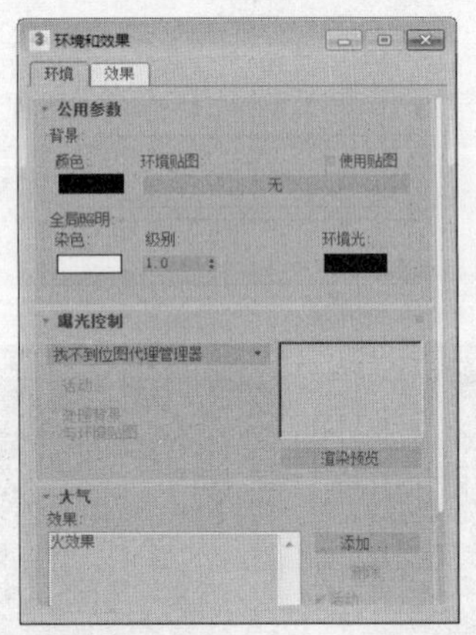

图 9-16

图 9-17

1. 设置背景颜色

“背景”选项组用于为场景设置背景颜色，还可以将图像文件作为背景设置在场景中。“背景”选项组中的参数很简单，如图 9-18 所示。

（1）颜色。该选项用来设置场景的背景颜色，可以对背景颜色设置动画。3ds Max 2019 默认的背景颜色为黑色，单击“颜色”色样，弹出“颜色选择器：背景色”对话框，如图 9-19 所示，从中选择所需的颜色即可。

（2）环境贴图。该选项用来设置一个环境贴图。单击“无”按钮即可弹出“材质/贴图浏览器”对话框，从中选择一种贴图作为场景环境的背景即可。

图 9-18

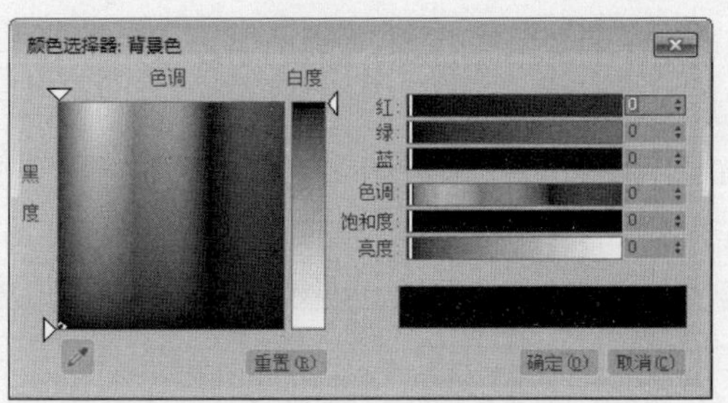

图 9-19

2. 设置环境特效

“大气”卷展栏用于选择和设置环境特效的种类和参数，如图 9-20 所示。

（1）效果。该列表框用于显示增加的大气效果名称。当增加了一个大气效果后，将会显示相应的参数卷展栏。

（2）名称。该文本框用来对选中的大气效果重新命名，可以为场景增加多个同类型的效果。

（3）添加。该按钮用来为场景增加一个大气效果。

（4）删除。该按钮用于删除列表框中选中的大气效果。

（5）活动。当取消选中该复选框时，列表框中选中的大气效果将暂时失效。

（6）上移、下移。这两个按钮用来改变列表框中大气效果的顺序。当渲染时，系统按照列表框中大气效果的顺序进行计算，大气效果将按照它们在列表框中的先后顺序被使用，下面的效果将叠加在上面的效果上。

（7）合并。该按钮用来把其他 3ds Max 2019 文件场景中的效果合并到当前场景中。

单击“添加”按钮，弹出“添加大气效果”对话框，可以从中选择环境特效类型，如图 9-21 所示。3ds Max 2019 提供了 4 种可选择的环境特效类型：火效果、雾、体积雾和体积光。选择效果后单击“确定”按钮即可。

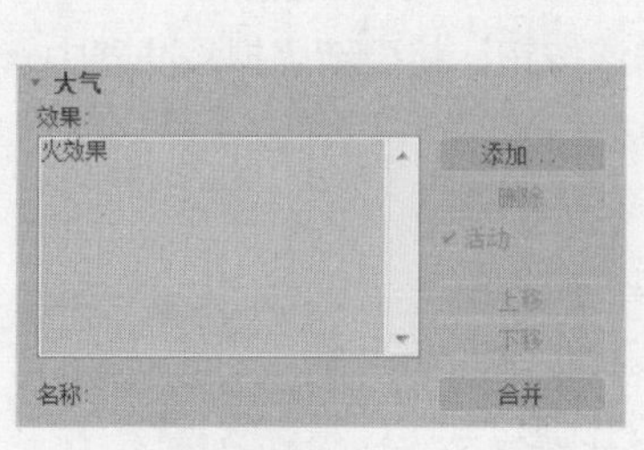

图 9-20

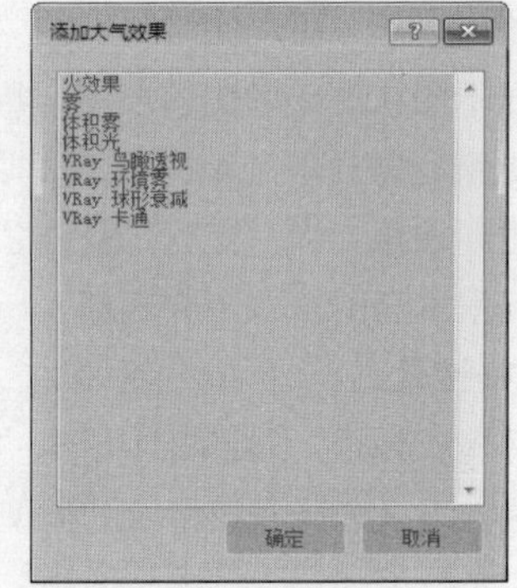

图 9-21

9.3.3 渲染特效

3ds Max 2019 的渲染特效功能允许用户快速地以交互式形式添加最终产品级的特殊效果，而不必通过渲染也能看到最终效果。

在菜单栏中选择“渲染 > 效果”命令，弹出“环境和效果”对话框，选择“效果”选项卡，可以为场景添加或删除特效，如图 9-22 所示。

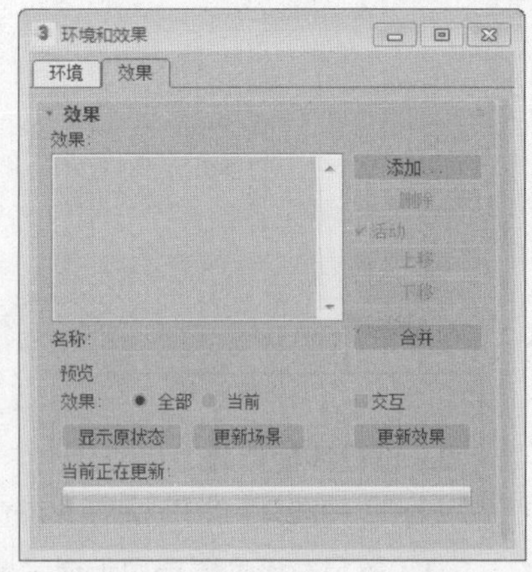

图 9-22

1. “效果”选项组

（1）效果。该列表框用来显示场景中所使用的渲染特效。使用渲染特效的顺序很重要，渲染特效将按照它们在列表框中的先后顺序来被系统计算使用，列表框下部的效果将叠加在上部的效果之上。

（2）名称。该文本框用于显示选中效果的名称，可以对默认的渲染效果进行重新命名。

（3）添加。单击该按钮，将弹出一个列出所有可用渲染效果的对话框。选择要添加到“效果”列表框的效果，单击“确定”按钮即可。

（4）删除。该按钮用于将选中的效果从“效果”列表框和场景中移除。

（5）活动。该复选框用于指定在场景中是否激活所选效果。默认设置为选中，选中该复选框时，可以在窗口中选择某个效果；取消选中该复选框时，将取消激活该效果，但不必真正移除。

（6）上移。该按钮用于将选中的效果在“效果”列表框中上移。

（7）下移。该按钮用于将选中的效果在“效果”列表框中下移。

（8）合并。该按钮用于把其他 3ds Max 2019 文件中的渲染特效合并到当前场景中，限制效果的灯光或线框也会合并到当前场景中。

2. “预览”选项组

（1）效果。当选中“全部”单选按钮时，所有处于活动状态的渲染效果都在预览的虚拟帧缓冲器中显示；当选中“当前”单选按钮时，只有“效果”列表框中高亮显示的渲染效果在预览的虚拟帧缓冲器中显示。

（2）交互。选中该复选框，当调整渲染特效的参数时，虚拟缓冲器中的预览将交互地得到更新；取消选中该复选框，可以使用其下的“更新效果”按钮来更新虚拟缓冲器中的预览。

（3）显示原状态。单击该按钮，将在虚拟缓冲器中显示没有添加效果的场景。

（4）更新场景。单击该按钮，虚拟帧缓冲器中的场景和特效都将得到更新。

（5）更新效果。当“交互”复选框没有被选中时单击该按钮，将更新虚拟缓冲器中修改后的渲染特效，而场景本身的修改不会更新。

3. 渲染特效

在“环境和效果”对话框中单击“添加”按钮，弹出“添加效果”对话框，从中可以选择渲染特效的类型，如图 9-23 所示。渲染特效的类型包括“Hair 和 Fur”“镜头效果”“模糊”“亮度和对比度”“色彩平衡”“景深”“文件输出”“胶片颗粒”和“运动模糊”9 种。

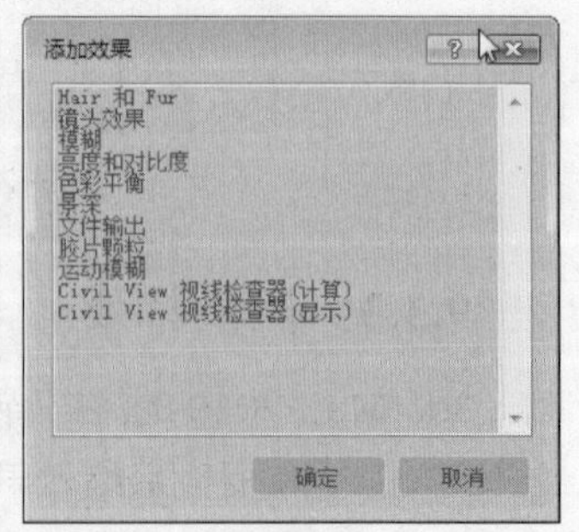

图 9-23

（1）“Hair 和 Fur”特效。要渲染毛发，该场景中必须包含“Hair 和 Fur”渲染效果。首次将“Hair 和 Fur”修改器应用于对象时，渲染效果会自动添加到该场景中。

（2）“镜头效果”特效。该特效用于模拟那些通过使用真实的摄影机镜头或滤镜而得到的灯光效果，包括光晕、光环、射线、自动二级光斑、手动二级光斑、星形和条纹等，如图 9-24 所示。

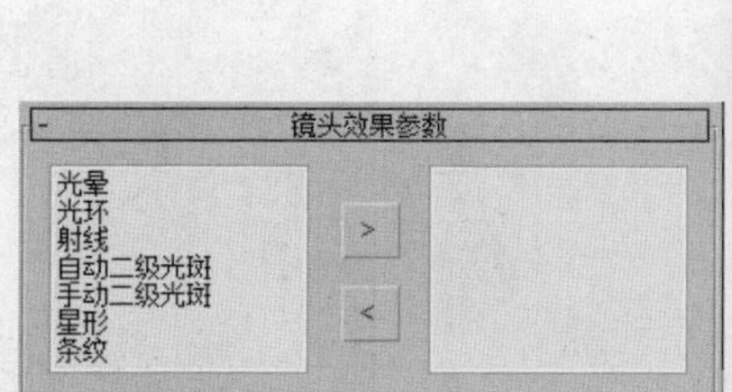

图 9-24

（3）“模糊”特效。该特效用于通过渲染对象的幻影或摄影机运动，使动画看起来更加真实。可以使用 3 种不同的模糊方法：均匀型、方向型和径向型，如图 9-25 所示。

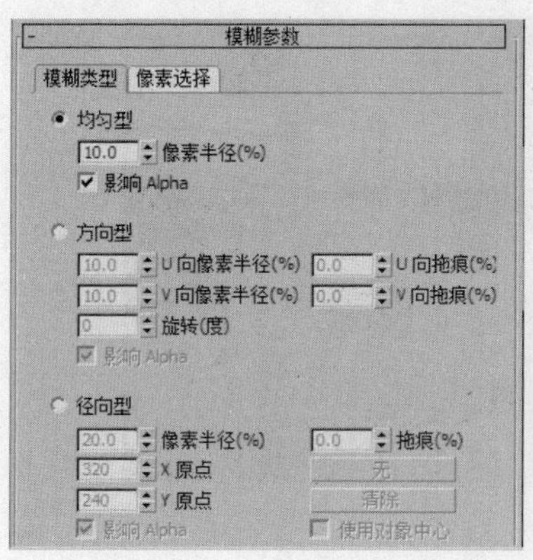

图 9-25

（4）“亮度和对比度”特效。该特效用于调节渲染图像的亮度值和对比度值，如图 9-26 所示。

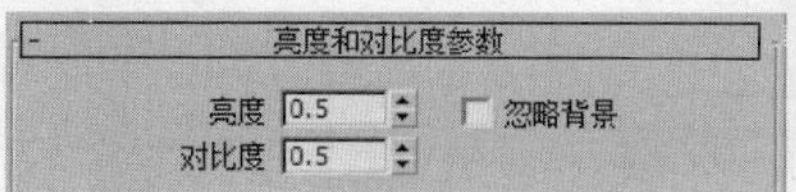

图 9-26

（5）“色彩平衡”特效。该特效用于通过单独控制 RGB（红绿蓝）颜色通道来设置图像颜色，如图 9-27 所示。

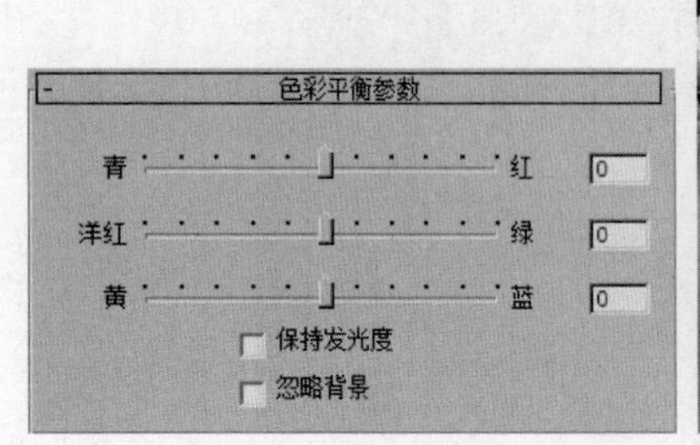

图 9-27

（6）“景深”特效。该特效用来模拟当通过镜头观看远景时的模糊效果。它通过模糊摄影机近处或远处的对象来加深场景的深度感，如图 9-28 所示。

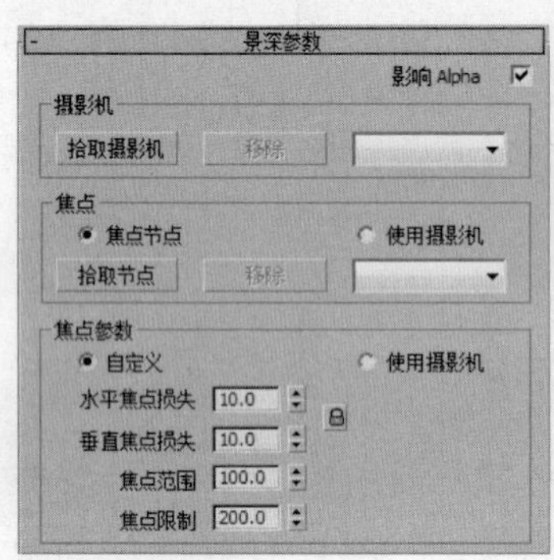

图 9-28

（7）“文件输出”特效。该特效用于渲染效果后期处理中的任一时刻，将渲染后的图像保存到一个文件中或输出到一个设备中。在渲染一个动画时，还可以把不同的图像通道保存到不同的文件中，如图 9-29 所示。

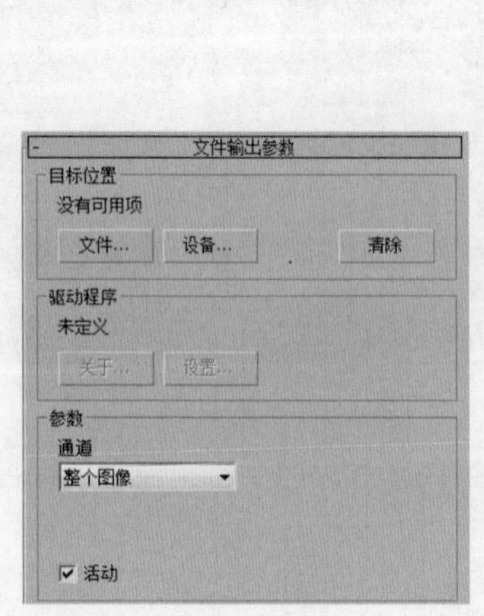

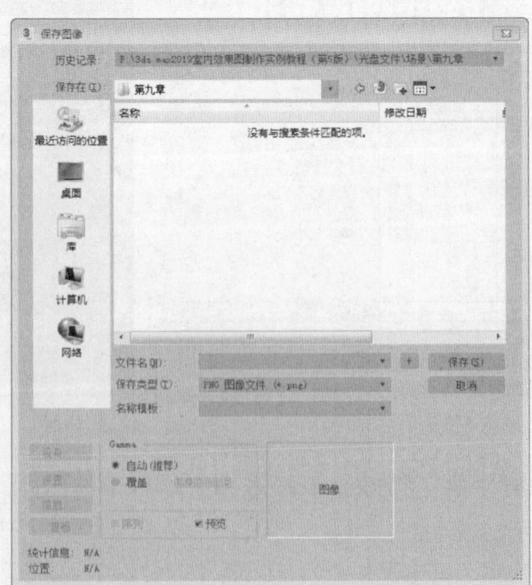

图 9-29

（8）“胶片颗粒”特效。该特效用于使渲染的图像具有胶片颗粒状的外观，如图 9-30 所示。

图 9-30

（9）“运动模糊”特效。该特效用于对渲染图像应用一个图像模糊运动，能够更加真实地模拟摄影机工作，如图 9-31 所示。

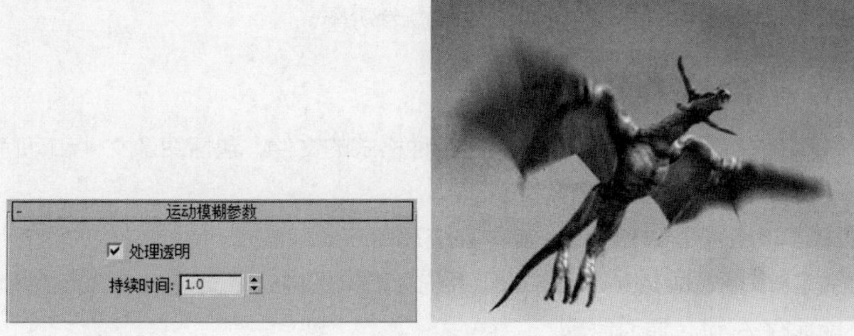

图 9-31

9.4 渲染的相关知识

渲染是制作效果图和动画的最后一道工序。创建的模型场景最终都会体现在图像文件或动画文件上。可以说，渲染是对前期建模的一个总结。掌握相关的渲染知识是非常必要的。

9.4.1 如何提高渲染速度

在建模过程中要经常用到渲染，如果渲染时间很长，则会严重影响工作效率。如何能够提高渲染速度呢？下面介绍几种比较实用的方法。

1. 外部提速

因为渲染是非常消耗计算机物理内存的，所以给计算机配置足够的内存是必要的。配置大容量的内存能加快渲染速度，内存越大，渲染速度越快。

如果物理内存暂时不能满足渲染的需要，则可以对操作系统进行优化。优化操作系统主要是增大计算机的虚拟内存，扩大虚拟内存可以暂时解决在大的场景渲染时物理内存不足造成的影响。但虚拟内存并不是越大越好，因为它是占用硬盘空间的，长期使用还会影响硬盘的使用寿命。

显卡的好坏也会影响渲染速度和质量。所以，需要经常制作较大场景的用户应该配备较专业的显卡，硬件应该支持 Direct3D 9.1 标准和 OpenGL 1.3 标准。

2. 内部提速

内部提速主要是在建模过程中使用一些技巧，从而使渲染速度加快，具体而言有以下几点。

（1）控制模型的复杂度。如果场景中的模型过多或过于复杂，渲染时就会很慢。这是由模型的面数过多造成的。在创建模型时应该控制几何体的段数，在不影响外形的前提下尽量将其减少，在进行大场景创建时这一点尤为重要。

（2）使用合适的材质。材质对于表现效果很重要，有时为了追求效果，会使用比较复杂的材质，这样也会使渲染速度变慢。例如，使用“光线跟踪”材质的模型就会比使用“光线跟踪”贴图的模型渲染速度慢。对于同类型的物体，可以赋予它们相同的材质，这样不会增加内存的占用。

（3）使用合适的阴影。阴影的使用也会影响渲染速度。使用普通阴影的渲染速度明显快于使用“光线跟踪”阴影的渲染速度。在投射阴影时，如果使用阴影贴图，则会提高渲染速度。

（4）使用合适的分辨率。在渲染前通常要设定效果图的分辨率，分辨率越高，渲染时间就会越长。如果要进行打印或进行较大修改，则可以设置高分辨率。

9.4.2 渲染文件的常用格式

在 3ds Max 2019 中渲染的结果可以保存为多种格式的文件，包括图像文件和动画文件。下面介绍几种比较常用的文件格式。

（1）AVI 格式。该格式是 Windows 操作系统通用的动画格式。

（2）BMP 格式。该格式是 Windows 操作系统标准位图格式，支持 8bit 256 色和 24bit 真彩色两种模式，但不能保存 Alpha 通道信息。

（3）PNG。PNG 是图像文件存储格式，其目的是试图替代 GIF 和 TIFF 文件格式，同时增加一些 GIF 文件格式所不具备的特性。

（4）EPS 或 PS 格式。这两种格式属于矢量图形格式。

（5）JPG 格式。该格式是一种高压缩比的真彩色图像文件格式，常用于网络传播，是一种比较常用的文件格式。

（6）TGA、VDA、ICB 和 VST 格式。这些格式是真彩色图像格式，有 16bit、24bit 和 32bit 等多种颜色级别，并带有 8bit 的 Alpha 通道图像，可以进行无损质量的文件压缩处理。

（7）MOV 格式。该格式是 OS 平台的标准动画格式。

课堂练习——亮度和对比度调整

微课视频

亮度和对比度调整

【知识要点】使用亮度/对比度效果来完成图像的亮度和对比度的调整，如图 9-32 所示。

【素材文件位置】素材文件/场景/第 9 章/亮度对比度调整.tif。

【参考模型文件所在位置】素材文件/场景/第 9 章/亮度对比度.max。

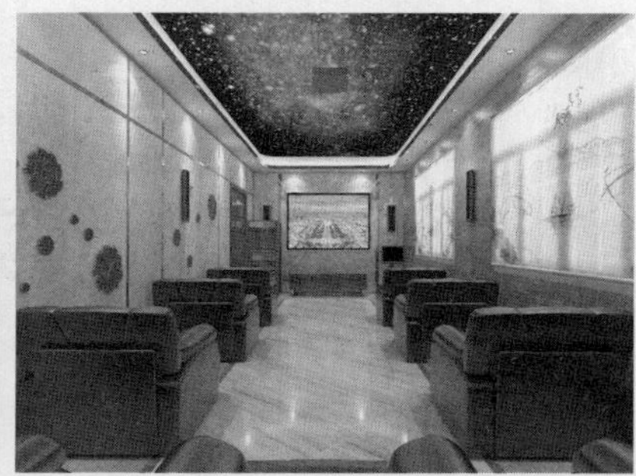

图 9-32

课后习题——色彩平衡

微课视频

色彩平衡

【知识要点】使用效果色彩平衡制作图像的色彩平衡，如图 9-33 所示。

【素材文件位置】素材文件/场景/第 9 章/色彩平衡.tif。

【参考模型文件所在位置】素材文件/场景/第 9 章/色彩平衡.max。

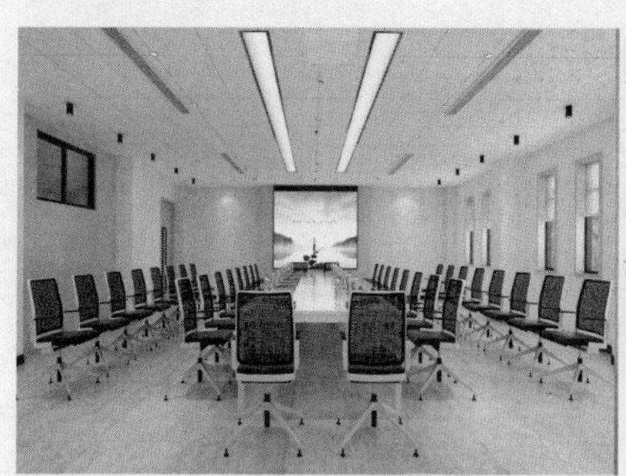

图 9-33

第 10 章 综合设计实训

本章介绍

本章将综合运用前面章节中介绍的各种命令来制作模型。通过本章的学习，读者应学会如何灵活地搭建一个完整的室内场景。

学习目标

- 掌握几何体的创建方法
- 掌握图形的创建方法
- 掌握各种基本修改器的使用方法
- 掌握复合工具的使用方法
- 掌握灯光、摄影机、材质和渲染的应用方法

技能目标

- 掌握家具设计——北欧沙发效果图的制作技巧
- 掌握灯具设计——欧式吊灯效果图的制作技巧
- 掌握家用电器——冰箱效果图的制作技巧
- 掌握室内设计——会议室效果图的制作技巧

10.1 家具设计——北欧沙发效果图的制作

1. 客户名称

旺盛家具公司。

2. 客户需求

该公司以生产橱柜、沙发等家具为主，设计的北欧沙发效果图主要用作网页主图。客户要求设计需使用粉色或肉色的绒布，结合使用钛金不锈钢制作出北欧沙发效果图。

3. 设计要求

微课视频

北欧沙发效果图的制作

（1）沙发要求设计出使用粉色或肉色绒布配合使用钛金不锈钢的效果。

（2）沙发要求设计简约，具有北欧风格。

（3）要求效果图画面主要突出且单独显示沙发，效果为静物彩插。

（4）对图纸大小没有要求，但是必须为原稿。

4. 素材资源

贴图所在位置：素材文件/贴图。

5. 作品参考

场景所在位置：素材文件/场景/第 10 章/沙发.max。其最终效果如图 10-1 所示。

图 10-1

6. 制作要点

效果图的制作：创建长方体作为沙发垫和沙发靠背，使用可渲染的样条线制作支架，结合使用“编辑多边形”修改器来完成沙发模型的制作。

材质的设置：在本案例中使用 VRay 材质设置绒布和钛金效果。

灯光和摄影机：在场景中窗户的位置创建主面光源，并使用一些目标灯光来制作出辅助光效。

渲染设置：通过设置合适的测试渲染参数和最终渲染参数来完成本案例的最终效果。

制作提示：结合 V-Ray 插件设置模型的金属材质，配合一个现成的布局场景模型完成效果图（由于篇幅有限，这里没有介绍 VRay 渲染器的使用，该渲染器是不错的照片级渲染的渲染插件，是非常有必要掌握的渲染插件之一）。

10.2 灯具设计——欧式吊灯效果图的制作

1. 客户名称

口袋灯具公司。

2. 客户需求

该公司主要生产室内灯具，该灯具效果图主要用作宣传页中的彩插，要求效果图有简单的环境和背景，突出该灯具即可；设计上需要有简约、柔美的欧式元素。

3. 设计要求

微课视频

欧式吊灯效果图的制作

（1）设计的效果图主要呈现欧式风格。

（2）设计需要使用简单的背景环境。

（3）设计需要突出吊灯。

（4）对图纸大小没有要求，但是必须为原稿。

4. 素材资源

贴图所在位置：素材文件/贴图。

5. 作品参考

图 10–2

场景所在位置：素材文件/场景/第 10 章/欧式吊灯.max。其最终效果如图 10–2 所示。

6. 制作要点

效果图的制作：使用“矩形”工具，结合使用“编辑样条线”修改器创建并调整底座、支架连接模型；使用“车削”修改器，旋转图形为三维模型；创建可渲染的“矩形”，制作铁链效果；使用可渲染的“线”制作吊灯支架；使用“仅影响轴”调整轴的位置；使用“阵列”阵列复制模型；使用“管状体”制作出灯罩；使用“锥化”锥化灯罩效果；使用“切角圆柱体”制作灯罩与支架的连接模型。

材质的设置：为吊灯支架设置金色材质；为灯罩设置白色反射材质；为装饰水晶设置玻璃材质。

灯光和摄影机：调整合适的角度创建摄影机，创建 VRay 平面灯光作为主光，使用目标灯光制作辅助光。

渲染设置：设置一个合适的渲染尺寸，调整合适的渲染参数。

制作提示：结合 V-Ray 插件渲染场景。

10.3 家用电器设计——冰箱效果图的制作

微课视频

冰箱效果图的制作

1. 客户名称

旺盛家电公司。

2. 客户需求

该公司是制作家电的公司，这次要求制作冰箱效果图，主要是根据公司提供的实物照片进行制作，要求使用银灰色和红色的材质，搭配简单的场景环境。该效果图将作为产品手册的彩插。

3. 设计要求

（1）效果图要突出显示产品模型。

（2）模型使用公司提供的即可。

（3）材质上主要使用红色和银灰色的反射塑料材质。

（4）设计规格不限。

4. 素材资源

贴图所在位置：素材文件/贴图。

5. 作品参考

图 10–3

场景所在位置：素材文件/场景/第 10 章/冰箱.max。其最终效果如图 10–3 所示。

6. 制作要点

效果图的制作：本案例主要介绍使用几何体模型堆砌出冰箱模型效果，使用“ProBoolean”工具布尔出冰箱门的拉手，模型的制作相对比较简单。

材质的设置：为冰箱设置红色和银灰色的反光材质。

灯光和摄影机：调整合适的角度创建摄影机，并在合适的位置创建灯光。

渲染设置：设置合适的渲染尺寸和渲染参数，渲染出场景的效果。

制作提示：结合 V-Ray 插件创建灯光、材质和渲染输出。

10.4 室内设计——会议室效果图的制作

1. 客户名称

潜龙室内效果图设计公司。

微课视频

会议室效果图的制作

2. 客户需求

该公司专注于工装、家装设计，现要为某公司设计一个会议室，要求该效果图体现出大气、严肃、庄重的效果。

3. 设计要求

（1）会议室设计要求大气、严肃、庄重。

（2）在材质使用上不要太繁杂，可较多地使用木纹和石材，以达到肃静、清雅的效果。

（3）效果图尺寸不限，但是必须是原稿。

4. 素材资源

贴图所在位置：素材文件/贴图。

5. 作品参考

场景所在位置：素材文件/场景/第 10 章/会议室.max。其最终效果如图 10-4 所示。

图 10-4

6. 制作要点

效果图的制作：在创建场景模型前，需先将平面图纸导入 3ds Max 中，再进行框架、吊顶、造型模型的创建。

材质的设置：为场景设置乳胶漆、木纹、铝塑、金属等材质。

灯光和摄影机：创建 VRay 灯光照亮场景，并在合适的位置创建摄影机。

渲染设置：设置合适的渲染尺寸和渲染参数，渲染出场景的效果。

课堂练习 1——放大镜效果图的制作

微课视频

放大镜效果图的制作

1. 客户名称

间隙模型公司。

2. 客户需求

该公司主要制作效果图、装饰模型，这次要求设计师制作放大镜效果图，形似、神似实物放大镜。

3. 设计要求

（1）设计放大镜。

（2）要求作品形似和神似实物放大镜。

（3）要求使用黑色、金属和透明镜片材质。

（4）效果图大小不限，但是必须是原稿。

4. 素材资源

贴图所在位置：素材文件/贴图。

5. 作品参考

场景所在位置：素材文件/场景/第 10 章/放大镜.max。其最终效果如图 10-5 所示。

图 10-5

6. 制作要点

效果图的制作：本案例主要创建图形，使用“扫描”修改器，制作出放大镜的镜片边框；使用 FFD 变形工具，调整“圆柱体”为凸镜；使用多边形建模创建支架；模型制作完成后，赋予其黑色塑料材质、不锈钢材质和玻璃材质。

灯光和摄影机：在场景中调整透视图的角度，调整至合适的角度后按 Ctrl+C 组合键，创建摄影机，并结合使用 VRay 平面灯光作为照明灯光；也可以将其合并到一个完整的场景中进行渲染。

渲染设置：设置合适的渲染尺寸和渲染参数，输出并存储效果图和场景。

制作提示：结合 VRay 插件设置模型的白色陶瓷材质，配合一个现成的布局场景模型，完成效果图。

课堂练习 2——音响效果图的制作

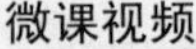

微课视频

音响效果图的制作

1. 客户名称

背包效果图公司。

2. 客户需求

该公司需要设计一个音响效果图，要求主材质使用原木，风格为现代、混搭。

3. 设计要求

（1）设计一个现代、混搭的音响。

（2）材质为原木色。

（3）效果图可以搭配一个完整场景供客户参考。

（4）效果图大小不限，但是必须是原稿。

4. 素材资源

贴图所在位置：素材文件/贴图。

5. 作品参考

场景所在位置：素材文件/场景/第 10 章/音响.max。其最终效果如图 10-6 所示。

图 10-6

6. 制作要点

效果图的制作：本案例主要使用“ProBoolean”工具，结合使用一些常用的基本修改器，制作堆砌模型，通过“编辑多边形”修改器修改音响的效果。

灯光和摄影机：在场景中调整透视图的角度，调整至合适的角度后按 Ctrl+C 组合键，创建摄影机，并结合使用 VRay 平面灯光作为照明灯光；也可以将其合并到一个完整的场景中进行渲染。

渲染设置：设置合适的渲染尺寸和渲染参数，对效果图进行渲染输出。

制作提示：结合 VRay 插件，可以将制作好的模型合并到一个完整的场景中进行渲染。

课后习题——老人房效果图的制作

微课视频

老人房效果图的制作

1. 客户名称

潜龙室内效果图设计公司。

2. 客户需求

该公司专注于工装、家装设计，现要对一套三室两厅中的一间卧室——老人房进行设计，要求将其设计为现代中式风格，与整体装修风格融合即可。

3. 设计要求

（1）要求老人房与整体装修风格融合。

（2）风格为现代中式。

（3）效果图尺寸不限，但是必须是原稿。

4. 素材资源

贴图所在位置：素材文件/贴图。

5. 作品参考

场景所在位置：素材文件/场景/第 10 章/老人房.max。其最终效果如图 10-7 所示。

图 10-7

6. 制作要点

效果图的制作：在创建场景模型前，需先将平面图纸导入 3ds Max 中，再进行框架、吊顶、造型模型的创建。

材质的设置：为场景设置乳胶漆、壁纸、木纹等材质。

灯光和摄影机：创建 VRay 灯光照亮场景，并在合适的位置创建摄影机。

渲染设置：设置合适的渲染尺寸和渲染参数，渲染出场景的效果。